普通高等教育"十一五"国家级规划教材

针织产品与设计(第二版)

陈国芬　主编

东华大学出版社

图书在版编目(CIP)数据

针织产品与设计 / 陈国芬主编. —2版. —上海:
东华大学出版社,2010.9
ISBN 978-7-81111-746-2

Ⅰ.①针... Ⅱ.①陈... Ⅲ.① 针织物-设计-高等学
校:技术学校-教材 Ⅳ.①TS184.1

中国版本图书馆 CIP 数据核字(2010)第 159945 号

责任编辑　杜亚玲
封面设计　BO:OK[比克设计]
　　　　　mochee@vip.sina.com

针织产品与设计(第二版)

陈国芬　主编

东华大学出版社出版

(上海市延安西路 1882 号　邮政编码:200051)

新华书店上海发行所发行　苏州望电印刷有限公司印刷

开本:787×1092　1/16　印张:26.25　字数:659 千字
2010 年 9 月第 2 版　2010 年 9 月第 1 次印刷
印数:0 001-4 000
ISBN 978-7-81111-746-2/TS·208
定价:46.00 元

前　言

高职教育是我国高等教育中不可或缺的重要组成部分,在不断发展历程中因注重质量与内涵的提升,取得了很好的效果。教材建设也不例外。

本教材作为培养高技能针织专业人才为目标的针织产品与设计的专业课教材,理论上注重适度、够用,实践上体现先进、有用的特点,是全国纺织高职高专首批规划教材之一。于2005年出版以来,在广大师生和行业企业专家技术人员的支持下,在读者的厚爱中,取得了优良的发行业绩与使用效果。并荣获部委级优秀规划教材、纺织(部级)科学技术进步奖,并被教育部列选为普通高等教育"十一五"国家级规划教材。

全书主要介绍了以针织产品的原料选用、组织结构设计与上机工艺、针织物性能与花纹设计关系、针织物分析、典型针织设备加工花色针织品的方法和技术等为重点的针织产品与设计。书中除了完整表达课程专业知识外,其产品设计部分较多采用了企业中新产品开发的成功实例,并有代表性地涉及当前最新针织产品的设计与应用。对选择"工学结合"、"校企共育"的教学用书,具有较好的针对性和适用性。是目前针织产品与设计教材中内容最为全面的一部。

本次出版,在保持原教材较好结构篇章的同时,根据教材适时调整、并与行业发展相适应的先进性和企业技术高融入度的原则,在一些章节作了修改补充,对第四篇的全部内容作了重著。以满足高职院校对高级实用技能训练的教学需要。

本教材可作为高职高专针织专业的主干教材和纺织服装类等专业的特色教材外,也可供本科相关专业师生、各企业和科研单位的工程技术人员、从事纺织、贸易、商检等有关专业人员和管理人员参考。

参加编著人员及编著章节如下:

陈国芬　第一篇,第二篇第一章,第三章第一、第二节,第八章,第五篇第四章

丁钟复　第二篇第二章

刘锡华　第二篇第三章第三节

张卫红　第二篇第四、五章

宋寿玲　第二篇第六章

顾谷声　第二篇第七章第二、第四节

顾维铀　第二篇第七章第一、第三节

王　林　第三篇第一章,第二章第一、第二节,第三、第四章

黄　健　第三篇第二章第三、第四节

聂文圣　第四篇第一章,第三章第一、第二节

刘晓军　第四篇第二章

黎　行　第四篇第三章第三节

夏风林　第五篇第一章、第七章

丛洪莲　第五篇第二章

蒋高明　第五篇第三章

周荣星　第五篇第五、第六章

本教材由东华大学胡红教授主审。由全国针织业著名企业的工程技术人员和富有教学经验与学术水平的教授、副教授等共同编著,并经校企结合的专业专家组预审、陈国芬教授通稿。教材得到了东华大学出版社、中国纺织出版社、宁波维科集团、宁波百佳纺织服装有限公司、申洲针织有限公司、浙江梦娜袜业股份有限公司以及各纺织高等院校等大力支持与帮助,在此一并表示最诚挚的谢意。限于作者水平,书中疏误难免,恳望广大读者赐教。希望在大家的帮助下不断进步。

作 者

2010.6.1.

目　　录

第一篇　针织产品设计概述

第一章　针织产品原料 ……………………………………………………（ 1 ）
　第一节　天然纤维 ………………………………………………………（ 1 ）
　第二节　化学纤维 ………………………………………………………（ 3 ）
　第三节　新型纤维 ………………………………………………………（ 6 ）
第二章　针织产品设计内容与方法 ……………………………………（ 9 ）
　第一节　针织产品种类 …………………………………………………（ 9 ）
　第二节　针织产品设计的主要内容 ……………………………………（12）
　第三节　针织产品设计的主要方法 ……………………………………（13）
第三章　纬编针织物组织与花色效应 …………………………………（15）
　第一节　纬编针织物组织的表示方法 …………………………………（15）
　第二节　纬编针织物基本组织与效应 …………………………………（18）
　第三节　纬编针织物花色组织与效应 …………………………………（20）
第四章　经编针织物组织与花色效应 …………………………………（37）
　第一节　经编针织物组织的表示方法 …………………………………（37）
　第二节　经编针织物基本组织与效应 …………………………………（38）
　第三节　经编针织物花色组织与效应 …………………………………（41）

第二篇　圆机纬编产品设计

第一章　多针道针织机产品设计 ………………………………………（56）
　第一节　设计概述 ………………………………………………………（56）
　第二节　单面多针道针织机产品设计实例 ……………………………（58）
　第三节　双面多针道针织机产品设计实例 ……………………………（61）
第二章　提花针织机产品设计 …………………………………………（67）
　第一节　设计概述 ………………………………………………………（67）
　第二节　单面提花圆纬机产品设计与实例 ……………………………（71）
　第三节　双面提花圆纬机产品设计与实例 ……………………………（85）
　第四节　电脑提花圆纬机产品设计与实例 ……………………………（96）
第三章　绒类针织产品设计 ……………………………………………（107）
　第一节　衬垫织物产品设计 ……………………………………………（107）
　第二节　毛圈织物产品设计 ……………………………………………（108）
　第三节　人造毛皮织物设计 ……………………………………………（110）

第四章　横条纹产品设计 ……………………………………………………… (113)
　　第一节　横条纹产品设计概述 ………………………………………………… (113)
　　第二节　横条纹产品设计实例 ………………………………………………… (113)
第五章　经纱提花针织物产品设计 ……………………………………………… (117)
　　第一节　设计概述 …………………………………………………………… (117)
　　第二节　经纱提花产品设计实例 …………………………………………… (119)
第六章　全成型无缝针织内衣产品设计 ………………………………………… (124)
　　第一节　概述 ………………………………………………………………… (124)
　　第二节　全成型针织内衣的生产设备 ……………………………………… (124)
　　第三节　全成型无缝内衣产品设计 ………………………………………… (130)
第七章　其它针织产品设计 ……………………………………………………… (137)
　　第一节　真丝针织品设计 …………………………………………………… (137)
　　第二节　麻针织品设计 ……………………………………………………… (140)
　　第三节　差别化纤维针织品设计 …………………………………………… (144)
　　第四节　新型纤维针织品设计 ……………………………………………… (148)
第八章　纬编针织物分析 ………………………………………………………… (154)
　　第一节　概述 ………………………………………………………………… (154)
　　第二节　分析方法与步骤 …………………………………………………… (154)

第三篇　毛衫类产品设计

第一章　平型纬编机产品设计概述 ……………………………………………… (158)
　　第一节　横机产品的生产工艺 ……………………………………………… (158)
　　第二节　横机织物组织结构设计 …………………………………………… (163)
第二章　毛衫产品设计 …………………………………………………………… (171)
　　第一节　毛衫产品设计的内容与方法 ……………………………………… (171)
　　第二节　毛衫产品设计实例 ………………………………………………… (187)
　　第三节　家用电脑横机的新产品开发实例 ………………………………… (192)
　　第四节　双反面圆机的产品设计实例 ……………………………………… (194)
第三章　手套与围巾产品设计 …………………………………………………… (197)
　　第一节　手套产品设计 ……………………………………………………… (197)
　　第二节　围巾产品设计 ……………………………………………………… (200)
第四章　电脑横机产品设计 ……………………………………………………… (202)
　　第一节　设计概述 …………………………………………………………… (202)
　　第二节　电脑横机产品的程序设计实例 …………………………………… (204)

第四篇　袜类产品设计

第一章　袜类产品的类别与结构 ………………………………………………… (220)
　　第一节　袜类产品的分类 …………………………………………………… (220)
　　第二节　袜类产品的组织结构 ……………………………………………… (221)
　　第三节　袜类产品的款式结构 ……………………………………………… (222)

　　第四节　袜类产品花型的形成方法 ……………………………………………（224）
第二章　袜类产品款式与花型的设计 ……………………………………………（226）
　　第一节　袜类产品款式设计 ……………………………………………………（226）
　　第二节　袜类产品花型设计 ……………………………………………………（228）
　　第三节　袜类产品的款式与花型设计实例 ……………………………………（231）
第三章　全电脑提花袜机花型与款式程序设计 …………………………………（235）
　　第一节　单针筒电脑袜机的花型与款式程序设计实例 ………………………（235）
　　第二节　双针筒电脑袜机的花型与款式程序设计实例 ………………………（266）
　　第三节　单针筒电脑提花丝袜机的花型与程序设计实例 ……………………（278）

第五篇　经编产品设计

第一章　高速经编机产品设计 ……………………………………………………（283）
　　第一节　设计概述 ………………………………………………………………（283）
　　第二节　普通平纹系列产品设计实例 …………………………………………（288）
　　第三节　弹性平纹产品设计实例 ………………………………………………（291）
　　第四节　网眼产品设计实例 ……………………………………………………（293）
　　第五节　起绒起圈产品设计实例 ………………………………………………（296）
　　第六节　高速经编机花色产品设计实例 ………………………………………（300）
　　第七节　全幅衬纬产品设计实例 ………………………………………………（303）
　　第八节　高速拉舍尔弹性产品设计实例 ………………………………………（306）
第二章　多梳拉舍尔经编机产品设计 ……………………………………………（310）
　　第一节　设计概述 ………………………………………………………………（310）
　　第二节　衬纬型多梳经编产品设计 ……………………………………………（313）
　　第三节　成圈型多梳经编产品设计 ……………………………………………（322）
　　第四节　压纱型多梳经编产品设计 ……………………………………………（324）
　　第五节　Jacquardtronic 经编产品设计 ………………………………………（326）
　　第六节　Textronic 经编产品设计 ……………………………………………（329）
第三章　贾卡经编机产品设计 ……………………………………………………（333）
　　第一节　设计概述 ………………………………………………………………（333）
　　第二节　衬纬型贾卡经编产品设计 ……………………………………………（339）
　　第三节　成圈型贾卡经编产品设计 ……………………………………………（341）
　　第四节　压纱型贾卡经编产品设计 ……………………………………………（347）
　　第五节　浮纹型贾卡经编产品设计 ……………………………………………（352）
第四章　双针床经编产品设计 ……………………………………………………（358）
　　第一节　设计概述 ………………………………………………………………（358）
　　第二节　双针床经编产品设计实例 ……………………………………………（359）
第五章　双轴向和多轴向经编产品设计 …………………………………………（363）
　　第一节　设计概述 ………………………………………………………………（363）
　　第二节　双轴向和多轴向经编产品的设计实例 ………………………………（369）
第六章　特种用途经编产品的设计 ………………………………………………（373）

第一节　钩编产品的设计 ……………………………………………………（373）

第二节　缝编产品的设计 ……………………………………………………（376）

第三节　管编产品的设计 ……………………………………………………（380）

第七章　经编针织物分析与工艺计算 ………………………………………（384）

第一节　经编针织物组织分析与设计 ………………………………………（384）

第二节　经编组织送经量估算 ………………………………………………（400）

第三节　经编工艺计算 ………………………………………………………（403）

参考文献 ………………………………………………………………………（409）

第一篇　针织产品设计概述

针织产品作为纺织品的重要组成部分,涵盖了衣着服用类、装饰产品类、产业用布类等几乎所有的纺织品,其用途涉及了工农业、日用、医药、航空及军事等各个领域。随着新型材料科学和纺织技术的飞速发展,针织品不仅具有优良的品质与性能,而且更具各种符合现代审美观念的美学属性与应用科学属性。针织品已成为当今社会重要的消费品之一。

因针织品的卓越性能,目前,在世界范围内,在人们生活中,在生产与应用领域里,国内外市场对针织品的需求越来越大。据统计:全球针织服装的年消费量已超过梭织服装,并因此有力地推动了针织工业的迅猛发展。我国已成为针织品生产大国。

但是,国内针织品设计与生产的整体水平尚有待提高,尤其是针织产品的设计,从原料准备到成品,需经过许多加工工序,一般包括原料、编织、染整、成品缝制和包装加工等。其中每一个环节的设计,都会关系到终端针织产品的质量、市场和附加值水平。

本教材主要介绍针织物的前道产品设计,并适当涉及其它设计内容。因此,这里讨论的针织产品设计,主要是指从原料选用到组织结构、上机编织工艺、针织物组织性能与效应、典型针织设备加工不同花色品种针织物的方法与工艺技术等为重点的产品与设计。

本篇介绍针织产品原料、针织产品设计内容与方法、实用针织物组织结构与性能等。

第一章　针织产品原料

针织产品在服用、装饰、产业用三大领域得以高速发展,除了针织品自身良好的结构特性外,其中很重要的因素是针织新原料的不断开发与应用以及针织生产对各种原料具有广泛适应性的优点。因此,认识各种针织原料的特性,并把它应用于产品设计中,才能更好地开发与市场需求相适应的针织品。这是针织产品设计与生产的重要环节。

针织产品原料很多,一般可分天然纤维和化学纤维两大类。每个大类又可派生出常规纤维和经过技术改进,采用不同加工方法、不同组分的具有各种优良性能的新型纤维。

第一节　天然纤维

天然纤维一直是针织品的主要原料之一,常见的有棉、毛、丝、麻。这些天然纤维,因为具有天然优越的服用性能而受到国内外消费者喜爱,并成为我国出口针织品的主要针织原料。

一、棉纤维

棉纤维具有柔软、保暖、吸湿、染色性能好、编织性能优等特点。针织品中所用的棉纱有纯棉纱和棉与其它纤维混纺的棉型混纺纱。棉纱可分精梳和普梳两种，精梳纱具有比普梳纱少杂质、毛羽，条干均匀，强度高等优点。因而，所制成的针织品档次较高，是棉针织品用纱的发展方向。

针织用棉纱与机织用棉纱因加工方法不同在棉纱品质指标上要求也有不同，所以，一般应采用针织专用专纺纱，以提高针织品的质量。另外，不同用途针织品对棉纱品质指标的要求也不尽相同，如汗布因要求滑爽而选用的棉纱捻度应高于棉毛衫裤柔软蓬松特性的用纱捻度。针织用棉纱在商业上根据纱线细度分粗纱（32 tex 及以上）、中特纱（21～31 tex）、细特纱（11～20 tex）以及特细特纱（10 tex 及以下）。一般线密度越小（支数愈高），纱线愈细。用细特（高支）纱加工的针织品档次较高。

采用棉与其它纤维混纺或自身经过处理（如丝光等）的纱线加工而成的针织品，可明显地改善普通棉纱产品强度低、尺寸稳定性差、光泽差等不足，其生产比例与发展趋势不断上升。

二、毛纤维

用于针织品的毛纤维主要有绵羊毛、兔毛、山羊绒、驼绒和牦牛绒等。用这些毛纤维制成的毛纱，具有弹性好、吸湿性强、手感滑糯柔软、不易沾污、不易起球、光泽柔和等特点，是针织产品中的高档原料。

毛纱种类很多，按加工方法可分为精纺毛纱和粗纺毛纱两大类。精纺毛纱一般为合股纱，其短纤维含量少、毛纱条干均匀、强度高、细度细，可编织质地紧密、布面平整光滑、纹路清晰、产品强度好、热可塑性高的羊毛产品。粗纺毛纱有单纱和股线两种，其纤维长度短、强度较低、细度较粗、毛纱强度比精纺毛纱差，但具有较好缩绒性，使粗纺毛纱产品经缩绒整理后毛感丰满、蓬松、保暖性好。

毛针织品中绵羊毛纱是使用最广的原料，而山羊绒、驼绒和牦牛绒则是名贵的毛纱原料，其中山羊绒（尤以白羊绒和紫羊绒）最为名贵。我国的山羊绒产量最高，占世界产量一半以上。羊绒针织品具有独特的细、轻、柔软、糯滑、保暖性好等优良性能。随着纺织加工技术的发展，目前纺制的高支精纺羊绒纱，用在编织品位高、轻薄型的针织内衣上，比传统的棉毛衫裤更为舒适、高贵。羊绒毛衫更是我国出口针织品中的佼佼者。

毛纤维与其它纤维混纺的毛纱，也被针织生产广泛应用，其主要作用是可得到与纯毛纤维性能互补的，更为理想的产品性能与外观效应。

三、蚕丝

蚕丝是高级针织原料，也是我国特产之一。它具有较好的强伸度，纤维细而柔软、平滑且富有弹性、色泽鲜艳、吸湿性好以及产品穿着舒适飘逸、风格华丽、贴身穿着有益于人体健康等优点，是高档针织内衣、T恤等针织品的名贵原料。

目前，我国真丝针织品生产已形成一定规模。其使用的蚕丝，按品种分主要有桑蚕丝和柞蚕丝。桑蚕丝较纤细、柔软、色白，柞蚕丝则坚牢和耐酸碱、耐日晒。真丝针织品原料除了蚕丝中的长丝外，还有用疵茧、废丝及缫丝时的挽手和蛹衬等经绢纺加工后的绢丝，也是较好的针织原料。而由绢纺落棉等下脚料制成的䌷丝，也因其独特的风格和低廉的价格，在针织生产中被广泛使用,产品凉爽、悬垂性较好。

为了提高蚕丝的可编织性能,常采取相应的前处理。有的还将真丝改性,如将收缩处理过的生丝和从生丝中提取的胶原蛋白质相结合制成永久弹性真丝针织品。它具有锦纶的弹性、丝的悬垂性和麻的滑爽性。真丝也可与其它纤维(棉、麻、毛、羊绒等)混纺,制成丝棉、丝麻、丝绒产品等。

四、麻纤维

麻纤维种类很多,在针织品中应用最多的是苎麻,其次是亚麻、罗布麻等。麻针织品的特点是凉爽、透气、挺括、吸湿放湿快以及不粘身、卫生性能好,大多用于夏季 T 恤等服装。由于麻纤维的刚性大、纱线不易弯曲,因此编织性能差。所以一般需要对麻纤维进行一定的变性和柔软处理。另外,对麻纤维纱的捻度取低些或加上某些软化剂,可提高它的编织性能。麻与其它纤维混纺的纱线,近来在针织生产中也有较多应用。

第二节　化学纤维

化学纤维的品种很多,它们具有较好的服用性能和可编织性能。随着化学纤维生产的发展,各种新型化学纤维层出不穷,使得针织产品不断更新换代,花色品种日趋增加。目前,用于针织生产中较多的化纤原料一般有如下品种。

一、常规化学纤维

1. 粘胶纤维

粘胶纤维是再生纤维素纤维,吸湿性优于棉。产品穿着舒适、透气,但强伸度、耐磨性、尺寸稳定性较差。编织加工中要求对湿度控制适当,湿度过高会使断头率增多。粘胶纤维可纯纺,也可与棉、毛或其它化纤混纺,通过原料之间性能互补,提高粘胶产品总体服用性能。

2. 涤纶纤维

涤纶纤维是化学纤维中用得较多的合成纤维。它具有强度高、弹性恢复性能好等特点,是针织外衣、运动衣、休闲服、T 恤衫以及各种装饰用、产业用针织品的极好原料。涤纶还常与其它纤维混纺或交织或对涤纶纤维进行变性处理,使涤纶针织品同时具有天然纤维与涤纶纤维的最佳特性。

3. 锦纶纤维

锦纶纤维具有强度高、耐磨性好的优点。在针织生产中与氨纶等混纺,用来编织高弹织物,是针织袜品的主要原料,也是产业用针织品的重要原料之一。

4. 腈纶纤维

腈纶具有一定的毛纤维性能。其手感柔软膨松,保暖性好,色泽鲜艳,特别耐晒,强度是羊毛的 1～2.5 倍,易起球。腈纶以短纤维为主,有纯纺和混纺两个大类,一般用作休闲、运动、绒衣衫裤及长毛绒织物、室外织物等。与羊毛混纺的纱线多用于毛衫产品或披肩、家装产品等。

5. 丙纶纤维

丙纶纤维是现有纤维材料中密度最小的一种。其耐磨性好,仅次于锦纶,弹性回复性好,吸湿性、染色性、耐光性均很差,易老化。但丙纶纤维制丝成本低,无环境污染,织物具有质轻保暖,坚牢耐用等特点。丙纶以短纤维混纺较多,也有长丝,可生产多层复合织物以及袜品、绒类、功能性针织品和应用于工业领域的针织品等。

6. 维纶纤维

维纶纤维因综合性能一般,所以在针织品生产中用得不多,且不宜做高档用品。棉/维混纺纱多用在纬编织物中,保形性较差。

7. 弹性纤维

针织物因其线圈可转移的特点,使其具有良好的延伸性而满足穿着舒适、运动自如的要求。但其延伸变形后恢复原状的能力,除取决于线圈结构特点外,很大程度上还是取决于纱线本身的特点,即纱线本身具有良好的弹性。所以,弹性纤维在针织编织中被广泛使用,以满足有高回弹要求的织物,如体操服、泳装、健美服、紧身衣、舞衣、功能内衣及袜品类、产业用针织品等。

弹性纤维在针织产品生产中一般有衬入(不参加编织,在线圈横列或纵行间衬纬或衬经)和直接参加成圈编织的两种方式。

目前使用的弹性纤维纱线主要有氨纶和PBT纤维等。

（1）氨纶纤维

凡是性能优良、工艺成熟、品种多样的弹性纤维,延伸度可达$500\%\sim700\%$,弹性恢复率在95%以上。氨纶比橡筋结实耐用,耐阳光、耐水洗。采用氨纶纱形成的针织面料(服装),更具服装的合体性、舒适性和保形性。

氨纶纤维因其价格较高及某些性能不足,所以针织品中很少单独使用100%氨纶纱编织,通常织物中氨纶含量约在$2\%\sim40\%$。氨纶丝在针织中的使用有裸体长丝形式,也有制成包芯纱、包覆丝等。氨纶纱的加入,除了增加织物弹性外,还可形成针织品不同的外观花色效应以及改善织物性能等。

（2）PBT纤维

PBT是一种新型的聚酯类纤维,是20世纪80年代起开发的高弹纤维。其延伸性和回弹性小于氨纶,但优于涤纶和锦纶纤维。PBT纤维的耐热性及化学稳定性优于氨纶,价络比氨纶低得多。近几年,PBT纤维的针织品开发大多用于编织紧身衣、健美服、运动服装以及长筒袜、连裤袜等。

二、差别化纤维

人们用化学或物理的方法对常规纤维进行改性处理,使其具有各种新特性的非常规纤维,统称为差别化纤维。目前主要有:

1. 超细纤维

超细(一般指单纤线密度小于0.5 dtex)纤维和细旦(指单纤线密度小于1 dtex)纤维是差别化纤维中发展快、数量较多的一种,在涤纶、锦纶、腈纶、丙纶和粘胶纤维等种类中都有。超细纤维的特点是比表面积大、弯曲刚度小、光反射强等,并具有天然纤维(如真丝)的穿着舒适性和化学纤维的多功能性。由于超细纤维产品滑爽、柔软,具有良好的通透性、耐磨性、悬垂性、抗静电性以及拒水性和温度补偿性,所以,常用在仿真丝、仿绒类织物以及运动服、滑雪服、户外服、高密织物、袜类织物等,还可用作擦拭仪器镜头、眼睛镜片等的各种洁布,能有效去除油污、指纹等。

2. 复合纤维

复合纤维是由两种或两种以上不同组分或同组分但不同粘度的两种切片,通过复合纺丝法使纤维截面上显出两种或多种不同组分的纤维,不同组分可以是不同热收缩、不同染色性、不同线密度、不同截面形状等。这种复合纤维可以改善织物的多种性能,如光泽、色彩、表面外观形态、手感、蓬松度、亲水性、防污性等,以达到各组分取长补短、给复合纤维以综合特殊性能的目的。

3. 功能性纤维

通过化学或物理方法对纤维改性,使其成为具有多种突出功能的纤维,是差别化纤维针织品发展的重要内容。例如:

(1)阻燃纤维

即在纤维中添加阻燃剂,按纤维载体不同,制成阻燃涤纶、阻燃锦纶、阻燃腈纶、阻燃粘胶等。可用于各种交通工具上,如飞机、汽车等的内饰品以及家用、宾馆、医学、商业用等装饰织物,还有劳动保护服、童装、睡衣、床上用品及各种特殊阻燃功能用途要求的针织品。

(2)导电纤维

一种在纤维生产过程中加入抗静电剂的纤维,该纤维制成的针织品,除具有改善(或生产时)织物的静电性能,满足服用(加工)要求,还可以用作特殊岗位用途的防护服和工作服等。

(3)抗菌纤维

以常规纤维为基材,掺入各种抗菌剂(或对纤维分子链上接枝抗菌基团进行改性)的纤维。可用于医疗卫生物品,也可用于内衣、床上用品等。

(4)高吸水纤维

产品有纤维素类、聚羧酸类、改性聚丙烯腈类和聚乙烯醇类等,这些纤维往往可吸收数倍、数百倍于其自重的水分。多用于尿布、卫生巾、卫生棉及工农业特殊用途等。

(5)远红外纤维

具有保暖、促进皮肤下血液循环的作用,并有抗菌防臭效果。用远红外纤维制成的针织品适合贴身穿着,如内衣、袜品、护膝、护肩、护胃、护腕等针织品。

此外,经改性处理后具有不同功能的纤维在针织品上的应用还有防紫外线纤维、生理功能性纤维(用于人体补整等)、保暖蓄热纤维、防辐射纤维、磁性纤维等。

三、高性能纤维

高性能纤维也称高技术纤维或特种纤维。主要有高强涤纶、高模高强聚乙烯、芳纶、碳纤维、钢纤维和玻璃纤维等。其特点为高强、高模、耐高温、耐腐蚀、耐水解以及与塑料、橡胶有良好的粘合性等,主要用于产业类针织品,特别是在高科技领域,如航空航天、海洋开发、汽车制造、生物医学、电子通讯、运动器材等方面用作高性能复合材料的增强体。针织应用中,主要生产经纬编双轴向和经编多轴向衬纬的复合材料底布。

高性能纤维中用得较广泛的是玻璃纤维,它质轻、强度高、耐腐蚀、传热慢、电绝缘性好、价格低、加工方便。

高强度碳纤维主要特性是:模量高,耐高温,其力学性能优于传统金属材料,因价格昂贵而主要用于航天工业及高档运动器械方面。

芳纶纤维商品名为开普拉(Kevlar),主要特性高强、高模、高熔点,其力学性能高于其它合成纤维5～10倍,是高性能纤维中的重要原料。Kevlar更多用于防护用品,如手套、消防服等。

随着科技发展,高性能纤维的品种与数量已有更大的发展。

第三节　新型纤维

目前,针织新产品的开发一定程度上已依赖于新型纤维的开发与应用。随着针织产品向"健康、舒适、安全、环保"的方向发展,针织新型纤维的开发也向"仿真、超细、环保、多功能和高性能"方向发展。下面分别就新型天然纤维和新型化学纤维两个大类进行介绍。

一、新型天然纤维

1. 彩色棉

是种植在地里,吐絮时纤维就具有天然色彩的棉花。彩棉是典型的环保绿色生态纤维。目前,已开发使用的色泽有乳白、淡棕(驼色)、中驼、驼色、灰绿等。具有种植时不用有毒物质、针织生产不需染色加工、针织产品没有化学残留物的特点,避免了对人体健康和自然环境的危害。可作贴近皮肤穿着的各种男女童装、内衣、T恤衫等多种针织品。

2. 罗布麻

罗布麻纤维细而柔软,强度、光泽好,但因抱合力差,大多用于混纺。产品具有透气、散热、滑爽的特点,当产品中罗布麻含量大于1/3时,即具有改善人体微循环等保健功效。适合做针织内衣等产品。

3. 竹原纤维

纯天然竹原纤维是指采用独特的工艺从竹子中直接分离出来的天然环保型绿色纤维。它与采用化学处理的方法生产的竹浆纤维(再生纤维素竹纤维)有本质上的区别。竹原纤维可纯纺,也可与棉、麻、丝、毛、化纤进行混纺,纺纱线密度最高达125 tex(80公支)。竹原纤维针织品色泽光亮,具有抗菌、凉爽等保健作用,适宜制作针织内衣裤、汗衫、睡衣、T恤、童装、袜类等。

二、新型化学纤维

1. 化纤仿真纤维

化纤仿丝、仿毛、仿麻、仿棉及仿其它的纤维品种很多。主要有异形截面及结构、异旦超细、异形异旦等,其中新一代涤纶仿真丝可以做到"貌似真丝、胜似真丝"。其它复合型异旦组合的化纤仿真纤维,也大多不仅形似所仿真纤维而不少性能超过真纤维,是新型针织品开发的理想原料。

2. 再生纤维素纤维

新型再生纤维素纤维近年开发的产品很多,其主要优点为环保,可生物降解、纤维性能优良、所取自然资源丰富。

(1) 竹浆纤维

取于原竹经化学方法加工而成的纤维。竹浆纤维具有优良的着色性、反弹性、悬垂性、抗菌性等,尤其是吸湿放湿性和透气性居各种纤维之首。竹浆纤维大多与棉、天丝、细旦涤纶、粘胶、绢丝、羊绒等混纺,具有凉爽、柔滑、色泽好等优点。特别适合做与人体直接接触的各种针织内衣、休闲服装、家用床上用品、巾被等针织品。

(2) 木代尔(Modal)纤维

取源于木材等原料经化学加工的绿色环保再生纤维素纤维。它具有吸湿快、吸湿溶胀性能优于棉、轻柔、滑顺以及具有丝般光泽和麻的滑爽等主要性能。木代尔纤维可纯纺也可混纺,还有用纳米技术开发的多功能木代尔纤维等新品种。木代尔纤维大多用于 T 恤、针织内衣、各类休闲服、功能服等针织品。是目前市场应用比较成功的纤维。

（3）天丝（Lyocell，也称 Teicel）纤维

来源于各种天然纤维素再生纤维素纤维。具有与棉、粘胶相似的服用性能，但又有优于棉、粘胶的总体性能。如干强和湿强几乎是棉、粘胶的两倍，其悬垂性、透气性好，缩水率低于粘胶，触感舒适自然，光滑流畅、柔软飘逸。天丝可纯纺也可与其它纤维混纺，适合做高档针织内衣、T 恤、女式时装、男式高级衬衣、休闲服等产品。

（4）聚乳酸（PLA）纤维

采用玉米等天然原料制取的可生物降解纤维，也称玉米纤维。它具有高结晶性和高取向性，有较好的吸湿、吸水性，易染色。制成的针织品光泽好、手感优良，尺寸稳定性和抗皱性较好。可制造具有丝感外观的 T 恤、茄克衫、长袜、晚礼服等，是很好的环保针织原料。

3. 再生蛋白质纤维

目前开发的新型再生蛋白质纤维主要有：

（1）大豆蛋白纤维

从大豆榨油后的豆渣中提取的可降解的再生蛋白质纤维，一般经湿法纺丝而成。纤维具有较好的耐酸碱性和强度，手感柔软、舒适，有丝般光泽，吸湿、导湿性好。一般和棉、毛、丝、麻及合成纤维混纺、交织后，可用于多种功能性针织产品。

（2）甲壳质纤维

甲壳质纤维是由虾、蟹壳、昆虫壳等经酸、碱化学处理而制得的可生物降解的新型再生蛋白质纤维。它具有很强的耐热、耐腐蚀、抗菌、镇痛、消炎、防霉、去臭、吸湿、保湿性能，纤维柔软、染色性好。大多用于医疗卫生领域，如人造皮肤、缝合线等。因该纤维成本较高，故采用甲壳质纤维与其它纤维混纺，适用于制作针织保健内衣、T 恤、保暖内衣、贴身内衣等针织品。

另外，如珍珠蛋白纤维、蛹蛋白纤维等新型再生蛋白质纤维，也都被陆续开发并应用到针织新产品中。它们均具有良好的亲肤性、舒适性、光泽柔和等特点。新型再生纤维的发展前景非常广阔。

4. 其它特种纤维

（1）PTT 纤维

即聚对苯二甲酸丙二醇脂纤维，属芳香族聚脂纤维。具有柔软蓬松、低弹抗皱、常温染色、尺寸稳定等优点，用途广泛。PTT 纤维可纯纺，也可与棉、竹纤维、大豆、Lyocell、羊绒混纺，应用于针织内衣、保暖内衣、牛仔服等方面。

（2）Coolmax 导湿舒适性纤维

这是一种具有凹凸槽截面，呈"弓"字形四孔状的纤维。其主要特性是具有导汗、快干、凉爽、舒适的功能，已广泛用于制作针织内衣、大运动量的运动衣、足球服、T 恤等。

（3）Coolplus 吸湿排汗纤维

这是一种截面为"十"字型的新型高科技聚脂纤维，与 Coolmax 功能接近，但有价格低于 Coolmax 纤维的优势。

（4）新型氨纶 T400/403（Easy Fit Lycra）

这是一种新型弹性纤维。可使弹力针织品具有洗可穿、优异的手感以及用分散染料染色具有较好色牢度的特点。

（5）易定型氨纶 DO9M（Easy Set Lycra）

能适应较低的定型温度或加速定型速度,并使针织物具有更清晰、明快的颜色。

（6）纳米纤维

应用纳米粉体材料于纤维中,聚合时添加或共混形成的纤维。它具有多种独特或复合功能,如抗紫外线、抗菌除臭、远红外反射、凉爽、拒水防污、导电、吸湿、防蚊、变色、发光、耐热、储能、防辐射及阻燃等。在针织生产中开发应用的趋势是:"多种纤维添加,多种粉体复配,多种功能复合"。可用于不同功能要求的各种针织品。

（7）Outlast 空调纤维（也称调温纤维）

是一种在普通纤维中用 Outlast 技术直接植入 Pcms 微胶囊的纤维。具有以"潜热"的形式吸收储存、释放能量的功能,可对外界环境温度的变化在皮肤上作出相应的反应,起到缓冲温度变化的作用,使人体感觉温暖舒适。该纤维最早是美国太空总署为登月计划而研发的,用于登月服装包括手套、袜子、内衣用的纤维材料,现已发展到用于普通服装,特别是户外服装,如滑雪衫、裤、毛衣等。

随着人们对针织产品需求的不断提升,必将进一步推动针织新原料的开发朝着更快、更多、各种性能更为优越、环保意识更强的方向发展。

第二章 针织产品设计内容与方法

第一节 针织产品种类

针织产品种类很多,按其使用领域可分服用针织品、装饰用针织品和产业用(包括医用、军用等)针织品。

一、服用针织品

凡被人体穿着或穿戴的针织服装及针织服饰品统称为服用针织品。服用针织品按用途可分为以下种类。

1. 内衣类

内衣类产品主要指贴身穿(但不能在公共场合穿)的衣服。如:汗衫、背心、棉毛衫裤、三角内裤、短裤、紧身内衣、睡衣、衬裙、胸衣、胸罩等。它要求有良好的穿着舒适性和功能性,如吸湿放湿、卫生健康、柔软无刺激以及弹性、美观、保健、保暖、补整等功能。使用原料以天然纤维纱线为主,对有不同要求的内衣还适当加入弹性纱线或采用纤维经特定处理与改性后具有保健功能的纱线以及各种新型天然纤维纱线和新型化学纤维纱线等。

针织内衣以纬编产品为主。织物结构大多采用纬平针、罗纹、双罗纹以及纱罗、添纱、毛圈等组织。经编内衣量少,以花边网眼或弹力织物制作内衣或直接生产成形内衣,其内衣档次较高。纬编产品内衣中以高机号全成型无缝针织内衣最具特色。

2. 外衣类

外衣类产品主要指可在公共场合穿着的衣服。如:T恤、衬衫、裙裤、时装、休闲服装、外套、风衣、大衣、弹力衫、健美衣、体操服、游泳衣及其它运动服装等。它要求面料外观质量好,同时还应具备各种外衣不同服用功能的要求。对于有些贴身穿的外衣,还应有舒适、卫生等要求。

针织外衣对原料的选用范围很广,可按不同外衣的服用要求进行选择。织物结构除了纬平针较少采用外,大多数组织都可采用。特别是一些复合组织,在外衣设计上应用较多。绒类外衣面料的组织结构则多采用毛圈、衬垫、长毛绒组织等。

3. 毛衫类

毛衫类产品主要指用普通横机、圆机或全成型针织机生产的,采用毛型纱线编织而成的针织服装。它可以通过半成型衣片缝合形成,也可由坯布面料经裁剪缝纫形成,或直接由全成型针织机在机上生产而成。如:各种羊毛衫、羊毛裤裙、羊绒衫、毛衣、毛裤、线衫、毛背心等。大多要求美观、柔软、有弹性、保暖、舒适、风格各异、质地好、色彩丰富、款式新颖、图案别致等。

毛衫类产品主要采用各种纯毛或毛与毛、毛与化纤或毛与其它天然纤维混纺的毛型纱线,组织结构不限。但在产品设计中,除常用纬平针、罗纹外,还较多选用具有毛衫类自己独特风格与用途的组织结构。例如:畦编类、移圈类、毛圈类、空气层、双反面以及各种复合组织等。

4. 专用服装

是指因职业需要在特定场合穿着、有特殊用途要求的衣服。如：专业运动(比赛)服装、舞台服装、各种防护服装(如太空或水中探险服装、反恐服装、特殊职业服)等。这种服用针织品除了常规服用要求外,重要的是必须具有一些特殊性能。如运动比赛服需要特殊的弹性、透气、防水、防风、低空气阻力及运动阻力、安全性等,防护服则要求很强的功能性,如：质轻、高密、高强、高模、阻燃、耐寒、耐高温、隔热、防辐射、耐腐蚀、防毒、防火、抗菌、防弹、耐压、抗静电、耐冲击等。

专用类服装大多采用高性能纤维原料,尤其是芳纶纤维中的 PPTA(商品名 Kevlar)纤维、超高相对分子质量聚乙烯纤维(UHMW - PE)、蜘蛛丝纤维等被很好地开发应用。组织结构较多选择经编类以及经纬编结合的组织。

5. 袜类

袜子的品种很多,其主要功能是保暖、美观、防护。袜品的服用要求是延伸性、弹性、耐磨性好,穿着舒适、外观美丽,有些功能型袜品则有防臭、抗菌、活血等保健功能。

袜类原料选择应根据不同的袜子用途,可采用锦纶、全棉、棉氨、毛、腈纶、棉锦交织等。新品中绢丝和真丝是袜品中的中高档原料,其产品具有糯柔、滑爽、透气等优点。用苎麻纱或麻与其它原料相交织,则可增加袜子的挺括、凉爽、吸湿等特点。袜子多在袜机上成型编织而成,也可在经编机上形成。

6. 手套类

针织手套有用手套机上直接编织而成的成型产品,也有用经、纬编坯布经裁剪缝制而成。其主要作用是保暖、防护、美观。和袜品一样,手套类产品要求服用舒适、耐磨,富有弹性、保形性好、色彩外形美观、图案大方,而对特殊用途手套要求有良好的防护功能。手套原料主要选择棉、毛、锦纶、涤纶、腈纶、氨纶等。

7. 其它

作为既有服用功能又有装饰功能的针织品,还有围巾、丝巾、领带、饰带、花边、帽子、披肩等;具有人体保护作用的有护膝、护胃、腹带等;作为服用针织品辅料的还有衣服衬里、衬布、鞋面及旅游鞋的鞋帮衬料等。其原料选用与组织设计根据用途选择,并按产品各自要求的特性,采用经编或者纬编组织,可以直接在针织机上用成型编织形成,也可通过坯布缝制加工而成。

二、装饰用针织品

装饰用针织品随着人们生活水平的提高而不断发展,其品种繁多,分类各异。下面根据不同装饰特点分类如下：

1. 室内装饰针织品

室内装饰针织品是装饰类针织品中发展最快的。它包括：

（1）窗帘帷幕类

如：各种内帘、遮光帘、纱帘、窗纱、百叶窗、宾馆和舞台用帷幕、室内帐幕等。一般要求装饰性强、悬垂性好、质地优良、富有弹性、色彩图案高雅、外形美观、不褪色、环保,并具有较强的遮光、遮蔽、透光、隔离等功能性要求。窗帘类饰品的原料应用广泛,多以经编针织物为主,也有少量纬编针织品。

（2）包覆用类

如：沙发、床铺(床垫、席梦思)、坐椅等家具的包覆面料或罩套等。要求面料丰满、富有弹性,纬编产品与经编产品各占一半左右,以提花、毛圈、绒类组织较多。冰箱、电视机、空调等罩套及台布类则以经编花边产品为主。

（3）床上用品类

如：床罩、枕套、床单、被套、蚊帐、棉毯、毛毯、毛巾被等，要求卫生、美观、舒适、实用。原料较多采用天然纤维以及化学纤维长丝等。以经编针织品为主。

（4）铺地、贴墙饰品类

如：地毯、墙布、壁挂工艺品玩具、吉祥物等。要求坚牢、丰满、平整、不褪色、环保、美观、隔离、防火、安全、防污等功能，视觉与手感效果好，原料以化纤类为主。在壁挂工艺品中，有相当一部分是在纬编圆机、横机上采用电脑提花技术形成的针织物，而大部分的地面、墙面饰品类多采用经编针织品。

2. 交通工具的内装饰品

交通工具的内装饰一般指汽车、船、飞机等内顶、壁、座椅的内部装饰。这类产品要求有良好的弹性、强度、耐磨性、透气透湿性和外观华丽、可视性好，符合环保要求。原料大多采用化学纤维，甚至一些高性能纤维。织物组织以经编类、绒类为主，有些内饰品，还进行一定的涂层、粘合等后处理。

三、产业用针织品

产业用针织品近年来正在发挥自身独特的优势，以飞快的速度增长，使其在产业用纺织品中占有重要位置。其主要产品有：

1. 针织土工布

如：路面路基建筑、陡坡加强稳定、排水管、泄流毡、水堤防护、堤坝支撑、铁路路基加固、屋顶材料等。

2. 复合材料

如：车、船、飞机、航空航天、头盔、旗杆、叶片等用的夹层和构件。

3. 工业用织物

如：砂轮、砂布、胶带、油毡、天线网、广告牌、帐篷类、运输盖布、输送带、帘子布、帘子线、苫布、船帆等。

4. 网类过滤用织物

如：渔网、养殖网、农作物种植网、包装网、建筑安全用网、采矿用网、遮光网、集装箱安全用网、挡风网、防滑网以及滤尘、滤液、滤纸织物等。

5. 安全防护用具

如：防护帽、防弹背心，隔热、防冻、防辐射等用具。

6. 农用针织品

如：农作物栽培用袋、包装袋、大棚及盖篷材料、农用网等。

7. 医用织物

如：胶布、人造血管、透析用织物、绷带、牵引带、手术辅助材料（缝合线、修补片及其它）、人造器管等。

8. 军用类

如：伪装网、防护掩体沙袋、微波气袋、头盔、防弹背心、武器材料及盖布等。

产业用针织物由于更注重功能性，所以基本上采用化学纤维和高性能纤维，编织以经编生产方式为主。织物结构有平针、网眼、管状、绒类等，也有衬纬衬经、多层缝编、多轴向编织以及形成三维成型构件的,并且大多需要进行特殊的功能性后整理。

第二节　针织产品设计的主要内容

一、设计原则

针织产品设计的基本原则一般遵循以下几点:

1. 需符合产品性能与用途

产品设计只有从所设计的产品性能与用途考虑,才能设计出经济、实用、美观、符合设计要求的针织品。

2. 应以市场为导向

设计的产品能否受市场欢迎,并予以销售消费,是针织品设计的根本目的,所以应予充分重视,并作好产品市场调研。在满足市场的同时,要注意引导市场消费的新产品设计。

3. 利润

任何针织产品的最终设计成功与否,除了满足消费、受市场欢迎外,利润的获得是必不可少的。利润指标是设计应遵循的重要原则之一。尤其是在目前,优质资源开发有限的情况下,更应该考虑提高产品档次,增加产品设计的附加值,以获取更多的利润。

二、设计的主要内容

1. 色彩与图案设计

据流行色资料统计,当前服装及面料的销售,起决定因素的是服装的颜色与面料性能。并通过实验得出色彩与图案对人们的视觉神经系统影响非常明显。从而提出了色彩与图案设计在针织品设计中的不可忽视性。

（1）色彩设计

色彩的三个要素为色相(色别)、彩度(纯度)和明度(亮暗程度)。色彩的选择,根据产品用途、地区特点、生活习惯、审美爱好等确定,色彩设计的技巧在于色彩的选用与色彩的搭配,缺一不可。不同色系的搭配效果是各不相同的,操作中可参考相关的色卡为依据进行选用与搭配,并注意适当重视流行色。设计中应有一定比例的针织品,选择每年的流行主色,以增加产品的亲和性,促进销售。

（2）图案设计

针织品的图案效应可分色彩图案、结构图案、色彩与结构结合图案三种。主要形成方法有:在编织中形成(色纱与组织结构的变化)、在染整中形成、在缝制过程中形成。图案设计的关键是根据用途在实践中积累经验。一般产品可设计成几何图案、动物图案、点缀图案、散点图案、花草美景图案、生活背景图案、抽象图案等。

2. 纱线设计

纱线设计是针织品设计的重要内容。它包括:原料(纤维)选用、纱线线密度及纱线结构与表面性能的确定、纱线性能对面料综合性能(含物理指标)与外观的影响、纱线与针织品加工工艺参数的关系等。

3. 组织结构设计

组织结构设计主要考虑不同组织结构所产生的布面质量、性能及外观花色效应的关系,并分析组织结构在现有设备上织造的条件是否可能以及对最终产品的物理性能的影响。

4. 产品成品物理指标设计

产品最终物理指标设计主要根据客户来样要求或按所设计产品的用途要求进行计算、估算或试制后确定。如：面密度、强度、弹性、缩水率、色牢度等以及相关的功能性指标。

5. 生产设备及上机工艺参数设计

生产设备及上机工艺产数设计是为了能生产出符合成品质量、外观及综合性能的生产设计。是设计中工艺技术含量很高的一项设计内容，应予充分重视。一般有：机型、机号、织物密度、线圈长度、花型上机工艺编排、电脑程序设计以及成型产品中的规格、款式、成型形成方式设计等。

6. 生产工艺流程设计

生产工艺流程设计是使所设计产品能合理、有效、有序、高质量地完成生产加工的重要保证。不同的生产工艺流程方案决定设计产品的不同预期目标，它包括：生产环节及过程、每个环节的工艺要求、各环节的先后次序等，并应特别注意高效、合理、科学。

7. 染整生产设计

染整生产的设计在针织品设计内容中，对针织品的质量和性能起着非常重要的作用。它包括前处理方式、染色工艺、定型整理、印花、拉毛、起绒、割绒、烂花、预缩整理以及对有高性能要求的织物进行特殊功能后整理等。并应特别加强环保意识以及染整新技术与新设备的应用，使产品更好地和国际市场接轨，顺利通过欧美发达国家的"绿色壁垒"。

8. 成衣(成品)生产设计

成衣(成品)生产设计的作用，主要是使针织最终产品具有直接使用价值。它应该根据成品用途与形式进行设计。其设计内容包括：款式与配色设计、裁剪打样设计、规格设计、缝制工艺设计、熨烫工艺及附件设计、裁剪缝制设备与加工生产工艺设计等内容。并应重视选用先进的成衣(成品)设备，以提高最终针织品的产品档次。

9. 其它设计

其它设计包括：成本核算、利润、产品包装、生产环境、环保措施、销售方式等设计内容。

第三节　针织产品设计的主要方法

一、设计依据

针织品的设计方法有好几种。设计的主要依据是：

1. 产品用途

产品用途是产品设计的直接依据。

2. 市场与消费

在满足产品用途的前提下，应重视产品如何更好地受市场欢迎，并应考虑消费习惯、消费心理与消费趋向为依据进行相关设计。

3. 产品规格

依据产品规格设计，是使产品最终具有使用价值和实际购买力的重要保证。若忽视这方面的依据或比例不当，则会造成产品严重积压，带来直接经济损失。

4. 原料渠道及原料供应

原料能否保证以及原料供应单位的信誉、原料质量与品种,是产品能否顺利生产的必要条件,是产品设计中不可缺少的依据之一。

5. 设备与生产能力

设备(机型、技术条件等)及其数量形成了可生产产品的能力,是完成所设计产品的必需因素。因此,它和原料一样,是重要的设计依据。

6. 利润

利润作为产品生产的重要目的之一,自然成为设计依据。设计中可依据不同的利润指标,对产品进行不同的设计,也可以设计出最好的产品,以获取更高的利润。不管选择哪一种,利润始终是必须考虑的因素。因为,它决定着企业生存与发展,也是产品设计是否合理、成功的标志之一。

二、设计方法

针织品的生产与销售方式决定针织品的设计方法。目前,根据各企业的情况,大致有三种设计方式。

1. 仿制设计

仿制设计是指根据来样(客户提供或自己搜集均可),对来样进行分析、测试、研究后,按来样制定生产工艺的一种设计方法。

来样形式以成品为主,有服装、成形产品、面料等,也有提供毛坯织物或照片的,后者对分析与设计带来难度。

仿制设计的重点在来样分析上,难点是需要有丰富的实践经验和认真的精神。一般可按分析结果确定产品类别与用途、原料(含纱支、纱线等)与组织结构、生产设备、上机参数、染整工艺、成品工艺及其它等,进行初步设计,接着,按初步设计工艺进行试织。在试织的同时,需不断地进行对照与测试,并予以调整,直至和来样相符(或客户满意)后,最终产生可批量投产的设计工艺文件(工艺单)。仿制设计在针织产品与企业生产中占有相当大的比例,即订单式生产。

2. 改进设计

改进设计是指在来样的基础上,对来样性能或外观进行一定改变的一种设计方法。

改进设计的重点在来样改变上,难点是怎样改变。对来样进行一定改变的目的一般有两种,一种是分析来样的某些性能与外观后认为不够理想,通过改进设计,使原有的性能或外观更佳。另一种则是对来样加工有一定困难,无法满足原有要求,通过改进设计,作适当的变换,使产品尽可能接近原有产品的性能或外观。不管哪种情况,其设计方法是一样的,即在分析来样的基础上,对原料品种、部分花型、某些工艺参数、工艺流程、生产环节、成品参数指标等作一定调整,并制定出改进设计工艺,然后生产出样、样品分析论证、样本认可、最后批量投产。

3. 创新设计

创新设计是完全自由的一种设计方法。它没有什么约束,但需要市场信息量大,要很好把握产品流行趋势与发展方向,设计思想新颖、视角切点独特、设计条件良好。尤其是作为创新设计的产品,一定要在应用新工艺、新技术、新原料、新设备、新款式等方面有至少一项或以上的突破。

企业中创新设计的可能与否,一般在名牌企业对品牌产品的设计上有较高要求。因为,在树立名牌企业形象上,每年推出创新产品,其本身就具有很大的品牌广告效应而被重视。

第三章　纬编针织物组织与花色效应

针织产品设计中,针织物的组织结构设计是一项重要的设计内容。本章主要介绍各种纬编针织物组织的结构定义、主要性能与可形成的花色效应以及生产这些针织物组织的设备等,使人们在产品设计时可对不同针织物组织进行合理的选择与应用。

第一节　纬编针织物组织的表示方法

为了直观地反映针织物组织的结构以及编织方式,目前,常用线圈结构图、意匠图和编织图等来表示纬编针织物的各种组织。

一、线圈结构图

用图形直接绘制出针织物线圈的形态及相互配置状况的示图称线圈结构图。如图1-3-1所示,图中(1)、(2)分别为单面提花织物的正、反面。线圈结构图的优点是直观、清晰,可用作表示较简单的针织物组织,或者用于针织物组织形成与结构性能的分析与研究。缺点是绘制不方便,对线圈结构复杂的组织不太适用。

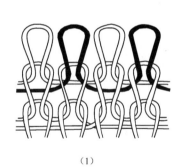
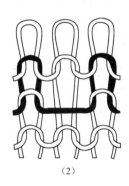

(1)　　　　　　　　　　　　　　　　　　(2)

图1-3-1

二、意匠图

意匠图是把针织物内线圈相互组合的规律,用规定的符号在小方格纸上表示出来的一种示图。每一个方格代表一只线圈,其纵向组合的方格表示线圈纵行,横向组合的方格代表线圈横列。方格内可用各种符号来分别表示编织的意义,如成圈、集圈、提花以及各种不同颜色、不同性能的纱线等。方格中的符号表示何种编织状态或哪种纱线编织时,应在意匠图的下方予以注明,如:⊠—编织黑纱,□—编织白纱,·—编集圈等,也可用:○—表示编织,□—表示浮线,⑪或⊠—表示集圈等,这些符号的意义由设计者自行设计确定。意匠图方格一般由下往上依次为第一、二、三……第 N 横列,并在每一横列上依次注明进纱路数序号,方格从左往右(也可从右往左)依次为第 1、2、3…N 纵行(针)数。

如图 1-3-2 所示,图中 4 个横列、4 个纵行和 8 路进纱为一完全组织,⊠—表示编织 A 颜色纱,□—表示编织 B 颜色纱。该图表示两色提花组织。

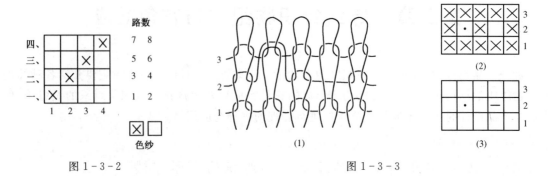

图 1-3-2   图 1-3-3

图 1-3-3 所示为单面素色集圈提花组织。与图(1)线圈结构图相对应的图(2)意匠图中可以看到,第一路进纱编第一横列,5 个纵行上的每一枚针均参加编织用 ⊠ 表示。第二路进纱编第二横列,其中第 1、3、5 纵行织针编织成圈,用 ⊠ 表示,而第 2 纵行针集圈,用 · 表示,第 4 纵行针不编织(浮线),用 □ 表示。第三路进纱与第一路进纱相同。由此三路进纱完成一完全组织花型。而图(3)所示的意匠图同样与图(1)线圈图相对应,但其表示符号却不同。如图中所示:□ 表示编织,— 表示不编织,· 表示集圈。

用意匠图表示纬编针织物组织的方法简洁方便,较适合于提花组织、集圈组织等,特别是用在一完全组织循环数多的、有较大花型组织的花纹设计与分析上。

三、编织图

编织图是把织针排列与纱线配置按编织顺序及状态用图示表示的一种方法。比较适合于表示编织状态复杂,但完全组织花型不大的纬编针织物组织。尤其是双面针织物组织及复合组织等,用编织图表示比较清楚。

如图 1-3-4 所示,图中"|"表示织针,"Ⴍ"表示针(下针针筒针)编织成圈,"Ⴤ"表示下针集圈,"T"表示该下针浮线。并依次写上进纱顺序号和织针顺序号。用编织图表示时,需要画全、画完整一个完全组织所需要的进纱数、织针数及编织状态。图 1-3-4 中所示是 6 路进纱、6 个横

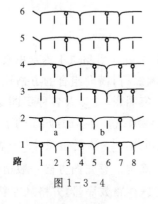

图 1-3-4

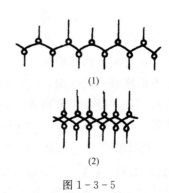

图 1-3-5

列、8个纵行为一完全组织的单面素色集圈提花组织。由成圈、集圈、浮线三种编织结构组成。

图1-3-5(1)所示为1+1罗纹组织编织图,图(2)为双罗纹组织编织图。

当有些组织中需要抽去某些织针时,则其编织图中的织针排列应在抽针处用空针符号"0"表示,如110110,表示每隔两针抽(空针)一针。

四、三角配置图

三角配置图是用各路成圈系统三角的变化配置示图来表示织针编织状态的一种方法。大多用在多针道编织花色组织中。常用编织符号及三角配置的表示方法如表1-3-1所示。

表1-3-1 常用编织符号及三角配置图

编织状态	成圈符号	三角排列标志	编织状态	成圈符号	三角排列标志
正面线圈成圈	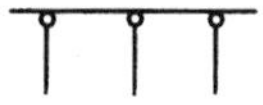	∧	反面线圈成圈		∨
正面线圈集圈		⌒	反面线圈集圈	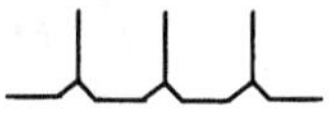	⌣
正面不成圈	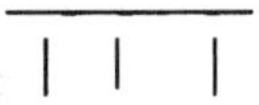	—	反面不成圈	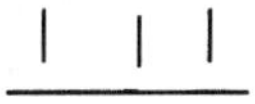	—

纬编针织物组织的表示方法,在日常产品设计与分析中以及制定生产工艺上,应根据不同组织特点灵活选择最能清楚、简便、恰当反映该组织的表达方法,有时也可自行设计几种符号加以说明,或者把几种表示方法结合使用效果更好。表1-3-2为几种常用纬编组织的表示方法,供设计中选用。意匠图中"×"表示正面线圈,"0"表示反面线圈。

表1-3-2 常用纬编组织表示方法

名 称	线圈结构图	意匠图	编织图
平 针 组 织（正面）	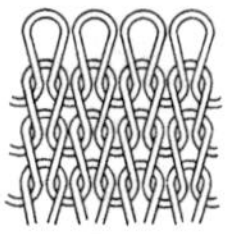	× × × × × × × × ×	
平 针 组 织（反面）	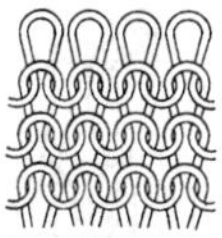	0 0 0 0 0 0 0 0 0	
罗 纹 组 织（1+1）	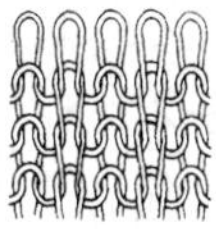	× 0 × 0 × 0 × 0 × 0 × 0	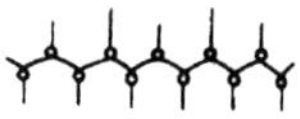
双反面 组 织（1+1）	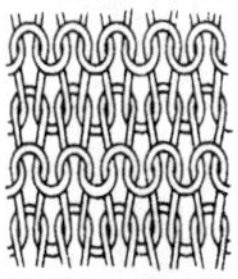	× × × × 0 0 0 0	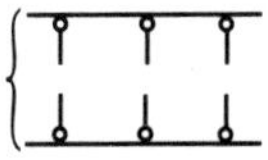
双罗纹 组 织	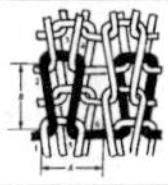	0 0 × ×	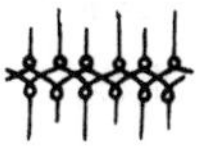

名　　称	线圈结构图	意　匠　图	编　织　图
集　圈 组　织		0 0 0 0 0 · · 0 0 0 0 0	Y Y Y Y 或
提　花 组　织 （单面）		☓ ☓ ☓ ☓	白纱 黑纱 白纱 黑纱
移　圈 组　织 （纱罗）		0 0 0 0 → ⓪ 0 0 0	
衬　垫 组　织		0 0 0 · · 0 0 0 · ·	或
添　纱 组　织		0 0 0	

第二节　纬编针织物基本组织与效应

一、纬平针组织

1. 结构定义

纬平针组织是由连续的、结构相同的单元线圈串套而成的单面纬编基本组织，如图 1 - 3 - 6 所示。图（1）为纬平针组织正面，图（2）为纬平针组织反面。

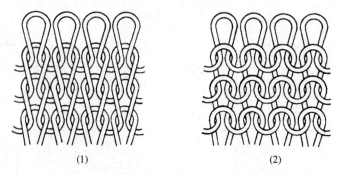

(1)　　　　　　　　　　　　　　(2)

图 1 - 3 - 6

2. 主要性能与花色效应

纬平针组织的主要性能是：线圈易歪斜，卷边性明显（织物横列边缘卷向织物正面，纵行边缘卷向织物反面），脱散性大，延伸性大，并可形成结构、光泽明显不同的正、反面效应。若适当加入弹性纱线，可形成绉面（平针泡泡纱）效应。纬平针组织一般是内衣类、袜类等的首选组织。

3. 编织设备

纬平针组织的主要编织设备为单面纬编针织机，如横机、台车、单针筒圆纬机、单针筒袜机等。

二、罗纹组织

1. 结构定义

罗纹组织是由正面线圈纵行与反面线圈纵行按一定间隔交替配置而成的双面纬编基本组织，如图1-3-7所示。图(1)为1+1罗纹，图(2)为2+2罗纹。

2. 主要性能与花色效应

罗纹组织的主要性能是织物横向延伸性大、弹性好，且弹性大小取决于正、反面线圈纵行的不同配置，其中1+1罗纹弹性最好。由于反面线圈纵行的隐潜，罗纹织物在相同针数下比其它织物宽度缩小、厚度增加，整个布面无明显卷边，罗纹组织利用不同纵行配置可形成纵向凹凸条纹，利用色纱可形成彩横条，最适宜作衣裤的领口、袖口、下摆、裤口、袜口以及弹力衫裤、健美服等。

3. 编织设备

罗纹组织的主要编织设备有双面罗纹针织机、小罗纹机、横机等。

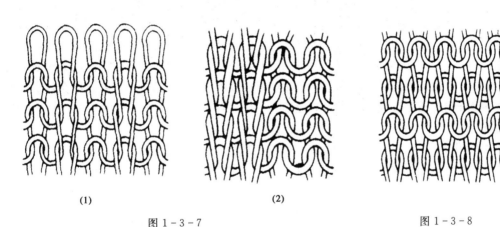

(1)　　　　　　　　(2)

图1-3-7　　　　　　　　　　　　　　图1-3-8

三、双反面组织

1. 结构定义

双反面组织是由正面线圈横列与反面线圈横列按一定间隔交替配置而成的双面纬编基本组织，如图1-3-8所示。图中是由一个正面线圈横列和一个反面线圈横列交替配置而成的1+1双反面组织。

2. 主要性能与花色效应

双反面组织的主要性能是织物纵向弹性好，且纵向弹性的大小与正、反面线圈横列的不同组合有关，其中1+1双反面组织纵向弹性最好。由于正面线圈横列的隐潜，使双反面织物在相同横列数下比其它织物长度缩短，厚度增加。织物的脱散性同纬平针。双反面织物根据正反面线圈横列的配置不同以及正、反面线圈按花型要求选针组合后,可形成凹凸横条及凹凸几何图案。若采用色纱可形成凹凸彩条等效应。适宜作羊毛衫、围巾、手套、儿童毛衫、毛袜等织物。

3. 编织设备

双反面组织的主要编织设备有双反面针织圆机、双反面针织平机、双针筒袜机和电脑横机等。

四、双罗纹组织

1. 结构定义

双罗纹组织是由一个罗纹组织的纵行间配置了另一个罗纹组织纵行的双面纬编变化组织,

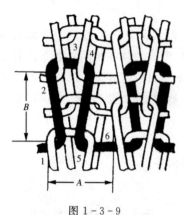

图 1 - 3 - 9

如图1-3-9所示。图中是两个1+1罗纹彼此呈正反线圈纵行相对配置复合而成的双罗纹(也称棉毛)组织。双罗纹组织也可因罗纹种类的不同配置而不同,如2+2双罗纹组织、2+1双罗纹组织等。

2. 主要性能及花色效应

双罗纹织物具有厚实、挺括,表面平整、结构稳定,在相同针数下幅宽小于纬平针、大于罗纹,延伸性、弹性、脱散性小于罗纹,织物强度高等特点。由于双罗纹组织中一个横列需2路成圈系统编织(即编两个单罗纹)复合而成,故当一根纱线断裂时,织物只在布的一个面上出现疵点,另一面不会产生破洞。双罗纹组织中的两个罗纹之间的线圈高度在同一横列上约相差半个圈高。另外,双罗纹组织可用抽针的方式形成双罗纹凹凸纵条,也可采用双罗纹中两个罗纹的纱线颜色不同或纱线原料上色性能不同及外形结构不同,形成彩色纵条纹。若抽针加色纱一起搭配后还可形成各种方格效应等。双罗纹组织多用于棉毛衫裤、T恤、针织时装、运动服装等。

3. 编织设备

双罗纹组织的主要编织设备是各种双罗纹(棉毛)针织机。

第三节　纬编针织物花色组织与效应

一、提花组织

1. 结构定义

提花组织是将纱线按花纹要求垫放在所选择的某些针上进行编织成圈的一种花色组织,如图1-3-10所示。图(1)、(2)为单面提花组织,图(3)、(4)为双面提花组织。

2. 单面提花组织

(1) 种类

单面提花组织是在单面组织基础上只在一个面上形成花型的组织。它根据被选织针编织的线圈大小不同可分为结构均匀提花(即正面提花线圈大小相同,如图1-3-10(1)所示)和结构不均匀提花(如图1-3-10(2)所示)。也可以按形成花纹的色纱数多少分为单色提花(如图

1-3-10(2)所示)和多色(双色及以上)提花(如图1-3-10(1)、(3)、(4)所示)。

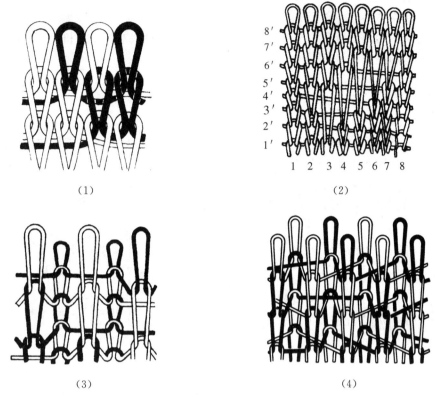

图1-3-10

（2）主要性能与花色效应

单面提花组织的主要特性是正面可形成色彩图案或凹凸花形。尤其在结构不均匀单面单色提花中，因拉长线圈在连续不编织后被抽紧，使编织的平针线圈凸出，从而使织物表面形成凹凸绉效应。单面提花织物卷边性明显，其织物反面可分有浮线和无浮线(无虚线)两种，有浮线的单面提花织物横向拉伸性小，织物强度下降，服用性能较差，无浮线的则性能较好。单面提花组织较多用在各种针织服装、毛衫、袜类等针织品中。

（3）编织设备

单面提花组织的编织设备主要是单面提花圆机、单面提花袜机、横机等。无虚线提花主要在电脑横机上编织。

3. 双面提花组织

（1）种类

双面提花组织是在双面组织基础上，可在一个面上也可在两个面上形成花型的组织。在实际生产中多采用一面提花作效应面，另一面不提花的为工艺反面。双面提花组织按正面形成花型的不同可分普通提花和胖花(某些横列的正面线圈有单独编织的)两种；按反面编织方法不同可分完全提花(即对每一路进纱，上针全部参加编织的，如图1-3-10(3)所示)和不完全提花(即对每一路进纱，上针一隔一轮流参加编织的，如图1-3-10(4)所示)。双面提花组织和单面提花组织一样，可按色纱数多少分为素色提花和多色提花。

（2）主要性能与花色效应

双面提花组织具有织物厚度厚、弹性好、强度高、织物挺括、不卷边、花型清晰、脱散性小等特点,并可形成各种色彩图案与凹凸花纹效应。

(3) 编织设备

双面提花组织的编织设备主要是双面提花圆机、双反面机、双针筒袜机、提花横机以及这些设备中的各种电脑提花针织机。

二、集圈组织

1. 结构定义

集圈组织是指在针织物的某些线圈上,套有一个或几个未封闭的悬弧的组织,如图1-3-11所示。图(1)为单面集圈组织,图(2)为双面集圈组织。

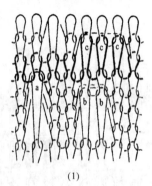 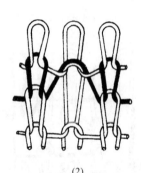

(1)   (2)

图1-3-11

集圈组织根据每一横列同时被集圈的相邻针数的多少可分为单针集圈与多针(两针及以上)集圈。又根据集圈中同一针上线圈连续不脱圈次数即旧线圈上悬弧数的多少分为单列(一只悬弧)集圈与多列(两只及以上悬弧)集圈等。如图1-3-11(1)所示,图中a处为单针三列集圈,b处为双针双列集圈,c处为三针单列集圈。

2. 集圈种类及主要花色效应

集圈组织可分单面集圈和双面集圈两种。

(1) 单面集圈组织

单面集圈组织是在单面组织基础上形成的。它通过不同的集圈排列与色纱配置,可使织物表面具有多种色彩效应与结构效应。常见的有:图案、色彩、网眼、凹凸以及绉(泡泡纱)效应等。一般集圈列数愈高(以不超过5列为宜),凹凸效应愈明显,织物网孔增大;当集圈在整个布面呈不规则散点状分布时,则可形成布面绉效应;当集圈花纹按图案要求分布时,则可形成图案效应,如图1-3-12所示,为菱形图案;当集圈采用色纱编织时,利用悬弧总是被拉长的(不脱圈)线圈所遮盖而呈现在织物反面的特点,便可产生花纹所要求的色彩效应,如采用图1-3-13所示的编织方式,便可产生黑白纵条纹效应。

(2) 双面集圈组织

双面集圈组织是在罗纹组织或双罗纹组织的基础上形成的集圈组织。最常见的有半畦编和畦编两种。

① 半畦编组织 如图1-3-14所示。图(1)、(2)分别表示线圈结构图和编织图,图中两个横列为一个完全组织。从图(2)可看出,上针为单针单列集圈,形成拉长线圈。下针为平针线圈,织物的下针这一面将出现凹凸横条效应。

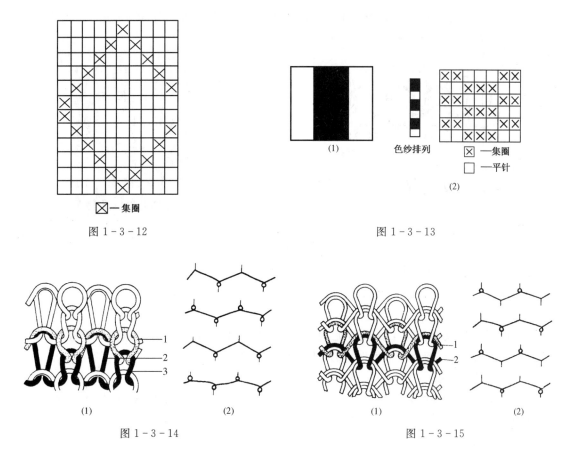

图1-3-12

色纱排列

⊠一集圈
□一平针

(2)

图1-3-13

(1)　　　(2)　　　(1)　　　(2)

图1-3-14　　　　　　　　　图1-3-15

② 畦编组织 如图1-3-15所示。图中也是两个横列为一个完全组织。与半畦编组织不同的是,下针与上针均为交替单针单列集圈,即两面都有集圈,见图(2)编织图。其织物横向宽度及厚度与半畦编相比较均明显增加。

3. 集圈组织主要性能

(1)集圈组织织物与一般织物相比,在其它条件相同时,织物的宽度和厚度增大,长度缩短,织物脱散性较小。

(2)织物横向延伸性较小,织物强度下降。

(3)织物容易勾丝起毛,手感较一般织物粗糙,外观有粒子状。

(4)织物最主要的花色效应为网眼、凹凸、色彩图案、绉效应等。

4. 编织设备

集圈组织的编织设备很多,一般可在台车、单双面多针道圆机、横机、全成形电脑圆机、袜机等针织机上编织。

三、添纱组织

1. 结构定义

添纱组织是指针织物的全部线圈或部分线圈,由一根基本纱线和一根或几根附加纱线一起形成的组织。可分普通添纱和花色添纱两个大类。

如图1-3-16所示,图(1)为普通添纱组织,即在针织物的每一个线圈上均有附加纱线2和基本纱线1组成。图(2)为花色添纱组织,它是按花纹设计要求,通过选针使在某些线圈上有附加纱线（见 2 -黑纱），而另一些线圈上没有附加纱线，只有基本纱线（白纱）的组织。添纱组织可在任何单、双面针织物组织基础上形成。

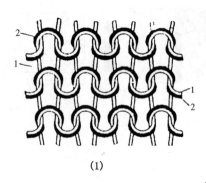 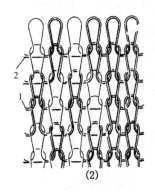

(1)   (2)

图 1 - 3 - 16

2. 主要性能与花色效应

采用添纱组织形成纬编针织物花色效应是很广泛的。其主要有：

（1）形成色彩花纹

由添纱组织形成的色彩花纹最常见的是：在地纱与添纱双股线方式编织时产生夹色（杂色）效应。当添纱按花型要求选针时，则产生图案花色效应。

（2）形成结构花纹

若添纱组织中的地纱、添纱采用素色纱线但经过选针形成花色添纱时，因没有添纱处的织物较薄、添纱处织物较厚而被凸出在织物表面形成了布面外观凹凸的花型。

（3）形成两面效应

利用不同纤维纱线或不同外观、不同色彩的纱线分别编织地纱（呈现在织物反面）与添纱（作面纱在织物正面），使织物呈现正、反两面外观或性能不同的两面效应。由于按用途不同设计的两面效应织物，具有明显的正、反面外观与性能不同的特点，所以在很大强度上提高了添纱织物的服用性能。

（4）形成结构与色彩结合的花纹效应

若采用色纱（或性能不同的）地纱与添纱编织，并同时作选针花色添纱而不是普通添纱的话，则织物上呈现既有色彩图案又有结构凹凸的花纹效应。

（5）形成绣纹或蜂巢效应

当地组织采用较细纱线，添纱采用较粗纱线（或花色纱线）编织出较紧密花色添纱织物时，在无添纱线圈的地纱线圈处，呈稀薄状，有透孔感，而有添纱处线圈则厚凸在织物表面，呈现立体绣纹状。若添纱规律设计成网状花纹或图案花纹，则可形成具有蜂巢效应的网眼外观以及类似烂花效应的烂花织物。

（6）普通添纱组织的特性基本与原来的地组织相似，但因有两根或以上纱线形成，其织物强度提高，而花色添纱组织因按花纹添纱的不均匀性，织物强度以及织物的延伸性和脱散性较小。

3. 编织设备

编织添纱组织的设备与其编织未添纱时的原组织基本相同，如纬平针添纱的则在单面机上编织，罗纹添纱的则在罗纹机上编织等，关键在于导纱器的不同功能与应用。如地纱、添纱的编织一般采用一只导纱器上有两个孔眼（分别供地纱与添纱）的，也有用两个导纱器来完成的。花色添纱则需专门选针机构以及采用特殊沉降片等来实现。

四、衬垫组织

1. 结构定义

衬垫组织是在纬平针或添纱纬平针组织基础上将一根或几根衬垫纱按一定比例在织物的某些线圈上形成不封闭的悬弧,在剩余的线圈上呈浮线停留在织物反面的组织。可分平针衬垫组织和添纱衬垫组织。

（1）平针衬垫组织

图 1-3-17 为平针衬垫组织,其中图(1)为织物工艺正面,图(2)为织物工艺反面。图中地纱 1 编织纬平针,衬垫纱 2 按一定比例形成悬弧与浮线,如图(1)中悬弧比浮线为 1:1,也可按 1:2、1:3 等不同比例垫纱。目前生产中用得较多的是 1:2。浮线处通过拉毛形成起绒织物。

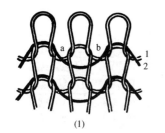 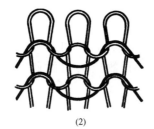 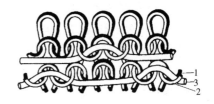

　　　　(1)　　　　　　　　　　　　(2)

　　　　图 1-3-17　　　　　　　　　　　　　　　图 1-3-18

（2）添纱衬垫组织

图 1-3-18 为添纱衬垫组织,由面纱 1、地纱 2 和衬垫纱 3 编织而成。地纱 2 与面纱 1 形成添纱纬平针,衬垫纱 3 按一定比例(图中为 1:3)形成悬弧与浮线。与平针衬垫中衬垫纱处在沉降弧上易显露在正面纵行间不同,添纱衬垫组织中的衬垫纱处于地纱的沉降弧上、面纱的沉降弧下,而被夹在中间。这样,不仅增加了衬垫纱在布面上的固着牢度,而且因衬垫纱被面纱遮盖而不显露在织物正面,因此改善了织物外观。所以,生产中大多采用添纱衬垫组织。

2. 主要性能与花色效应

衬垫组织在纬编针织物中应用很广,主要用在绒布类面料以及休闲、保暖等服装,其主要特性与花色效应有:

（1）织物脱散性较小,有破洞后不易扩散,横向延伸性较小,织物的宽度、织物的厚度和保暖性均增加。经拉绒后,织物形成的绒面使手感更加柔和。

（2）衬垫组织的花色效应较多取决于衬垫纱的纱线性质、垫纱比及垫纱位移方式。改变衬垫纱的垫纱顺序、垫纱比例、垫纱根数时,可织得各种具有凹凸效应的结构花纹,如图 1-3-19 所示。图(1)垫纱比 1:2,垫纱方式为位移式,可形成斜纹外观;图 2 垫纱比 1:2,垫纱方式为直垫式,可形成凹凸纵条花纹;图 3 垫纱比为 1:3,垫纱方式为混合式(直垫式与位移式交替),可形成凹凸方块效应。若采用结构不同的如膨松、卷曲、竹节等外观的衬垫纱时,则布面的凹凸效应会更加明显。

当垫纱比按工艺要求在编织中进行改变时,则因浮线长度的不同可形成各种不同几何图案,如图 1-3-20 所示。因衬垫纱 A 的垫纱比变化,出现了图中 1、2、3、4 处浮线长度的不同,由此形成了斜方形的凹凸花纹图案。但应指出其浮线长度不可太长,以免产生勾丝及影响织物

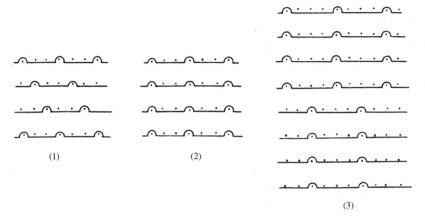

(1)　　　　　　　　　(2)

(3)

图 1 - 3 - 19

延伸性和衬垫纱的固着牢度。

（3）采用色彩不同的衬垫纱在一定排列组合后，可形成不同效果的彩色花纹。经拉绒后这种色彩效应会更朦胧漂亮。

3. 编织设备

衬垫组织的编织设备主要有单面圆纬机（普通多针道和三线衬垫针织机）和针织台车。两者所编织的衬垫组织的质量与性能会有所差异，一般布面质量以单面舌针衬垫圆机编织的为好，而织物弹性则以台车编织的为较好。

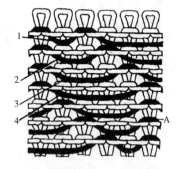

图 1 - 3 - 20

五、毛圈组织

1. 结构定义

毛圈组织是指在针织物的一面或两面带有拉长沉降弧的组织。可分普通毛圈组织和花色毛圈组织两大类，每一类毛圈组织中又可按织物一面有毛圈（拉长的沉降弧）还是织物正、反两面都有毛圈而分为单面毛圈组织和双面毛圈组织。

图 1 - 3 - 21 所示为单面普通（横条纹效应）毛圈组织，即织物的每个线圈上均有拉长的沉降弧。图中白纱为地纱，黑色、麻色两纱为毛圈纱，毛圈呈现在织物的反面。

图 1 - 3 - 22 是单面花色毛圈组织，即在织物上只有被选针的线圈上有毛圈，其它线圈上没有毛圈（见不拉长的沉降弧 a 所示）。

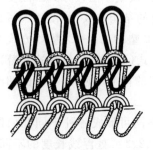
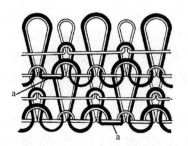
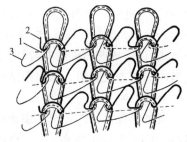

图 1 - 3 - 21　　　　　　　图 1 - 3 - 22　　　　　　　图 1 - 3 - 23

图 1-3-23 是双面普通毛圈组织,毛圈在织物的两面形成。图中纱线 1(虚线所示)形成平针地组织,纱线 2(黑纱)形成拉长的沉降弧,呈现在织物正面,纱线 3(白纱)形成拉长沉降弧呈现在织物反面,从而使两面都有毛圈线圈。若在此基础上,选择其中一个面线圈进行选针或采用色纱配置形成毛圈时,则可得双面花色毛圈。

毛圈组织的地组织可以是纬平针组织,也可以是罗纹等双面组织。

2. 主要性能与花色效应

(1) 利用毛圈的大小(即沉降弧被拉长的高度)、排列或颜色的不同,可形成素色毛圈、凹凸(浮雕)毛圈、彩色(图案)毛圈等效应以及该几种效应相结合的花纹。

(2) 毛圈组织具有良好的吸湿性、保暖性以及舒适、柔软、厚实、悬垂性好的特点。宜做内、外衣及其它服饰。

(3) 毛圈组织易受钩丝、抽拉,应增加织物密度,防止毛圈纱被抽拉而影响织物外观。

(4) 对毛圈长度大的,一般可做割圈(剪毛)式毛圈,形成天鹅绒类织物,其在服装和装饰中使用广泛。

3. 编织设备

毛圈组织是由地纱和毛圈纱一起编织形成。其编织的关键是让毛圈纱形成拉长的沉降弧,编织的主要机件是应用一个沉降片上有两个不同高度片颚(片鼻)的沉降片或用二片不同高度的沉降片(双沉降片)来完成。它可以在单、双面毛圈针织机上编织。

一般带有上述特殊沉降片技术编织毛圈组织的机器也称毛圈针织机。可分普通毛圈针织机、提花毛圈针织机、电脑提花毛圈机等。

六、长毛绒组织

1. 结构定义

长毛绒组织是用纤维束或者毛绒纱与地纱一起喂入进行编织成圈,并使纤维束或毛绒纱(经割断后)的头端显露在织物表面(一般在反面)形成绒毛状的组织。如图 1-3-24 所示,长毛绒组织一般在地纱编织纬平针组织上形成。毛绒形成结构上它有两种方式,一种是纤维束喂入式,如图中所示,白纱编地组织,黑色为纤维束,并使纤维束两端拉成竖立的毛绒状。另一种为毛绒纱喂入式,将喂入的毛绒纱线圈中的沉降弧割断并使两头端竖立在织物表面。其结构特点是除了地组织线圈外,长毛绒线圈上没有沉降弧。

图 1-3-24

2. 主要性能与花色效应

(1) 利用不同性质的纤维进行编织时,因喂入的毛绒纤维(或纱线)的长短、粗细、外观不同,使停留在织物表面的纤维长短、色纹不一。形成长、粗的纤维做毛干和短、细的纤维做绒毛的高低两个层面,使色彩与结构性能更接近天然毛皮效应。

(2) 长毛绒织物手感柔软,保暖性、延伸性和弹性好,织物较耐磨,织物的面密度比天然毛皮轻。如采用腈纶纤维束制成的人造毛皮,则重量比天然毛皮轻 50%。

(3) 存在毛绒脱落现象,应提高地组织密度以及采取相关的后整理措施。

3. 编织设备

编织长毛绒组织因毛绒喂入方式不同而不同。若用毛绒纱喂入编织,则在双针筒圆机上编织毛圈组织,然后在机上割断沉降弧即可;如用纤维束喂入,则要用专门的毛皮针织机编织。特点是每个成圈系统中对应一套喂毛梳理机构完成。编织提花(花色)长毛绒时,应通过电子选针机构,对每一纤维束梳入区的织针进行选针以获得相应颜色不同的纤维束,形成花色效应。

七、纱罗组织

1. 结构定义

纱罗组织是在单、双面纬编基本组织的基础上,按花纹要求将某线圈移到另一线圈上或线圈纵行转移的组织。

纱罗组织也叫移圈组织,按被形成的基本组织不同可分单面纱罗组织和双面纱罗组织。

(1)单面纱罗组织 单面纱罗组织是指纬平针基础上有移圈线圈的组织,如图1-3-25所示。图(1)是一个线圈被移至相邻纵行线圈(即两线圈合并成一个线圈),产生孔眼效应。图(2)是两相邻线圈转移(交换)纵行位置,图1-3-26是四相邻纵行线圈两两交换移圈,使纵行扭曲,产生绞花效应。

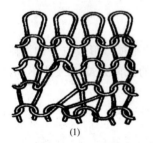
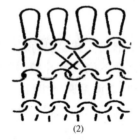
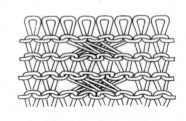

(1) (2)

图1-3-25　　　　　　　　　　　　　　图1-3-26

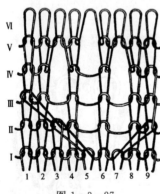

图1-3-27

(2)双面纱罗组织 双面纱罗组织是指在罗纹或双罗纹组织基础上将某些线圈转移的组织。图1-3-27所示为一罗纹移圈组织,图中第5个正面纵行线圈移至第3纵行上,后又移至第1纵行(左移),而第7个正面纵行的线圈则移至第9纵行(右移)。

此为线圈按花纹要求在同一针床上按不同方向移圈,也可把下针床织针(一般指正面纵行)的线圈移至上针床织针(一般指反面纵行)的线圈上。

2. 主要性能与花色效应

(1)纱罗组织的性质与它的基础组织相近,但强度有所下降。

(2)纱罗组织的主要花色效应是形成孔眼以及按花纹要求选针移圈后,形成用孔眼排列起来的图案花型,如菱形、方块、水波纹等。

(3)移圈经适当组合,可形成凹纹凸棱以及纵行扭曲等花纹效应。

(4)利用纱罗组织移圈的性能(即相当于两针并一针的收针原理),可用于成形织物的编织。

3. 编织设备

纱罗组织可在横机和圆纬机上编织,由带有移圈装置(如移圈三角座、选针装置、带有扩圈片的织针等)的针织机完成。

八、菠萝组织

1. 结构定义

菠萝组织是将某些线圈的沉降弧与相邻线圈的针编弧挂在一起,并被新线圈一起串套的组织。它可在单面组织基础上形成,也可在双面组织上形成。沉降弧可挂到相邻的一只线圈上,也可以挂到两只线圈上。如图 1-3-28 所示,图中第一横列上第 3、4 纵行间的沉降弧套在纵行 3 线圈上,第二横列的第 1、2 纵行间的沉降弧套在 2 纵行上,而第 3、4 纵行间的沉降弧则套在 3、4 两个纵行上。

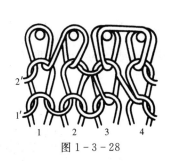

图 1-3-28

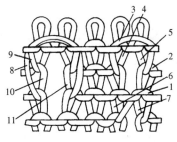

图 1-3-29

图 1-3-29 是以平针为基础,沉降弧多次连续套在相邻线圈上形成的一种菠萝组织。图中 10、11 线圈纵行的沉降弧 8 先被拉长到两个横列高度,再与下一横列上的沉降弧 9 一起套到两枚针上,如此重叠并拉伸,使线圈 10、11 变得很小,织物呈现孔眼与凹凸结构外观。

2. 主要性能与花色效应

(1) 菠萝组织的织物强度较低,易产生破洞,但织物的透气性好。

(2) 织物主要花色为孔眼与层叠凹凸效应,织物厚度增加。

3. 编织设备

编织菠萝组织的关键是沉降弧的转移,所以菠萝组织一般是在针盘或者针筒上带有专门的转移钩子(或用薄片)的针织机上完成。

九、衬经衬纬组织

1. 结构定义

衬经衬纬组织是在单、双面针织物的基本组织中衬入不参加成圈的经纱和纬纱的组织。可分衬经织物、衬纬织物及衬经衬纬织物三种。

如图 1-3-30 所示,图(1)为在罗纹组织基础上衬入一根纬纱的衬纬组织,纬纱多用弹性纱线。图(2)为在单面纬平针基础上的衬经衬纬组织。从织物正面看,图中 A 纱编织纬平针,B 纱为经纱,衬入两纵行间的沉降弧上面,C 纱为纬纱,衬在每个横列线圈的圈柱后,又沿横列方向依次压在经纱的上面。

2. 主要性能与花色效应

(1) 用弹性纱作衬纬,可使织物横向弹性增加。

(2) 衬经衬纬组织的主要特性则是增加织物的尺寸稳定性,使织物的纵、横向延伸性减小。

(3) 如适当选用不同间隔组合的衬纬、衬经纱,可形成横条、纵条或方格等花色效应。

3. 编织设备

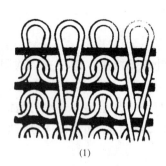

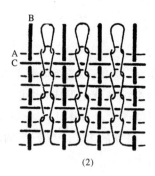

图 1-3-30

编织衬经衬纬组织一般需用带有专门垫衬经衬纬纱线装置的专用衬经衬纬针织机来完成。若只是编织衬纬组织,则只要留出一路成圈系统位置用作专门垫纬纱的导纱器即可。

十、波纹组织

1. 结构定义

波纹组织是由线圈倾斜形成波纹状的双面纬编组织,如图 1-3-31 所示。该组织的基本组织为 1+1 罗纹,同时每编织一个横列,上下针床便向左或向右各移过一个针距,形成向不同方向倾斜的线圈。两针床相互位移针距数越多,线圈倾斜度越大,其曲折外观越明显。

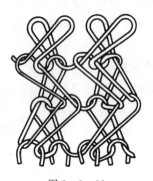

图 1-3-31

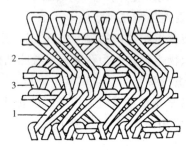

图 1-3-32

图 1-3-32 是在 2+2 罗纹组织上形成的波纹组织,即每编织两个横列后,一个针床相对另一个针床横移 3 个针距,形成倾斜状较宽的波纹。

2. 主要性能与花色效应

(1)波纹组织性质与它的基础组织基本相近,但波纹织物的延伸性、长度、强度均有所减小,而织物的厚度、宽度增加。

(2)因线圈倾斜,可使织物呈现凹凸曲折效应。特别是按花纹要求来排列织针以及选择针床移动方式,则可得到曲折、斜纹、条纹、方格等各种图案效应。

(3)1+1 罗纹波纹组织一般是在一个针床相对另一个针床至少横移 2 个(或以上)针距时才会有曲折效应。

3. 编织设备

波纹组织大多在双面横机上编织。主要作用原理在于整个针床的移动及其所移过的针距数的选择,最早用手工,目前多为机械式或电子控制机构完成。

十一、经纱提花组织

1. 结构定义

经纱提花组织是指在纬纱提花组织的基础上加入经纱提花,使产生有纵向花纹的组织,如图 1 - 3 - 33 所示。

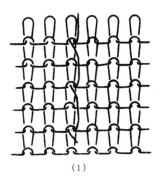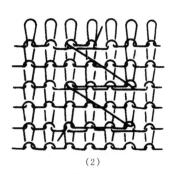

（1）　　　　　　　　　　　　　（2）

图 1 - 3 - 33

图（1）为单针经纱提花组织。经纱在织物正面形成一个纵行宽的色彩花纹,而在织物反面,则沿纵行方向形成经向浮线。单针经纱提花可同时在多个单个纵行上形成。

图（2）为多针经纱提花组织。经纱在几个纵行宽的区段内沿横列方向走"之"字形编织提花线圈,从而在织物正面形成几个纵行宽的色彩花纹,而在织物反面,则沿纵行方向形成斜向浮线。

2. 主要性能与花色效应

（1）经纱提花组织的最大特点是可形成纵向条纹花形,与纬纱提花结合,可形成方格花纹等。

（2）织物正面可有绣花效应。但在多针经纱提花组织中,织物反面易产生较长浮线,会影响织物牢度与服用性能。

3. 编织设备

经纱提花组织的编织主要在有选针装置与活动导纱器（即在与被选中的织针上缠绕垫纱）的单面针织机上完成。经纱提花的宽度（纵行数）与机器的机号、经纱细度及经纱喂入速度有关。目前,经纱提花针织机的成本相对较高。

十二、复合组织

1. 结构定义

复合组织是由两种或两种以上的组织复合而成的组织。根据被组合的组织不同,可以是任何的基本组织与基本组织之间或花色组织与花色组织之间以及基本组织与花色组织之间等的组合。复合组织因被组合的组织不同而使其在织物的性能、结构、外观上均有所不同。

复合组织的最大特点是改善织物性能和增加花色效应。目前,生产中应用较多的是平针、罗纹、集圈、提花、衬纬以及双罗纹等组织的复合。

2. 主要种类及性能

（1）单面复合组织

单面复合组织以纬平针与集圈、单面提花与集圈等复合为主。

图 1 - 3 - 34 是单面集圈—平针复合组织。图中四路为一完全组织,第 2、4 路重复 1、3 路,每路中平针与集圈 1 隔 1 编织,使织物正面呈跳棋式点纹,织物反面呈菱形网眼,俗称"蛛地网眼",并常以工艺反面作织物效应面使用。这种平针—集圈复合组织,明显改善了单一纬平针组织的卷边性、脱散性等,使织物较挺括,透气性增加。

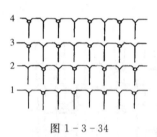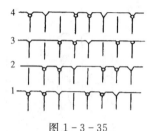

图 1 - 3 - 34　　　　　　　　　　　　　图 1 - 3 - 35

图 1 - 3 - 35 是单面提花—集圈复合组织。图中每一路编织中,织针选择规律为 2 针成圈、1 针集圈、1 针不编织(浮线)的循环配置,且各路进纱按此规律均在起始位置右移一针进行,使织物正面呈现右斜纹效应,而织物反面则为网眼效应。同时,因浮线和悬弧的交替存在,使织物的纵、横向延伸性变小,结构稳定性提高,织物较紧密。

(2) 罗纹类复合组织

由罗纹与其它组织复合而成的组织称为罗纹复合组织。

① 罗纹空气层

图 1 - 3 - 36 所示为罗纹空气层组织。是罗纹和纬平针的复合,又称米拉诺罗纹组织。图中 3 路为一完全循环,第 1 路编罗纹,第 2、3 路分别单独编下针纬平针和上针纬平针。该织物在纬平针横列处形成袋形双层空气层结构,并因单独编织的缘故,出现凹凸的横楞效应。罗纹空气层织物的正、反面外观相同,反面线圈一般不显露。织物的延伸性较小,尺寸稳定性提高,相比一般同类罗纹织物较厚实、保暖性好。

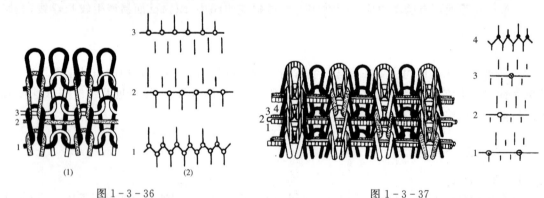

(1)　　　　　　(2)

图 1 - 3 - 36　　　　　　　　　　　　　图 1 - 3 - 37

② 罗纹集圈—提花复合组织

图 1 - 3 - 37 所示为罗纹集圈—提花复合组织。图中 4 路为一完全组织循环,第 1、2、3 路为选针来编织不同颜色的纱,形成单面提花,即在正面形成 3 色提花效应。第 4 路编织罗纹集圈(上针成圈、下针集圈),且该路纱线不会显露在织物正面,而只在织物反面形成线圈。当第 4 路纱线采用不同性能原料的纱线时,如采用棉纱编织,而 1、2、3 路采用涤纶纱编织,则可形成正面色彩花型清晰,表面耐磨、挺括,反面柔软、穿着舒适的两面效应针织物。又由于集圈的复合,使织物不易脱散,服用性能提高。

③ 罗纹—提花复合组织

图 1-3-38 所示为罗纹—提花复合组织,也称胖花组织。图(1)为线圈结构图,图(2)为编织图,图 2 左旁方格为对应的意匠图。图中 8 路进纱、4 个横列为一完全组织,每 2 路编一个横列。其中 2、4、6、8 路均单独选针编织黑纱(上针不编织),1、3、5、7 路则白纱选针编织罗纹。由于黑纱形成的线圈不和上针联结,所以凸显在织物表面,并与白色线圈一起,在织物正面形成双色凹凸提花(胖花)效应。该图示为单胖组织。若需胖花线圈的凸出更加明显,则可采用双胖组织。

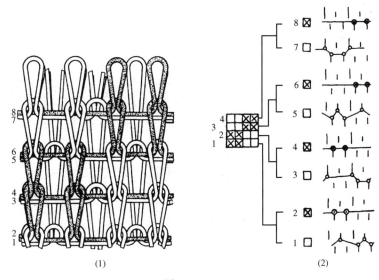

图 1-3-38

图 1-3-39 所示为双胖组织。图中 4 个横列 12 路进纱为一完全组织,并仍以白纱做罗纹地组织,黑纱则按花纹要求连续 2 次正面单独编织(上针不编织),见 2、3 路,5、6 路,8、9 路,11、12 路。由于两个横列的单面编织,由此形成了胖花凸出更加明显的花纹效应。双胖织物的厚度、面密度均比单胖织物增加,但易勾丝或起毛起球。

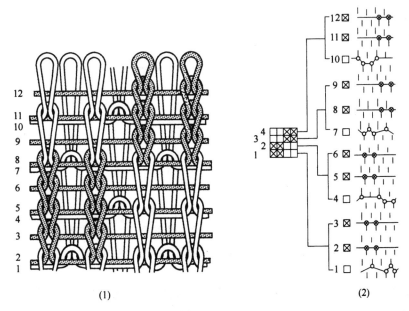

图 1-3-39

胖花织物的花型立体感强,手感丰满,视觉效果好,但织物的强度降低。

④ 罗纹—衬纬复合组织

图1-3-40所示为罗纹—衬纬复合组织。图(1)为线圈结构图,图(2)为编织图。图中12路进纱为一完全组织,其中第2、4、6、8、10、12路编织纬平针单面提花组织,第1、3、5、7、9、11路编织罗纹,并与2、4、6、8、10、12路互补一起形成正面花纹横列,若该两种组织分别采用色纱,则可形成色彩花纹效应。图中a、b、c为衬纬纱,分别衬在第2、3路间,第6、7路间和第10、11路间,在编织罗纹时衬入。如图(1)所示,衬纬纱被罗纹线圈夹在中间(即反面线圈纵行的前面,正面线圈纵行的后面),它由专门的导纱器完成,并以弹性纱线为主。

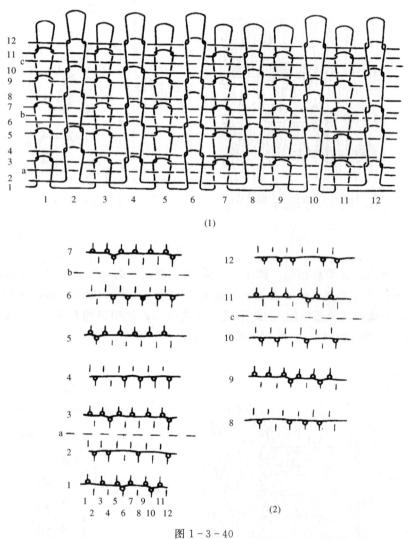

图 1-3-40

罗纹提花—衬纬复合组织可使织物正反面的颜色和性能不同,并在正面形成提花效应的基础上,织物表面还会产生横条效应。又由于弹性衬纬纱的衬入,不仅使织物弹性增加,而且因罗纹反面纵行的被收紧,织物正面线圈靠拢后,使织物正面花形更加清晰。

(3) 双罗纹类复合组织

在双罗纹组织基础上与其它组织复合而成的组织称双罗纹复合组织。其特点是织物结构较紧密,脱散性和延伸性较小。

① 双罗纹空气层组织

图 1-3-41 所示是一双罗纹与纬平针复合而成的双罗纹空气层组织，也称蓬托地罗马组织。图中 4 路进纱为一完全组织，其中第 1、2 路分别编织高、低踵针罗纹，形成一个横列的双罗纹，第 3、4 路分别编织单面上针纬平针和下针纬平针，并在该单面编织处形成袋形空气层，并出现横楞。该复合组织的织物较紧密，弹性较好。

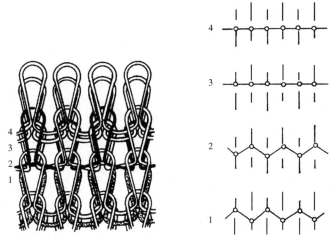

图 1-3-41

② 双罗纹集圈—纬平针复合组织

如 1-3-42 所示为一双罗纹集圈与纬平针组成的复合组织。图中 4 路为一完全组织，其中第 1、3 路分别按低、高踵针由涤纶丝编织上针集圈和下针成圈，完成下针一个横列线圈及上针一个横列集圈；第 2、4 路则采用棉纱，分别按高、低踵针单独编织上针单面纬平针，二路形成一个上针线圈横列。

该织物可呈两面效应，即织物正面为涤纶，反面为棉纱。因为涤纶纱编织的集圈被棉纱成圈线圈遮盖，而不显示在织物反面。若变换其它不同品种的原料纱线以及上下针机号不同，则可以在织物正反面形成不同风格、不同性能、不同粗细的多种两面效应织物。

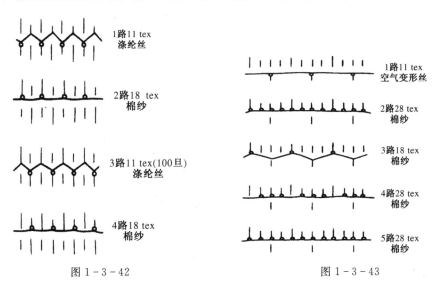

图 1-3-42　　　　　　　　　　　　图 1-3-43

③ 变化(抽针)双罗纹集圈—平针复合组织

如图 1 - 3 - 43 所示为变化双罗纹集圈与平针复合的组织。图中 5 路为一完全组织,上针高低踵针按间隔 1：3 排列,下针只排一种针,但每隔 1 针抽去 3 针。第 1 路单独编下针纬平针,第 2 路单独编上针(高、低踵针均参加)纬平针,第 3 路上针高踵针成圈、下针集圈,第 4 路上针低踵针单独编纬平针,第 5 路重复第 2 路。由此,形成了正面不同宽度、不同颜色的纵条纹花色效应,而在织物的反面(如上针那一面),因纱线线密度粗细不同,可产生粗、细纵条。若把图中粗细两种纱改为色纱配置,则可形成彩纵条。又因为下针集圈的关系,使正、反面线圈横列比例为1：3,而在织物表面(图 1 - 3 - 43 中上针那一面)产生横条纹,使形成布面凹凸或色彩的方格效应。

总之,复合组织种类很多,应用十分广泛。生产中可根据客户要求和市场消费需要,设计出性能好、花色新的复合组织针织品。

3. 编织设备

复合组织的编织与一般单一组织的编织有所不同,主要应考虑被组合的两种或几种组织都可编织的特点。目前,大多数复合组织可在多针道单双面圆机、横机、电脑提花横机、提花圆机等普通针织机以及多功能、多机号的针织机上编织。

第四章　经编针织物组织与花色效应

第一节　经编针织物组织的表示方法

由于经编针织物的线圈结构及编织方法与纬编针织物不同,所以在针织物组织的表示方法上也与纬编不同。经编针织物组织的表示方法主要突出导纱梳栉的垫纱规律与织针的配置、经纱的分布等状况。

目前,常见的表示方法有三种:线圈结构图、垫纱运动图和数字表示法。其中垫纱运动图和数字表示法在设计与分析中用得最多。

一、线圈结构图

线圈结构图是将经编线圈圈干与延展线的构成规律用图表示出来的一种方法。如图1-4-1所示,该方法较能直观反映线圈构成状况,但绘制与使用并不方便,因而,在经编组织设计工艺与分析中用得不多。该方法较适合教学与研究用。

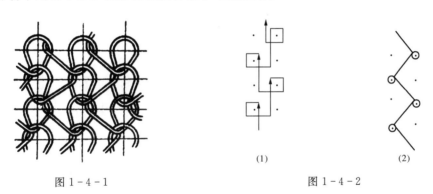

图1-4-1　　　　　　　　　　　　图1-4-2

二、垫纱运动图

垫纱运动图是将导纱针(导纱梳栉)在织针前后运动和左右移动的垫纱规律用简单线条表示的工艺图。通常把梳栉的运动规律只用一根或几根纱线的运动轨迹来表示。因为,同一把梳栉上的每一根纱线的垫纱运动规律完全相同。

如图1-4-2所示为图1-4-1中表示的线圈结构图相对应的垫纱运动图,图中黑点表示织针的针头,横向连接的黑点为横列,纵向黑点分别表示织针的纵行以及同一枚针在不同横列(由下往上顺序为第1、2、3…n次横列线圈),点的上方表示针前,点的下方表示针背,黑色线条表示导线针在作垫纱运动。

图(1)表示编织经平组织时导纱针的垫纱轨迹。为方便画图,实际使用时可按图(2)方法画。图(1)、(2)均表示从织物工艺反面看上去导纱针所作的垫纱运动图。

三、数字表示法

用自然数 0、1、2、3…或偶数 0、2、4、6…的顺序表示两枚织针之间(即导纱针所在)的位置,并用数字连接搭配反映导纱针在针前、针背横移垫纱规律的方法称数字表示法,也叫数码记录法。

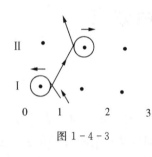

图 1 - 4 - 3

如图 1 - 4 - 3 所示,导纱针在第一横列的针前垫纱规律为 1—0,针背横移为 0—1,第二横列的针前垫纱为 1—2,针背为 2—1。由于工艺设计与分析中规定,数字表示法一般只写针前垫纱的数字,所以,该图组织对应的数字表示法为 1—0,1—2//,两个横列为一完全组织。每横列之间用逗号或"/"符号隔开,数字表示法中的每个数,均与梳栉横移机构中推动梳栉横移的花纹链块编号相一致,即相邻号码(如 0 号与 1 号)的链块与数字表示法中相邻数字(用 0 和 1 表示)相对应。每两个相邻链块的高度差为一个针距,如 0—1 或 3—4,均代表梳栉横移一个针距数。数字顺序可从左往右,也可从右往左开始,主要取决于梳栉横移机构所在的位置(即机器左侧或右侧)。

在经编组织表示方法的应用中,垫纱运动图和数字表示法要相互对应,尤其在表示同一个组织时,应注意起始横列的位置统一。如果有经纱穿纱规律为非满穿的,则应在垫纱运动图的下方分别用"1"(穿纱)或"0"(不穿纱)表示之,也可用文字说明其穿纱规律。

第二节　经编针织物基本组织与效应

经编针织物组织可分基本组织、变化组织和花色组织。

一、基本经编组织

1. 编链组织

编链组织是指每根经纱始终在同一枚针上垫纱成圈的组织,如图 1 - 4 - 4 所示。

编链组织因与相邻纵行线圈没有联结而只能形成一针宽的纵条,不能形成织物。根据导纱针垫纱横移方式不同,编链线圈可分为闭口和开口两种。图(1)中左边纵条为闭口编链的线圈结构图,对应的垫纱运动图是图(2)中左边纵条,数字表示为 1—0。图(1)右边纵条为开口编链的线圈结构图,对应的垫纱运动图是图(2)中右边纵条,数字表示为 0—1,1—0//。

编链组织的主要特性是:编链应与其它组织结合形成织物,可增加织物的纵向强度和织物纵向尺寸稳定性。若与衬纬等组合,则可形成网眼、方格等各种经编花色效应。若在其它地组织上,编链采用色纱或带有空穿,则可形成彩色纵条纹

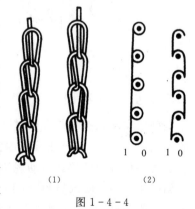

(1) 　　　　 (2)

图 1 - 4 - 4

和凹凸纵条纹效应。因编链逆编织方向脱散性好,可作花边与花边之间的编织分离纵行。

2. 经平组织

经平组织是指每根经纱始终在相邻两枚针上轮换垫纱成圈的组织。如图 1 - 4 - 5 所示。

图(1)为线圈结构图,图中黑色纱线表示从左往右数第一横列开始,导线针分别在第 3、2 两

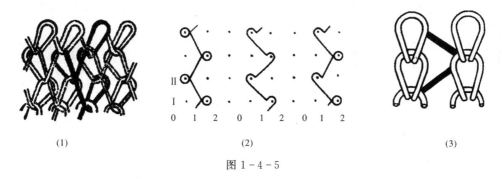

图 1—4—5

相邻纵行上垫纱,编织第一、二、三横列线圈,且均为闭口经平。图(2)为垫纱运动图,从左往右分别为闭口经平、开口经平、闭口开口结合的经平三种。数字表示与该三个图对应,分别为① 1—2,1—0//;② 2—1,0—1//;③ 1—2,0—1//。图(3)表示从织物正面看黑纱形成的经平组织及反面延展线的配置情况。

经平组织的主要特性是:经平组织一般也应与其它组织结合形成经编织物。在相同密度、纱线线密度等条件下,经平组织具有用料少、织物轻、卷边性小、延伸性适中的特点。但在一个线圈断裂后,织物易沿纵行逆编织方向全部脱散,所以不宜和编链或另一经平组织结合做经平编链或双梳经平织物。

3. 经缎组织

经缎组织是指每根经纱按横列顺序分别沿一个方向在相邻三枚或以上的织针上编织成圈,然后又顺序返回编织成圈的组织(其顺序编织的方向及针数多少,均可按花纹要求设定)。图 1—4—6 所示为 5 针闭口经缎,图中 5 个纵行、8 个横列为一完全组织。黑实线显示垫纱规律,对应的数字表示为:5—4,3—4,2—3,1—2,0—1,2—1,3—2,4—3//。图 1—4—7 所示为 5 针开口经缎,线圈图中黑实线所示与垫纱运动图中导纱针垫纱规律一致。用数字表示为:4—5,4—3,3—2,2—1,1—0,1—2,2—3,3—4//,该组织也可称 8 列经缎组织。

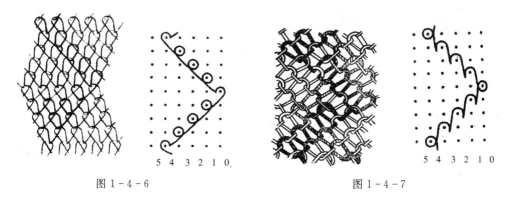

图 1—4—6   图 1—4—7

经缎组织的主要特性是:经缎组织线圈具有较大的倾斜,单梳编时,其综合性能类似于经平。有弹性和卷边性,相同条件下,织物用料少,面密度较低,延伸性较好。经缎组织的编织,大多在转向处采用闭口线圈,而在中间顺序中则多采用开口线圈。

4. 重经组织

重经组织是指每一横列中每根经纱同时在相邻两枚针上作针前垫纱的组织。因垫纱规律不同可作类似其它基本组织相近的分类。如图 1—4—8 所示为重编链组织,图 1—4—9 所示为重经平组织,左图为开口重经平;右图为闭口重经平。图1-4-10所示为重经缎组织。

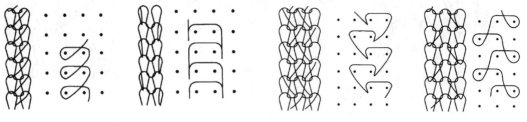

图1-4-8 图1-4-9

重经组织的主要特性是:在单梳编时,不采用满穿也能编织成织物。又因转向线圈的延展线集中在一侧,线圈倾斜明显,故有孔眼效应。重经组织还具有脱散性小、弹性好的特点。在重经组织编织中,因为要完成针前横移两针的要求,故编织难度增加,应注意采用弹性好、强度高的纱线,并注意纱线的润滑,以减少与机件的摩擦及编织张力。

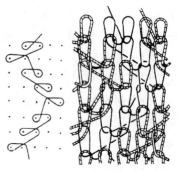

图1-4-10

二、变化经编组织

变化组织是在基本组织的基础上进行简单变换而成的组织,其结构性能、花色效应也与原来的基本组织有一定区别。常见的变化经编组织有变化经平和变化经缎两个大类。

1. 变化经平组织

变化经平组织是指每根经纱始终在不相邻的两枚针上轮流编织成圈的组织,如图1-4-11所示。

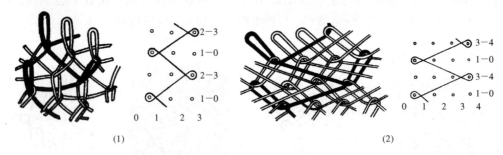

图1-4-11

图(1)为三针变化经平,也称经绒组织。图中黑纱始终在第1、3两个纵行轮流成圈,数字表示为1—0,2—3。图(2)为四针变化经平,也称经斜组织。图中所示黑纱在第1、4两个纵行轮流成圈,穿纱均为满穿,数字表示为1—0,3—4。

三针变化经平(经绒)和四针变化经平(经斜)都是变化经平组织中最常用的组织,根据需要也可以因间隔纵行不同,有五针(第1、5两个纵行编织的)变化经平或N针变化经平等。均称为超经斜组织。

变化经平组织的主要特性是:织物延展线较长,即至少比经平组织长一个针距及以上,所以其横向延伸性较小。织物工艺反面因长的延展线使光泽度好,并可有横向条纹效应,因而可取反面作效应面,也可对反面长延展线进行拉毛处理,形成绒面状及仿鹿皮绒织物。变化经平组织的卷边性及正面圈柱外观与纬平针类似。又因变化经平组织的每个线圈的总长度增加，使织物在相同条件下，其用纱量较多，面密度增加，厚度增加，织物覆盖性好。

2. 变化经缎组织

变化经缎组织是指经纱垫纱规律同经缎顺序，但是在不相邻的三针或以上织针上编织成圈又返回的组织，如图 1—4—12 所示。

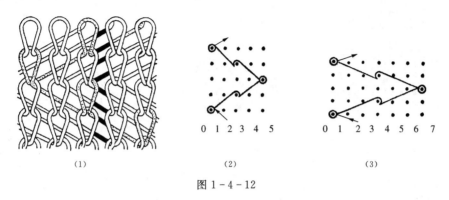

图 1—4—12

图（1）是最简单的三针变化经缎的线圈图，经纱在相隔一个纵行的织针上顺序垫纱成圈后返回，也称绒经缎组织。图（2）是与之对应的垫纱运动图，数字表示为：1—0，2—3，4—5，3—2//，共五个纵行四个横列为一完全组织。变化经缎组织也可以是相隔两个及以上纵行、并顺序在三针及以上织针上编织形成，如图 1—4—12（3）所示为变化经缎中的斜经缎组织。

变化经缎组织的主要特性是：织物的延展线长、覆盖性好，比经缎组织用纱量多，面密度大，延伸性小，但弹性比变化经平好，织物不易脱散，正反面横向条纹清晰。编织中常可用色纱或花色纱线进行色穿或不完全穿纱，使织物表面形成波纹、绣纹等花型图案。

第三节　经编针织物花色组织与效应

经编花色组织是由经编基本组织和变化组织通过一定组合，并以梳栉数的多少、色纱的排列、穿纱与对纱规律的变化、垫纱运动轨迹的类型以及有无压纱板、花压板、贾卡装置、单双针床和各种辅助设置等形成的各种经编组织。常见的花色经编组织有：少梳（一般由 2～4 把梳栉）形成的花色组织、缺垫组织、衬纬组织、缺压组织、压纱组织、毛圈组织、贾卡组织、双针床花色组织等。通过这些组织的不同设置与变换，可形成各种几何或色彩图案以及外观呈现凹凸、绣纹、网眼、花边、绉、裂缝等花色效应的经编针织物。

一、少梳花色经编组织

用 2～4 把梳栉分别采用各种经编基本组织而形成的花色组织，称少梳花色经编组织。它根据穿纱的不同可分满穿或带有空穿，满穿中又可分素色纱满穿和带色纱满穿，空穿中也又分单梳带空穿和双梳带空穿等。采用不同的穿纱与垫纱运动，使得少梳花色组织具有各种不相同的花色效应。

1. 双梳满穿（含色纱满穿）平纹组织

（1）经绒平组织

经绒平组织是指一把梳栉采用经绒，另一梳采用经平的组织。目前习惯上把前梳组织命名在前，后梳组织命名在后。如图 1—4—13 所示，图（1）为正反面线圈图，图（2）为垫纱图，图中

GB1 表示前梳,GB2 表示后梳。但也有把后梳组织放在前面,前梳组织放在后面的,一般都在具体工艺设计中加以注明即可。

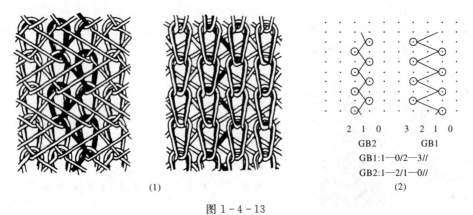

(1)　　　　　　　　　　　　　　　　　　　　　　　　(2)

2 1 0　　　3 2 1 0
GB2　　　　GB1
GB1:1—0/2—3//
GB2:1—2/1—0//

图 1 - 4 - 13

　　经绒平组织形成的织物主要特性是:织物面密度较低,织物正面纵行清晰,线圈呈"V"形排列,两梳针前针背垫纱均为反向时,线圈呈直立状态,织物正、反面均为前梳纱线,又由于织物反面是前梳长延展线(见图(1)中白纱所示),覆盖在后梳短延展线(黑纱所示)的上面,故织物具有手感柔软、延伸性好、脱散性小、光泽亮等特点。适宜做内衣、衬衣及旅游鞋鞋帮衬里等面料,生产中应用广泛。

　　织物主要效应有:① 素色平纹;② 采用色穿形成的纵条;③ 采用前、后梳不同颜色纱和两梳针前针背垫纱方向以及两梳基本组织的互换,可呈色彩横条。

　　(2) 经斜平组织

　　如图 1 - 4 - 14 所示,它是前梳采用经斜或超经斜组织,后梳采用经平组织,对称(反向)垫纱而成。

　　经斜平组织形成的织物主要特性是:织物正面清晰类似经绒平组织外观,因其反面具有长延展线,所以织物手感柔滑,表面呈现横纹光泽。工艺反面的长延展线经拉毛或割绒后,可加工成毛绒毛圈织物,是理想的经编绒布。毛绒高度随前梳延展线的增长而增加,织物不易脱散,卷边性小。

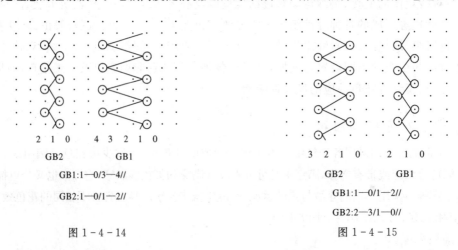

2 1 0　　43 2 1 0　　　　　　　　3 2 1 0　　2 1 0
GB2　　　　GB1　　　　　　　　　　GB2　　　　GB1
GB1:1—0/3—4//　　　　　　　　　　GB1:1—0/1—2//
GB2:1—0/1—2//　　　　　　　　　　GB2:2—3/1—0//

图 1 - 4 - 14　　　　　　　　　　　　图 1 - 4 - 15

　　织物主要效应有:① 素色平纹;② 采用色纱和变换两梳基本组织或针前、针背垫纱方向,可形成彩纵条和彩横条。

（3）经平绒组织

如图 1-4-15 所示，指的是前梳用经平、后梳用经绒的组织。

经平绒组织的织物主要特性是：由于前后两把梳栉在针前、针背均为反向垫纱，则织物的正、反两表面均为前梳纱线，和图 1-4-13 中图（1）经绒平组织所示相同。但因为经平绒前梳短延展线压在后梳长延展线的上方，使织物尺寸稳定、横向收缩小、抗起毛起球性好，但织物手感较硬。适宜做衬衣、外衣以及经编印花织物等经编产品，生产中应用甚广。

织物主要效应有：① 素色平纹；② 前梳色穿形成有色纵条。

（4）编链经斜组织

如图 1-4-16 所示，前梳做编链，后梳做经斜。

编链经斜组织的织物主要特性是：由于该织物中的经斜组织横向延伸性小，编链组织纵向延伸性小，因而使该织物的尺寸稳定、不卷边、不易脱散、不易起毛起球和勾丝，是外衣等面料的常用组织选择。又因为编链线圈不倾斜，虽和经斜作对称垫纱，但不足以平衡经斜线圈的倾斜状态，故织物正面纵行串套的线圈呈"之"字状。

织物主要效应有：若编链采用色穿，很方便形成色彩纵条。

（5）经斜链组织

经斜链组织是把编链经斜组织的前后梳对换所得。织物手感柔软，可拉绒呈天鹅绒状，常用作帷幕等。

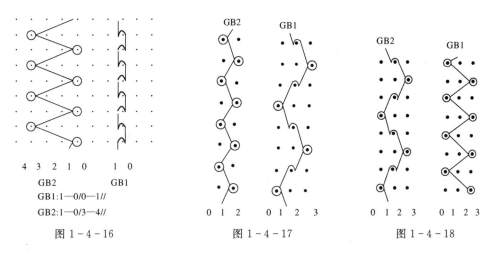

GB1:1—0/0—1//
GB2:1—0/3—4//

图 1-4-16　　　　　　　　图 1-4-17　　　　　　　　图 1-4-18

（6）经缎经平组织

如图 1-4-17 所示，前梳为 1—0,1—2,2—3,2—1//经缎，后梳为 1—2,1—0//经平。

织物主要特性是：经缎经平组织在编织中，因有两个横列反向垫纱，两个横列同向垫纱，使织物正面呈横向条纹，反面也有横纹和人字形隐纹外观。织物较轻、弹性好、脱散性小。

（7）经绒经缎组织

如图 1-4-18 所示，前梳 2—3,1—0//作经绒，后梳 1—0,1—2,2—3,2—1//作经缎。

织物主要特性是：经绒经缎织物有类似于经缎经平织物的性能，只是横纹效应更加明显。前后梳采用不同色纱后，可形成彩色横条。

（8）双经缎组织

双经缎组织是采用二把梳栉都作经缎、反向对称垫纱的组织。其形成的织物主要性能有：因二梳垫纱的全对称性，使织物正面纵行线圈呈直立状而不歪斜。反面延展线较短、织物较轻、弹性好、稳定性较高、不易卷边、不脱散，并有明显的横向条纹。

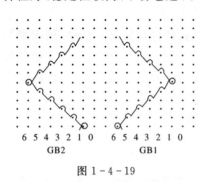

图 1—4—19

若采用色纱，则可形成菱形或菱形节纵条，如图 1—4—19 所示。前后梳栉都作 10 列经缎组织，全对称反向垫纱。

前梳 GB1：5—6，5—4，4—3，3—2，2—1，1—0，1—2，2—3，3—4，4—5

后梳 GB2：1—0，1—2，2—3，3—4，4—5，5—6，5—4，4—3，3—2，2—1

穿纱：前梳 GB1：3A，6B，3A；（A—白纱，B—黑纱）

后梳 GB2：6B，6A。

（9）二把梳栉中至少有一把梳栉上有 2 种及以上基本组织变换组成的组织，这种二梳组织配上色纱穿经后，主要形成各种色彩几何图案。

图 1—4—20 所示为方格效应的组织设计。图中所示是两把梳栉的穿纱、对纱和垫纱运动图。"|"表示 A 色纱，"+"表示 B 色纱。每把梳栉穿纱均为 8A、8B，对纱为前后梳纱 A 与 A 相对，B 与 B 相对，每把梳栉均为经平和变化经缎组成。

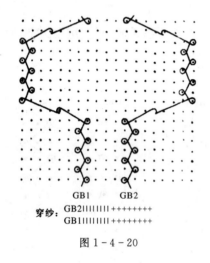

穿纱：GB2|||||||||| ++++++++
GB1|||||||||| ++++++++

图 1—4—20

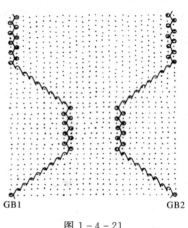

图 1—4—21

图 1—4—21 所示为六角形花纹效应的组织设计。两把梳栉中每把梳栉均由经缎和经平组织组成。穿纱均为 8A、8B，对纱同图 1—4—20 所示。

总之，双梳均采用色纱满穿，加上基本组织的叠加，所形成的织物外观效应是多种多样的，如斜纹、纵条、波纹、横条、菱形等。无论是素色满穿还是带有色纱配置的满穿的双梳组织，在经编产品中均占有相当大的比例，其具体设计方法与实例将在第五篇中加以叙述。

2. 双梳带空穿经编组织

（1）一把带空穿的双梳经编组织

双梳经编组织中，一把满穿，另一把带空穿的经编组织，主要形成凹凸效应和半网眼效应。

① 图 1—4—22 所示为凹凸纵条效应的双梳织物。图中后梳满穿，作经绒组织，前梳一穿一空，作经平与变化经平，使织物形成有移位（中断）的碎直条纹。

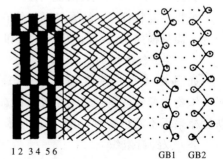

1 2 3 4 5 6   GB1 GB2

图 1—4—22

② 图 1—4—23 所示为半网眼效应的织物。图中前梳满穿作经平组织，后梳二穿一空作经绒与经斜组织。在空穿处，只有前梳延展线而无后梳延展线；从而使该处呈现孔眼效应。

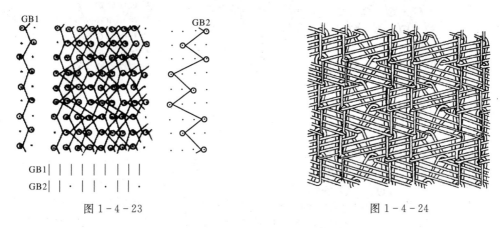

GB1｜｜｜｜｜｜｜｜

GB2｜　·｜｜　·｜｜

图 1—4—23　　　　　　　　　　　　　　　　　图 1—4—24

③ 图 1—4—24 所示为编链、变化经平类组织形成凹凸纵条效应。图中后梳作 1—0，4—5//经斜（也可经绒等其它变化经平），满穿，前梳作编链，穿纱为 2 有 1 空。则在织物的"2 有"处形成 2 个纵行宽的凸纵条，"1 空穿"处形成 1 个纵行宽的凹（薄）纵条纹。若 n_1 表示穿纱数，n_2 表示空针数，则 n_1、n_2 可以是任何数，并根据设计的花纹要求确定。

④ 一梳满穿变化经平，另一梳带空穿（如 n_1 针为穿纱，n_2 针为不穿纱），作 3 针以上经缎组织，则可形成凹凸水波纹曲折花纹或绣纹花色效应。

（2）两梳均带空穿的双梳经编组织

两梳均带有空穿的组织的主要作用效果是使织物形成全网孔效应，通常也称抽花组织。

① 网孔形成原则

a. 两相邻纵行的某个或数个线圈横列处，没有延展线跨越，孔眼的大小随着中断延展线的横列数增加而增大。

b. 每个横列内的所有编织针上，至少要垫到一根纱线。

c. 两网孔间的距离纵行数等于一把梳栉的连续穿经数和空经数之和，且空经数一般≤穿经数。如两网孔距离 2 个纵行的，则梳栉穿纱为 1 有 1 空；两网孔距离是 3 个纵行的，则梳栉穿纱为 2 有 1 空；如两孔眼距离是 4 个纵行的，则梳栉穿纱为 2 有 2 空或 3 有 1 空。该规律有助于分析或设计网眼织物。

d. 当空经数与穿经数相等时，如 1 有 1 空、2 有 2 空、3 有 3 空等，则两梳中至少有一把梳栉的垫纱跨越的纵行数要大于该空经数与穿经数之和。如 1 有 1 空的，则垫纱在某些处至少在 3 个纵行范围（如 1—0，2—3，或 1—0，1—2，2—3），若穿纱为 2 有 2 空的，则至少要有一把梳栉在某些地方垫纱为 5 针。

e. 前后梳栉的对纱在网眼形成中的重要作用：在穿纱规律与垫纱规律正确时，由于对纱不当或不同，将无法形成网眼，或者会使网眼效应改变。如图 1—4—25 所示，图（1）、（2）不能形成网眼，图（3）、（4）、（5）因遵循了原则 a～d 条，图（5）对纱同图（3）、（4），而顺利形成不同形状不同大小的网孔效应。

f. 为增加网眼的花纹效应，可采用前后梳不同颜色、不同性能、不同外观的纱线，使形成的网眼效应更为丰富。

② 常见网眼组织的类型

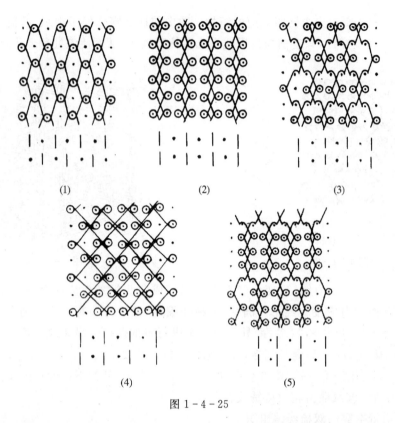

(1)   (2)   (3)

(4)   (5)

图 1 - 4 - 25

a. 经平与变化经平类　用变化经平(如经绒)形成的网眼最简单,如图 1 - 4 - 25(4)所示。用经平与变化经平结合形成的网眼较大,且根据不同组合可形成六角形孔眼效应,如图 1 - 4 - 26(1)所示,

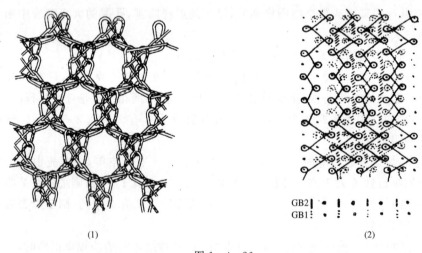

(1)   (2)

图 1 - 4 - 26

其垫纱数码为前梳:1—0,1—2,1—0,2—3,2—1,2—3//

后梳:2—3,2—1,2—3,1—0,1—2,1—0//。

若增加经平连续横列数,则可形成柱形网眼,如图 1 - 4 - 26(2)所示,且孔眼更大。

b. 经缎与变化经缎类　如图 1 - 4 - 25(3)所示,为 3 针经缎组织网眼垫纱图,与其对应的线圈结构图如图 1 - 4 - 27 所示。图(1)为织物下机时状态,图(2)为织物定型后形成的菱形孔眼效应。

(1)

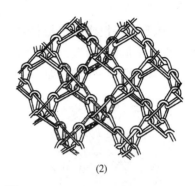
(2)

图 1-4-27

图 1-4-28 所示为二梳均采用二穿二空的变化经缎组织,图(1)为线圈结构和孔眼效应,图(2)为垫纱图及穿纱、对纱规律,两网孔间距离为 4 个纵行。

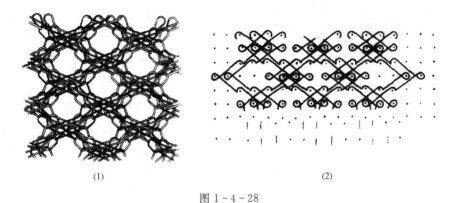
(1)　　　　　　　　　　　　　　　　(2)

图 1-4-28

c. 经平与经缎类　如图 1-4-25(5)所示,为经平经缎类结合形成的网眼组织,其对应的线圈结构图如图 1-4-29 所示,形成六角蚊帐网眼效应。若增加经平横列数,孔眼则更大。

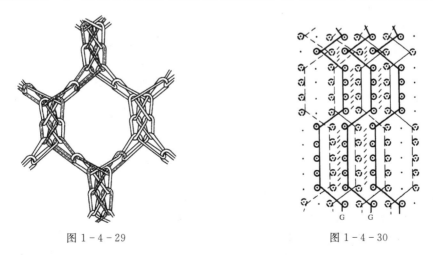

图 1-4-29　　　　　　　　　　　　　　图 1-4-30

d. 编链与变化经平类　编链与变化经平结合,往往可形成柱形孔眼和菱形小孔眼,如图 1-4-30 所示。

二、缺垫经编组织

缺垫经编组织是指一把或几把梳栉在某些横列处不参加编织的组织。如图 1-4-31 所示,缺垫一般为前梳形成,垫纱数码是:1—0,1—2,2—2,1—1//。注意在后二个横列中,梳栉只作针间摆动,没有针前横移垫纱(即不参加编织),缺垫为两个横列。

图 1-4-31

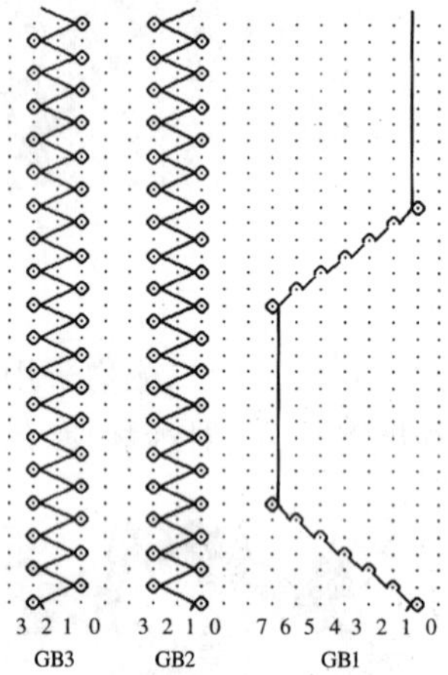

图 1-4-32

缺垫组织的主要特性:利用缺垫组织形成的织物,可具有布面褶裥效应、凹凸图案效应等。若采用色纱并配以一定的穿纱组合和垫纱规律,还可以得到各种色彩几何图案如方格、斜纹、人字形、条纹等花色效应。如图 1-4-32 所示,该织物由三把梳栉编织而成,中梳、后梳分别作经绒地组织,前梳作经缎及 11 个横列的缺垫,形成了褶裥花色效应。

图 1-4-33 和图 1-4-34 分别是缺垫形成的方格效应与斜纹效应。编织中,缺垫横列数越多,所形成的花纹效应越明显。

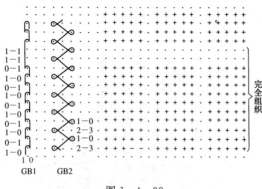

图 1-4-33

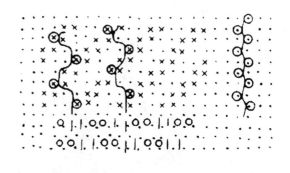

图 1-4-34

缺垫组织的编织重点在于送经量的控制,为适应缺垫所需送经量(不编织时送经量小,编织时送经量大)的变化,应采用弹性张力杆补偿(缺垫少于 3 横列以下时用),若变化量大的,则必须采用多速送经机构、电子送经机构等完成。

三、衬纬经编组织

衬纬组织是指在经编线圈主干与延展线间,周期地衬入 1 根或几根纱线的组织。可分局部衬纬(或称部分衬纬)与全幅衬纬两种。

1. 局部衬纬

局部衬纬可在普通经编机上形成,不需要专门的衬纬机构。图1-4-35所示为二梳局部衬纬组织结构图,前梳作编链组织、满穿,后梳作衬纬、满穿,衬纬纱被夹在编链圈干与延展线中间。局部衬纬应注意以下几点:

(1) 一般用后梳作衬纬;

(2) 衬纬纱梳栉只有针背横移,没有针前横移垫纱;

(3) 三梳编织时,一般中梳作衬纬,前、后梳编地组织;

(4) 衬纬组织不能单独形成织物,必须与其它组织结合才可形成织物。

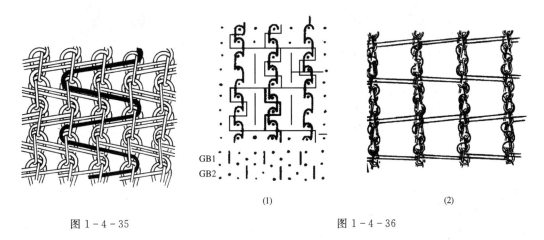

图1-4-35　　　　　　　　　　　　　　　　　　　图1-4-36

衬纬经编组织的主要特性是:

(1) 可形成网眼类织物效应

图1-4-36所示为格形网眼织物。图(1)为垫纱运动图,图(2)为线圈结构效应图。采用两梳编织时,后梳作衬纬,前梳作编链。

图1-4-37所示为六角网眼织物,采用两梳编织。图(1)为垫纱图,图(2)为结构效应图。后梳作衬纬,前梳作编链加经平,两梳均为满穿。

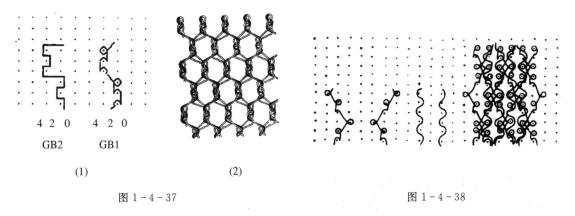

图1-4-37　　　　　　　　　　　　　　　　　　　图1-4-38

图1-4-38所示为弹性网眼织物,图中由4梳编织而成。其中4梳均为1有1空穿纱,后面两把梳栉采用弹性纱对称垫纱作衬纬,前面两梳则对称垫纱作编链及经缎形成地组织。

(2) 可形成起花图案类织物效应

如图 1-4-39 所示,在六角网眼地组织的基础上,用花梳栉作衬纬(如黑纱所示),可形成花纹图案。大多数花边织物、窗帘、台布等装饰类织物常采用这种方法。一些复杂的衬纬花形大多在多梳拉舍尔经编机上编织。

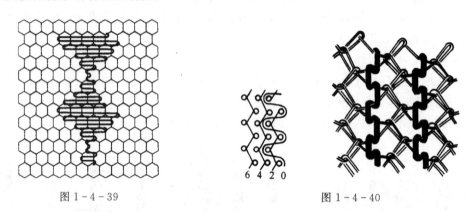

图 1-4-39   图 1-4-40

（3）可形成起绒类织物效应

如图 1-4-40 所示,衬纬纱和地纱采用同向垫纱,使较粗部分的衬纬纱段(图中黑纱所示)显露在坯布反面,供起绒后形成绒面效应。

（4）可形成少延伸性的织物

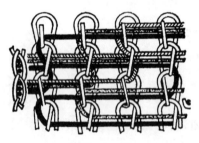

图 1-4-41

如图 1-4-41 所示,采用大针距的针背横移衬纬,可限制织物的横向延伸性,前梳编链使织物的纵向延伸性减少,由此,使该织物成为纵横向少延伸性的织物。衬纬纱段越长,根数越多,其横向延伸性越小。

（5）衬纬组织扩大了纱线使用范围

由于其不作针钩内垫纱成圈,因而对纱线的粗细、耐弯曲等要求较低,特别是在全幅衬纬中,能采用较多的金属丝、粗硬纱、花色线等,丰富了织物花色效应与性能。

2. 全幅衬纬

全幅衬纬是指在经编地组织中衬入与坯布门幅一样宽度的纬纱的组织,它需要专门的纬纱衬入装置。其形成方法将在第五篇的专门章节中予以详细介绍。

全幅衬纬组织形成的织物主要特点是:织物具有较好的尺寸稳定性和拉伸性能,具有强度高、结构紧密、织物覆盖性好等特点。在花色效应上可形成凹凸横条、色彩横条,且这种色横条的清晰度是所有经编织物所形成的横条效应中最好的。全幅衬纬还可形成作装饰用的缨穗边效应等。

四、压纱经编组织

有衬垫纱线绕在线圈基部的经编组织称压纱经编组织。如图 1-4-42 所示,后梳编经平作地组织,前梳作压纱。把纱线垫到针上后,即被压纱板压下至线圈根部,并在成圈时与旧线圈一起脱下,形成衬垫纱悬弧,并未参加编织成圈。

压纱经编组织的主要特性是:可形成绣纹花色效应。图 1-4-43 所示,为四梳编织的压纱组织,它后面两梳 GB3、GB4 作衬纬和编链形成格形地组织,前面两梳 GB1 和 GB2 作压纱(处在压纱板前方)并带空穿,从而形成凸出的菱形绣花效应。若压纱纱线采用花色线,则绣纹效应更加明显。若压纱按花纹要求排列,则可形成各种立体感强的缠接图案花纹效应。压纱一般由前梳完成。

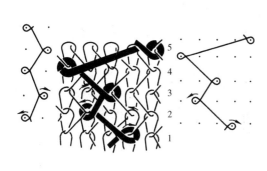

图1-4-42

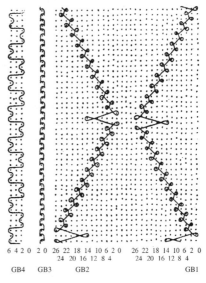

图1-4-43

五、缺压经编组织

某些线圈在编织中隔一个或几个横列才脱圈，使形成拉长线圈的经编组织称缺压经编组织。缺压组织多在钩针经编机上采用花压板形成。

常见的缺压组织及主要特性：

（1）集圈缺压经编组织

集圈缺压经编组织是指旧线圈上有悬弧的经编组织。如图1-4-44所示，图（1）表示一个横列编织，一个横列垫纱但不被压针而形成悬弧，待下一横列编织时，把该悬弧与第一横列形成的旧线圈一起脱圈。如此循环，可形成凹凸及孔眼花色效应。图（1）中垫纱图旁边符号"一"处表示不压针（缺压）的横列，也可用图（2）表示，将缺压（悬弧）与编织线圈画在同一横列上。

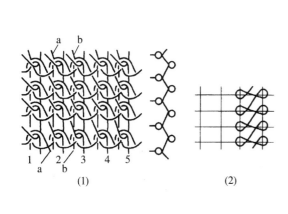

图1-4-44

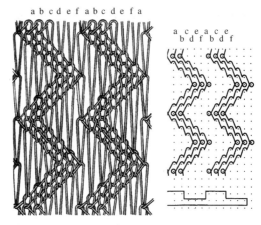

图1-4-45

（2）提花缺压经编组织

提花缺压经编组织是指旧线圈缺压不脱圈而被拉长，但因没有被垫纱而无悬弧存在的组织。图1-4-45所示为单梳编织、采用多列经缎、带有空穿（3穿3空）的提花缺压经编组织。

花压板为 3 凸 3 凹排列,可形成水波纹状花纹效应。

六、毛圈经编组织

用较长的延展线、或脱下的衬纬纱、或脱下的线圈,使它们在织物表面形成毛圈效应的组织,称毛圈经编组织。

毛圈经编组织的主要类型及性能:

(1) 加长延展线的毛圈组织

用加长延展线形成毛圈组织的有两种:① 是采用超喂加大前梳送经量,使线圈松弛,表面形成毛圈,如图 1-4-46 所示。图(1)为两梳编,图(2)为三梳编毛圈组织。② 是用专门的毛圈梳片形成长延展线来形成毛圈。如图 1-4-47 所示,GB2(后梳)与毛圈梳片同向横移作地布,GB1(前梳)延展线拉长形成毛圈。

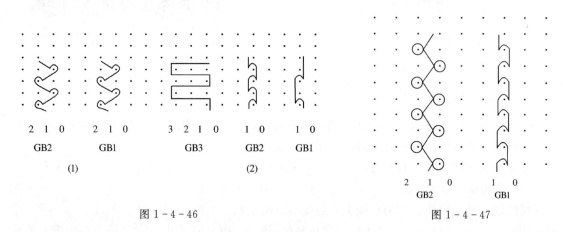

图 1-4-46   图 1-4-47

(2) 脱纬毛圈组织

由衬纬纱脱下形成毛圈的组织称脱纬毛圈组织。如图 1-4-48 所示,图(1)为后梳衬纬纱因与前梳经绒同向垫纱,而不能与底布连接,形成毛圈。图(2)所示因部分衬纬横列在前梳,而不能与底布连接,形成毛圈。图(3)所示为前梳衬纬处不能与地布连接,形成毛圈。

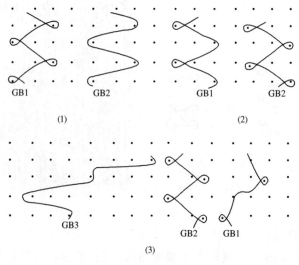

图 1-4-48

（3）脱圈毛圈组织

利用某些横列中有些织针垫不到纱线而使线圈脱落，形成毛圈的组织，称脱圈毛圈组织。如图 1-4-49 所示，后梳 1 有 1 空穿纱，一隔一横列成圈。中梳做衬伟，1 有 1 空穿纱，前梳 1 有 1 空穿纱作编链。由于后梳一横列编织，一横列被脱下（因无垫纱），因而该脱下的线圈即形成毛圈。

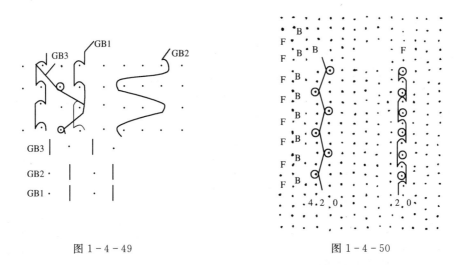

图 1-4-49　　　　　　　　　　　　图 1-4-50

（4）双针床毛圈组织

如图 1-4-50 所示，为一双针床上两梳编织的毛圈组织。两个针床，一个针床上装普通舌针，编织地纱，另一个针床上装有无针钩的织针。两梳均为满穿，后梳（B）只在舌针上作针前垫纱，形成地组织。带毛纱的前梳（F）则在舌针和无针钩的织针上均作针前垫纱，无针钩的织针垫到毛圈纱而形成毛圈。

七、贾卡经编组织

导纱梳栉上每一枚导纱针因受贾卡装置控制在编织中发生偏移，进行选针垫纱而产生不同花色效应的组织称贾卡经编组织。贾卡经编组织因贾卡梳栉中导纱针的偏移，控制选针垫纱、或衬纬垫纱、或压纱等方式，可形成各种贾卡经编组织。如表面有网眼、提花花纹或浮雕花纹效应、立体花纹图案等。贾卡组织形成的织物较多用于装饰类等。

八、双针床经编组织

在两个针床上形成的组织称双针床经编组织。梳栉数多在 2 梳及以上。根据两针床上的织针配置方式不同，可分罗纹式（两针床织针相间配置）双针床组织和双罗纹式（两针床织针相对配置）双针床经编组织。

1. 双针床经编组织的表示方法

图 1-4-51 所示为一双罗纹配置的双针床组织。垫纱运动用数码表示时，把两针床上的针前垫纱写在一起，如 1—0—1—2 表示前梳在前针床和后针床上的垫纱，形成一个共同的横列。横列间数码用"/"符号表示，如图 1-4-51 中后梳垫纱为：4—5—3—2/1—0—2—3//，前梳是 1—0—1—2/3—4—3—2//。

2. 双针床经编组织常见种类

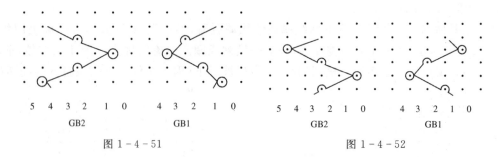

5 4 3 2 1 0   4 3 2 1 0   5 4 3 2 1 0   4 3 2 1 0

GB2   GB1   GB2   GB1

图 1 - 4 - 51   图 1 - 4 - 52

（1）两梳编平纹组织

如图 1 - 4 - 52 所示,前梳:1—2—3—4/3—2—1—0//;后梳:3—2—1—0/2—3—4—5//。也称"辛普莱克斯织物"。

（2）抽针组织

如图 1 - 4 - 53 所示,是指抽去一些针形成凹凸条纹的组织。两梳穿纱均为 2 有 2 空,前针床只有针 1、2、5、6、9、10…连续编织,而后针床始终是针 3、4、7、8、11、12…连续编织。

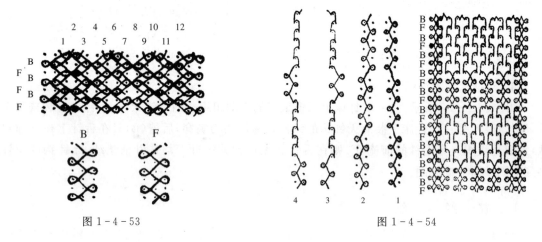

图 1 - 4 - 53   图 1 - 4 - 54

（3）线网组织

如图 1 - 4 - 54 所示,由 4 梳编织而成。其中后面 3、4 两梳均为 1 有 1 空穿纱,编织织物中间主体部分的网眼,前面 1、2 两梳在布面两侧形成布边。

（4）毛圈组织

如图 1 - 4 - 50 所示,为毛圈经编组织中双针床毛圈组织。

（5）毛绒组织

如图 1 - 4 - 55 所示,6 把梳栉编织而成。其中前后针床各用两把梳栉编织地组织,形成两片单面坯布,中间 2 把梳栉作连接两片分离坯布的纱段,编织后将其中间割开,形成两块分离的毛绒坯布。中间 3、4 绒梳栉也可采用色纱,形成彩色图案绒面。

（6）圆筒组织

双针床编织圆筒织物可由前后针床的任意组织来编织,但前后针床两片织物的边缘需用专门导纱针采用一定垫纱运动来连接。图 1 - 4 - 56 所示为八梳编织的圆筒组织,其中梳栉 1、2 和梳栉 7、8 分别编前后网眼组织,梳栉 4、6 连接左边缘,梳栉 3、5 连接右边缘。双针床圆筒组织形成的织物用途很广,可作连裤袜子、成形内衣以及各种产业用布等。

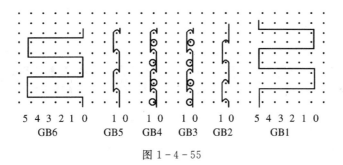

5 4 3 2 1 0　　　1 0　　　1 0　　　1 0　　　1 0　　　5 4 3 2 1 0
GB6　　　　　GB5　　GB4　　GB3　　GB2　　　GB1

图 1 - 4 - 55

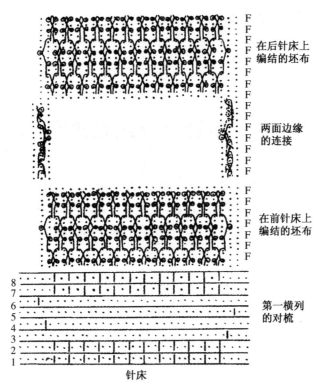

F
F
F　　在后针床上
F　　编结的坯布
F
F
F

F
F　　两面边缘
F　　的连接
F
F

F
F
F　　在前针床上
F　　编结的坯布
F
F

第一横列
的对梳

针床

图 1 - 4 - 56

第二篇　圆机纬编产品设计

圆机纬编产品是针织纬编产品的一个大类。按照纯粹的舌针编针织圆机生产的纬编设备有：单、双面多针道针织机产品，单、双面提花针织机产品、毛圈毛绒针织机产品、移圈类针织机产品、自动调线横条针织机产品、经纱提花针织机产品、圆型双反面针织机产品、全成型电脑无缝内衣机产品、袜机产品等。本篇介绍这些大类产品中主要产品的设计方法与工艺实例。

第一章　多针道针织机产品设计

多针道针织机是指具有多条三角跑道（针踵道）的针织机。多针道针织机的机号范围广，原料适应性强，有较大的筒径与较多的进纱路数，生产效益高，变换花型方便，织物品种丰富多样。多针道针织机产品按针筒数可分单面多针道针织机产品和双面多针道针织机产品。

第一节　设　计　概　述

每一种针织产品的设计内涵从全方位考虑，因素很多，如第一篇中所述。这里，仅就工艺性出发，考虑按多针道针织机生产的产品特点与可能，从布面花色效应设计和织物物理性能设计两个方面进行叙述。并通过设计实例予以具体化。

一、按布面花色效应设计的方法与步骤

1. 确定所编织纱线的种类

在多针道针织机上确定纱线类别的范围很广，应主要考虑不同纱线的物理（含外观性能）与化学性能，能凸现该织物的设计效应。

2. 根据针织机技术条件来设计针织物组织结构

多针道针织机产品的组织结构设计应根据所编织的多针道针织机的技术条件进行。通常与花型组织有关的技术条件包括：

① 织针种类与针道数。目前用得最多的是1～4针道，最高可达6针道。织针踵位数与针道数相对应。

② 针筒直径与总针数。用来确定花型范围（花宽）。原则上总针数应能被一个完全组织的花宽 B 整除，若实在无法满足时，因花型需要，可把余针数放在织物幅宽的剖缝处。

③ 沉降片、三角及导纱器变化形式。目前大多数多针道针织机上的三角变换有成圈、集圈、浮线（不编织）三种形式，它决定了可设计的组织结构种类。同时，还配有自动调线装置或采

用特殊形状与运动方式的导纱器与沉降片等,用来编织彩横条、衬垫、毛圈等组织。

④ 总进纱路数。总进纱路数是确定所设计的花型范围(花高)的依据。

⑤ 其它装置。其它装置是指主机的主要编织功能以外的装置,它在某种程度上体现了机器的先进性和多功能性。如弹性张力装置、衬纬装置等,可增加针织物的组织效应或编织性能。

3. 花色效应设计

根据针织机技术条件进行针织物组织结构设计,其目的之一是满足产品所要求的针织物布面花色效应。每一种花色效应的设计,是应用纬编基本组织与花色组织、并特别注意色纱配置及附加纱线的不同组合而成。同一种效应,往往有好几种方法(组织)可以形成。例如网眼效应的设计,至少可采用集圈、菠萝组织、纱罗、架空添纱等,横条效应则可用色纱变换或每 N 个横列变换组织结构,每隔 N 个横列变换纱线的细度或外观,隔 N 个横列衬纬、添纱,隔 N 个横列变换织物密度等多种方法形成。究竟如何掌握并合理运用不同方法来达到所要求的花色效应,对于设计者来说,只有通过不断实践,有时要看具体来样要求以及可加工条件(设备)等因素的综合,方能完成。

4. 排花型(组织)的上机工艺

花型上机工艺的编排主要是织针排列、三角排列、色纱配置及进纱顺序排列以及编织图或意匠图等表示。

5. 试织

看花纹是否与设计相符合。若不符合的,应在检查原因后予以调整。

6. 后处理

采用不同后处理方法是完成布面花色效应设计的途径之一。尤其是织物通过染色、印花、烂花、轧花、拉毛、割绒、定型等工艺处理,将能得到设计所需要的各种花色效应。

二、按针织物性能要求设计的方法与步骤

1. 机号与纱线线密度

选择合适的纱线线密度与机号进行生产,可使织物的布面性能良好。如织物的松紧度、清晰度、织物手感、外观、织物品质等。

2. 线圈长度

线圈长度直接决定针织物密度,并对针织物脱散性、延伸性、耐磨性、弹性、强度及抗起毛起球和勾丝等有很大影响。

3. 密度

针织物密度是工艺设计中的重要参数。它直接影响织物的面密度、编织是否顺利、织物综合性能与外观能否符合产品设计要求等。产品设计中,一般应按成品要求先确定机上密度(一般指的是纵密),待坯布下机(落布)后,再测其纵密,也称毛坯密度。织物经染色、定型、处理后,再测其密度,称为光坯密度。通常,设计中确定机上密度具有可操作性,其最终目的是符合产品的光坯密度。机上密度和光坯密度的关系与织物下机收缩率、织物染整后处理方式(如轧光工艺等)有关。

4. 筒径与幅宽

按针织物成品用途所需要的净坯布幅宽来确定所加工的针筒筒径尺寸,操作中除了常规平轧时,其筒径与幅宽(双幅计)相同外,一般还应考虑织物组织结构与后处理(如定型工艺等)因素对筒径与幅宽的影响。如织物轧小一档的,则应选择筒径尺寸大于成品幅宽一档。

5. 确定各原料的用料比例

同一针织物上由两种或以上不同原料的纱线组成，这在针织产品设计中已十分普遍。因而，设计并计算不同原料的用料百分比，除了在考虑经济性上需要外，更重要的是原料的比例不同，会直接影响织物的各项性能。如弹性纤维的比例不同会影响织物的弹性及编织质量。

6. 其它

为保证针织物性能满足使用要求，通常还应考虑一些诸如辅助工序及工艺流程等方面的设计。一般可在制定的生产工艺卡中予以标注或单独用文字说明。

7. 试织

小样的试织是针织产品批量生产与投产的保证。从织物性能方面设计的织物，主要是看编织质量及试织后对样品作一系列物理性能测试，若有不符合设计指标的，应及时调整或重新设计其相关参数与工艺。

第二节　单面多针道针织机产品设计实例

单面多针道针织机产品种类很多，本节就主要的单面多针道针织机产品的设计举例如下。

一、单面提花织物

如图 2-1-1 所示，为一单面双色提花组织。

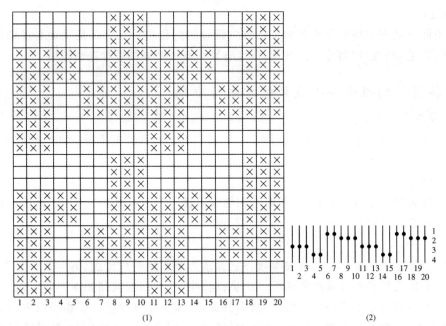

三角位置	成　圈　系　统																							
	1	2	3	4	5	6	7	8	9	10	11	12	13	14	15	16	17	18	19	20	21	22	23	24
1	—	△	—	△	—	△	—	△	—	—	—	△	—	△	—	△	—	△	—	△	—	△	—	△
2	—	△	—	△	—	△	—	△	—	△	—	△	—	△	—	△	—	△	—	△	—	△	—	—
3	△	—	△	—	△	—	△	—	△	—	△	—	△	—	△	—	△	—	△	—	△	—	△	—
4	—	△	—	△	—	△	—	△	—	△	—	△	—	△	—	△	—	△	—	△	—	△	—	△

(3)

图 2-1-1

1. 编织条件

单面四针道圆纬机,已知总针数 $N=1\,600$,进纱路数(成圈系统数)$=24$,试设计一例单面双色均匀提花织物。

2. 确定完全组织宽度 B

已知该机为 4 针道,就有 4 种不同高度踵位的针,一完全组织中不同花纹的纵行数 $B_0=4$。若允许纵行花纹重复,则一完全组织中花纹总宽度可大于 4,且 B 应是 N 的约数。如 1 600,800,400,320,200,160,100,80,50,40,32,25,20,16,10,8,5,4,2。现取 $B=10$。其中有 6 个纵行是与其它纵行的花纹重复的。

3. 确定一完全组织高度 H

由于设计两色提花,故只要成圈或浮线(不成圈)两种三角形式。所以,该完全组织中不同花纹的横列数 H_0 最多为 8,考虑到机器的总进纱路数为 24,则该组织的最大花高横列数 H 为 12(若进纱路数为 96 时,则 H_{max} 可达 48 横列),且至少有 4 个横列的花纹是与另 8 个横列花纹重复。本实例中是 8 个横列的花纹与另 4 个横列花纹重复。

4. 花纹设计及意匠图(或编织图)

花纹设计与意匠图的绘制,一般根据来样或自行设计的要求进行。在确定花宽花高后,应画出至少一个完全组织的意匠图或编织图。如图 2-1-1(1)所示为一完全组织 $B=10,H=12$ 的花纹(共 4 个)意匠图。

5. 编排花纹上机工艺图

花纹上机工艺图的编排主要是不同踵位织针的排列、三角排列、进纱路数的配置。

(1) 织针排列

织针排列是根据意匠图所示,按不同花纹的纵行排不同踵位的针,相同花纹的纵行排相同踵位的针的原则进行。如图 2-1-1(2)所示。从左往右第 1、2、3 纵行排第 3 踵位的针,第 4、5 纵行排第 4 踵位的针,第 6、7 纵行排第 1 踵位的针,第 8、9、10 纵行排第 2 踵位的针。当然,也可以 1~3 纵行排第 1 踵位针,4、5 纵行排第 2 踵位针,6、7 纵行排第 3 踵位针,8~10 纵行排第 4 踵位的针等等。

(2) 三角排列与进纱路数配置

三角排列是根据针的踵位及所对应的意匠图进行,见图 2-1-1(3)所示。图中表示第一横列上第 1、2、3 纵行需编第 1 路黑纱,而编织该三个纵行线圈的织针踵位排的是第 3 踵位(即在第 3 条三角针道上运动),所以,应在第 1 路进纱相对应的第 3 条三角针道上排成圈三角,其余 1、2、4 三角针道上排不成圈三角。在第 2 路白纱编织时,意匠图表示 4、5、6、7、8、9、10 纵行编织,其对应的踵位在第 4、1、2 三角针道,所以,在第 2 路白纱对应的第 4、1、2 三角针道上排成圈三角,而第 3 条针道上排不成圈三角。由此,2 路进纱完成一个横列的两色提花组织。该花型为 12 个横列,共需 24 路进纱和对应的 24 次三角排列。其中相同花纹横列的三角排列状态相同。

二、单面集圈与提花复合织物

1. 编织条件

机号 $E28$、筒径 660 mm(26 英寸)的三针道单面圆机,进纱路数 84 路,采用 20.8 tex(28^s) C/T 混纺纱,总针数 2 280。

2. 花纹设计及意匠图(或编织图)绘制

根据设计要求,花纹需形成素色格形的小网眼效应,现设计采用集圈与提花复合组织。其

中花宽 $B=12(B_0=3)$，花高 $H=42$，花纹意匠图如图 2－1－2 所示，其中 a、b、c 分别表示不同花纹纵行的不同踵位的针(每个字母可表示任意高度的踵位)。图中：[·]表示集圈，[—]表示浮线，“□”表示成圈。

进纱路数												
42												
41		·		·		·	—	—		·	—	—
40		·		·		·	—	—		·	—	—
39												
38	·		·		·		—	—		·	—	—
37	·		·		·		—	—		·	—	—
36												
35		·		·		·	—	—		·	—	—
34		·		·		·	—	—		·	—	—
33												
32	·		·		·		—	—		·	—	—
31	·		·		·		—	—		·	—	—
30												
29		·		·		·	—	—		·	—	—
28		·		·		·	—	—		·	—	—
27												
26	·		·		·		—	—		·	—	—
25	·		·		·		—	—		·	—	—
24												
23		·		·		·	—	—		·	—	—
22		·		·		·	—	—		·	—	—
21												
20	·		·		·		—	—		·	—	—
19	·		·		·		—	—		·	—	—
18												
17		·		·		·	—	—		·	—	—
16		·		·		·	—	—		·	—	—
15												
14	·		·		·		—	—		·	—	—
13	·		·		·		—	—		·	—	—
12												
11												
10												
9												
8		·		·		·	—	—		·	—	—
7		·		·		·	—	—		·	—	—
6												
5	·		·		·		—	—		·	—	—
4	·		·		·		—	—		·	—	—
3												
2												
1												
进纱路数	a	b	a	b	a	b	c	c	a	b	c	c
	织针排列(踵位数)											

图 2－1－2

三角配置	a	∧	∧	∧	◇	◇	∧	∧	∧	∧
	b	∧	∧	∧	∧	∧	∧	◇	◇	∧
	c	∧	∧	∧	—	—	∧	—	—	∧
进纱路数		1	2	3	4	5	6	7	8	9
		10	11	12	13	14	15	16	17	18
					19	20	21	22	23	24
					25	26	27	28	29	30
					31	32	33	34	35	36
					37	38	39	40	41	42

图 2－1－3

7	·				·			
6				·		·		
5		·						·
4	·				·			
3			·				·	
2				·		·		
1		·						·
	1	2	3	4	5	6	7	8

(1)

a	b	c	d	a	b	c	d

(2)

进纱 / 三角	一	二	三	四	五	六	七
a	∧	∧	∧	□	∧	∧	□
b	□	∧	∧	∧	□	∧	∧
c	∧	∧	□	∧	∧	∧	∧
d	∧	□	∧	∧	∧	□	∧

(3)

图 2－1－4

3. 编排花纹上机工艺图

如图 2－1－3 所示。图中 a、b、c 分别表示各纵行的织针踵位为第 1、2、3 针道，1 路进纱编 1 个横列，从左往右依次为第 1、2、3…共 42 路。∧表示成圈三角，◇表示集圈三角，—表示不成圈(浮线)三角。

该产品工艺性能参考值为：面密度 156 g/m^2，平均线圈长度 2.71 mm。

三、绉织物

利用不规则集圈或者不均匀提花(不规律浮线)是绉织物形成的主要方法。设计时,一定要注意集圈或浮线的分布应呈分散、均匀或点状,而不能出现直条、横条等规律状分布。现举例如下:

(1) 编织条件:机号 $E28$,四针道单面机,原料 14 tex(42^s)C/T,总针数 2 280,总进纱路数 84。

(2) 确定花宽 $B=8$,花高 $H=7$。

(3) 设计花纹及意匠图绘制:如图 2-1-4(1)所示。$\boxed{\cdot}$ 表示集圈;$\square$ 表示成圈。

(4) 编排上机工艺:图 2-1-4(2)为织针(踵位)排列图,图(3)为三角配置及进纱路数排列。$\wedge$ 表示成圈三角,$\square$ 表示集圈三角。

若上述集圈处改为浮线,也可形成绉纹颗粒。如果采用高支精梳纱,则织物绉效应会比集圈形成的绉效应细致些。但集圈形成的绉效应一般较浮线(不均匀提花)形成的绉效应更加显著。

四、褶裥织物

褶裥织物是采用规律的、一定范围内的单针多列集圈或单针多列浮线(该针多列不脱圈),使该处的线圈抽紧,其余处平针线圈凸起绉叠而形成的一种织物。目前多用在裙装或装饰面料上。单针多列集圈一般用于小的褶裥(小于 6 列为宜),大的褶裥则通常用单针多列浮线形成。如图 2-1-5 所示,图(1)为编织图,图(2)为织针排列图,图(3)为三角排列与进纱路数配置,在单面三针道圆机上编织。

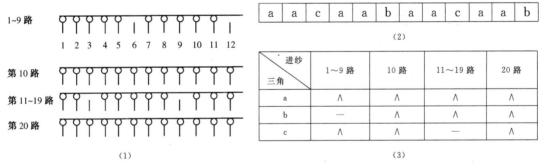

	进纱 三角	1~9 路	10 路	11~19 路	20 路
a		$\wedge$	$\wedge$	$\wedge$	$\wedge$
b		—	$\wedge$	$\wedge$	$\wedge$
c		$\wedge$	$\wedge$	—	$\wedge$

图 2-1-5

该褶裥织物如果在第 10 路和第 20 路配置弹性纱线,而其余为非弹性纱线,则布面褶裥效应和织物性能会更好。

单面多针道针织机产品还有诸如丝盖棉(添纱组织)织物、纱罗织物、衬纬织物等,大多在原料及花型上进行变化,其设计方法与步骤类似。

第三节　双面多针道针织机产品设计实例

双面多针道针织机是指具有上针盘和下针筒,且上针盘织针与下针筒织针都分别具有两种或两种以上的针踵及针道数的双面针织圆机。上、下针的针道数可相同也可不同,大多在 2~4 道。根据上针盘与下针筒针槽间的配置不同,有罗纹式配置和双罗纹式配置两个大类。通过对三角、织针、纱线配置的变换,可以生产罗纹、双罗纹以及由此派生出来的多种花色针织品。本节就双面多针道针织机的常见产品举例如下。

一、两面效应织物

两面效应织物是指织物的正、反两个面呈现的纱线、纱线线密度、颜色或花纹等具有一项或以上不同效应的织物。为了设计这种效应,必须选用合适的纱线线密度、原料及性能、组织结构,以及编织中合适的给纱张力。现举例如下:

1. 编织条件

机号 $E16$、筒径 864 mm(34 英寸)的多针道罗纹机,总进纱路数 56 路,原料为 A 纱 28 tex(21^s)棉,B 纱 16.7 tex(150D)涤纶。

2. 花型设计及编织图

按花纹设计要求为 B 面网眼涤纶,A 面全棉平针。故确定该组织工艺为 B 纱在 A 面集圈,花宽 $B=4$,花高 $H=4$,编织图如图 2-1-6(1)所示。数字 1~8 表示进纱序号,字母 A 为棉纱,B 为涤纶纱。

3. 编排上机工艺图

如图 2-1-6 所示,图(2)为织针(踵位)排列图,a、b、c 分别表示不同踵位的针。图(3)为三角及进纱配置。∧ 表示成圈三角,□ 表示集圈三角。

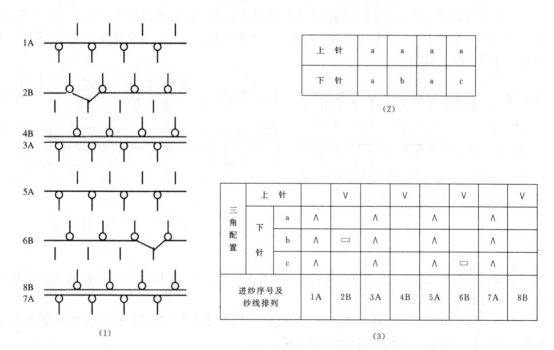

上　针	a	a	a	a
下　针	a	b	a	c

(2)

三角配置	上　针		V		V		V		V
	下针 a	∧		∧		∧		∧	
	下针 b	∧	□	∧		∧		∧	
	下针 c	∧		∧		∧	□	∧	
进纱序号及纱线排列	1A	2B	3A	4B	5A	6B	7A	8B

(1)   (3)

图 2-1-6

该织物经两浴法染色后,正反两面可呈现不同颜色、不同花纹的外观。一般,涤纶网眼面为织物效应正面,棉纱平针面作织物服用反面。该织物性能参考值为:线圈平均长度第 2、6 路为 4.72 mm,其余 4.58 mm,光坯布面密度 164 g/m^2,两面用纱比为棉 62.2%,涤 37.8%。

二、斜纹效应织物

1. 编织条件

机号 $E24$、筒径 864 mm（34 英寸）的四针道棉毛机，总进纱路数 84 路，原料为 A 纱 J18.2 tex（32^s）棉，B 纱 14.5 tex（40^s）C/F（棉包氨纶的包芯纱）。

2. 花型设计及编织图

如图 2-1-7(1)所示，一完全组织 $B=4$ 纵行，$H=4$ 横列，8 路进纱。上针编 2 个横列，下针编 4 个横列，斜纹效应由下针形成。上针为二针道排针，下针为四针道排针。上下针槽为罗纹式配置。

3. 编排上机工艺图

如图 2-1-7 所示，图(2)为织针排列，图(3)为三角及进纱配置。

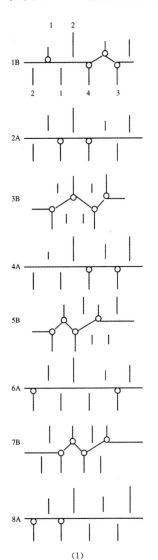

（1）

踵位（针道数）	上 针	1	2	1	2
	下 针	2	1	4	3

（2）

三角配置			1B	2A	3B	4A	5B	6A	7B	8A
	上针	2			V				V	
		1	V				V			
	下针	1	∧	∧			∧	∧		
		2		∧	∧			∧	∧	
		3			∧	∧			∧	∧
		4	∧			∧	∧			∧
进纱序号及纱线排列			1B	2A	3B	4A	5B	6A	7B	8A

（3）

图 2-1-7

该织物手感厚实、挺括、纵横向弹性好、织物一面斜纹效应明显。工艺性能参考值为：面密度 290 g/m² ；用纱比棉 42%，棉包氨纶纱 58%；线圈平均长度，第 2、4、6、8 路为 2.16 mm，其余为 3.36 mm。

三、空气层复合织物

空气层复合织物是目前纬编产品中生产较多的品种之一,它主要用于保暖织物及装饰、医用织物等。现举例如下:

1. 编织条件

机号 $E24$、筒径 864 mm(34 英寸)的四针道棉毛机。原料为 A 纱 14.5 tex(40^s)精梳棉纱,B 纱 11.1 tex(100 D)涤纶低弹丝,进纱路数 80 路。

2. 花纹设计及意匠图

根据设计要求,织物效应面应具有波纹小网孔,另一面为平针。设计采用下针集圈,使上针一面形成波纹小网孔,并采用上、下针均有单独编织横列,使形成空气层。意匠图及织针排列如图 $2-1-8(1)$ 所示,$H=8$,$B=10$,二路进纱编一个横列。

16										
15	×	×	×	×	×	×	×	×	×	×
14			·							
13	×	×	×	×	×	×	×	×	×	×
12										
11	×	×	×	×	×	×	×	×	×	×
10					·					
9	×	×	×	×	×	×	×	×	×	×
8										
7	×	×	×	×	×	×	×	×	×	×
6			·							
5	×	×	×	×	×	×	×	×	×	×
4										
3	×	×	×	×	×	×	×	×	×	×
2	·									
1	×	×	×	×	×	×	×	×	×	×
进纱路数	c	b	a	d	d	d	d	d	d	d
	织 针 排 列									

区— 下针编织
□—上针编织
·—下针集圈
上下织针为罗纹式排列。

备 注

(1)

三角配置	上 针		V		V		V		V		V		V		V		V
	下针 a	∧		∧		∧		∧	◇	∧		∧		∧		∧	
	下针 b	∧		∧		∧	◇	∧		∧		∧		∧	◇	∧	
	下针 c	∧	◇	∧		∧		∧		∧		∧		∧		∧	
	下针 d	∧		∧		∧		∧		∧		∧		∧		∧	
进纱路数		1	2	3	4	5	6	7	8	9	10	11	12	13	14	15	16
备 注	第1~16路进纱均为 A 纱,每在第3、7、11、15 路进纱后,各衬上一根 B 纱。																

(2)

图 2 - 1 - 8

3. 编排上机工艺

如图 2-1-8(2)所示为三角、织针、进纱的配置。其中上针排 1 种针,下针排 4 种踵位的针。16 路进纱编织正、反面线圈各 8 个横列。

该织物手感柔软、舒适美观,正、反面均为两层全棉精梳纱,并形成空气层,中间衬入低弹涤纶丝,使织物保暖性增强。织物工艺性能参考值:面密度 128 g/m²;用纱比棉 92.9%,涤 7.1%;线圈平均长度:第 2、6、10、14 路为 3.04 mm,其余为 3.46 mm。

四、罗纹式凹凸格形织物

素色凹凸小格形织物在双面多针道针织机上形成的主要方法是采用双针双列单面(或双面)集圈,其表面有格形蜂巢效应。如单面集圈的则为一面有凹凸格形,另一面为罗纹纵条;若采用双面集圈的,则两面均有格形花纹。但从织物实用性与经济性考虑,除来样要求外,一般应设计为一面格形效应的单面集圈较为合理。举例如下:

1. 编织条件

机号 E16、筒径 762 mm(30 英寸)的罗纹机,原料 27.8 tex(21ˢ)棉。

2. 花形与编织图

如图 2-1-9 所示,图(1)为编织图,排针 2+2 罗纹,"·"表示抽针,花高 H=4,花宽 B=4,一完全组织 4 路进纱,下针集圈。

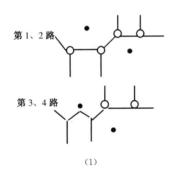

三角配置	上针	V	V	V	V
	下针	∧	∧	◇	◇
进　纱　路　数		1	2	3	4

(1)　　　　　　　　　　　　　　　　(2)

图 2-1-9

3. 编排上机工艺

如图 2-1-9(2)所示,第 1、2 路进纱的上、下针均编织 2+2 罗纹,第 3、4 路进纱的上针编织,下针集圈。如此形成双针双列集圈,在织物上针那面形成凹凸格形花纹,作效应面。

五、双罗纹衬纬、集圈空气层织物

双面多针道针织机编织的双罗纹织物,一直是弹性类、时装类产品的重要面料。在多针道棉毛机上,设计双罗纹空气层复合织物,除了和罗纹一样应有上、下针单独编织外,主要是上、下针连接的方法与上、下针原料的选择。现举例如下:

1. 编织条件

机号 E16、筒径 762 mm(30 英寸)的棉毛机,原料采用 A 纱 27.8 tex(21ˢ)棉,B 纱 14.5 tex (40ˢ)涤棉纱,C 纱 11.1 tex(100 D)低弹涤纶丝作衬纬,D 纱 14.5 tex(40ˢ)棉包氨纶包芯纱。

2. 编织图与上机工艺图

如图 2-1-10 所示。图(1)为编织图,图(2)为三角排列与进纱配置。

该织物具有很强的弹性与较大的厚度,外观挺括,线圈平整度及布面紧度好,经适当染色后，织物还可有两面不同的色彩效应。由于在上、下针连接处采用了弹性纱（棉包氨纶包芯纱）集圈，不仅使编织时有较好的纱线张力，而且编织后增加了织物弹性，又不易露底，是理想的弹性时装面料。若设计中采用一面编织，另一面集圈的连接方式，势必需要抽针，被抽针面则形成使正面线圈纵行分开，影响要求外观平整、紧度好的双罗纹织物的设计要求。

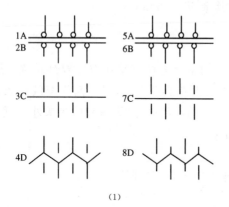

三角配置	上针	2	V					V		◇
		1	V			◇	V			
	下针	1	∧			◇		∧		
		2	∧					∧		◇
进纱序号及原料			1A	2B	3C	4D	5A	6B	7C	8D

(1)   (2)

图 2-1-10

多针道针织机产品，目前不仅在针织产品生产中占有一定比例，而且已实现了一机多用，即同一台针织机上，可以通过变换针筒及机号、织针等，生产出单面、双面不同纱线细度、不同花色效应的多种针织品，以更好地满足订单加工要求和市场消费需求。

第二章　提花针织机产品设计

在纬编针织品的生产中,除了用单面多针道机、双面多针道机编织基本组织、变化组织、小花纹花式组织针织物外,还用提花针织机编织大花纹针织物。提花针织机一般需采用带有专门选针机构的针织机来编织。这些专门的选针机构有:滚筒式、圆齿片式、提花轮式、插片式、双木梳片式、拨片式及电子式等多种。利用这些选针机构能编织出花纹变化多、花型范围大的花纹针织物。

纬编大花纹针织物的种类很多。按其色彩可分为单色织物,多色织物;按其编织方法可分为单面花式织物,双面花式织物;按其花纹配置可分为花纹无位移织物,花纹有位移织物;按其外观可分为凹凸、网孔、波纹织物等。本章主要介绍用提花针织机编织各种花式组织针织品。

第一节　设 计 概 述

一、纬编提花机大花纹产品的设计依据

纬编大花纹产品设计时需考虑产品的用途、产品的规格、原料的性能和设备等情况,尤其要考虑企业现有设备条件及生产能力是否满足产品设计的要求。特别是在大花纹产品设计前,要了解所选用提花圆机选针机构的特点、机器上织针及提花片的排列情况、机器转数、系统(路)数、机号(针距)、总针数、最大花型范围等,此外染整设备的生产加工能力将直接影响产品的外观、风格、花纹的效果及使用性能,然后根据要求进行设计。

二、花纹设计方法

花纹设计时要兼顾产品的外观、风格和产品性能等几个方面。设计者在设计花纹时,可根据自己的构思设计各种多变的花型,但花纹的大小则由所选用提花机能编织的花纹大小范围所决定。花纹的大小用一个完全组织花纹宽度和高度来表示,也就是一个完全组织中所包含的线圈纵行数和线圈横列数来表示。其设计步骤如下:

1. 设计纹样

纬编大花纹产品的花纹图案称纹样,根据织物用途,结合原料和组织结构特性设计纹样。

2. 画意匠图

把设计好的纹样转换到意匠纸上,画成意匠图。意匠图是把织物内线圈组合的规律用规定的符号在小方格纸上表示的一种图形。

由于意匠图中线圈所占的面积通常是用一个正方形的小方格表示,而实际织物中一个线圈所占的面积通常是长方形,这样实际织物外观花纹往往与所设计的意匠图有差异。因此在把纹样画成意匠图时,要充分考虑织物中线圈的形态特征(圈距与圈高之比)。只有这样织出的产品才能达到最初的设计构思。

3. 设计上机意匠图

设计意匠图时,需了解机器的结构性能,避免设计出的意匠图在机器上无法实现。例如:二功位提花机上,不能编织提花集圈组织;单面提花机上某一成圈系统连续不工作的针数过多,则造成漏针等。

设计意匠图时还要注意上下、左右花型的连接,否则会造成错花。

根据机器规格、选针机构的形式及条件计算出最大花宽和最大花高,然后将初步意匠图按计算条件进行修改,以达到上机的要求。

4. 花纹宽度、高度的选择与设计

花纹一个完全组织的宽度简称花宽,通常用符号"B"来表示其纵行数;花纹一个完全组织的高度简称花高,通常用符号"H"来表示其横列数。

提花针织机的花宽花高的设计有两种:一种是无位移花纹花宽、花高的设计。所谓无位移花纹是指花纹的每个完全组织均如方格一样连续整齐地排列在织物中,花纹无纵向移动,滚筒式、圆齿片式、插片式、拨片式等许多提花圆机所编织的花纹均属于无位移的,这类提花圆机的选针方式虽然不同,但其花宽花高的设计原理基本相同。另一种是有位移花纹花宽、花高的设计,所谓有位移花纹是指下一个完全组织花纹与上一个完全组织花纹产生位移,以螺旋形排列在织物中,采用提花轮选针的提花圆机和采用花式压针板选针的台车所编织的花纹均属于有位移花纹的,这类针织机的选针方式虽然有差异,但其花纹的设计方法大致相同。

(1) 无位移花纹花宽、花高的选择与设计

① 花宽的设计与选择:一个完全组织花纹宽度的设计与提花片齿数多少及排列方式有关。提花片的排列方式可分为单片排列、多片排列及单片、多片混合排列。在提花针织品生产中一般采用单片排列,排列方式又可分为对称花型与不对称花型两种。不对称花型提花片按"步步高"排列,呈"/"形或"\"形排列在针筒上;对称花型可将提花片排成"∧"形或"∨"形。

最大花宽 B_{max} 计算方法如下式(单位为纵行数):

不对称单片排列时:

$$B_{max}=n-1 \text{ 或 } B_{max}=n$$

由于提花片的齿数 n 往往为奇数,不易被针筒总针数整除,故 B_{max} 常选 $n-1$。

对称单片排列时:

$$B_{max}=2(n-1)$$

式中:n——提花片的齿数。

在花型设计时,花宽的纵行数可在最大花宽范围内任选,但所取花宽应是总针数的约数,而且所取花宽最好是最大花宽的约数,这样就可以在不改变针筒上提花片排列的情况下,只通过改变选针机件位置来改变花型,以减少提花片消耗和排花停机时间。花纹的花宽与花高要相称,若花高较长,花宽不能满足设计花型要求时,在某些机器上可采用双片或多片混合等排列提花片的方式来扩大花纹宽度。

② 花高的设计与选择:一个完全组织的最大花高 H 取决于编织其花纹的提花圆机的成圈系统数、选针片数及色纱数。前两者与提花机的类型有关,后者与织物花色有关,当所选用提花圆机的型号确定后,前两项数值基本确定;色纱数是指花色织物中一个正面线圈横列中所具有的色纱数,也就是编织一个正面线圈横列所需的成圈系统数。

最大花高 H_{max} 计算公式：

$$H_{max}=M/e \times m$$

式中：M—— 成圈系统数；

$\quad e$ —— 色纱数，即编织一横列所需的成圈系统数；

$\quad m$ —— 每个成圈系统上选针片总数。

选取的花纹高度可以小于上述最大花纹高度，但应是最大花纹高度的约数。

（2）有位移花纹花宽花高的选择与设计

在有位移花纹花宽花高的选择与设计中提花轮和花式压针板上的槽数与针筒上针数之间的关系，对花纹的设计方法有很大的影响。目前编织的花纹有矩形、六边形以及菱形等几种。其中以矩形最为常用，下面对矩形花纹的设计方法进行介绍。

设计矩形花纹主要是根据针筒总针数 N、提花轮的槽数 T 和成圈系统数 M。当 N/T 的商为整数时，设计的花纹无位移。当 N/T 有余数时，设计的花纹有位移。N、T 之间的关系可用下式表示：

$$N=ZT+r \tag{2-1}$$

式中：N——针筒总针数；

$\quad Z$ —— 正整数；

$\quad T$——提花轮的槽数；

$\quad r$—— 余针数。

此时余针数 r 不等于零。

一般 N、T、r 之间有公约数，这时完全组织为直角四边形（矩形）花纹。

① 花纹宽度的设计

花纹宽度 B 应是针筒总针数 N、提花轮槽数 T 和余针数 r 三者之间的公约数。最大花宽 B_{max} 为 N、T、r 三者之间的最大公约数。

② 花纹高度的设计

花高 H 的计算公式如下：

$$H=TM/(Be) \tag{2-2}$$

式中：T——提花轮的槽数；

$\quad e$——色纱数，即编织一横列所需的成圈系统数；

$\quad M$——机器的成圈系统数；

$\quad B$——花纹宽度。

当提花轮槽数 T、成圈系统数 M、编织一横列所需的成圈系统数 e 一定时，花高 H 与花纹宽度 B 成反比，设计时要协调花高 H 与花宽 B 之间的关系，使花型更美观。

③ 段的横移：将提花轮分成几等分，每一等分所包含的槽数为花宽 B，现将这个等分称为"段"。一个提花轮所具有的段数以符号 A 来表示。而余针数中所具有的段数则称之为段的横移，用符号 X 表示；它们的计算公式为：

$$A=T/B \tag{2-3}$$

$$X=r/B \tag{2-4}$$

由式 2-2 可知，$H=T/B \times M/e=A \times M/e$，即花纹完全组织的高度是提花轮中的段数与针筒一回转中所编织的横列数的乘积。

上式可写成：

$$A=H/(m/e)$$

由上式可知，段数 A 是花纹完全组织高度 H 被针筒 1 回转中所能编织的横列数（m/e）相除所得的商。

为确定一个花纹完全组织横列上作用段号的排序，可按下式进行计算：

$$m=[X(q-1)+1]-KA \qquad (2-5)$$

式中：m——针筒第 q 转时，开始作用的提花轮的段号；

q —— 针筒回转的顺序号；

X —— 段的横移数；

A —— 提花轮槽的段数；

K——正整数，可取 $0,1,2,\cdots$。

若计算所得 m 大于段数 A 时，则需减去段数 A 的整数倍以修正 m 值，使 m 值小于 A。

当提花轮槽的段数为 n 时，一个花纹完全组织横列上作用段号的排序依次为：$q=1$、2、$3\cdots$ n 时相应作用的提花轮的段号 m。

④ 花纹的纵移：两个相邻花纹（完全组织），在垂直方向上的位移称为纵移，纵移横列数用 y 来表示。具有纵移的花纹将按螺旋线排列逐渐上升，纵移 y 的计算公式如下：

$$Y=[H(K+1)-M/e]/X \qquad (2-6)$$

在求得上述数据的基础上，就可以设计花纹图案了。由于有段的横移和花纹纵移的存在，所以一般要绘出两个完全组织，并表示出花纹纵移值和段号在完全组织花纹高度中排列的顺序。现举例说明如下：

已知   总针数 $N=1\,964$，提花轮槽数 $T=144$，成圈系统数 $M=48$，色纱数 $e=3$。

① 花纹完全组织宽度 B：

首先求余数 r：$N/T=1\,968/144=13\times144+96$，故余数 $r=96$。

然后求 N、T、r 的最大公约数：

其花宽 B 可为 N、T、r 的公约数：$96,48,24,12,\cdots$。

$$B_{\max}=96，现选 B=48 纵行$$

② 完全组织的高度 H：

$$H=T/B\times M/e=(144/48)\times(48/3)=48 横列$$

③ 段数 A 和段的横移数 X：

$$A=T/B=144/48=3 段$$

$$X=r/B=96/48=2 段$$

④ 段数在完全组织高度中的排列顺序：

针筒第一转时段号 $m=[X(q-1)+1]-KA=[2(1-1)+1]-KA=1$

针筒第二转时段号 $m=[X(q-1)+1]-KA=[2(2-1)+1]-KA=3$

针筒第三转时段号 $m=[X(q-1)+1]-KA=[2(3-1)+1]-KA=2$

段数在完全组织高度中的排列顺序为Ⅰ、Ⅲ、Ⅱ。

⑤ 纵移 Y (取 $K=0$)

$$Y=[H(K+1)-M/e]/X=[48-16]/2=16$$

段在意匠图中的排列形式如图 2-2-1 所示。

图中一个方格表示 48 个纵行、16 个横列。

Ⅰ	Ⅲ	Ⅱ	Ⅰ	Ⅲ	Ⅱ
Ⅱ	Ⅰ	Ⅲ	Ⅱ	Ⅰ	Ⅲ
Ⅲ	Ⅱ	Ⅰ	Ⅲ	Ⅱ	Ⅰ
Ⅰ	Ⅲ	Ⅱ	Ⅰ	Ⅲ	Ⅱ
Ⅱ	Ⅰ	Ⅲ	Ⅱ	Ⅰ	Ⅲ
Ⅲ	Ⅱ	Ⅰ	Ⅲ	Ⅱ	Ⅰ

图 2-2-1

5. 配色

织物的外观不仅与花型有很大关系,而且与配色也密切相关。同一花型,配色不同,感觉完全不同;而同一花型,相同色彩组成,但是色纱排列顺序不同,布面外观也有很大差异,巧妙地应用配色能使针织物的外观绚丽多彩。配色应要明确产品的用途和当前的流行色,应根据织物使用对象、地区、民族、习惯、季节、年龄、性别、城乡等的不同要求而有所不同。

第二节　单面提花圆纬机产品设计与实例

一、单面提花织物的设计

单面纬编提花织物的组织结构有均匀(规则提花组织)和不均匀(不规则提花组织)两种。

下面分别介绍其产品的外观风格、特点及产品的设计方法。

(一) 单面均匀提花织物的设计

1. 单面均匀提花织物的特点及外观

结构均匀(规则)的提花组织是指一个完全组织中各正面线圈纵行的线圈数相等,所有线圈大小基本相同(线圈指数相同)的提花组织。在编织结构均匀的提花织物时,在给定的喂纱循环周期内,每枚针必须且只能吃一次纱而编织成圈。例如:在编织三色均匀提花织物时,每三个成圈系统分别穿有不同性质或色彩的纱线组成一个给纱循环周期,在这一给纱循环周期中针筒上每枚织针只参加工作一次,并将某种色纱编织成一个线圈,从而形成一个线圈横列,所形成的线圈大小基本相等,线圈指数均为2(每个线圈后均有2根浮线)。

由于这一类组织所形成的织物线圈大小相同,且结构均匀,故其织物的外观比较平整,不产生折皱现象。若用较细的纱线编织,会形成轻薄、平滑柔软的风格,可做裙料等夏季面料;若用较粗的纱线编织密度较大的产品,其外观挺括,配以适当的花纹图案则有很强的装饰效果。这类单面产品的最大缺点是当织物花纹图案较大且颜色较多时,织物后面会有很多很长的浮线,在使用时易产生勾丝、抽丝的现象;此外单面均匀提花织物在自然状态下,织物边缘有卷边现象,这也会给使用和加工带来不便。这种单面提花组织的产品,由于有浮线存在,其织物的横、纵向延伸性较纬平针织物小,横向延伸性减小更为明显,而且由于浮线的弹性和线圈的转移使织物线圈纵向互相靠拢,织物的幅宽也较纬平针织物幅宽略有减小。

这类产品按其外观风格分有如下几种:

(1)采用色纱交织　由不同颜色(两色或者多色)的纱线,按花纹意匠图的要求编织出具有各种不同色彩花纹效应的单面提花产品。

(2)采用不同类型的原料进行交织　利用两种不同原料的纱线进行交织,采用一浴法染色

（代替先染后织），以形成两种不同色彩交织的外观。也可采用不同特点的同种原料进行交织。例如采用有光涤纶丝与无光涤纶丝进行交织，尽管经染色后，两种涤纶丝的上染情况基本相同，但由于两种原料反光效果存在差异，仍可形成两种不同的外观。也可采用加入特殊纱进行交织，可以收到特殊效果。比如采用异形截面丝、金银丝，可获得布面闪烁的效果。

（3）采用粗细不同的纱线进行交织　若用纱线原料的品种、特性均相同，但粗细明显不同的纱线进行交织，则可形成略带凹凸效应的外观。

下面按单面均匀提花组织所能形成外观风格的不同，介绍其产品的设计方法。

2. 采用色纱交织的提花织物设计

这类产品按其色纱颜色数量的不同可分为两色、三色及多色等几种。这意味着形成织物的一个完整线圈横列，需要两个、三个或多个成圈系统来完成；其织物的外观亦是由两色、三色或多色组成。无论织物颜色的多少，其产品的设计方法及织物性能基本相同。现在以两色单面均匀提花织物为例介绍单面均匀提花织物的设计方法。

产品设计举例：设计两色均匀提花织物

（1）机器选用　S3P172 型单面提花机，针筒直径 762 mm（30 英寸），总针数 2 628，提花选针齿档数 37，成圈系统数 72。

（2）花宽与花高　设计花宽 $B=18$ 纵行；花高 $H=18$ 横列。

该机型提花片采用不对称单片排列时最大花宽 $B_{max}=n-1=36$ 纵行；最大花高 $H_{max}=M/e=36$ 横列。在花型设计时，花宽的纵行数可在最大花宽范围内任选，考虑所取花宽应是总针数的约数，而且所取花宽最好是最大花宽的约数，这样就可以在不改变针筒上提花片排列的情况下，只通过改变选针机件位置来改变花型，以减少提花片消耗和排花停机时间，故选择花宽 $B=18$ 纵行；花高也可在最大花高范围内选并应是最大花高的约数，故选择花高 $H=18$ 横列。

（3）花纹图案及意匠图　根据已选定的花宽 B 和花高 H 在意匠纸上定出一个完全组织花纹范围，然后在这一范围内设计花型图案，使意匠图符合上机意匠图的要求，现设计花纹图案如图 2-2-2 所示。

在设计单面提花组织花纹意匠图时，必须注意：某一成圈系统编织时，连续不工作的针数不能过多，否则会产生漏针，不能正常生产。连续不工作的针数一般不超过 5～6 针，要根据所用机器型号、机号及机器结构等具体情况而定。

（4）根据意匠图编排成圈系统号　根据选用机器的成圈系统数、选针机构特点及花纹图案要求进行编号如图 2-2-2 右侧所示：两色提花织物编织一横列需两路成圈系统，现花高 $H=18$，共需 36 路成圈系统编织，机器一转可编织 2 个完全组织花高。

（5）配色　采用选定的两种色纱编织，颜色的排列顺序有两种，比较效果后确定。配色时同色系和近似色相配时，易比较协调，而对比色相配则比较鲜明。现选色纱①为淡蓝色；色纱②为白色。外观淡雅协调。

（6）排列提花片及选针拨片工艺位置　针筒

□— 奇数路编织色纱

×— 偶数路编织色纱

图 2-2-2

的针槽内一般插入 1～36 号提花片且呈"/"形排列。根据设计花纹宽度 $B=18$,1～36 号提花片所对应的织针能编织 2 个完全组织花宽,根据花纹的要求1～3路选针拨片工艺位置如图 2-2-3 所示。

根据设计花纹宽度 $B=18$,一般在针筒的针槽内插入 1～18 号提花片且呈"/"形排列;花纹图案为对称花纹,也可在针筒的针槽内插入 1～9 号提花片且呈"∧"形排列。根据提花片排列决定选针拨片工艺位置。

（7）原料选择　选用 167 dtex 的涤纶丝（两种颜色）进行编织。

（8）坯布参数　坯布幅宽为 154 mm 时,其坯布面密度为 127 g/m²。

采用不同类型的原料进行交织、粗细不同的纱线进行交织的均匀提花织物设计与采用色纱交织的均匀提花织物设计方法相同。

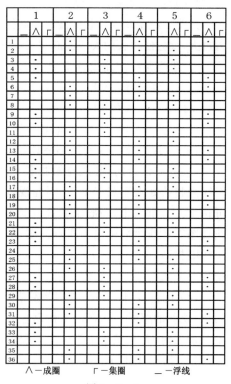

∧—成圈　　Γ—集圈　　＿—浮线

图 2-2-3

（二）单面不均匀提花织物的设计

1. 单面不均匀提花织物的特点及外观风格

在不均匀（不规则）的单面提花织物中,一个完全组织中各正面线圈纵行间的线圈数不等,因此线圈大小不一致。编织时,织针吃纱情况不受限制,每枚针可以连续垫纱形成多个线圈或者连续不垫纱形成多次浮线。因此织物正面线圈有的较小,有的被拉得很长。每个线圈背后的浮线多少也不同,有的线圈背后无浮线,有的线圈背后有 1 根、2 根或多根浮线。如图 2-2-4 所示,第一纵行除平针线圈外,还有线圈指数为 1 的拉长线圈;第二纵行则有线圈指数为 2 的拉长线圈;

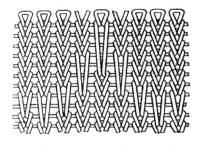

图 2-2-4

第四纵行则有线圈指数为 3 的拉长线圈;第五纵行则有线圈指数为 4 的拉长线圈。这些拉长线圈在牵拉力的作用下张力很大,而且还将抽紧相邻的平针线圈。织物下机后,拉长的大线圈收缩,而平针线圈不收缩。这样在同一坯布中,有收缩部分和不收缩部分存在,不收缩部分受收缩部分的牵制将产生折皱,使平针部分产生皱褶,同时浮线浮于织物反面形成附加层,使织物产生凹凸不平的外观。

设计此类产品时,若将凹凸花纹适当排列将形成具有明显浮雕风格、立体感很强的产品,还可给人以新颖、活泼、粗犷、随和的感觉,再配上色纱和不同类型原料的纱线交织能使织物外观效果更加丰富。产生的凹凸效果（折皱显著性）主要与线圈指数的大小有关,线圈指数相差越大,折皱就越显著,但是线圈大小又受纱线性质和花型完全组织结构的制约。花型范围大小,视设备提花能力而定。折皱显著性也与纱线的弹性有关。布面的外观效应随折皱花型的不同排列而有所不同。因此当织物中大小线圈的差距很大时,可形成凹凸显著、立体感强的产品;若大小线圈差距较小,则形成小皱纹（类似乔其纱）的产品。设计此类产品时利用某些针不垫纱成圈,每路形成一个横列还能编织具有色彩图案的单面结构不均匀提花织物。

此类产品由于受拉长线圈和浮线的制约,织物的纵横向延伸性均很小,在穿着使用时,纵向外力过大,就会使拉长的大线圈断裂,这样既影响正常使用,也破坏了原有凹凸花纹的外观效果。

2. 凹凸花纹产品设计举例

(1) 机器选用　RX–JS$_2$型单面提花圆机,针筒直径762 mm(30英寸),机号E24,成圈系统数72;提花片齿数25。

(2) 花高与花宽　根据选用设备的情况,现设计花纹花宽B=12纵行;花高H=72横列。

(3) 花纹图案　在花宽B=12,花高H=72的范围内设计花纹。为使布面外观形成皱褶的效果,在花纹设计时,必须有被拉长的大线圈存在。线圈指数越大,皱褶越显著,凹凸感愈强。但线圈指数太大不利于编织,因此视机器及原料情况而定。采用化纤原料编织时最大线圈指数可达十几甚至二十,一般采用高弹锦纶丝编织时,其允许最大线圈指数可比涤纶低弹丝大些。花纹图案经修改后画出上机意匠图,如图2–2–5所示。其中一路成圈系统编织意匠图中的一个线圈横列,由于H=72横列,故需72路成圈系统编织一个完全组织花高。成圈系统号的编排情况如图2–2–5右侧所示。

(4) 配色设计　凹凸皱褶产品有素色和多色之分,素色常给人柔和、典雅之感;多色则给人明快、跳跃的感觉。该产品采用素色,色彩的选择视产品的用途和市场流行情况而定。产品在染整加工时,若在热水中洗一下,可增加皱褶的效果,且使皱褶更自然。

(5) 提花片排列　由于花纹属不对称花型,且花宽B=12纵行,选用第1~24号提花片,按"/"形排列,编织两个花宽。

(6) 排花　根据选用提花机的选针原理、机构特点及提花片的排列情况,按意匠图的要求排花。根据图2–2–4,该机第1横列所轧的纸卡如图2–2–6所示。

(7) 原料选择　选用110 dtex涤纶低弹丝。

在此类凹凸皱褶织物的生产过程中,定形工艺过程是坯布最终能否具有立体感的关键工序。定形时拉幅过大,会使皱褶减小或消失,失去产品应有的风格;若拉幅过小,则布面不平整,且皱褶疏密不匀,密度和面密度较大。实际生产时,需多次试验,选择适当的拉幅定形宽度,使织物的凹凸皱褶效果最佳,且立体感强。因此,除线圈指数的大小、纱线弹性的大小是影响织物凹凸皱褶显著性的主要因素外,定形拉幅宽度也是不可忽视的影响因素。实践证明这种由不均匀提花组织形成的凹凸皱褶织物,定形后经多次洗涤,其产品的形状及外观风格仍保持不变。

3. 乔其纱起绉产品的设计举例

当线圈指数很大的线圈与平针线圈同时存在时,可生产出立体感很强的、具有浮雕效应的凹凸产品(如上例产品)。若采用线圈指数较小的拉长线圈,并使其不规则地均匀分布,则可生产出细绉效应显著(比集圈组织显著)的乔其纱起绉产品。此类产品质地轻薄、柔软,可作女装。

(1) 机器选用　S3P172型单面提花机,针筒直径762 mm(30英寸),总针数2 628,提花选针齿档数37,成圈系统数72。

(2) 花宽与花高　根据设备情况,现设计花宽B=12纵行;花高H=18横列。一路成圈系统编织一个横列,针筒一转编织四个完全组织。

(3) 设计花纹图案、画出意匠图　在设计此类织物花纹意匠图时,需遵循以下原则:为使织物皱纹均匀,具有乔其纱的风格,其拉长线圈指数通常为1或2,且大线圈呈无规律分布。现在B=12纵行,H=18横列的范围内,按上述原则设计花纹,其意匠图如图2–2–7所示。

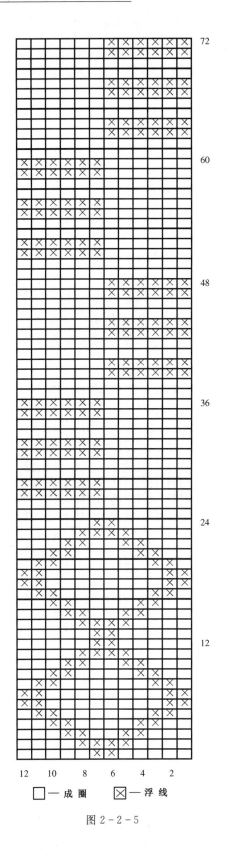

72

60

48

36

24

12

12　10　　8　　6　　4　　2

□ — 成　圈　　⊠ — 浮　线

图 2 - 2 - 5

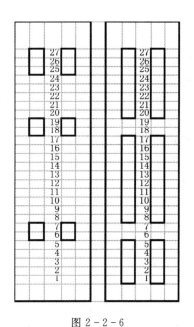

图 2 - 2 - 6

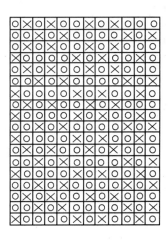

⊠ — 浮线　　◎ — 成圈

图 2 - 2 - 7

（4）加工工序　此类产品常为素色织物，采用先织后染的工艺赋予织物色彩。

（5）排花、排提花片　花纹为不对称花型，提花片 1～36 号（1～12 或 1～24 号）排成"/"形，提花片对应的织针编织三个完全组织（一个或两个完全组织）。

（6）原料选择　选用 110 dtex 涤纶低弹丝。

（7）坯布参数　坯布幅宽 150～156 cm，坯布面密度为 76～96 g/m²。

4. 具有色彩图案的单面不均匀提花织物设计举例

在不均匀提花组织中，采用两种颜色的色纱，交替编织横列，利用不均匀提花组织的垫纱情况及色彩效应图之间的关系，可编织出具有色彩花纹的织物。

（1）织物组织　单面不均匀提花组织（$e=1$）。

（2）花宽与花高　根据机器设备情况，选择花宽 $B=12$ 纵行；花高 $H=8$ 横列。编织一个完全组织花高需 8 路成圈系统。

（3）花纹图案　在给定的花宽花高范围内设计花纹图案，画出上机意匠图。其意匠图如图 2-2-8 中（2）所示。

（4）配色设计　根据设计构想及色彩效应形成原理选择各成圈系统的色纱，如图 2-2-8 中（1）所示；根据意匠图、色纱配置，画出色彩效应图如图 2-2-8 中（3）所示。

（5）排提花片排列及排花　根据意匠图所示为对称花纹，并根据所用设备选针机构的特点，将提花片片齿排成"V"形，排花按花纹要求进行。

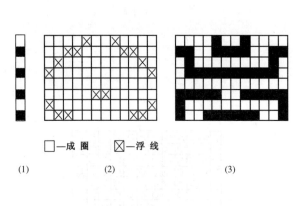

□—成圈　　⊠—浮线

（1）　　　　　（2）　　　　　（3）

图 2-2-8

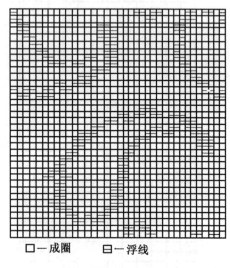

□—成圈　　□—浮线

图 2-2-9

5. 浮纹织物设计举例

此类织物的花纹采用浮线的编织方法，使浮线花纹凸出在织物反面，从而形成所需花纹。如图 2-2-9 意匠图所示浮线部分，花纹花宽为 36 纵行，花高 36 横列，一路成圈系统织意匠图中的一个横列。用浮线织出凸出的花纹，使织物反面形成浮线处形状的花型，这种织物即为浮纹织物。织物多以其反面为使用面。

二、短浮线单面提花织物的设计

单面提花大花纹织物最大的问题是反面有浮线存在，花型越大、浮线越长。长浮线不仅影响穿着使用，而且浮线太长无法正常编织，从而使单面提花织物花纹设计受到限制，同时也会影响花纹的整体外观效果。下面介绍两种短浮线单面提花织物的设计方法。

（一）采用"混吃条"的设计方法

"混吃条"的设计方法在单面提花袜的花纹设计中被广泛使用。所谓"混吃条"的设计方法就是在单面大提花花纹设计时，为使浮线减小而将提花线圈与平针线圈纵行适当排列的设计方法。

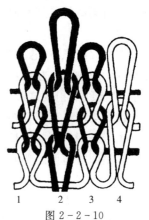

如图 2-2-10 所示，图中线圈纵行 2 和 4 为提花线圈，1 和 3 由平针线圈组成。在编织时，提花线圈纵行对应的织针按花纹选针编织；平针线圈纵行对应的织针则在每一成圈系统均参加编织。若各成圈系统分别采用不同颜色的纱线，平针线圈纵行即为多色组成的"混吃条"。

设计时可按花纹的具体情况，将平针线圈纵行与提花线圈纵行呈 1∶2、1∶3 或 1∶4 间隔排列。由于有平针线圈纵行间隔在提花线圈纵行之间，就可使花纹扩大而浮线减短，织物中由于平针线圈与提花线圈的高度不同，使提花线圈纵行凸出在织物表面，而

图 2-2-10

平针线圈所形成的"混吃条"则凹陷在内。这是一种减短浮线行之有效的方法，但由于有"混吃条"（多色线圈纵行）存在，多少会对花纹的整体外观产生影响，设计时要加以注意。

（二）采用集圈连接的设计方法

集圈连接的设计方法是将长浮线中间的一针浮线改为集圈，通过集圈连接以减短浮线的长度，如图 2-2-11 所示，白色、蓝色长浮线通过集圈的连接变成短浮线。这样的组织结构集圈纱线被正面线圈覆盖而不显露在织物正面，既不会影响正面花纹效果，又可使反面浮线长度大大缩短。这种设计方法只能应用选针机构具有三功位的提花圆纬机上（即在每一成圈系统中针筒上的织针具有编织、不编织和集圈三种状态）。

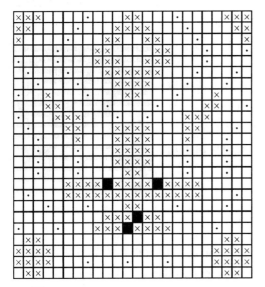

☒—蓝色纱成圈

☐—白色纱成圈

■—白色纱集圈 　蓝色纱成圈

·—蓝色纱集圈 　白色纱成圈

图 2-2-11

在设计集圈连接的短浮线单面提花组织时，应特别注意集圈连接点的分布。原则上是越分散越好，这样织物正面花纹清晰。若反面呈现有规律的单列集圈或双列集圈，会严重影响正面的花纹效应。如果花纹的浮线较短（一般以不超过 4～5 针为原则），则不需要集圈连接，所以不必每路都有集圈连接。集圈连接是根据花纹需要，既有规则又无规律地排列，有时跨 3 针，有时跨 2 针，个别跨 4 针。这样可使织物表面平整，花型纹路清晰，同时也达到减短浮线的目的。

设计短浮线单面提花织物时，采用何种方法应综合分析。既考虑花纹的清晰及织物的外观，又要考虑织物的平整及可编织性。

三、单面集圈织物设计

（一）单面集圈组织的特点及织物外观风格

利用集圈的排列和使用不同色彩的纱线，可使织物外观具有图案、闪色、网眼及凹凸等多种花色效应。

在集圈组织中，悬弧被线圈遮盖而不显露于织物正面，因此利用不同色纱可编织出具有色彩花纹的织物。且在织物中，集圈线圈的圈高比普通线圈圈高大，因此其弯曲的曲率较普通线圈小，当光线照射到这些集圈线圈上时，就有比较明亮的感觉。当采用光泽较强的人造丝或有光丝编织集圈适当配置在针织物表面时，即可得到具有闪色效应的外观效果。

由于集圈线圈的伸长量是有限的，且线圈处于张紧状态，使集圈线圈有较强的弹性收缩率，这样被集圈所包围的普通线圈部分，在周围的收缩作用下，凸出在织物表面，形成具有凹凸效应的花纹。

利用多列集圈的方法，还可形成类似网眼的孔眼集圈组织，由于集圈线圈抽紧，悬弧纱线在其自身弹力的作用下力图伸直，将相邻的线圈纵行向两侧推开，结果在织物的反面形成有明显网眼的外观。

集圈组织的脱散性比平针组织小，但易抽丝起毛。由于悬弧的存在，其织物的厚度较平针织物大，横向延伸性较平针织物小，且织物的宽度增加而长度缩短。由于集圈组织中线圈大小不匀，其强度比平针织物小。

（二）具有色彩图案的单面集圈织物

在集圈组织中，悬弧被线圈遮盖而不显露于织物正面，利用该特点和垫纱情况及色彩效应图之间的关系。采用两种颜色的色纱，交替编织横列不同色纱可编织出具有色彩花纹的织物，如图 2-2-12 所示。

在设计具有色彩图案的单面提花产品之前，首先必须清楚地了解其产品的意匠图、垫纱情况及色彩效应图之间的关系。只有这样才能准确地预测出所设计的意匠图在完成上机编织后，将产生怎样的外观色彩效应。其原理同编织具有色彩图案的单面不均匀提花织物（可参考图 2-2-8）相同。

图 2-2-12

（三）具有凹凸效应的单面集圈产品

1. 产品的形成与外观

单面集圈产品之所以形成凹凸的外观效应，其原理与单面不均匀提花产品形成凹凸（或折皱）效应的原理相似，都是由于有拉长线圈的存在，只是两者采用的手段不同。提花织物大线圈后为浮线，集圈织物大线圈上有悬弧。其织物凹凸效果的显著性与织物不均匀程度及所用纱线的弹性有关。若将集圈组织按一定的花型适当排列，集圈线圈所包围的平针线圈部分，在周围集圈收缩力的作用下会凸现在织物表面而形成泡泡纱效应；如果将多列集圈按一定的花型分布在织物组织中，因多列集圈处变厚，线圈变大变圆凸出织物反面，在织物的反面会形成具有一定花纹图案的凹凸产品。在这种织物的反面，平针组织线圈比较平整，集圈组织悬弧凸出织物表面，具有立体感。若将集圈组织适当排列（均匀无规律地排列），则可形成外观均匀且较为平整的绉产品,如乔其纱产品等。集圈组织的绉产品设计方法与单面提花组织绉(乔其纱)产品的设计方法相同,只是将单面提花织物中浮线组织点换成集圈组织点(连续集圈次数要视机器及纱线情况而定)或稍加修改即可上机编织起绉产品,且其外观效果也很相似。因此集圈组织绉产品的设计可参考单面提花组织绉产品的设计方法,在此不再赘述。这类具有凹凸效果的单面集圈织物以素色为多,也有部分多色产品。

2. 具有一定花纹的凹凸产品设计

此类产品的设计原则是,将集圈组织按一定的花纹排列,使其在织物的正面或反面形成凸出的花纹。此类产品表面凹凸效果明显,立体感强。多为素色,且只能在具有选针编织集圈能力的机器上编织。

产品举例:反面形成凸出花纹的单面集圈织物

(1)机器选用:S3P172 型单面提花圆机,针筒直径 864 mm,机号 E20,成圈系统数 84。

(2)花高与花宽:在机器可以满足要求的条件下选择。现根据选用机器的情况设计花宽 B=24 纵行,花高 H=42 横列,一路成圈系统编织一横列,织一个花高共需 42 路,针筒转一周编织两个完全组织。

(3)设计花纹图案并画出意匠图:根据此类产品的设计原则选用单针三列集圈的方式在 B=24 纵行,H=42 横列的范围内设计出具有菱形外观的产品。其意匠图如图 2-2-13 所示。

(4)提花片排列:由意匠图可知,花纹为不对称花型,故选用 1~24 号提花片,以单片排成"/"形。并按花纹要求及选针机构特点排花。成圈系统序号由下至上依次为 1、2、3…42。

(5)选用原料:20 tex 棉纱。

(6)坯布参数:当织物宽度为 160 cm 时,其面密度为 134 g/m²。

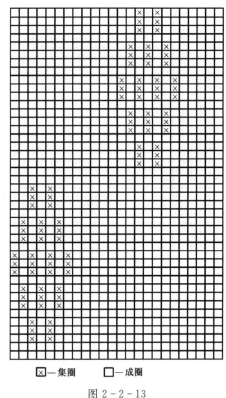

图 2-2-13

⊠—集圈　　□—成圈

正面形成凸出花纹的单面集圈织物设计,其原理与单面不均匀提花产品形成凹凸效应的原理相似,可参考图 2-2-5,只要把浮线改为集圈就行。

(四)具有网孔效应的单面集圈产品

集圈组织的悬弧,在纱线自身弹力作用下力图伸直,从而将相邻线圈纵行推开,使织物形成网孔效应。

产品举例:

(1)织物组织　单面集圈组织。

(2)花宽与花高

现选用台车编织,机号为 E28,针筒总针数 1 104 针,花压板齿数 120,进线路数 16(e=1)。采用花压板选针编织集圈组织,编织的花纹有位移,根据提花轮式选针机构花宽与花高的确定方法:

$$总针数=正整数×提花轮齿数+余数 r$$

即：

$$N = Z \times T + r$$

$$1\,104 = 9 \times 120 + 24$$

花宽 B 为 N、T、r 的公约数，取 $B = 24$ 纵行（当 r 不等于零时，产品花纹有位移）。

花高 $H = T/B \times M/e = 120/24 \times 6/1 = 30$ 横列

压针板段数 $A = T/B = 120/24 = 5$ 段

横移段数 $X = r/B = 24/24 = 1$ 段

为确定一个花纹完全组织横列上作用段号的排序，可按下式进行计算：

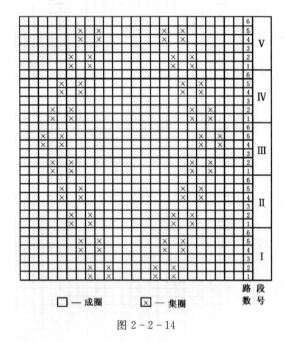

□ —成圈   ⊠ —集圈

图 2 - 2 - 14

$$m = [X(q-1)+1] - KA$$

得出段号在完全组织高度中排列顺序为 1、2、$3 \cdots 5$。

纵移横列：$Y = [H(K+1) - M/e]/X$
$$= (30-6)/1 = 24$$

（3）设计花纹意匠图 意匠图如图 2 - 2 - 14 所示，织物外观菱形状网孔。

（4）原料选择 2×18 tex 棉纱。

（5）排花 根据意匠图在各个花压板上排花，花压板 120 齿分 5 段。其 1～6 路花压板的第 1 段，按 1～6 横列意匠图排花；第二段按 7～13 横列排花……各路成圈系统花压板各段编织意匠图的横列情况如图 2 - 2 - 14 所示。

（6）坯布参数 坯布为素色，其纵密为 13.2 横列/cm，面密度为 $174\ \text{g/m}^2$。

四、单面复合织物设计

单面复合织物主要是单面提花集圈织物。

（一）提花集圈组织产品的特点和外观

在单面提花集圈组织中，既有浮线和悬弧，又有平针线圈。将这三种结构适当组合，可形成具有图案、闪色及皱褶等多种外观效应的组织。同时也克服了单面提花组织因反面浮线太长带来的不利影响。由于提花集圈组织同时存在着三种形式的线圈，所以要求编织这类产品的机器，在每一路成圈系统选针时，既可选针编织、不编织，又能选针集圈（称三功位选针）。只有具有这种三功位选针能力的机器，才能生产这种提花集圈的产品。

（二）立体花纹产品设计

如前所述，采用不均匀提花和集圈组织都可形成具有细绺或凹凸等立体感强的花色产品。现采用提花集圈复合组织，将使织物的外观更加丰富、多变，其织物极富层次感和立体感。织物的反面花纹效果更为显著，故多以织物反面为使用面，织物常为单色轻薄产品，适用于作装饰用布和女装面料等。

产品设计举例：单面提花集圈复合组织

（1）机器选用　选用具有三位选针功能的 S3P172 型单面提花圆机，针筒直径 762 mm，机号 E22，成圈系统数 72。

（2）花宽与花高　根据机器结构（提花片齿数、成圈系统数等）设计花宽 $B=36$ 纵行，花高 $H=72$ 横列；一路成圈系统织一横列（$e=1$）共需 72 路成圈系统织一个完全组织的花高。

（3）设计花纹图案画出意匠图

为使其产品富有层次且立体感强，需将各种不同线圈指数的线圈适当搭配。现以两个产品为例，其意匠图如图 2-2-15 所示，图（1）花宽 $B=36$ 纵行，$H=72$ 横列；图（2）花宽 $B=36$ 纵行，$H=72$ 横列。

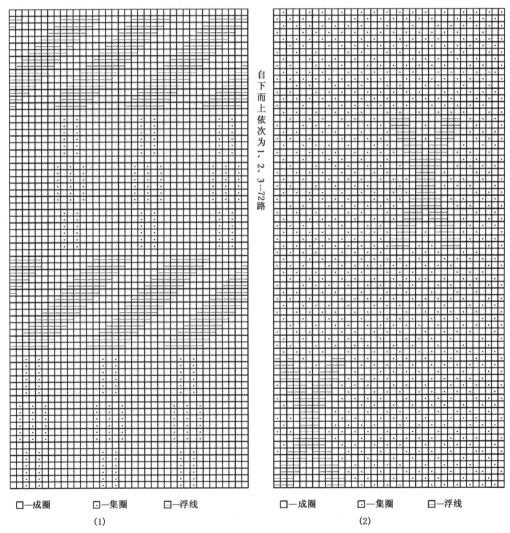

自下而上依次为 1，2，3…72 路

□—成圈　　　▣—集圈　　　⊡—浮线　　　　　　□—成圈　　　▣—集圈　　　⊡—浮线
　　（1）　　　　　　　　　　　　　　　　　　　　　（2）

图 2-2-15

（4）产品色彩　白色或单色产品，以织物反面为使用面。

（5）排提花片、排花　图（1）、图（2）均为不对称花形，现选用 1～36 档提花片以单片形式排成"/"形。分别根据意匠图 2-2-15 中图（1）、图（2）的要求排好摆片位置。

（6）原料选择　　图（1）产品选用 76 dtex 涤纶丝编织；图（2）产品选用 100 dtex 涤纶丝编织。

（7）坯布参数　　图（1）产品，当织物幅宽为 149～154 cm 时，其面密度为 42～50 g/m²；图（2）产品，当织物幅宽为 166～190 cm 时，面密度为 76～80 g/m²。

（三）具有闪色效应的产品

在采用提花集圈组织使织物更富有层次感的同时，采用棉纱涤纶丝或有光丝与无光丝交织，使织物具有闪色的外观，并有极强的装饰效果。此类产品也是以其反面花纹效果更为突出，多以反面为使用面。

产品举例：单面提花集圈组织

（1）机器条件　　选用具有三位选针功能的 S3P172 型单面提花圆机。编织如图 2-2-16（1）产品时，选用针筒直径 660 mm，机号 E28，62 路成圈系统的机器。编织如图 2-2-16（2）产品时，选用针筒直径 762 mm，机号 E22，72 路成圈系统的机器。

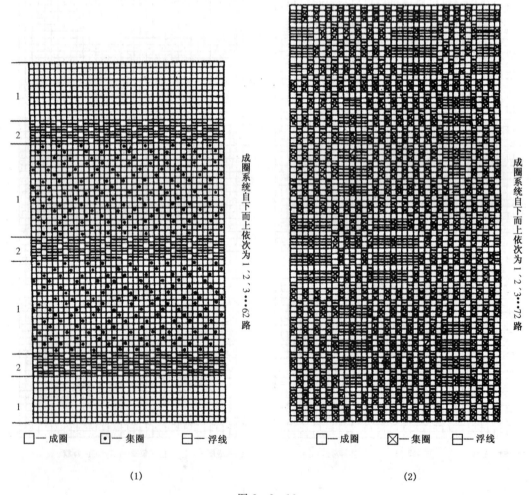

□—成圈	⊡—集圈	⊟—浮线		□—成圈	⊠—集圈	⊟—浮线	

（1）　　　　　　　　　　　　　　　　　　　　　　　（2）

图 2-2-16

（2）花宽与花高　　现设计两个产品（分别在两个机器上编织），图（1）产品设计花宽 $B=36$ 纵行，花高 $H=62$ 横列；图（2）产品 $B=36$ 纵行，$H=72$ 横列。均为一路成圈系统织一横列，其产品分别需 62 路和 72 路成圈系统织一个完全组织花高。

（3）设计花纹意匠图　主要是将浮线、集圈及平针线圈适当组合，并将具有不同光泽效应的纱线搭配得当。两个产品的花纹意匠图分别如图 2－2－16 中（1）、（2）所示。成圈系统序号也在图中标出。

（4）原料选择及配置　图（1）产品选用有光丝与无光丝交织，其各路成圈系统垫纱情况自下而上依次为 1、2、3…62，如图 2－2－16 中（1）右侧所示。图左侧标号"1"所对应的成圈系统喂入无光丝，标号"2"所对应的成圈系统喂入有光丝。图（2）产品用棉纱与化纤（涤纶丝）交织，纱线的喂入为 3 路一循环，即第 1、2、4、5、7、8…路成圈系统喂入涤纶丝；第 3、6、9…路成圈系统喂入棉纱。

（5）排提花片、排花　两产品均为不对称花形，且花宽均为 36。故将 1～36 档提花片排成"/"形，并根据意匠图及选针机构特点排花。

（6）选择原料　图（1）产品选用 110 dtex 的有光涤纶丝和无光涤纶丝交织；图（2）产品选用 78 dtex 涤纶丝和 20 tex 棉纱交织。

上机坯布参数：图（1）产品，织物幅宽 156～174 cm，面密度为 90～105 g/m^2；图（2）产品织物幅宽 154～202 cm，面密度为 85～120 g/m^2。

五、其它单面大花纹产品设计

除了上述几种大花纹花色产品外，在单面机上还可以生产出以下几种风格各异的产品。

（一）单面厚挺织物

高机号的单面机一般多用较细纱线生产较为轻薄的产品。为使产品更富于变化，也可织出厚挺风格的织物。设计这类产品有两个关键应注意：线纱的合理选择及组织结构的确定。

1. 纱线的选择

若想在单面机上织出厚挺风格织物，纱线的合理选择很重要，即要想获得较理想的厚挺性产品，要选择较粗的纱线。尽可能地降低织物的未充满系数，同时纱线又可在机器上正常地编织。这要经过理论计算与实践才能确定。例如在 E28 机号单面圆机上，可用 167 dtex 涤纶低弹丝织出厚挺织物。

2. 组织结构的选择

厚挺织物多用来做外衣，其外观不仅要美观大方，而且要求质地丰满，厚实挺括，毛呢感强。在选择组织结构时，要力求达到上述要求，经实践采用具有三位选针能力的机器，编织提花集圈产品，其织物外观风格较好。

（二）仿双反面织物

双反面织物是一种两面均有正、反面线圈的双面织物。在单面圆机上也可编织出具有双反面风格的仿双反面织物，图 2－2－17 所示为其产品的意匠图。两路成圈系统编织意匠图中一个线圈横列（$e＝2$），可单色或两色纱线编织。图 2－2－17 中"⊠"处成圈与浮线间隔交替编织，这样该区域的线圈被浮线拉大拉圆，扩大了针编弧，使针编弧与圈柱一起形成圆弧，正面呈反面状，从而成为仿双反面织物。意匠图 2－2－17 所示花纹花宽为 36 纵

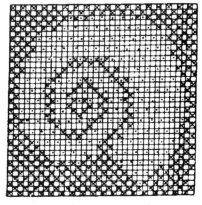

奇数成圈系统编织方法：
□、⊡—成圈　⊠—浮线
偶数成圈系统编织方法：
⊠—成圈　□—浮线　⊡—集圈

图 2－2－17

行,需将36档提花片排成"∕"形;花高为36横列,需72路成圈系统编织。

(三) 仿吊线织物

编织吊线花纹的吊线装置,在袜机上使用得较广泛,在圆机上也有织吊线的衬径(经纱提花)装置,用来编织吊线花型的织物。而不带吊线装置的单面圆机,也可织一些仿吊线花型织物。

1. 直条形仿吊线产品

图2-2-18所示织物意匠图,花宽为36纵行,花高为24横列,一个成圈系统编织意匠图中的一个横列。第1路成圈系统用83 dtex涤纶低弹丝织仿直条吊线,第2、3路成圈系统用10 tex棉纱编织地组织,3路成圈系统为一编织循环。意匠图右边的第1、第3纵行会使织物形成两条直线状的仿吊线织物。在这两个纵行上,只有83 dtex涤纶低弹丝所织的拉长线圈。这两列线圈中,每个线圈都被拉长5个横列,好像加粗了的两根长丝镶嵌在织物的表面,染色后涤纶丝比棉纱有更亮的光泽,直条更明显,使织物呈直条吊线状织物。

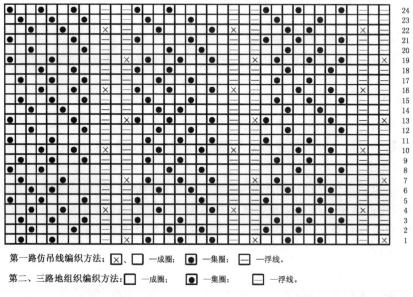

第一路仿吊线编织方法:☒、☐—成圈; ●—集圈; ▬—浮线。

第二、三路地组织编织方法:☐—成圈; ●—集圈; ▬—浮线。

图2-2-18

2. 图案型仿吊线产品

织物的意匠图如图2-2-19所示,花宽为36纵行,花高为36横列,两路成圈系统编织意匠图中一个横列。奇数成圈系统喂入56 dtex涤纶丝,偶数成圈系统喂入14 tex棉纱作吊线用纱线。

该织物的地组织用涤纶丝编织,棉纱不参加地组织的编织,而以浮线的形式悬浮在织物的反面,所以地组织比较稀疏。用棉纱编织的仿吊线花纹区域比较厚实,而使花纹轮廓更加突出,呈图案型仿吊线织物。

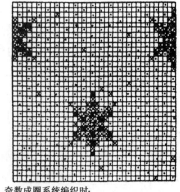

奇数成圈系统编织时:

☐、▣—成圈 ■—集圈 ☒—浮线

偶数成圈系统编织时:

☒、■—成圈 ▣—集圈 ☐—浮线

图2-2-19

（四）花式衬垫织物

衬垫织物多在台车上编织，其织物较厚，有良好的保暖性，外观给人以粗犷、豪爽的感觉（当织物反面不起绒时）。但在单面提花圆机上利用浮线、集圈和平针线圈的组合，也可生产出具有衬垫织物外观效果的仿衬垫织物。织物的意匠图如图2-2-20所示，花宽为36纵行，花高为72横列，每横列由一路成圈系统编织。由图中可以看出，偶数路选针编织纬平针组织；奇数路选针编织集圈和浮线。若奇数成圈系统垫入较粗的纱线，则按设计要求在织物反面形成具有一定纹路或一定花纹图案的花式衬垫织物。如按图2-2-20所示的意匠图编织，则横线（意匠图中）可在织物反面形成具有凹凸花纹效果的衬垫织物。

若选用S3P172型单面提花圆机编织上述意匠图所示织物，机号E18，针筒直径762 mm，72路成圈系统。意匠图中自下而上的横列对应成圈系统的1、2、3…72路。现将偶数路喂入25 tex棉纱，奇数路喂入59 tex棉纱，当织物幅宽为172 cm时，坯布的面密度为170 g/m²。

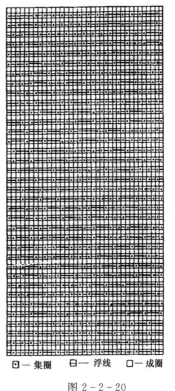

成圈系统自下而上依次为1′、2′、3′…72路

▣—集圈　日—浮线　□—成圈

图2-2-20

第三节　双面提花圆纬机产品设计与实例

一、双面提花组织的特点

双面提花组织是在双面提花圆机上编织而成的。织物的正面花纹效应由双面提花圆机的选针机构按设计意匠图的要求，选针编织形成。

在设计双面提花产品时，若采用正面线圈大小相等的均匀提花组织，则产品表面较平整。采用不同颜色的纱线或不同原料、不同线密度的纱线编织均匀提花组织，会形成具有一定花纹图案的产品。若采用正面线圈大小不等的不均匀提花组织，则可形成绉纹或凹凸等富有立体感的产品。

在提花组织中，由于浮线的影响，织物横向延伸性较小，且浮线愈长，延伸性越小。在双面提花织物中，下针筒没有参加编织的纱线，将在上针盘上按一定的规律参加编织，因此浮线不会太长，且被夹在正反面线圈之间，织物两面均不显露。此外提花组织线圈纵行和横列是由几根纱线形成的，因此其脱散性较小。

二、织物的反面设计

双面提花机种类很多，其选针方式也有很大差别。但其上针盘一般只有高低两种不同针踵高度的织针，通常按一隔一交替排列，上三角也相应组成高踵和低踵两条针道。两条针道中三角的排列方式不同，形成织物反面的外观也不同。不同的反面外观对正面花纹效果的影响也不同。织物的反面设计就是合理排列上三角，设计出与正面相适应的反面组织，从而使正面花纹清晰,表面丰满,反面平整或使正面形成富有立体感的绉纹或凹凸等。下面按不同的组织结构分别说明其织物反面设计的方法。

(一) 提花织物反面组织的设计

1. 两色提花织物的反面组织设计

两色提花织物针盘三角有四种配置方式。将使织物反面形成"横条纹"、"直向条纹"、"小芝麻点"和"大芝麻点"四种外观。

(1) 图2-2-21(1)表示每一路上三角的高、低两档三角均成为成圈方法配置。这样反面一路形成一个横列,而正面2路形成一个提花横列,在织物反面形成一隔一黑白交替的横条。这样的设计方法使正面纵密比反面纵密小,正面线圈张力大,反面线圈张力小,反面组织点易显露在织物正面,影响正面花纹的清晰度。

(2) 图2-2-21(2)表示上三角呈高、低2路一循环排列,色纱呈黑白交替排列。这样的设计方法使高踵针始终吃黑纱;低踵针始终吃白纱,使织物反面呈"直向条纹"。这种设计方法容易使织物正面"漏底",花纹效果不清晰。因此在两色提花织物的反面设计中极少采用这种组织结构。

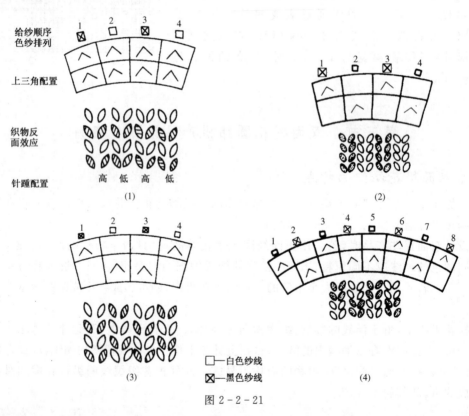

图 2-2-21

(3) 图2-2-21(3)表示上三角呈高、低、低、高4路一循环排列,色纱呈黑白交替排列。这种设计方法使高踵针在第1路吃黑纱,低踵针在第2路吃白纱;低踵针在第3路吃黑纱,高踵针在第4路吃白纱。由此,织物反面每一纵行与横列都是由黑白线圈交替排列而成,呈"小芝麻点"花纹效应。这种设计的织物反面色纱组织点分布较均匀,线圈较稳定,织物正面不易"漏底",布面平整,正面花纹清晰。故一般都采用"小芝麻点"的反面组织结构。

（4）图 2-2-21(4)表示上三角呈高、低、高、低、低、高、低、高 8 路一循环排列,色纱呈黑白交替排列。这种设计方法使高踵针在第 1、3 路连续吃两次白色纱,第 6、8 路连续两次吃黑色纱;低踵针在第 2、4 路连续吃两次黑纱,在第 5、7 路连续吃两次白纱。在织物反面每一纵行都是由两个白线圈与两个黑线圈交替排列而成,每一横列都是由白线圈与黑线圈交替排列而成,外观呈"大芝麻点"效应。

由于采用"大芝麻点"的外观时反面色纱组织点分布也较均匀,使"露底"现象得以改善,且正面花纹清晰。

2. 三色提花织物的反面组织设计

图 2-2-22 表示两种最常用的三色提花织物反面组织设计方法。

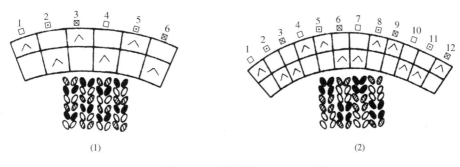

(1)　　　　　　　　　　　　　　(2)

□—白色线圈　　⊠—黑色线圈　　▫—红色线圈

图 2-2-22

图 2-2-22(1)表示色纱呈白、红、黑交替排列,上三角为高、低、高、低、高、低 6 路为一个循环。针盘针仍是高低踵循环排列,高踵针分别在第 1、3、5 路吃白、黑、红 3 种色纱;低踵针分别在第 2、4、6 路吃红、白、黑 3 色纱。在织物反面每一纵行都是由白、黑、红 3 种色纱交替而成,每一横列是由白、黑或黑、红或红、白 2 色交替而成,织物反面外观呈"小芝麻点"花纹效应。

图 2-2-22(2)表示色纱呈白、红、黑交替排列。上三角按高、低、低、高、高、低、低、高、低、低、高 12 路一循环排列。针盘针仍是高低踵循环排列,这种设计方法使高踵针在第 1、4 路连续吃两次白纱,在第 5、8 路连续吃两次红纱,在第 9、12 路连续吃两次黑纱;低踵针在第 3、6 路连续吃两次黑纱,在第 7、10 路连续吃两次白纱,在第 2、11 路连续吃两次红纱。织物反面每一纵行都是由 2 个白色线圈、2 个红色线圈、2 个黑色线圈交替而成,外观呈"大芝麻点"的花纹效应。

3. 四色提花织物的反面组织设计

图 2-2-23 表示最常用的四色提花织物反面组织设计方法。

从图 2-2-23 中可以看出,当上三角按高、低、低、高、低、高、高、低 8 路一循环排列,色纱按白、红、黑、蓝循环排列,针盘针按高低踵循环排列时,织物反面第 1、2、3、4 横列分别由白色、红色,蓝色、黑色,红色、白色,黑色、蓝色线圈交替循环而成,4 个横列组成一个循环。每一纵行都是由白色、蓝色、红色、黑色线圈交替循环而成。外观呈"小芝麻点"花纹效应。

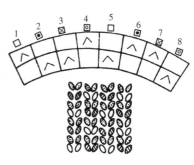

□ 白色线圈　　▫ 红色线圈

⊠ 黑色线圈　　⊡ 蓝色线圈

图 2-2-23

（二）胖花织物的反面组织设计

1. 单胖组织的反面组织设计

图 2-2-24 表示单胖组织反面组织设计方法。

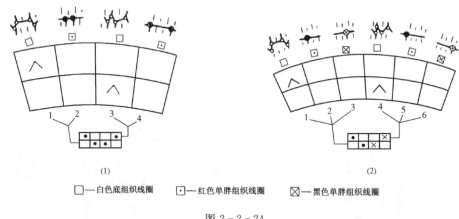

□—白色底组织线圈　　·—红色单胖组织线圈　　⊠—黑色单胖组织线圈

图 2-2-24

图（1）表示双色单胖组织的反面组织设计方法，上三角按高、平、低、平 4 路一循环排列，色纱按白、红交替排列。这种设计方法使第 1 路编织白色地组织线圈，上高踵针吃白纱；第 2 路编织红色胖花线圈，上针全不参加编织；第 3 路编织白色地组织线圈，上低踵针吃白纱；第 4 路编织红色胖花线圈，上针全不参加编织。这样的反面组织设计可将红色胖花线圈凸出在织物正面。所以双色单胖组织的反面全部呈白色地组织纱线的颜色。

图（2）表示三色单胖组织的反面组织设计方法，上三角按高、平、平、低、平、平 6 路一循环排列，色纱按白、红、黑交替排列，这种设计方法使针盘上高踵针在第 1 路、低踵针在第 4 路吃白色地组织纱，形成一白色反面线圈横列；而在其余 4 路上针全不参加编织。因此三色单胖组织的反面亦全部呈白色地组织纱的颜色。

2. 双胖组织的反面设计

图 2-2-25 表示双胖组织反面设计方法。

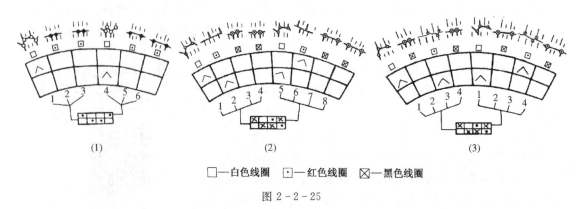

□—白色线圈　　·—红色线圈　　⊠—黑色线圈

图 2-2-25

图（1）是最常用的两色双胖组织的反面组织设计方法。上三角按高、平、平、低、平、平 6 路一循环排列，色纱按白、红、红循环排列。这种设计方法使上针盘的高、低踵针分别在第 1、4 路吃白色地组织纱，而在其余 4 路上针全部不参加编织，使织物反面只呈白色地组织纱线的颜色。

图(2)表示三色双胖组织的反面组织设计方法,上三角按高、低、平、平、低、高、平、平8路一循环排列,色纱按白、红、黑、黑循环排列。这种设计方法使上针盘的高踵针在第1、2路分别吃白色、红色纱;低踵针在5、6路分别吃白色、红色纱。而在其余4路上针全部不参加编织,织物反面呈"小芝麻点"花纹效应。

图(3)表示另一种三色双胖组织的反面组织设计方法,上三角按高、平、低、平、低、平、高、平8路一循环排列,色纱按白、黑、红、黑一循环排列。这种设计方法也使织物的反面呈"小芝麻点"花纹效应。

三、双面提花组织产品设计

(一) 具有花纹效应的提花产品

具有花纹效应的提花产品多为结构均匀的提花组织,因此织物表面平整。织物反面一般采用"芝麻点"效应,透露在织物正面的色效应比较均匀,故无"露底"的感觉。织物的正面是由2色、3色或4色纱线按花纹要求(意匠图)编织,形成一个提花线圈横列,从而使织物表面具有一定色彩花纹效应。也可采用不同原料的纱线按花纹要求交织(如粘胶丝与涤纶丝交织等),染色后,由于各种原料的纱线着色情况不同,使织物外观具有一定的色彩花纹效应。当采用有光丝与无光丝或化纤与棉纱交织时,可产生具有闪色效应的提花产品。此类产品较厚挺,富有装饰效果。

1. 两色提花产品设计

(1) 机器条件:RJM 型双提花机,针筒直径 762 mm,72 路成圈系统,机号 E18。

(2) 花宽与花高:根据机器选针机构的特点,现设计不对称花纹,花宽 $B=18$ 纵行,花高 $H=18$ 横列,$e=2$,则共需 36 路成圈系统编织一个花高。

(3) 设计花纹图案画出意匠图:设计的花纹意匠图如图 2-2-26 所示。其中奇数成圈系统喂入"⊠"色纱 2;偶数成圈系统喂入"□"色纱 1。成圈系统序号排列如图 2-2-26 右侧所示。

(4) 配色设计:提花织物外观是否好看,不仅与花型有关,而且与配色有密切关系。同一花型不同配色给人感觉完全不同。近似色搭配在一起,可使色彩协调,花型柔和,格子花与条子花以近似色搭配较好。对比色搭配可使花纹醒目,但搭配不好易有刺眼的不良感觉。深浅色搭配,可使花纹突出,浅色作底色花型活泼;深色作底色,花纹更突出。此外相同花型,相同色彩构成,仅色纱排列顺序不同,织物外观也有很大差异。由于在编织提花织物时,有"先吃为大"的特点,即先成

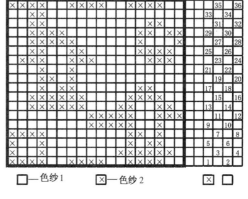

□—色纱1　　⊠—色纱2　　　　　⊠ □

图 2-2-26

圈的线圈较大(正面线圈),其色纱的颜色在织物表面更为明显、突出。因此在排列色纱顺序时,要将需突出花纹的色纱放在每个循环的第一路成圈系统编织。

(5) 排提花片、排花:根据花宽 $B=18$ 纵行,且为不对称花型,可将 1~18(1~36)档提花片排成"/"或"\"形,以控制编织一个(两个)花宽。根据选针机构特点、提花片排列及意匠图的要求排花。

（6）织物反面设计：为使正面花纹清晰、表面丰满，反面采用"小芝麻点"设计。

因此两色提花织物上三角排列为高、高、低、低。

（7）原料：167 dtex 涤纶低弹丝。

（8）织物规格：织物纵密 14.6 横列/cm，面密度 180 g/m²。

2. 三色提花织物的设计

（1）机器条件：选用 UP372 型双面提花圆机，针筒直径 762 mm，机号 E18；72 路成圈系统。

（2）花宽与花高：现设计花纹花宽 B＝18 纵行；花高 H＝24 横列，三色提花组织编织一横列需色纱（路数）数为 3，则 72 路成圈系统编织一个完全组织花高。

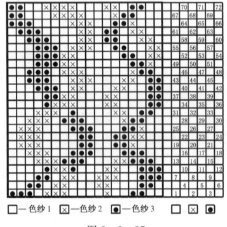

□—色纱1　☒—色纱2　●—色纱3　　　□ ☒ ●

图 2-2-27

（3）设计花纹意匠图：如图 2-2-27 所示，图右侧为成圈系统排列序号。第 1、4、7…70 路喂入色纱 1；第 2、5、8…71 路喂入色纱 2；第 3、6、9…72 路喂入色纱 3。

（4）配色设计：当选定 3 种颜色后，其搭配的方案很多，比较后确定最佳方案。

（5）排提花片、排花：将提花片按一个花宽 1～18 号（或按两个花宽 1～36 号）排成"/"或"\"形；根据选针机构特点、提花片排列及意匠图的要求排花。

（6）织物反面设计：若使织物反面有"小芝麻点"效应，根据三色提花织物反面设计原则，将上三角配置成高、低、高、低、高、低 6 路一循环。

（7）原料：167 dtex 涤纶低弹丝。

（8）织物规格：织物纵密 17.2 横列/cm；面密度为 201 g/m²。

3. 闪色提花织物的设计

两色提花组织，选用有光丝与无光丝交织，使织物有闪色的外观效应，有丝织物的风格。

（1）机器条件：选用 UP372 型双面提花圆机，针筒直径 762 mm，机号 E28，72 路成圈系统。

（2）花宽与花高：根据选用机器的特点，现设计花宽 B＝18 纵行；花高 H＝18 横列；2 路成圈系统织一个横列。

（3）花纹图案意匠图：意匠图如图 2-2-28 所示，其中奇数路编织有光丝"☒"色纱 1，偶数路编织无光丝"□"色纱 2。织物在花纹处形成闪色效应。

（4）提花片排列：将 36 档提花片按一个花宽（或一个花宽的整数倍的片齿）以单片形式排成"/"或"\"形。

（5）织物反面设计：根据二色提花织物反面设计原则，上三角排成高、高、低、低 4 路一循环。

（6）原料：选用 76 dtex 有光丝（偶数成圈系统）和 76 dtex 无光丝（奇数成圈系统）进行编织，每两路编织一个横列。

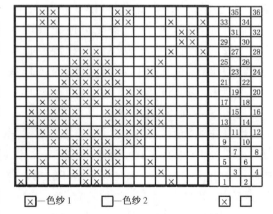

☒—色纱1　　　□—色纱2　　　　　　☒ □

图 2-2-28

(7) 织物幅宽 160~176 cm，面密度为 105~114 g/m²。

（二）具有立体感的双面提花织物设计

使双面提花织物具有立体感，通常有两种方法：一是在均匀提花组织中采用不同粗细的纱线交织，尽管其编织的组织结构是均匀的，但由于纱线线密度不同，使织物表面产生凹凸不平的立体效应。二是利用不均匀提花组织改变线圈大小，形成大小不匀的线圈，并按一定规律（方式）分布于织物表面，织物下机后由于较大的线圈要发生收缩，迫使较小线圈趋向织物反面。因此，较小的线圈凹进里面，较大的线圈凸浮于织物表面，从而形成具有特殊风格的各种花纹效果。形成的织物立体感强，光泽柔和，蓬松丰满，富有弹性。如采用较细的纱线则有乔其纱的风格；若采用较粗的纱线，编织较为密而厚的织物，具有较强的毛感且挺括。

1. 具有立体感的双面均匀提花织物设计

此类织物可以是素色的，也可以是多色的，用不同粗细纱线交织，能使织物表面富有立体感。本设计的织物采用两色均匀提花组织，每一横列需 2 路成圈系统编织（$e=2$）。

（1）机器条件：选用 USP472 型双面提花圆机，针筒直径 762 mm，机号 $E18$，72 路成圈系统。

（2）花宽与花高：设计花宽 $B=12$ 纵行，花高 $H=6$ 横列（需 12 路成圈系统织一个花高）。

（3）花纹意匠图：设计素色人字形花纹，意匠图如图 2-2-29 所示，奇数路用较粗纱线编织；偶数路用较细纱线编织。成圈系统序号如图右侧所示。

（4）提花片排列：花纹为 $B=12$ 的不对称花型，提花片 1~12（1~24 或 1~36）档，排成"/"或"\"形，控制编织一个（2 个或 3 个）花宽。

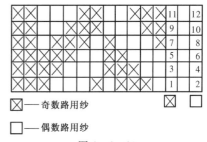

図 2-2-29

図 ─ 奇数路用纱

□ ─ 偶数路用纱

（5）排上三角：编织两色不完全提花组织，当反面是"小芝麻点"外观时，上三角排成高、高、低、低 4 路一循环。

（6）原料：奇数成圈系统喂入 167 dtex 涤纶低弹丝，偶数成圈系统喂入 56 dtex 涤纶丝。

（7）织物规格：织物纵密为 18 横列/cm，面密度为 190 g/m²。

2. 双面绉纹织物设计

与单面织物相似，采用不均匀双面提花组织，将线圈指数不同的线圈无规则地均匀分布，使织物表面形成不均匀的细微绉纹。

（1）机器条件：选用 DJM 型双面提花圆机编织，机号 $E24$。

（2）花宽花高及意匠图：图 2-2-30 为一绉纹织物花纹正面意匠图，花宽 $B=36$ 纵行，花高 $H=48$ 横列，一路成圈系统编织意匠图中一个横列。

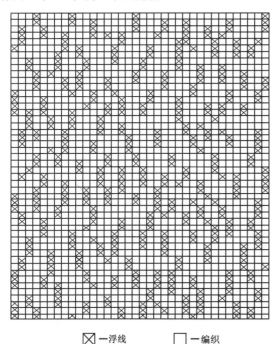

図 ─ 浮线 □ ─ 编织

図 2-2-30

为使此类产品绉纹效应明显,设计意匠图时,浮线组织点呈无规则均匀分布,最大线圈指数不宜超过 4,否则织物较易起毛起球。

(3) 排提花片及上三角:根据花纹要求将 36 档提花片排成"/"或"\"形。并将上三角排成高、低两路一循环。

(4) 原料:选用 83 dtex 涤纶低弹丝。

(5) 织物规格:织物横密为 14 纵行/cm,纵密为 15.2 横列/cm 时,织物面密度为 137 g/m²;当织物横密不变,纵密为 11.4 横列/cm 时,织物面密度为 110 g/m²。

织此类产品时,加大下针弯纱深度或增加筒口距,使线圈长度加大,绉纹效应更为突出。

3. 闪光绸织物的设计

这种产品利用无光与有光两种不同原料,将大线圈有规律地在地组织表面形成花纹。有光大线圈浮凸于平纹地组织之上,犹如镶嵌于织物表面的珠光颗粒所组成的图案,光彩夺目,高雅华贵,可用作妇女儿童衣裙料。

(1) 机器条件:RJM 型双提花机,针筒直径 762 mm,84 路成圈系统,机号 E28。

(2) 花宽与花高:根据机器选针机构的特点,现设计不对称花纹,花宽 $B=24$ 纵行,花高 $H=42$ 横列,$e=2$,则 84 路成圈系统编织一个花高。

(3) 设计花纹图案画出意匠图:设计花纹意匠图如图 2-2-31 所示。其中奇数成圈系统喂入"⊡"有光丝;偶数成圈系统喂入"⊠"无光丝。

(4) 排提花片、排花:根据花宽 $B=24$ 纵行,且为不对称花型,可将 1～24 档提花片排成"/"或"\"形,以控制编织一个花宽。根据选针机构特点、提花片排列及意匠图的要求排花。

(5) 织物反面设计:上三角为高、低相间排列,2 路一循环,上针高、低踵织针仍为 1 隔 1 排

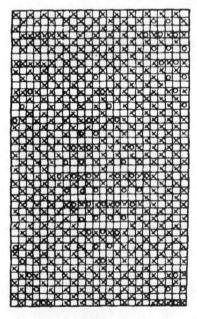

⊡ — 编织 55 dtex 涤纶有光丝

⊠ — 编织 33 dtex 涤纶无光长丝

□ — 不编织

图 2-2-31

8路 7路 6路 5路 4路 3路 2路 1路

b

d c

(1)

8路 7路 6路 5路 4路 3路 2路 1路

b′

a′

d′ c′

(2)

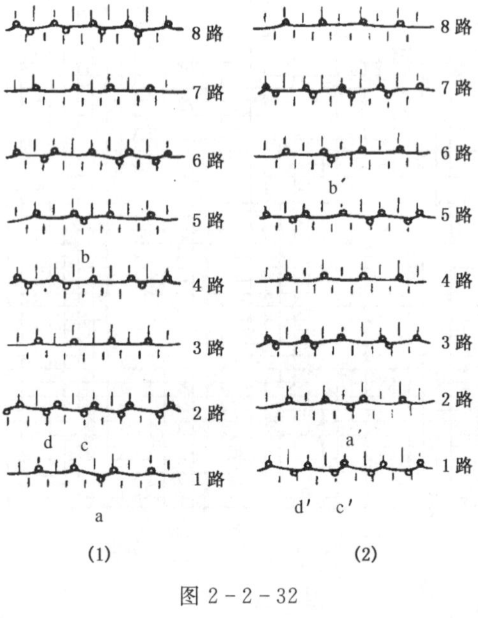

图 2-2-32

列,因此织物反面呈纵条纹。

(6)原料:55 dtex涤纶有光丝、33 dtex涤纶无光丝。该类织物利用原料和织物结构的特性使织物表面产生明显的闪光花纹,因此选用的有光丝比无光丝粗,从而使浮凸的有光大线圈更加突出。

设计此类产品意匠图时要注意:必须有大线圈存在,有光丝所织线圈指数比无光丝线圈指数大一些,且有光丝粗一些,这样才能使有光丝的线圈更为突出,织物的闪光效果更明显。

由于两种丝编织的先后顺序不同,将对织物的闪光效应产生影响。如图2-2-32(1)所示,若第1路成圈系统织有光丝,有光丝线圈a、b线圈指数分别为6和3,无光丝线圈c、d线圈指数分别为2和3。如图2-2-32(2)所示,若第1路成圈系统织无光丝,有光丝线圈a'、b'线圈指数分别是4和2,无光丝线圈c'、d'线圈指数分别为4和3。比较两种垫纱方式,为了增加有光丝花纹效应,应采用图(1)的方式,先织有光丝。

由于织物上三角高低相间的排列,反面呈有光与无光相间的直条纹,有光丝粗而亮,条纹凸起而有光泽。若采用高、高、低、低4路循环排列,则有光、无光线圈呈"小芝麻点"排列,织物反面平整。

四、双面集圈织物设计

产品设计举例

(1)机器条件:现选用UP372型双面提花圆机编织,针筒直径762 mm,机号E24,72路成圈系统。

(2)花宽与花高:根据机器条件现设计花纹宽度B=18纵行,花高H=36横列,一路成圈系统织一个横列。其花纹意匠图如图2-2-33所示。在意匠图中,自下而上依次为成圈系统的1、2、3…72路。此织物反面编织,正面选针(按意匠图)编织或集圈,结果在织物的反面形成明显凹凸网眼效应,故以织物反面为使用面。

由意匠图看出,此织物集圈次数为2,网眼较小,且不很明显。设计产品时,若增加连续集圈次数,一方面可扩大网眼的花纹范围,另一方面也可使织物表面的凹凸网眼效应更为显著。

(3)排提花片、排花:根据花宽B=18纵行,且为不对称花型,可将1~18(1~36)档提花片排成"/"或"\"形,以控制编织一个花宽(两个花宽)。根据选针机构特点、提花片排列及意匠图的要求排花。

选用76 dtex涤纶丝编织。织物幅宽164~194 cm,面密度为75~98 g/m²。

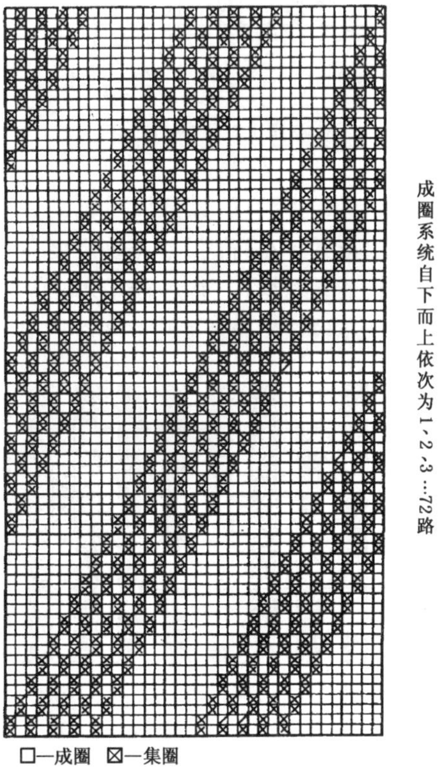

成圈系统自下而上依次为1、2、3…72路

□—成圈　⊠—集圈

图2-2-33

五、双面复合织物产品设计

双面复合织物可分罗纹式复合组织和双罗纹式复合组织。众多的复合方式可使产品多样化,并可根据被复合的纬编组织的特性,组成所需的各种织物结构与性能。

如将提花大线圈与集圈大线圈适当排列,可形成具有一定花纹图案的双面纬编织物;将单面线圈配置在双面纬编地组织中(胖花组织),可形成架空的具有凹凸花纹立体感强的织物;利用提花组织和集圈组织复合,使产品在编织"两面派"丝盖棉产品的同时,织物的正面具有与提花组织相同的花色效应的织物;利用变化罗纹组织与单面组织复合,可形成空气层织物及绗缝织物;此外还有横楞织物、网眼织物等。

产品举例:

(一) 集圈、提花复合

选用 UP372 型双面提花圆机编织,针筒直径762 mm,机号 $E20$,72 路成圈系统。设计花纹宽度 $B=36$ 纵行,花高 $H=72$ 横列,一路成圈系统编织一个横列,其意匠图如图 2-2-34 所示。在意匠图中,自下而上依次为成圈系统的 1、2、3…72 路。由于花纹不对称,将 36 档提花片排成"/"形,并按意匠图排好摆片。选用 110 dtex 涤纶丝编织。织物幅宽 150～174 cm;面密度为 98～144 g/m^2。

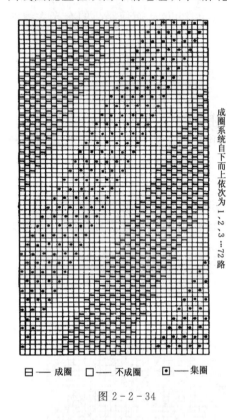

成圈系统自下而上依次为1,2,3…72路

□—— 成圈   □—— 不成圈   ·—— 集圈

图 2-2-34

(二) 胖花织物

1. 三色单胖组织

(1) 机器条件:RJM 型双面提花圆机,针筒直径762 mm,机号 $E20$,72 路成圈系统。

(2) 花宽与花高:设计花纹宽度 $B=36$ 纵行;花高 $H=12$ 横列。三色单胖织物每一横列需 3 路成圈系统编织,一个完全组织花高需 36 路成圈系统。

(3) 花纹图案及意匠图:花纹图案意匠图如图2-2-35所示。右侧为成圈系统序号。

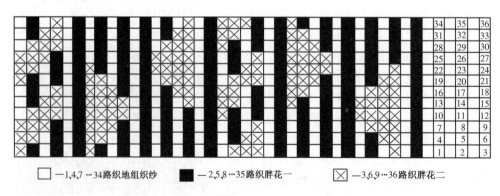

34	35	36
31	32	33
28	29	30
25	26	27
22	23	24
19	20	21
16	17	18
13	14	15
10	11	12
7	8	9
4	5	6
1	2	3

□ —1,4,7…34路织地组织纱   ■ —2,5,8…35路织胖花一   ⊠ —3,6,9…36路织胖花二

图 2-2-35

(4) 提花片及上三角排列:不对称花型将 36 档提花片排成"/"形,并按选针机构特点及意匠图要求排花(选针片)。按三色单胖组织反面设计方法,上三角排成高、平、平、低、平、平 6 路一循环。

(5) 配色:选择同类色或对比色,可使织物花纹清晰,更具立体感。此类织物正面呈意匠图所示的三色花纹效应,反面均呈地组织纱线的颜色。

(6) 原料:地组织纱选用 110 dtex 涤纶丝,胖花一选用 110 dtex 涤纶丝,胖花二选用 167 dtex 涤纶丝编织。胖花线圈呈架空状凸出织物表面,但胖花二纱线较粗,使意匠图中"⊠"花纹在"□"的基础上更为凸出,从而增加了产品的立体感。织物面密度为 160～200 g/m²。

由于单胖织物组织结构具有的特点,因而不如双胖织物的立体感强,若能合理改进工艺设计,也可使单胖织物具有与双胖织物相似的凹凸效应。可采取适当加宽凸纹和凸纹之间的间隔,可达 8～10 针;增加胖花一路的压针深度,一般可比地组织的压针深度增加 0.3～0.5 mm 丝,此外纱线粗细的变化,也可增加织物的凹凸效应。

2. 两色双胖组织

(1) 机器条件:RJM 型双面提花圆机,针筒直径 762 mm,机号 E16,72 路成圈系统。

(2) 花宽与花高:花纹宽度为 B=18 纵行,花高为 H=8 横列。3 路成圈系统织一个横列,共需 24 路织一个完全组织花高。

(3) 花纹意匠图:意匠图如图 2-2-36 所示。图中 1、4、7…路织"□"地组织,2、3、5、6…路织"⊠"胖花组织。

(4) 排上三角:按两色胖花织物反面设计方法,上三角排成高、平、平、低、平、平 6 路一循环。提花片排成"/"形。

(5) 原料:地组织和胖花组织均用 167 dtex 涤纶丝(可为相同或不同颜色)。面密度为 200～230 g/m²。此织物较厚,宜做秋冬装面料和装饰用布。

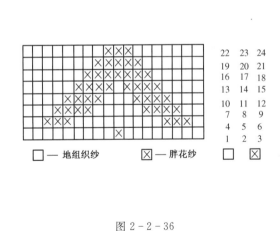

22	23	24
19	20	21
16	17	18
13	14	15
10	11	12
7	8	9
4	5	6
1	2	3

□ — 地组织纱   ⊠ — 胖花纱

图 2-2-36

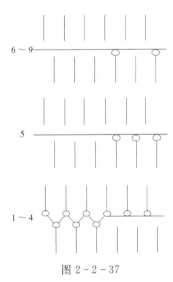

图 2-2-37

3. 变化胖花织物

变化胖花组织是把单胖或双胖组织结合在一起或在其基础上变化形成。一个横列中有时进行一次单面编织,有时进行两次单面编织或连续几次织地组织,再连续几次织胖花组织。如图 2-2-37 所示,此类织物不但具有胖花织物的立体感,而且其凹凸层次更富于变化,织物的外观也更为丰富多样。

(三) 空气层组织及绗缝织物

此类产品是在双面提花圆机上,将单面编织与双面编织复合形成的。由于有正反面单面编织存在,使织物形成空气层。绗缝织物是在单面编织的夹层中衬入不参加编织的纬纱,然后由双面编织成绗缝。织物由于中间有空气层,其保暖性、柔软性良好,加入衬纬纱又使织物更丰满、厚实。

绗缝织物产品举例:

现设计一具有菱形花纹的绗缝产品,花宽 $B=36$ 纵行,花高 $H=36$ 横列,每 2 路编织一横列。花纹意匠图如图 2-2-38(1)所示,其右侧为成圈系统序号。编织方法如图 2-2-38(2)所示,所有偶数路为下针全编织,上针不编织。奇数路为上针全编织,下针按意匠图选针编织,每在 1、5、9、13…路后垫入衬纬纱。

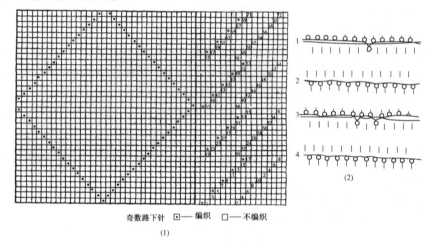

奇数路下针 ⊡—编织 □—不编织

(1)

(2)

图 2-2-38

上机坯布举例:

选用 UP372 型双面提花圆机编织,针筒直径 762 mm,机号 $E22$,72 路(织一个花高),将 36 档提花片排成"/"形。使用 76 dtex 涤纶丝,织物幅宽 170 cm,面密度 95 g/m^2。

在设计绗缝织物时,采用不同的原料,对织物的外观风格、织物实际花型大小及织物的丰满度均有一定影响。一般说来,所用原料弹性愈大,形成织物实际花型尺寸愈小;不同原料配制对织物丰满度有较大影响。此外编织时里层纱线张力愈大,外层纱线张力愈小,衬垫纱张力愈小。衬垫纱粗或衬垫路数增加,织物丰满度愈好。设计产品时,若不希望连接织物两面的纱线显露,可采用集圈方式连接。如在图 2-2-38 中,可将奇数路(上针全编织)的下针选针成圈改为下针选针集圈,则使织物正面不显露织物反面的纱线。格子内符号"﹡"表示有衬纬纱,绗缝产品除可设计成格形、菱形图案外,还可设计成多角形、球形及其它多变的花型图案。

第四节 电脑提花圆纬机产品设计与实例

一、电脑提花圆纬机的特点

在具有机械选针装置的提花针织圆纬机上,完全组织中不同花纹的纵行数受到针踵位数或提花片齿档数等的限制;完全组织的横列数受到成圈系统数、选针片数等的限制。而电脑提花圆纬机可以对每一枚针独立进行选针,电子选针信息是储存在计算机的内存和磁盘上,容量很大。因此,完全组织中不同花纹的纵行数可以是针筒针总针数;完全组织的横列数对具有大容量内存和磁盘的电脑提花针织圆纬机来讲,可认为是无限制的。电脑提花针织圆纬机为了保证能顺利地编织出所要求的花纹,还需要有花型设计、信息存储、信号检测与控制等部分与之相配套,它们之间的连接如图 2-2-39。

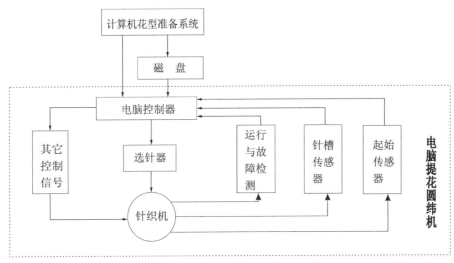

图 2-2-39　花型设计、信息存储、信号检测与控制等部分之间的连接

电脑提花针织圆纬机分单面电脑提花针织圆纬机和双面电脑提花针织圆纬机两大类。电脑提花针织圆纬机可以编织上述介绍的各种机械提花针织圆纬机编织的提花针织产品,并且花纹大小不受纵行及横列数的限制。

二、电脑提花圆纬机产品设计与实例

电脑提花针织圆纬机的制造厂家很多,目前,使用较多的是日本福原公司生产的 F-LEC 双面电脑提花针织圆纬机和 F-SEC 单面电脑提花针织圆纬机以及德国德乐公司生产的 UCC 系列双面电脑提花针织圆纬机和 SCC 系列单面电脑提花针织圆纬机。其产品的设计过程基本与机械式提花针织圆纬机相同,先要设计花型,制定上机工艺,再上机调试。

电脑提花针织圆纬机产品的花型设计与上机工艺是由计算机花型准备系统来完成的,其系统一般具有如下功能。

(一) 花型意匠图编辑功能

1. 花型意匠设计

通过笔、刷子、线条、矩形、圆形、喷射、填充等绘画工具设计花型意匠图。

2. 花型图案输入

可通过数字化绘图仪、扫描仪等输入花型,也可调入计算机原先储存的花型。

3. 花型意匠图编辑

对输入的花型及计算机原先储存的花型进行修改、编辑花型意匠图。

4. 花型意匠图信息的储存、打印功能

对设计的花型意匠图、编辑的花型意匠图储存和打印。

（二）上机工艺编辑功能

1. 编辑上机工艺

选择设计的花型意匠图，设定色彩数、色线的排列、花型高度和宽度、进线路数等参数。

2. 测试上机工艺

对编辑上机工艺进行测试，如编辑的上机工艺存在错误会给出提示。

3. 传送上机工艺

把上机工艺通对电缆线或磁盘传送给电脑提花针织圆纬机后，即可开机编织。电脑提花针织圆纬机对该工艺也可以进行编辑、修正、检查等，但有一定的局限性。

计算机花型准备系统也可把编辑的上机工艺储存在磁盘上，把此磁盘插在电脑提花针织圆纬机电脑控制系统的驱动器内，然后操作该工艺进行编织。

（三）设计实例

下面介绍迈耶纬编针织物计算机花型准备系统（计算机花型辅助设计系统）的花型设计与上机工艺设计程序。

（1）打开迈耶编辑器

（2）新建一个文件。（点击新建）出现如下图所示界面

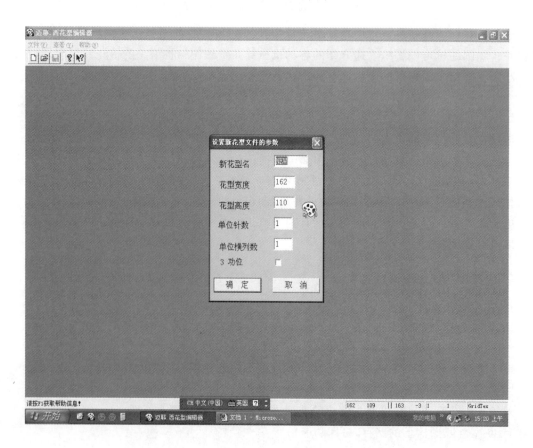

（3）定花型的名字、花型宽度、花型高度。点击确定，出现如下图所示的界面：

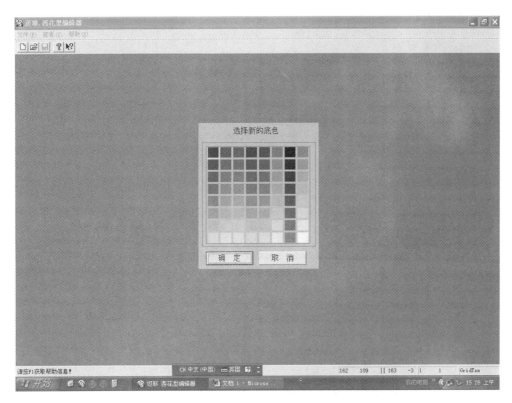

（4）选中颜色点击确定，出现如下图所示的界面：

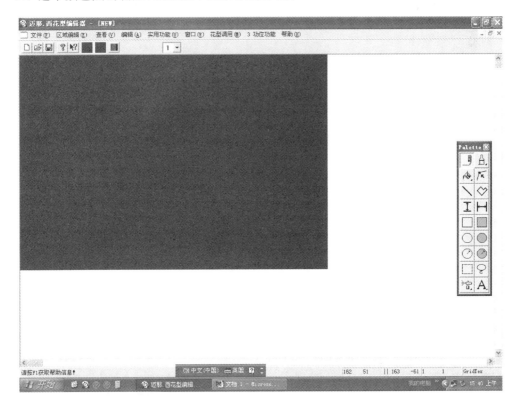

（5）运用工具栏里的画笔工具画图（现举例如下）。

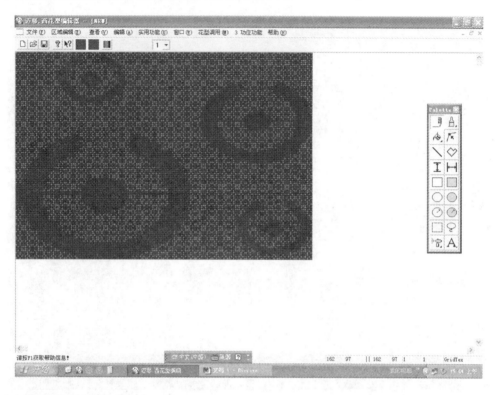

（6）保存花型（取名为1）。

（7）打开迈耶色彩排列编辑器，新建一个文件（出现如图所示的界面）。

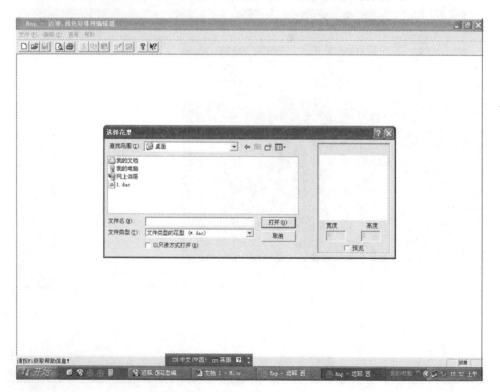

（8）打开花型（如下图所示）。

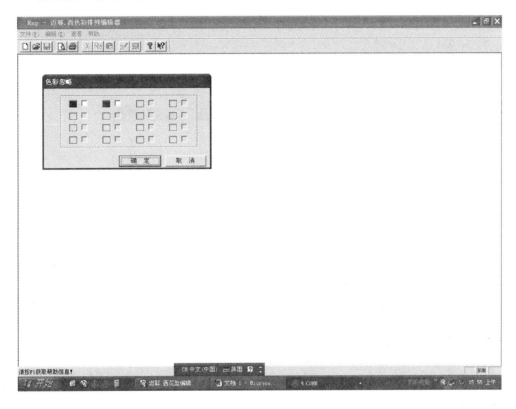

（9）继续点击确定（如下图所示）。

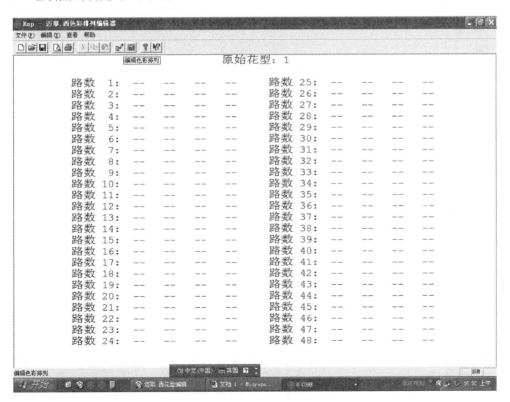

（10）点击编辑色彩排列。

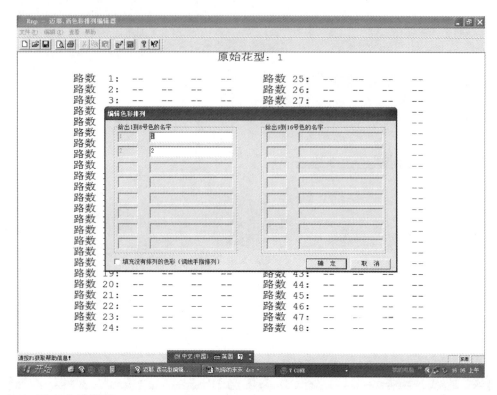

（11）再点击计算器。

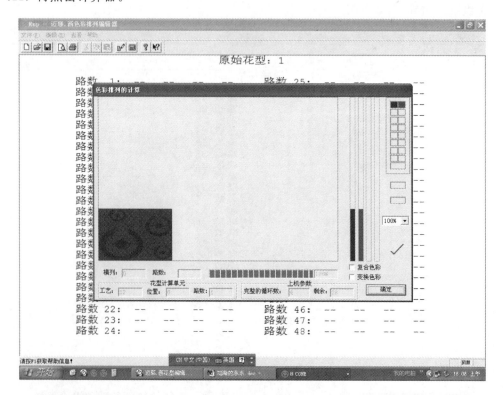

（12）点击确定。

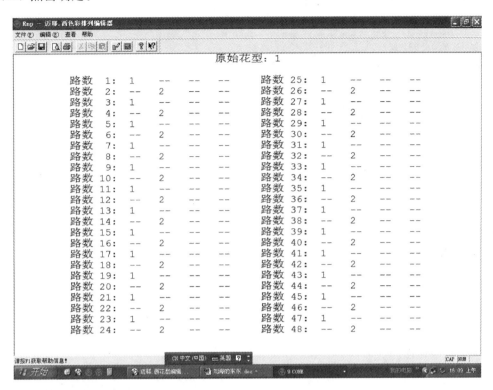

（13）存储花型（取名为 1a）。

（14）重新打开 1a 图，选择三功位功能里的"转换花型"。

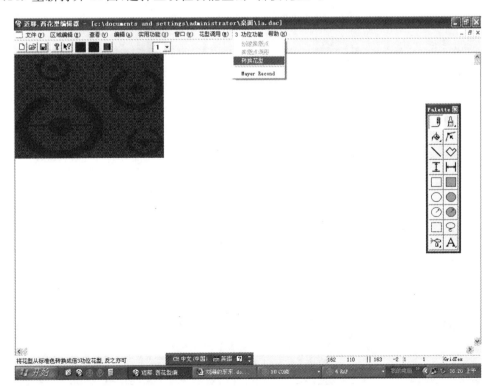

（15）点击"转换花型"后如下图所示。

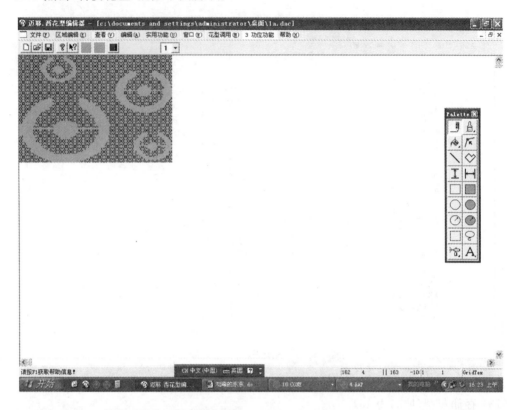

（16）存储以上步骤，打开工艺卡编辑器。

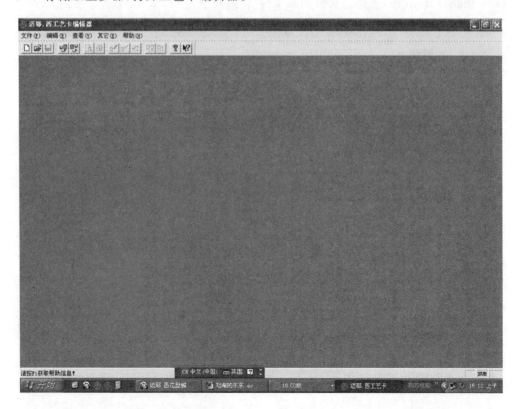

（17）同样新建，选择三功位工艺卡。

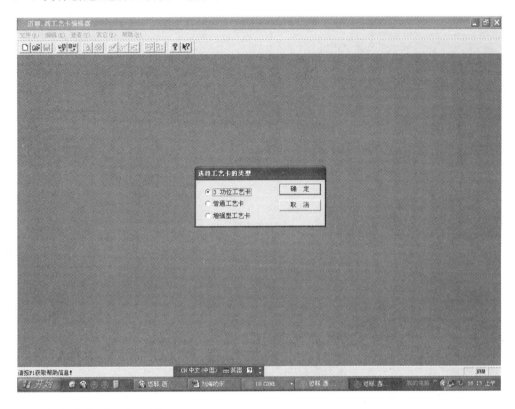

（18）点击确定，打开1a图。

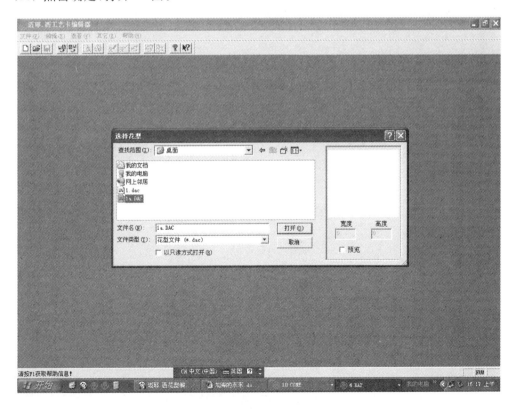

（19）打开后的界面如下图所示。

（20）点击保存。

以上步骤为花型编辑步骤。当所设计花型是两色提花时，一般均采用三功位工艺卡编辑。

第三章　绒类针织产品设计

绒类纬编针织物产品主要由衬垫类、毛圈类、长毛绒等产品组成。衬垫或毛圈形成的针织品，经后处理方式不同有不拉毛的，其织物表面形成浮线状毛圈。或拉长的沉降弧组成的毛圈效应。也有经拉毛后，使浮线或毛圈处形成毛绒效应或经割绒剪毛后形成天鹅绒、丝绒状效应等。长毛绒织物则因纤维束或毛条的喂入方式使毛绒长而厚实，有人造毛皮之称。如果在衬垫或者毛圈编织中，利用不同粗细的纱线或色纱、花色线等作为衬垫纱或毛圈纱时，织物的毛圈、毛绒面可得到各种花色效应。本章分三节介绍它们的产品设计及实例。

第一节　衬垫织物产品设计

一、设计概要

衬垫织物分平针衬垫和添纱衬垫。其产品设计从衬垫纱的固着性及织物厚度等性能考虑，添纱衬垫织物优于平针衬垫织物。但有时从不同用途或其它性能考虑或者有来样要求，便根据需要进行选择。衬垫产品又可分普通衬垫和花色衬垫两种。普通衬垫即整个浮线形成的绒面平整且没有花型或色彩，花色衬垫则在绒面处有提花（如横条、斜纹、色彩图案）等花色效应或在正面有色彩小提花图案等。

目前生产的大多为普通衬垫产品，也有一定数量的花色衬垫产品，作为服用、床上用品及玩具类面料。

在衬垫织物的设计中，地纱与面纱形成的地组织设计大多与织物的物理性能有关，而衬垫纱的设计除了和织物性能（如厚度、面密度、手感等）有关外，重要的是其垫纱规律、纱线品种等设计不同，布面产生不同的花色外观。因而，衬垫织物的花色效应设计主要是衬垫纱的设计。

衬垫纱通过垫纱比（悬弧与浮线的比例变化）、浮线的位移及纱线外观变化，使浮线处形成凹凸、色彩、图案等效应。由于添纱衬垫织物的编织至少需 3 根进纱，则编织横条衬垫时，其横条宽度不会很高。目前，在无弹不成布的流行设计中，衬垫织物若要有弹性设计要求，则可考虑设计平针衬垫，以留出一根纱作弹性衬纬，而衬垫纱的设计应是垫纱浮线较长，使织物的纵向弹性增加，成为理想的弹性绒面织物。

二、设计实例

1. 编织条件：机号 E28、筒径 762 mm（30 英寸）的三线衬纬机，总进纱路数 96 路，原料 A纱 14.5 tex（40^s）棉灰，B 纱 20.8 tex（28^s）棉，C 纱 29.1 tex（20^s）氨纶纱。

2. 编织工艺：如图 2－3－1 所示。衬垫比（悬弧∶浮线）为 1∶3。织物性能参考值：线圈长度 A 纱 2.8 mm，C 纱 0.92 mm，B 纱 1.18 mm。用纱比例 A∶B∶C＝61.4%∶35.8%∶2.8%。光坯布面密度 209 g/m²。

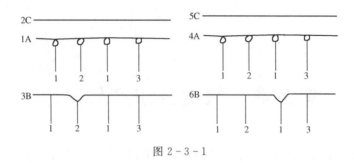

图 2-3-1

该织物衬垫纱的垫纱规律设计为如图 2-3-2 所示,则可形成凹凸斜方形绒面花纹,如采用色纱,便可形成色彩绒面花纹。

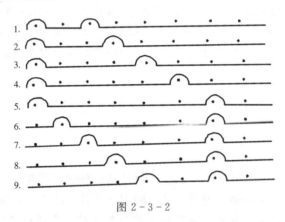

图 2-3-2

第二节　毛圈织物产品设计

一、设计概要

毛圈织物有单面毛圈和双面毛圈,普通毛圈和花色毛圈。其花形设计的特点是:按设计要求或来样,选择织针垫地纱或毛圈纱,并配置相应的沉降片形成普通沉降弧或拉长沉降弧,使织物反面形成普通线圈或毛圈线圈。若经拉毛、剪绒等可使毛圈处形成绒面效应。

花色毛圈的花纹多为横条、纵条、凹凸及色彩图案等。其中,凹凸图案依靠平针线圈与毛圈线圈的不同配置形成。色彩花纹则由毛圈纱的不同颜色搭配,编织出不同色彩的毛圈线圈形成。目前,毛圈产品生产以普通毛圈为多,也有小批量的提花毛圈。从毛圈织物的综合性能考虑,设计中还应注意:

1. 毛圈纱的设计

毛圈纱的选择直接关系到产品的风格、光泽、毛绒面的丰满度以及手感、悬垂性等,应予足够重视。设计中主要考虑原料性能、纱线线密度、纱线品质、外形等因素。除了原料性能决定毛圈织物性能外,毛圈纱的线密度小、纤维长、纺纱精度好、捻度小,则该毛圈纱形成的布面质量较好、绒感强。

2. 毛圈高度设计

毛圈高度设计应根据织物用途或来样要求确定。毛圈过低,剪绒拉毛困难,布面不丰满。

毛圈过高则易到伏,也不利剪绒,所以应有合适高度。一般讲,毛圈高度高的,加工难度较高。编织情况则取决于毛圈针织机性能及配置的沉降片片鼻高度范围。

3. 毛圈编织密度设计

毛圈编织密度对织物影响是:密度过低,毛圈易倒伏,密度过高,则编织不利,且剪绒损耗成本增大。所以,毛圈编织密度应选择适中。

4. 地纱、毛圈纱的线密度

在毛圈高度一定时,为使织物绒毛丰满、厚实、延伸性小,毛圈纱与地纱的线密度配合设计很重要。通常,毛圈纱的线密度确定后,地纱线密度越小,则织物密度越高,单位面积的毛绒越多,对地纱的覆盖性越好。反之,地纱的线密度确定后,毛圈纱的线密度越大,则单位面积内的毛绒数多,可提高对地组织的覆盖性和减少织物的延伸性。在设备允许范围内,应设计毛圈纱与地纱的线密度差别大些好。

5. 地纱、毛圈纱的张力比

张力比反映了地纱与毛圈纱的张力差异。若设计地纱张力小,毛圈纱张力大,则易产生露底。且差异越大,毛圈整齐度越差,露底越严重。所以,应选择地纱张力略大于毛圈纱张力,其毛圈的直立度与整齐度较好。

6. 天鹅绒织物

应设计成正包毛圈(即地纱的线圈处于正面,并盖住毛圈线圈)。

7. 双面绒织物

大多设计成反包毛圈(毛圈纱在织物工艺正面,并盖住地纱线圈)。

在上述设计基础上,务必提出的是,毛圈织物的后处理工艺设计十分重要。如剪绒(毛)、染色、定型、柔软处理等直接影响毛圈产品的综合品质与效果。

二、设计举例

1. 编织条件

德乐电脑提花毛圈机,机型 MK7,筒径 762 mm(30 英寸),机号 $E22$,原料 18.2 tex(32^S)精梳棉纱,11.1 tex(100D)纸弹丝,总进纱路数 48 路。

2. 花形设计

如图 2-3-3 所示,为一蝶形花形的提花毛圈布图案,图中 a 色部分为毛圈(拉长沉降弧)线圈用棉纱,b 色部分为地组织无毛圈线圈,采用涤纶纱。花高 $H = 219$,花宽 $B = 218$。外观 a 处部分因有毛圈而厚凸,b 处平针为花型轮廓线而凹进。

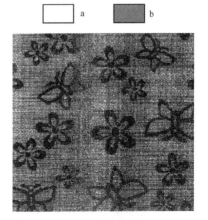

图 2-3-3

3. 上机工艺

把图形按要求输入电脑程序,并输入一系列工艺参数即可,机器上排列为:针盘针一隔一配置,针盘三角,第一路排有(可出针),第二路排无(不出针),针筒针按花型工艺被电脑选针,编织进纱路数及色纱配置为:一路棉纱一路涤纶纱。

4. 织物工艺性能参考值

面密度(净坯布)240 g/m^2,毛圈高度 2.5 mm,毛圈面积与平针线圈面积在布平面百分比为毛圈处 78.94％,平针线圈(花形轮廓线)处 21.05％,后处理采用二浴二色套染。

　　该织物凹凸及色彩主体感好、质地柔软、花形雅致,是理想的现代家居服和床上用品面料。本例产品未经剪毛或割绒,生产中也可割绒后形成"摇立绒"效应,是高档的针织绒类产品。

第三节　人造毛皮织物设计

一、设计概述

　　人造毛皮针织物也称长毛绒织物,设计上除了编织工艺采用纤维束或毛绒纱喂入,在专门的毛皮针织机和双针筒圆机上完成编织外,很重要的是在原料的选用和后整理工艺上。它们将直接影响人造毛皮织物的性能与外观效应。

(一) 原料选用

　　腈纶是生产人造毛皮的主要原料。目前采用的腈纶纤维有两类,一类是用于中、低档产品生产的普通腈纶纤维,另一类是用于中、高档产品生产的特种腈纶纤维。

　　普通腈纶纤维主要为国产,其规格为 3.3 dtex、6.7 dtex、10 dtex,长度为 38～51 mm。特种腈纶纤维主要采用日本产的卡耐克龙聚丙烯腈纤维,规格为 3.3～22 dtex,长度为 38～51 mm。

　　人造毛皮所用毛条通常由不同粗细纤维混合而成,其纤维的混合比例原则如下:

　　线密度大的纤维(16.7～44 dtex)用作刚毛;线密度中等的纤维(10～16.7 dtex)用作立绒;线密度小的纤维(3.3～6.7 dtex)用作底绒。刚毛要长,绒毛要短,底绒占的比例为 40％,其余为刚毛和立绒。目前,国产纤维制条的配比多为:

3.3 dtex × 38 mm		40％
6.7 dtex × 51 mm		30％
10 dtex × 38 mm		30％

以上比例关系纺条效果较好,梳毛机易于成网,毛条中的纤维抱合力好。

日本原液染色腈纶制条的配比选为:

RFM(NL612)	22 dtex × 51 mm	35％
RLM(BR426)	22 dtex × 51 mm	25％
KCD(342)	3.3 dtex × 38 mm	40％

这种条子可制作仿兽皮高档人造毛皮。

仿羊羔皮选用日本原料,其配比选为:

K8	3.3 dtex × 38 mm	30％
C8	3.3 dtex × 35 mm	30％
TMOY－4	6.7 dtex × 32 mm	40％

(二) 毛条条干不匀率的控制

　　毛条喂入式人造毛皮针织机需要毛条克重约为 8～25 g/m。MKP2 型电子提花毛皮机使用 15 g/m 的毛条最佳。条轻,道夫抓取纤维困难,条重,针布和织针负荷过大,对道夫和织针的磨损也很大,并易堵塞喂毛辊。针织毛皮机要求毛条条干均匀度控制在 5% 以内。

(三) 人造毛皮织物的后整理

人造毛皮织物的后整理是保证产品质量好坏的重要工序,因此要给予充分重视。一般有以下 4 个工序:

1. 初剪

初剪可剪掉毛皮表面的浮毛,防止浮毛在拉幅定形过程中堵塞循环风道。起绒温度一般选定为 100℃,对于滚球绒织物,因其不易高温,故选定为 60℃。

2. 涂胶定形

人造毛皮是一种保暖性织物,为了增加防风能力,固定绒毛,稳定尺寸,收缩底绒(使用有收缩性纤维),需要在毛皮背部涂胶。国产涂胶定形设备都采用刮胶,这种涂胶形式要求胶料粘稠度高,这样定形效果才会好,但底布硬。其胶液配方为:

丁苯胶乳	15.5%
PVA	3.9%
CMC	3.3%
水	77.3%

德国设备上胶方式为滚筒拖胶式。这种形式要求胶料稀,涂胶后,底布渗进薄薄一层胶液,这样就需要对胶液比例进行改变,其胶液配方如下:

丁苯胶乳	20%
PVA	2.5%
水	77.5%

这样的配方,绒毛可固定在底布上,纤维收缩状态也较好,起到了既拉幅又定形的效果。

定形烘箱温度为 130℃,该温度能够保证纤维不焦,底布不黄,能够收缩纤维,高低绒一目了然。毛皮在烘箱中走行 3~5 min。温度过高绒毛发硬,涂料分解,而温度过低又不易干。定型布速一般为 2~3 m/min。

3. 烫光整理

人造毛皮一般采用的烫光次数为 4~6 遍,烫光前纤维手感较硬,烫光时,开始用高温,使纤维变软,再中温使纤维伸直,最后用低温使毛面上光。

一般情况下,中高档织物烫光均采用顺、逆两个方向烫光,高温烫直,低温烫光。

4. 剪毛

毛的高度是由毛皮的用途决定的。长毛绒织物大多用作防寒里料,不需剪毛。仿兽皮有刚毛。毛高要求一般为 16~25 mm,仿水貂皮毛高为 20 mm。作为装饰用的短绒织物,毛高不能过长,一般为 8~14 mm。剪毛时一般应根据上述要求剪毛,毛高由产品用途决定。

二、设计实例

1. 纤维制条的配比

BHH	3 dtex × 38 mm	40%
VNR	15 dtex × 51 mm	20%
VNR	15 dtex × 51 mm	40%

注：BHH 为日本三菱丽阳公司生产的腈纶纤维；

VNR 为日本钟纺公司生产的腈纶纤维。

2. 编织工艺

使用美国迈耶公司产 HP－18SMM 型机号 E14 的人造毛皮编织机,针筒直经为 762 mm (24 英寸),总针数为 1 056 针。

毛条克重 15 g/m,喂入总密度 50%,喂入分密度 100%,坯布面密度 1 050 g/m²,坯布幅宽 140 cm,坯布密度 48 横列/5 cm。

3. 整理工艺

(1) 定型工序

定型幅宽为 150 cm,胶液配方为 45% 硬浆：45% 软浆：水＝5%：35%：60%,拉幅定型一遍,上胶定型二遍。

(2) 烫光剪毛工序

使用意大利 COMET 公司产 PRA83 型烫光机,128C 型烫剪联合机,206SLC 烫剪梳联合机。

设 备 型 号		128C	PRA83	206SLC
烫光温度/℃	第一遍	160	150	140
	第二遍	130	120	110
剪毛刀距/mm	第一遍	60		60
	第二遍	60		60

第四章　横条纹产品设计

第一节　横条纹产品设计概述

横条纹产品是由两种或两种以上的色纱交替编织成各种色纱横条纹的一种织物。在圆纬机上，按照花纹要求，在各个成圈系统的导纱器穿入色纱，就可生产出横条织物。普通圆纬机上各成圈系统只有一个导纱器，横条循环单元的横列数最多不超过编织机器的成圈系统数。具有调线装置的圆纬机，每一成圈系统有 4 个或 6 个导纱指可供调换，每个导纱指穿一种色纱，编织每一横列时，根据花型要求选用其中某一导纱指，则可扩大横条循环单元的横列数。

横条纹产品的地组织可以是基本组织、花色组织和变化组织，可以在单面和双面圆纬机上生产。用于生产横条纹产品的圆纬机目前多采用多针道变换式选针机构和电子选针机构。

在具有多针道变换式选针机构的圆纬机上生产横条纹产品，根据机器条件设计地组织，再进行织针排列和三角排列。因为调线装置是由电脑控制，横条花纹的设计理论上不受限制。把花型循环单元的编织横列数、各种色纱的编织横列数及排列顺序输入电脑，根据需要适当修正花型，再进行工艺编辑。根据工艺在机器上排列色纱，同时将工艺传输到机器上，控制导纱指变换，进行调线。

在具有电子选针机构的圆纬机上生产横条纹产品，首先采用计算机辅助花型设计系统设计地组织花纹及横条花纹，然后对地组织进行花纹编辑和工艺编辑，再编辑横条花纹的上机工艺。把上述已编辑的工艺传输到机器上，并根据工艺在机器上进行色纱排列。在该设备上生产横条纹产品，花纹设计灵活，工艺编辑简单，上机调试产品方便。

横条纹产品设计包括地组织花纹设计、工艺设计和横条花纹设计、工艺设计。地组织通常采用基本组织、花色组织和变化组织，设计方法在前面章节中已介绍。横条花纹设计主要考虑到色彩的应用以及条纹的组合对布面产生的视觉效果，工艺编辑方法取决于设备结构及应用软件。

横条纹产品的结构特征、性能与地组织相同，其以横条花纹的变化多样和独特的外观风格，成为理想的针织服装面料，多用于男式 T 恤衫。

第二节　横条纹产品设计实例

一、单面横条纹产品

（1）机器条件：XV－RSY6 六色调线单面多针道提花圆机，针筒直径 762 mm，机号 E22，总针数 2 088，成圈系统 42 路。

（2）原料：14 tex 精梳棉纱，米白、红、浅绿、芥黄、粉橙五种色纱。

（3）组织结构：平针组织。

（4）织物结构参数：毛坯线圈长度 3.28 mm，毛坯面密度 167 g/m²，毛坯幅宽198 cm，成品面密度 168～175 g/m²，成品幅宽 165 cm。

（5）花型设计：

① 花型高度：一个完全组织采用 264 路进线编织，一个完全组织花型高度为 264 横列。

② 横条花纹：横条花纹设计见表 2－4－1。

表 2－4－1　横条花纹

段　　　数	1	2	3	4	5	6
颜　　　色	米白	红	米白	浅绿	芥黄	粉橙
进线编织路数	44	44	44	44	44	44

（6）上机工艺：

使用一种踵位的织针，每路均为成圈三角。

将表 2－4－1 的参数输入电脑，进行色纱排列。机器上每一成圈系统使用 5 个导纱指，排列顺序均为：白米、红、浅绿、芥黄、粉橙。

二、双面横条纹产品

（一）双罗纹横条纹产品

（1）机器条件：V－NY2 四色调线双面多针道提花圆机，针筒直径 838 mm，机号 E22，总针数2×2 304，成圈系统 48 路。

（2）原料：16 tex 精梳棉纱，米白、军蓝、绿色三种色纱。

（3）组织结构：双罗纹组织。

（4）织物结构参数：毛坯线圈长度 3.3 mm，毛坯面密度 153 g/m²，毛坯幅宽188 cm，成品面密度 195 g/m²，成品幅宽 157.5～162.5 cm。

（5）花型设计：

① 花型高度：一个完全组织采用 216 路进线编织，一个完全组织花型高度为 108 横列。

② 横条花纹：横条花纹设计见表 2－4－2。

表 2－4－2　横条花纹

段　　　数	1	2	3	4	5	6
颜　　　色	绿	米白	绿	米白	军蓝	米白
进线编织路数	4	4	4	100	4	100

（6）上机工艺：

① 织针排列：针筒针和针盘针均需使用两种踵位的织针，1 隔 1 排列。

② 三角排列：两路成圈系统完成一个编织循环，使用两条针道。

③ 纱线排列：将表 2－4－2 的参数输入电脑，进行色纱排列，机器上 48 路成圈系统的 4 个导纱指的色纱排列如表 2－4－3 所示，从表中可知 24 路成圈系统为一个色纱排列循环，针筒 4.5转编织一个花高。

表 2 - 4 - 3　色 纱 排 列

	1	2	3	4		1	2	3	4
1	A		C		25	A		C	
2	A		C		26	A		C	
3	A		C		27	A		C	
4	A		C		28	A		C	
5	A				29	A			
6	A				30	A			
7	A				31	A			
8	A				32	A			
9	A		C		33	A		C	
10	A		C		34	A		C	
11	A		C		35	A		C	
12	A		C		36	A		C	
13	A				37	A			
14	A				38	A			
15	A				39	A			
16	A				40	A			
17	A	B			41	A	B		
18	A	B			42	A	B		
19	A	B			43	A	B		
20	A	B			44	A	B		
21	A				45	A			
22	A				46	A			
23	A				47	A			
24	A				48	A			

A—米白　　B—军蓝　　C—绿色

(二) 变化罗纹横条纹产品

(1) 机器条件:V-NY6 六色调线双面多针道提花圆机,针筒直径 914 mm,机号 E22,总针数 2×2 544,成圈系统 42 路。

(2) 原料:18 tex、36 tex 棉纱,红色、中黄、浅绿、灰色、深绿、浅黄六种色纱。

(3) 组织结构:变化罗纹组织,编织图如图 2-4-1 所示。

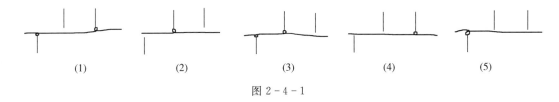

| (1) | (2) | (3) | (4) | (5) |

图 2 - 4 - 1

(4) 织物结构参数:图 2-4-1 所示的编织图中,第 1、3 路进行罗纹编织,毛坯线圈长度为 3.8 mm,第 2、4、5 路进行单面编织,毛坯线圈长度为 3.4 mm。毛坯面密度 201 g/m²,毛坯幅宽 205.5 cm,成品面密度 234 g/m²,成品幅宽 165~170 cm。

(5) 花型设计:

① 花型高度:一个完全组织采用 935 路进线编织,针筒针形成的工艺面,编织 561 横列,针盘针形成的工艺面,编织 347 横列。

② 横条花纹:横条花纹的设计见表 2-4-4。

表 2-4-4 横 条 花 纹

段 数	颜 色	进线编织路数	段 数	颜 色	进线编织路数
1	红 色	135	17	灰 色	75
2	中 黄	35	18	浅 绿	5
3	浅 绿	10	19	中 黄	10
4	灰 色	10	20	灰 色	75
5	浅 绿	5	21	中 黄	5
6	灰 色	215	22	灰 色	5
7	深 绿	10	23	中 黄	5
8	浅 绿	5	24	浅 黄	30
9	浅 黄	25	25	中 黄	10
10	中 黄	30	26	红 色	25
11	浅 绿	5	27	浅 黄	20
12	红 色	15	28	浅 绿	5
13	深 绿	5	29	中 黄	20
14	红 色	45	30	浅 绿	10
15	中 黄	15	31	中 黄	20
16	浅 黄	50			

(6) 上机工艺:

① 织针排列:织针排列如图 2-4-2 所示。针盘针必须使用两种踵位的织针,1 隔 1 排列。针筒针使用 1 种踵位的织针,1 隔 1 抽针。

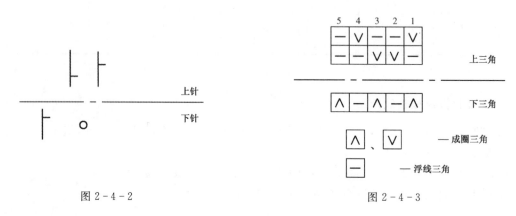

图 2-4-2　　　　　　　　　　　　　　图 2-4-3

② 三角排列:5 路进线编织完成一个地组织编织循环。机器具有 42 路成圈系统,并且机器一转所编织的地组织花高必须是正整数,所以只使用 40 路成圈系统。上三角使用两条针道,下三角使用一条针道。三角排列如图 2-4-3 所示。

③ 纱线排列:将表 2-4-4 的参数输入电脑,进行色纱排列。机器上处于工作状态的每一路成圈系统均使用 6 个导纱指,穿纱顺序为:红色、中黄、浅绿、灰色、深绿、浅黄。以 5 路成圈系统为一个穿纱循环,第 1、2、3、4 路穿 18 tex 纱线,第 5 路穿 36 tex 纱线。

第五章 经纱提花针织物产品设计

第一节 设 计 概 述

在单面提花圆纬机上加装绕经机构,可生产单面经纱提花织物。这种织物的编织特点是在织针钩取纬纱编织地组织的同时,使某些织针按要求从经纱导纱器上钩取经纱,形成纵条效应花纹。因反面纵条之间没有浮线或浮线短,所以花纹设计更加灵活,织物的外观效果更加丰富。

经纱提花圆纬机上织物的编织由纬纱提花机构、经纱提花机构及绕经机构三部分完成。纬纱和经纱提花机构与单面圆纬机的提花选针机构相同,目前采用的提花选针机构有:多针道、插片式以及提花轮3种。

经纱提花产品是在其它组织的基础上绕上经纱形成花纹的,地组织一般为平针组织、集圈组织和提花组织。在花型设计时,除了要求按照地组织的设计方法进行设计外,还要考虑经纱的花纹设计特点。经纱提花产品设计包括地组织结构设计、条纹设计和工艺设计。

经纱提花产品与其地组织比较,具有较好的挺括性。在实际生产中,通常进行织物一次丝光或纱线、织物两次丝光,改善织物光泽,赋予织物良好的外观,用于男式高档夏装。

一、绕经花纹设计原则

1. 花纹的宽度 B

花纹的最小宽度 B' 也就是相邻两绕经花纹之间的宽度,它与机器上相邻两经纱导纱器之间的针数有关。花纹的最小宽度 B',可用下式计算:

$$B' = N/n$$

式中:N——总针数;

n——经纱导纱器个数。

当机器总针数为 2 304 针,经纱导纱器 144 个时,相邻两绕经花纹之间的宽度为 16 针。设计花纹时,实际应用的花纹的宽度 B 可在最小宽度 B' 值上扩大倍数。

2. 花纹的高度 H

绕经花纹的最大高度 H_{max} 的确定可用下式计算:

$$H_{max} = \frac{M \cdot h}{m}$$

式中:M——机器成圈系统数;

h——编织一个绕经循环形成的横列数;

m——编织一个绕经循环所需的路数。

若进行三路绕经编织,其中一路为经纱编织,两路为纬纱编织。当地组织为纬平针、集圈组织时,编织一个绕经循环形成两个横列,即 $h = 2$;当地组织为双色提花组织时,$h = 1$。

在进行花纹设计时,选取的花纹高度 H 可以小于上述最大花纹高度,但应是最大花纹高度的约数。

3. 绕经宽度 b

绕经宽度 b 是指绕经导纱器跨过的针数。最大绕经宽度与机型有关。而对于同一种机型来说,最大宽度随机号不同而异。日本福原公司的 VX - 3FWS 圆纬机,绕经宽度与机号的关系见表 2 - 5 - 1。

表 2 - 5 - 1　绕经宽度与机号的关系

针筒直径/mm	绕经导纱器/个	针筒总针数/枚	机号/针·(25.4 mm)⁻¹	绕经宽度/枚
762	144	1 296	14	1～4
		1 440	16	1～4
		1 728	18	1～5
		1 872	20	1～5
		2 016	22	1～6
		2 304	24	1～7
		2 448	26	1～7
		1 592	28	1～8

二、花纹外观设计

(一) 纵条花纹设计

(1) 经纱导纱器采用不同的垫纱宽度,编织粗细不同的纵条纹。如图 2 - 5 - 1(1)所示,一个经纱导纱器的垫纱宽度为数枚织针,另一个经纱导纱器的垫纱宽度为一枚织针。如图 2 - 5 - 1(2)所示,一个经纱导纱器的垫纱宽度为数枚织针,另一个经纱导纱器在相间的两枚织针上垫纱。

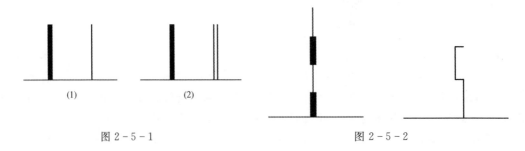

图 2 - 5 - 1　　　　　　　　　　　图 2 - 5 - 2

(2) 对于一个经纱导纱器,改变垫纱的织针数,编织得到粗细变化的纵条和曲折状纵条,分别如图 2 - 5 - 2 所示。

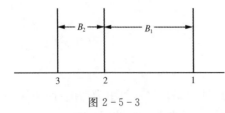

图 2 - 5 - 3

(3) 某些经纱导纱器不进入工作,可形成不同间距的纵条外观。如图 2 - 5 - 3 所示,纵条 1 和 2 之间的一个经纱导纱器不进入工作,所以纵条 1 和 2 之间的宽度 B_1 是纵条 2 和纵条 3 之间的宽度 B_2 的两倍。

(二) 方格花纹设计

在既具有调线机构,又具有绕经机构的圆纬机上,可生产彩格花纹织物。结合横条花纹和纵条花纹的设计原则进行彩格花纹的设计,纬纱和经纱颜色的巧妙搭配、方格大小的改变及粗细条纹的不同配置,使织物具有多种多样的风格。

三、工艺设计

在确定了地组织的结构和绕经花纹的设计之后,必须绘制花型编织意匠图。再结合花型编织意匠图和设备结构及选针机构工作原理,制订上机工艺。

第二节　经纱提花产品设计实例

一、纵条花纹织物设计

1. 平针绕经织物

(1) 机器条件:VX-3FWS 多针道圆纬机,针筒直径 762 mm,机号 E22,总针数 2 016,成圈系统 90 路,经纱导纱器 144 个。

(2) 原料:18×2 tex 深蓝色精梳棉纱,用作纬纱;18×2 tex 白色精梳棉纱,用作经纱。

(3) 地组织:以平针组织作为地组织。

(4) 织物结构参数:毛坯线圈长度 3.25 mm,毛坯面密度 200 g/m²,毛坯幅宽 208 cm,成品面密度 210～220 g/m²,成品幅宽 162.5 cm。

(5) 花型设计:

① 花型宽度:机器总针数 2 016 针,经纱导纱器 144 个,所以绕经花纹的最小宽度为 14 针。经纱导纱器 1 隔 1 进入工作,一个完全组织花纹宽度的编织使用 2 个经纱导纱器,所以一个完全组织的花纹宽度设计为 56 针。

② 绕经宽度:从表 2-5-1 可查得绕经宽度为 1～6 针。设计的纵条花纹宽度为 3 针和 4 针。

③ 花型高度:采用三路绕经编织,三路进线编织一个绕经循环。一个完全组织的花纹高度设计为 3 路进线编织。

(6) 绘制编织意匠图:图 2-5-4 为编织意匠图,第 1 路为经纱编织,第 2 路、第 3 路为纬纱编织。

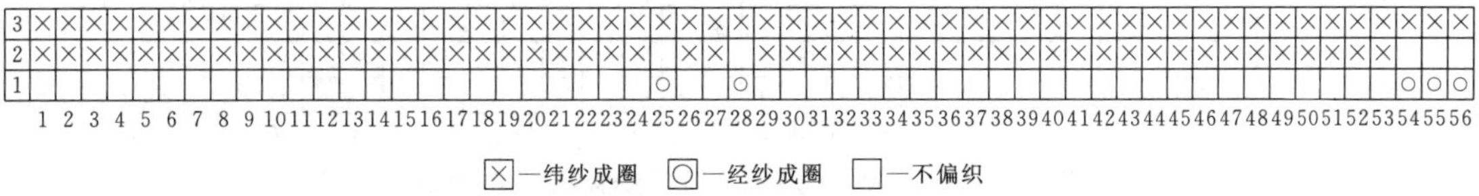

⊠—纬纱成圈　◎—经纱成圈　□—不偏织

图 2-5-4

(7) 上机工艺:

① 织针排列:使用 2 种不同踵位的织针,从上至下分别为 1、2 档。第 1 档针踵的织针编织地组织,第 2 档针踵的织针进行绕经编织。织针的排列见表 2-5-2。

表 2－5－2　织针的排列

织针序号	1～24	25	26	27	28	29～53	54	55	56
针踵档数	1	2	1	1	2	1	2	2	2

② 三角排列:一个花型完全组织由三路进线编织完成。图 2－5－5 为三角排列图,使用两条针道,第 1 路为经纱编织,第 2、3 路为纬纱编织。

③ 纱线排列:经纱导纱器穿白色纱线,纬纱导纱器穿深蓝色纱线。

2. 提花绕经织物

(1)机器条件:VX－JB3WS 双插片提花圆纬机,针筒直径 762 mm,机号 E24,总针数 2 304,成圈系统 72 路,经纱导纱器 144 个。

(2)原料:28 tex 红色和黄色棉纱,用作纬纱;28×2 tex 米白色棉纱,用作经纱。

(3)地组织:以提花集圈组织作为地组织。

∧——成圈三角
——浮线三角

图 2－5－5

(4)织物结构参数:因编织状态的不同,毛坯线圈长度为 4.0 mm 和 6.4 mm。毛坯面密度 180 g/m²,毛坯幅宽 215 cm,成品面密度 250 g/m²,成品幅宽 170 cm。

(5)花型设计:

① 花型宽度:机器总针数 2 314 针,经纱导纱器 144 个,所以绕经花纹的最小宽度为 16 针。每个经纱导纱器都进入工作,一个完全组织花纹宽度的编织使用 2 个经纱导纱器,所以一个完全组织的花纹宽度设计为 32 针。

② 绕经宽度:绕经宽度设计为 1 针和 5 针。

③ 花型高度:采用四路绕经编织,四路进线编织一个绕经循环。一个完全组织的花纹高度设计为 16 路进线编织。

(6)绘制编织意匠图:图 2－5－6 为编织意匠图,第 4、8、12 和 16 路为经纱编织,其余均为纬纱编织。

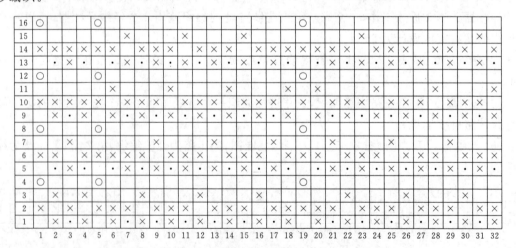

☒—纬纱成圈　·—纬纱集圈　◯—经纱成圈　□—不编织

图 2－5－6

(7)上机工艺:

① 提花片提花选针齿排列:根据花纹的不同纵行数,需使用 5 个提花选针齿。提花选针齿的排列如图 2－5－7 所示。

图 2-5-7

② 编排纸卡轧孔图：根据编织意匠图及提花片排列图编排一个完全组织 16 路进线编织对应的纸卡轧孔图，如图 2-5-8 所示。纸卡上仅在左边轧孔为浮线，仅在右边轧孔为集圈，左右均轧孔为成圈。

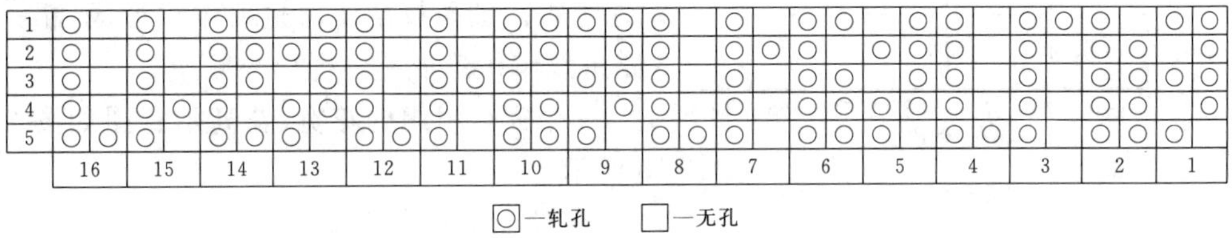

图 2-5-8

○—轧孔　□—无孔

③ 纱线排列：VX-JB3WS 圆纬机有 72 路成圈系统，其中 56 路是纬纱编织，18 路是经纱编织。因一个完全组织花高需要 16 路进线编织，所以在机器上只需使用 64 路成圈系统，针筒 1 转编织 4 个花高。在一个完全组织中，第 4、8、12、16 路为经纱导纱器，穿 28×2 tex 米白色纱线，在其余的纬纱导纱器中，第 1、2、5、6、9、10、13、14 路穿 28 tex 红色纱线，第 3、7、11、15 路穿 28 tex 黄色纱线。

（二）彩格花纹织物设计

1. 机器条件

VX-3FWS 多针道提花圆纬机，针筒直径 762 mm，机号 E24，总针数 2 304，成圈系统 90 路，经纱导纱器 144 个。

2. 原料

经纱和纬纱均为 9.7×2 tex 棉纱线，用奶白、浅湖蓝、深灰、浅玫红四种颜色。

3. 地组织

以集圈组织作为地组织。

4. 织物结构参数

毛坯线圈长度 2.43 mm，毛坯面密度 145 g/m²，毛坯幅宽 228.5 cm，成品面密度 170 g/m²，成品幅宽 175 cm。

5. 花纹设计

（1）彩格外观效果：用奶白形成织物底色，用浅湖蓝、深灰、浅玫红形成彩格，彩格中浅湖蓝形成的条纹较粗，深灰和浅玫红形成细条纹。织物彩格外观效果如图 2-5-9 所示。

（2）花型设计：

① 绕经宽度：从表 2-5-1 可查得绕经宽度为 1～7 针。粗条纹的绕经宽度设计为 2 针，细条纹为 1 针。

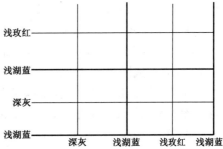

图 2-5-9

② 花纹宽度：机器总针数 2 304，经纱导纱器 144 个，所以绕经花纹的最小宽度为 16 针。每个经纱导纱器都进入工作，一个完全组织花型宽度的编织使用 4 个经纱导纱器，同时要考虑绕经宽度，所以一个完全组织花型宽度为 68 针。

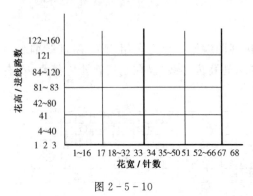

图 2-5-10

③ 花型高度：采用三路绕经编织，六路进线编织一个绕经循环。设计一个完全组织的花高要考虑机器的成圈系统数，编织一个绕经循环所需进线路数，同时要考虑彩格的视觉效果。设计 240 路进线编织一个完全组织花高，其中 160 路纬纱进线编织地组织。细条纹由 1 路进线编织形成，粗条纹由 3 路进线编织形成。

一个完全组织的花宽、花高示意图如图 2-5-10 所示。

6. 绘制编织意匠图

图 2-5-11 为一个绕经循环的编织意匠图。一个绕经循环重复 40 次编织形成一个完全组织的花型高度。

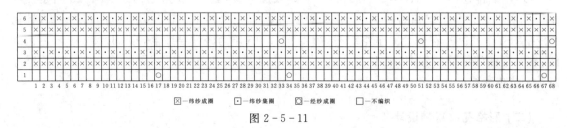

図―纬纱成圈   ・―纬纱集圈   ◎―经纱成圈   □―不编织

图 2-5-11

7. 上机工艺

（1）织针排列：使用 4 种不同踵位的织针，从上至下分别为 1、2、3、4 档。第 1、2 档针踵的织针编织地组织，第 3、4 档针踵的织针进行绕经编织。织针排列见图 2-5-12。

图 2-5-12

（2）三角排列：一个绕经循环需要六路进线编织。图 2-5-13 为三角排列图。使用 4 条针道，第 1 路、4 路为经纱编织，第 2 路、3 路、5 路、6 路为纬纱编织。

（3）纱线排列：VX-3FWS 圆纬机有 90 路成圈系统，一个完全组织花高需要 240 路进线编织，所以在机器上只需用 60 路成圈系统，针筒 4 转编织一个花高。

① 纬纱排列：机器上 60 路成圈系统中，有 40 路是纬纱编织。编织一个完全组织，需要 240 路进线编织，其中有 160 路纬纱编织，在布面形成的横条花纹见表 2-5-3。

必须把表 2-5-3 的参数输入电脑，进行纬纱色纱排列，见表 2-5-4。第 1 路纬纱编织使

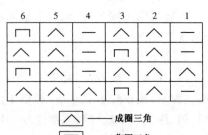

∧――成圈三角

⊓――集圈三角

―――浮线三角

图 2-5-13

用 3 个导纱指,第 3 路纬纱编织使用 2 个导纱指,其它均使用 1 个导纱指。

表 2-5-3　横 条 花 纹

段　数	1			2	3	4	5			6	7	8
颜　色	浅湖蓝	奶白	浅湖蓝	奶白	深灰	奶白	浅湖蓝	奶白	浅湖蓝	奶白	浅玫红	奶白
进线编织路　数	1	1	1	37	1	39	1	1	1	37	1	39

2-5-4　纬纱色纱排列

	1	2	3	4		1	2	3	4
1	A	B	C		21	D			
2	D				22	D			
3	D	A			23	D			
4	D				24	D			
5	D				25	D			
6	D				26	D			
7	D				27	D			
8	D				28	D			
9	D				29	D			
10	D				30	D			
11	D				31	D			
12	D				32	D			
13	D				33	D			
14	D				34	D			
15	D				35	D			
16	D				36	D			
17	D				37	D			
18	D				38	D			
19	D				39	D			
20	D				40	D			

A—浅湖蓝　B—深灰　C—浅玫红　D—奶白

② 经纱排列:机器上 60 路成圈系统中,有 20 路是经纱编织。编织一个完全组织花宽需用 4 个经纱导纱器,穿纱顺序依次为(顺时针方向):浅湖蓝、浅玫红、浅湖蓝、深灰。

第六章　全成型无缝针织内衣产品设计

第一节　概　　述

全成型针织内衣即通常所说的无缝内衣,是指衣服的下摆、腰身或短裤的裤腰处为无缝。内衣机从衣服下摆或短裤的裤腰处起口,根据设计的花型以及程序运转机器,下机产品为一圆筒衣片,只需在领口、袖口处进行剪裁缝制形成无缝内衣。由于无缝内衣取消了腰身处的缝迹,因此增加了穿着的舒适性,也由于缝迹的消失,使无缝内衣在依靠组织以及氨纶增加塑身美体的效果后,也不会产生任何的不舒适。如今,无缝内衣以其塑身、美体、贴身又活动自如的各种特点在国内外市场畅销。

第二节　全成型针织内衣的生产设备

一、单面全成型针织圆机 SM8 - TOP2

SM8 - TOP2 是国内目前最常见的生产全成型针织内衣的机型,是完全由电脑控制的单面小圆机。它是在一系列的机型基础上逐渐发展而来的十分成熟的内衣生产设备。每路有两个选针器,可用来生产内衣、外衣、泳衣、运动衣以及真毛圈产品。

SM8 - TOP2 机器上,共有 8 路喂纱系统以及压针成圈马达(压针三角),每路有 8 个纱嘴,可根据需要选择不同的纱嘴给参加编织的织针喂纱;每路 2 个 16 级压电陶瓷选针器,每个选针器可单独选针。另外,根据输送纱线的类型每路都配有不同类型的送纱器。在组织上,该设备可以生产针织中大部分常用组织,例如:平针、集圈、假罗纹以及局部或全部的真毛圈组织等。

(一) SM8 - TOP2 主要编织机件及配置

1. 织针

采用舌针编织,如图 2 - 6 - 1 所示。针筒中的织针有长踵和短踵两种,长踵针为总针数的1/4,短踵针为总针数的 3/4。

2. 哈夫针

如采用单片哈夫针,哈夫针数为织针总针数的一半,与织针为一隔一相对配置,也有短踵与长踵之分,同样长踵哈夫针为总哈夫针数的 1/4。哈夫针受哈夫针出针三角以及哈夫针退针三角的作用,在第五路前伸出,或收回与织针配合做扎口,如图 2 - 6 - 2 所示。

哈夫针与织针的配置关系如图 2 - 6 - 3 所示。

3. 沉降片(生克片)

沉降片如图 2 - 6 - 4 所示,位于生克罩中,在织针上升退圈以及下降脱圈的过程中,握持旧线圈,从而使旧线圈能顺利脱套,形成新线圈。TOP2 的机器上除了一般的高踵和低踵沉降片外,还有一种用来做真毛圈的高片鼻毛圈沉降片。

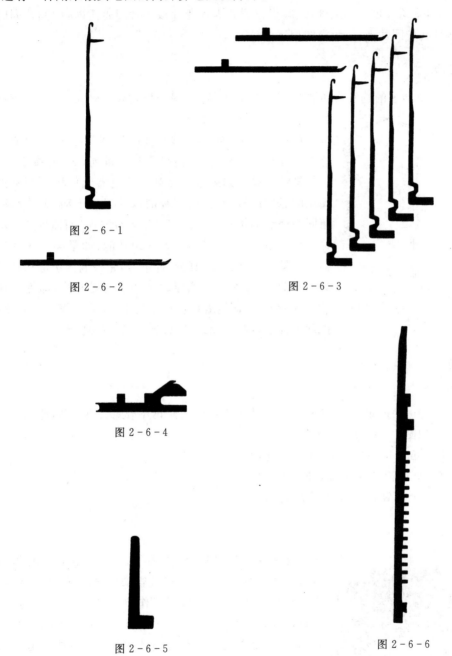

图2-6-1

图2-6-2　　　　　　　　图2-6-3

图2-6-4

图2-6-5　　　　　　　　图2-6-6

4. 中间片

中间片如图2-6-5所示,位于舌针与提花片之间,为配合提花片选针使用。当提花片不受选针刀作用,沿提花片三角上升时,中间片与提花片一起上升;若提花片被选针刀打进针筒,从提花片三角背后通过时,中间片也不会上升。当中间片三角作用到中间片时,提花片与中间片分开动作。中间片也分为长短踵中间片,在机器上配置与长短踵织针相同。

5. 提花片

提花片如图2-6-6所示,安装在针筒最下面,由于选针器为16级选针,所以提花片也有

16 种不同的片齿,与选针器相对应成"/"型排列。提花片不受选针刀作用时,沿提花片三角上升,中间片也上升,则织针也一同上升,走编织位置。当提花片被选针刀打进时,中间片同时也不会上升,而织针在中间片上方,走浮线位置。

(二) 选针器

SM8-TOP2 机器上的选针器如图 2-6-7 所示,为 16 级压电陶瓷选针装置,选针频率高而可靠。其选针原理如下:

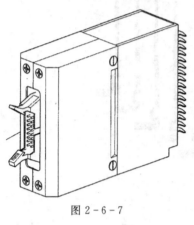

图 2-6-7

提花片有 16 档齿,高度与 16 级选针刀片一一对应。每片提花片只留一枚齿,留齿呈步步高排列"/"并按 16 片为一组排满针筒。如果选针器某一级电器元件接收到不选针编织的脉冲信号,它控制同级的选针刀片不动,刀片作用到留同一档齿的提花片上并将其压入针槽,从而使提花片不沿提花片三角上升,完成不选针编织功能;如果某一级选针电器元件接收到选针编织的脉冲信号,它控制同级的选针刀片向下摆动,刀片作用不到留同一档齿的提花片,即提花片不被压到针槽内,而沿着提花片三角上升,从而将中间片顶起,推动织针上升参加编织,完成选针编织的功能。

(三) 三角

1. 提花片三角

位于针筒座下方,为固定三角,未被选针刀片压进针筒的提花片沿此三角运动,此三角为一小一大间隔排列(如图 2-6-8 所示),

共 16 个,小三角为每一路未被第一个选针器选针刀片压进针筒的提花片运行轨迹,大三角为每一路未被第二个选针器刀片压进针筒的提花片运行轨迹。

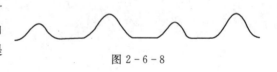

图 2-6-8

2. 集圈三角

图 2-6-9

每路一个集圈三角(如图 2-6-9 中箭头所指的三角),三角动作由电磁阀通过气管来控制,三角进出有 A、B、C 三个位置,A 位为三角不工作位置;B 位为三角进一级,此时,集圈三角只能作用到长锤针;C 位为三角进两级,此时,集圈三角作用到所有的织针。在机器开机的起始状态下,集圈三角在 A 位不工作位置,若使集圈三角到 C 位,则所有的织针,不管选针器如何选针,织针都将沿集圈三角到达集圈高度。

3. 退圈三角

每路一个退圈三角,与集圈三角的动作相同。由于退圈三角是在集圈三角的基础上加了一块三角(如图 2-6-10 所示),因此,若想要退圈三角进入工作(B 位或 C 位),集圈三角应配合退圈三角进入相同的位置工作。同样在开机起始状态下,退圈三角也在 A 位不工作位置,若集圈三角与退圈三角都到 C 位工作,则所有的织针,不管选针器如何选针织针都沿集圈和退圈三角到达退圈高度。

由于针踵有长短之分,集圈和退圈三角的进出动作必须按规定角度进行。

4. 中间片三角

每路一个中间片三角,其作用是使通过提花片选起来的中间片沿中间片三角上升,从而将织针顶起,到达退圈高度。三角的进出也是由电磁阀通过气管来控制。在开机起始状态下,中间片三角在 C 位工作位置。在没有集圈三角与退圈三角的作用下,中间片三角配合提花片将要参加编织的织针推到退圈高度。

图 2 - 6 - 10

5. 降针三角

每路一个降针三角,其作用是将第一个选针器选起来的织针从退圈高度降到集圈的高度,为第二个选针器选针做好准备。开机时,同样默认在 C 位工作,通常与中间片三角同时使用。

6. 哈夫针出针三角

这个三角位于哈夫针针盘上第五路前,在起扎口、收扎口时,将哈夫针推出哈夫针盘,因此哈夫针也只在第五路处出针。哈夫针出针三角同样有 A、B、C 三个不同的工作位置,各位置的作用与集圈、退圈三角等相同。

7. 哈夫针退针三角

这个三角也位于哈夫针针盘的第五路前,作用是将哈夫针完全收回到哈夫针盘里。哈夫针退针三角共有 A、B、C、D 四个位置,其中 A、B、C 三个位置的作用与其它三角相同,D 位是退针三角特有的位置,为半收哈夫针位置,其作用是在织裤腰上提字的花型时,将哈夫针收一半回去,避免色纱挂到哈夫针上。

注意:每个三角在进出工作时,都必须按照规定的角度进出,以免撞针。

(四) 送纱器

SM8 - TOP2 机器针对不同的纱线类型有不同的送纱器。常见的有:

1. SFE

通常用来输送短纤纱,如棉纱、莫代尔纱线等,同时可以用来储纱,通过自配的张力圈来大致调节纱线张力。SFE 上装有断线自停装置,一台机器的标准配置为 8 个,每路一个。

2. LGL

通常用来输送长丝,可用来输送尼龙长丝。并进行积极储纱,LGL 上可以装上纱线感应器来感应纱线运行状态,一旦断纱,可以自动停车,张力可以变化。机器的标准配置是 8 个,每路一个。

3. KTF

KTF 如图 2 - 6 - 11 所示,是用来输送弹性纱线的储纱和喂纱装置。机器上一般配置为每路一个输

图 2 - 6 - 11

送包芯纱的及 2、6 路上输送橡筋的 KTF,另外也可根据需要选购,在 4、8 路上再各配一个 KTF。一般可直接在 KTF 上设定纱线工作时的准确张力。

图 2-6-12

4. ELAN-2

ELAN-2 是机器的选购件,专门用来输送裸氨纶的送纱器,如图 2-6-12 所示,它依靠 ELAN-2 自带的马达设定转速,可以均匀的输送纱线,并给予裸氨一定的张力。ELAN-2 是一种积极式给纱装置,且输线均匀,是较为理想的纱线输送器。

二、双面全成型针织圆机 SM9

SM9 是双面全成型电脑针织圆机,具有扩布装置和电子控制的牵拉卷取装置,可以连续编织无缝的具有分离线的内衣、外衣和医用衣物。

SM9 为八路进纱,每路 4 个纱嘴(程序中编号从右到左为 1~4),每个纱嘴对应一个线夹(编号为 5~8),夹子的一边为剪刀,在夹子落下夹住纱线同时可以将纱线切断。每路两个选针器,分别对应于上针和下针的选针。另外 SM9 在特定的位置上还有四路移圈(每两路成圈系统后有一路移圈装置),共 8 个移圈选针器(4 个由针筒移到针盘,4 个由针盘移到针筒)。

SM9 每路有两个 IRO-SFE 送纱器,可以选购 ELAN-2 或 ZFS 送纱装置来输送裸氨。

SM9 的成圈三角及移圈三角固定在机器上,在程序中不需要给三角进出的指令,SM9 的下针成圈三角是靠程序中的指令控制的,对应于每路为 14,24,34…84,这个指令是控制上下针是否同时成圈,14,24…84 三角进 B 位(即进入工作),则上针相对于下针延迟成圈。若 14,24…84 三角进 A 位(即退出工作),则上针与下针同时成圈。这个三角只有在织满针罗纹的时候才需要进入工作,提花时,要退出工作。延迟成圈的好处在于,下针先吃纱成圈,再将吃入的纱分给上针,从而使密度更紧,布面更有弹性。延迟成圈的针数可以是 1~5 枚。

SM9 为电磁式单针选针,针筒运动过程中靠永久磁将提花片吸住,从而不能推动织针上升吃纱成圈。其它没有被选中的提花片沿提花三角上升,推动织针沿成圈三角上升吃纱成圈。

目前 SM9 的机号有 E12、E13、E14、E15,筒径有 356 mm(14 英寸)、406 mm(16 英寸)、457 mm(18 英寸)、508 mm(20 英寸)、559 mm(22 英寸),筒径较大,针距也较大,适应的原料广,因此可以生产高档的无缝毛衫、真丝或棉 T 恤衫等,外衣化的程度更高。

由于 SM9 为双面机,与横机有很多的相似之处,因此可以生产各种类型的罗纹产品、小网眼织物以及多种色纱提花织物。

三、全成型内衣的设计软件

圣东尼的内衣设计软件中,画图设计与程序指令的设定是分开的。目前使用的是由 DINEMA 公司设计的 GRAPHIC 6 的软件版本,其中画图使用的是 PHOTON,而程序编制使用的 QUASARS。下面我们就针对 SM8-TOP2 来说明软件的使用。

(一) PHOTON

在 PHOTON 设计软件中,包括了产品款式、花色、尺寸以及组织结构的设计,在绘图过程中依靠颜色以及不同颜色形成的花色组织来体现不同的服饰效果。在 PHOTON 的设计中,不同的颜色代表了选针器不同选针的方式,如通常的平纹使用黄色表示,而浮线则使用黑色表示等。

1. 菜单命令

菜单命令中包含文件、修改、视图、工具、窗口以及帮助等子菜单。可以针对花型做整体的修改以及操作。

2. 命令条

命令条中包含了各种不同的工具。工具栏、状态栏、画笔工具栏、颜色条、操作栏、图像处理栏、文字栏、填充栏、画笔粗细栏等等。

工具栏中包含的是菜单命令中常用的各种操作。如选择机器型号、新建花型、打开花型以及打印方面的设置等等。

状态栏在屏幕的下方,显示了目前鼠标所在位置的信息、整个花型的大小和绝对坐标以及相对坐标的位置。

颜色条中显示了 PHOTON 软件可以使用的颜色。针对各种花型格式的不同,所使用的颜色也有差别。另外,在绘图过程中,针对操作要产生的效果,可以将颜色条中的某个颜色保护(不会被别的颜色覆盖)或者使其透明(透明后的颜色将不会覆盖其它的颜色)。

操作栏中的工具与其它许多工具配合使用,使操作可以在整个花型或选定的区域中进行。

图像处理栏中包含了 PHOTON 软件的许多特殊的功能以及用法。如在一条直线上或在一个矩形区域中复制,水平或垂直移动图形。同时,这个栏中还包含了普通的图像镜像、旋转等工具。

文字栏中包含了在 PHOTON 中增加文字的操作以及对文字的格式、字体、大小等的修改。

填充栏中包含了各种填充方式、填充颜色、花型、组织等等。

画笔粗细栏则使用户可以在画图时对画笔的粗细进行修改。在使用粗画笔时,可以选择画笔为圆头还是方头。

3. 画图工具

画图工具栏中包含了图形设计的主要的工具:

1) 图形选择工具。这个工具可以在图形中选择某个区域(矩形或不规则图形都可以选择),可以针对选择的区域进行复制、移动等基本操作。这个工具还可以与其它工具配合使用。

2) 矩形、圆、菱形、椭圆工具。使用这些工具可以画出不同形状的矩形、圆、菱形、椭圆等,还可以决定所画的图形为实心或空心,并可以使用图形中心以及周围的控制点改变图形的大小和位置。

3) 画点工具、直线工具、曲线工具,可以使用这些工具画点、直线、曲线等,并可以与画笔粗细相配合,使画出的轨迹具有所要的粗细。

4) 填充工具。与填充工具栏配合进行各种方式的填充。

5) 写字工具。可以使用写字工具在图形中加写文字等。可以与文字栏中的工具配合使用。

6) 换色工具。使用这个工具可以将图形中的某些颜色置换为其它的颜色。操作可以在整个图形中进行,也可以在所选择的区域中进行。

7) 加减针数、横列数。在操作中有时需增加或减少针数以及横列数,可以通过这个工具来进行操作。

以上所列出的为画图过程中常用的工具,另外,这个工具栏中还包含了许多其它的一些工具：如加边框工具,闪色工具等等。

PHOTON 软件中主要包含以上工具,图形设计是内衣设计的主要部分之一,内衣的形状、组织、大小、花型等都是在 PHOTON 中完成。而软件的使用是通过不断的练习,才能掌握各个工具之间的配合使用,从而能够快速、准确的设计出款式各异、花型精美的无缝内衣产品。

（二）QUASAR 软件

QUASAR 软件是程序设计软件,在设计过程中,将机器运行时各个机件的运动以及配合动作加入到程序中,并将开始设计好的花型填入程序中适当的位置。

一般,软件中包含以下部分内容：

1) Zones 窗口：这个窗口中 Layout 选项中包含了整个程序的几个部分以及步骤;Header 选项中包含了程序适用的机器的参数：如机器类型、针数、筒径、加油程序、马达位置等等。

2) 主程序设计窗口：这个窗口中包含了机器运行过程中的各项指令参数。这些参数根据机器类型的不同也略有不同。SM8 - TOP2 的机器中包含如下的工具：备忘录、一般功能、位置功能、特殊功能、沙嘴动作、循环、花型、马达、选针等等指令动作,根据程序的需要,选择相应的指令编制程序。

3) 块程序/信息/剪贴板窗口：在这个窗口中包括了针对输送裸氨的块程序、编码程序过程中显示的信息窗口以及使用剪贴板时的剪贴板窗口。

程序的设计同样是内衣设计的重要部分之一。从很大程度上来说,程序设计的好坏关系到故障的多少、机器的寿命等等很多问题。因此程序的设计建立在对机器动作以及指令比较熟悉的程序上。而程序设计过程中也存在许多需要注意的问题,以免出现由于程序设计不当,造成对机器的重大损伤等错误。

全成形内衣设计的两个软件之间是相互配合的,如果要真正做好内衣的设计,两者缺一不可。软件的熟练使用是建立在不断的练习的基础之上的。

第三节　全成型无缝内衣产品设计

一、全成型无缝内衣的设计特点

1) 全成型无缝内衣的设计特点是在全成型无缝内衣设备上,可以随意进行针织物组织结构的变换。因此根据衣服各部分穿着需要的不同,在不同的部位使用不同的组织结构编织,从而使产品具有立体的效果,并增加衣服穿着的功能性、舒适性和外观花色的多样性。

2) 能将衣服的款式、组织结构、花色、尺寸大小等一次性在软件中设计出来并同时上机编织出产品,是全成型无缝内衣最突出的特点。

3) 产品下机,经过染色柔软等后处理以后,只需按照设计好的少量剪裁线进行剪裁、缝纫即可实现所要求的款式特点。

4) 一般的内衣产品是根据内衣的款式,选择针织面料,并依靠缝纫来达到要求效果及花色,而无缝内衣则是依靠各种不同组织结构结合原料来实现所要求的效果。

5) 无缝内衣产品种类很多,国内市场上做的最多的是套装产品。由于无缝内衣的特点是舒适、美体,因此,在设计的过程中,需要依靠组织形成一定的立体效果,并能起到提胸收腰的效果。

二、全成型内衣产品工艺流程

全成型内衣产品的工艺流程与一般针织品有很多相似之处,但又有自身的特点,其常规工艺流程如下:

原料进厂→上机织造→检验→染整→烘干→检验→缝制→检验→包装→成品出厂

由于目前国内比较流行彩棉套装,因此在生产这种产品的时候,染色的工序就不需要了。同样,如果织造彩条产品时使用色纱,也就不需要再进行染色处理。

缝制过程中,领口、袖口、裤脚等处可以使用上机织造时的花纹,也可以另外缝制花边,使内衣的外观更加美观。

三、原料规格

国内市场上最常用的套装原料是棉或莫代尔,由于无缝内衣都具有一定的弹性以及塑身美体的效果,所以也常常含有尼龙和氨纶。

目前国内使用的 SM8 - TOP2 的机器机号多为 E28,所使用的原料规格一般为:

尼龙:7.78 tex(70 D)、11.11 tex(100 D)、甚至 16.67 tex(150 D)。

棉纱:9.83 tex(60 支)、14.75 tex(40 支)、18.44 tex(32 支)。其中 18.44 tex(32 支)棉纱较少用在 E28 的机器上。

包芯纱(尼龙包氨纶):2.22/3.33 tex(20/30 D)、2.22/4.44 tex(20/40 D)、2.22/7.78 tex (20/70 D)比较常用。

橡筋:常使用 15.56(140 D)或 23.33 tex(210 D)的裸氨纶做橡筋,也可选择传统的棉袜橡筋线。

四、花型格式

在 SM8 - TOP2 机器上,为单件编织,因此图形设计为一整件衣服的图形,包括衣服的组织结构、大小、款式等等。

根据设计或样品的图形利用 PHOTON 软件画出衣服的 SDI 图,根据样衣的组织结构做出衣服各部分的 PAT 组织图,然后使用 GALOIS 将 SDI 图与 PAT 图联合起来生成一张 DIS 图。

1. SDI 格式及图形设计

SDI 图为 PHOTON 软件中花型的基本形状图。这种格式的花型中使用的颜色为颜色条上除黑、绿、红、黄之外的颜色。针对织物中不同的组织结构选择不同的颜色,这些颜色并不能够被机器识别,使用这种格式的花型,必须将花型中的颜色与 PAT 小组织通过 GALOIS Plus 联合起来,生成机器能够识别的 DIS 花型。使用 SDI 图可以方便以后的修改,而且可以用一个 SDI 的花型与不同的 PAT 组织或花型相联合,生成几个完全不同的 DIS 花型。通常 SDI 图的大小由织物的大小以及密度决定。

要建立一个 SDI 图时,先打开 PHOTON 软件,根据衣服的型号大小新建一个文件,使用软件中的相关工具画出整件衣服的形状,在绘制衣服形状的时候要注意,将衣服的胸部、胸部周围、腰部等分别画出,且使用不同的 SDI 图的颜色,以便在后面可以为这些设计的特殊部位填充能够产生不同效果的组织。

2. PAT 格式

PAT 图是用来表示一些组织结构的一个完整的组织循环图。PAT 图中使用的颜色应该是机器能够识别的四种颜色(黑、绿、红、黄)。大小为所需要组织的最小循环(或循环的2倍)。PAT图主要是在将SDI图转化为DIS图时,将SDI图中的某个颜色用PAT文件代替,从而产生新的DIS图。

PAT图中所使用颜色表示的是选针器不同的工作方式:

黑色表示两个选针器都不选针起来编织,即两个选针器处都做浮线。

绿色表示第二个选针器选针编织,而第一个选针器不选针编织,即第一个选针器处做浮线。

红色表示第一个选针器选针编织,而第二个选针器不选针编织,即第二个选针器处做浮线。

黄色表示两个选针器都选针编织。

各颜色的走针轨迹如图2-6-13所示:

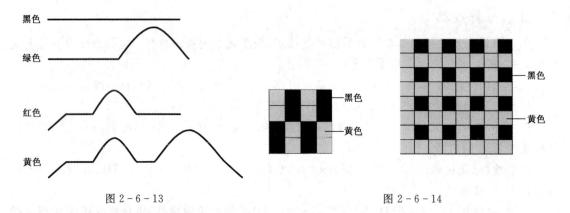

图2-6-13 图2-6-14

图2-6-14所示为两个PAT图。

3. DIS格式及图形设计

DIS图实际与PAT图使用的颜色一样,整个DIS图实际上是编织一件完整的织物过程中机器的起针情况,结合程序中的指令完成整个编织过程。

通常情况下,DIS是不需要单独设计的,而是在GALOIS中将SDI图中各个颜色与相对应的PAT组织联合起来,通过转化自动生成可以上机的DIS图。

注意:1) 在实际的上机时,上衣或背心是从下摆开始编织的,所以需将设计好的花型倒转,一般都是将SDI图先倒转,再生成可以上机的DIS图。

2) 图形设计好以后,如再需修改,最好回到SDI图中修改,然后再通过GALOIS转化为DIS图。

五、组织设计

(一) 常用组织类型

1. 平纹组织

目前这个机器上生产的平纹产品多为添纱类型的平纹的组织。DIS图中颜色使用黄色,在机器上,2号纱嘴穿包纱做底纱,4号纱嘴穿尼龙或者棉纱做面纱。

2. 假罗纹组织

在机器上隔路做1+2或1+3,形成假罗纹。假罗纹背面浮线较长的话(如1+3)还可以形成一种假毛圈的效果。如图2-6-15所示,黑色不编织,做浮线,黄色编织。

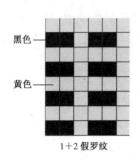

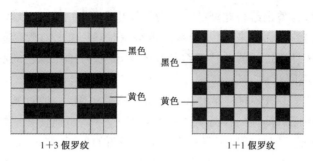

图 2-6-15

做裤腰时只需在使用橡筋的两路
（通常为第二路或第六路）做 1+2 或 1+
3 即可，其它 6 路做平纹，依靠橡筋浮线
张力形成假罗纹，如图 2-6-16 所示。

3. 集圈组织

在 SM8-TOP2 上做集圈组织，可以
使用红色和黄色，将中间针三角以及降针
三角退到 A 位，使红色为集圈点，黄色编
织成圈。用 6 号纱嘴和 2 号纱嘴工作。

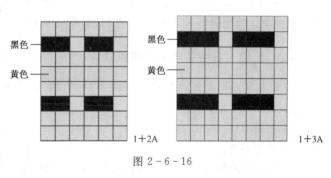

图 2-6-16

其组织小循环如图 2-6-17 所示，图(1)为单珠地网眼，图(2)为双珠地网眼，图(3)为 1+1 集圈。

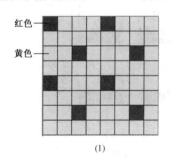

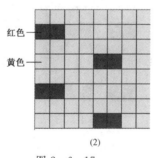

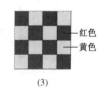

(1)　　　　　　　　　　　　　　　(2)　　　　　　　　　　(3)

图 2-6-17

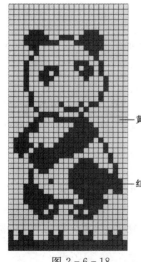

图 2-6-18

在 1+1 集圈组织中，若将红色集圈点换为黑色，则黑色的地方
底纱面纱都做浮线，形成拉长线圈。

4. 添纱网眼组织

在做添纱平纹时，使面纱在某些地方不编织，而是做浮线，只
靠底纱编织，形成一种镂空的花型效果，如图 2-6-18 所示，红色
的地方只有底纱编织，面纱做浮线，黄色的地方做添纱平纹组织。

5. 编织两种颜色的纱线

底纱为一种纱线，面纱为两种，根据花型选择不同的面纱编
织，如图 2-6-19 所示。

图 2-6-19

花型为整个编织花型的一部分。图中红色的字用 7 号纱嘴穿一根色纱做面纱,绿色用 4 号纱嘴穿白纱做面纱来编织,两种颜色编织时都用 2 号纱嘴做底纱。在编织过程中由图形中的颜色控制选针器选择哪些针编织色纱的字,哪些针编织绿色的底。

6. 毛圈组织

SM8 - TOP2 的机器上有可以做毛圈的沉降片,通过转生克罩指令(83),并使用毛圈三角将高锤毛圈沉降片向针筒顺时针方向推进一些,从而使毛圈纱线在高锤毛圈沉降片的片鼻上成圈,形成真毛圈。低锤沉降片不受毛圈三角的作用,按正常状态编织。

做真毛圈时,通常选用棉纱做毛圈纱,可以穿在 4 号纱嘴,6 号纱嘴穿尼龙,2 号纱嘴穿包芯纱做底纱,织毛圈的地方图形中使用黄色,则三根纱线都进入工作,棉纱做毛圈,尼龙与包芯纱做地组织;不织毛圈的地方使用红色,只有尼龙和包芯纱工作。

(二) 无缝内衣中各部分的组织设计

由于无缝内衣是依靠组织与原料来体现立体以及舒适的感觉,因此,在内衣的不同部位,组织的使用也不尽相同。

1. 短裤

1) 裤腰花型

由于短裤的裤腰需要加入橡筋,SM8 - TOP2 机器的标准配置为第二路与第六路编织橡筋,通常裤腰处的组织有 1+1A、1+2A、1+3A 等,如图 2-6-20 所示。

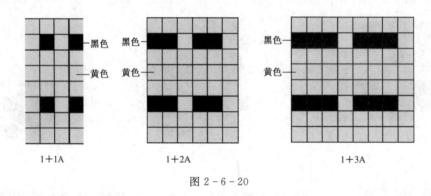

图 2-6-20

2) 裆部

无缝内衣短裤的裆部多采用毛圈组织,由假罗纹背面的浮线形成的假毛圈或由沉降片协助形成的真毛圈都可以采用。也有很多强调美观的三角裤则采用平纹组织。

3) 臀部

短裤的臀部多为平纹组织,而臀部周围为使短裤具有提臀效果,可采用一些其它的组织,如相错的 1+1、2+2 等,如图 2-6-21 所示。也可选择其它类型的交错组织,而较普通的短裤则可以全部使用平纹。

4) 腹部

腹部通常会要求具有收腹的效果,因此使用的组织可以与臀部周围起提臀效果的组织相同。

其它套装中的裤子组织大多与短裤相同,长裤的裤腿使用平纹,裤脚处的组织可以与裤腰相同,也可以不使用橡筋,使用普通组织中的 1+1、1+2、1+3 假罗纹等。

2. 上衣或背心

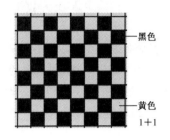

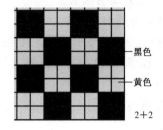

图 2 - 6 - 21

1）下摆

上衣的下摆通常使用平针组织，或普通的 1＋1 罗纹组织，或与大身花型相同的组织结构等。下摆通常依靠哈夫针的辅助形成双层下摆。

2）胸部

胸部通常选择为平针，胸部周围的组织要起到提胸的效果，则需要使用一些其它的组织。

两胸之间通常会有起皱的效果，可使用图 2 - 6 - 22 所示的组织。

由于黑色做浮线，如果在同一枚针上多次不起针，则会造成破洞或将针钩拉断，因此这个组织需要根据原料的性能，适当的选择不起针的次数。

胸部周围的组织也可以选择上面的组织或使用与臀部周围相同的组织。

3）腰部

由于无缝内衣需要体现美体的效果，所以腰部需要利用组织收紧。可以选择普通的 1＋1、1＋2、1＋3 假罗纹来形成收腰的效果。

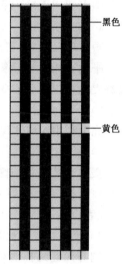

图 2 - 6 - 22

以上所列举的组织，仅仅是内衣设计中很小的一部分，内衣设计中使用的组织只要经过上机调试，都可以在以后的设计中使用。并可根据图形设计与穿着的要求，来选择不同的组织，再经上机织造后观察效果，通过不断的改进，得到理想的设计效果。

六、程序设计

花型设计好以后，开始进行程序设计，编制机器在编织过程中需进行的动作。

程序中需要对以下内容进行设置：

1）机器的速度。机器的速度在三角进出、纱嘴进出、夹子打开关闭时应适当的减速。

2）吸风马达的设置。吸风大部分时间是全部打开的，只有在做某些特殊部分时，如起扎口时，需要暂时关掉吸风。

3）哈夫针出针三角、哈夫针退针三角的进出（需要按照规定的角度进出），或者根据所做的产品，设置用到的集圈三角或退圈三角的进出（同样需要按照规定的角度进出）。

4）纱嘴、夹子、开针钩、探针器的动作。

5）选针指令的设置。根据编织过程的需要，设置合适的出针方式。

6）进出设计好的 DIS 花型。

7）设置花型需要的循环数。

8）设置各种不同的吹风指令。

9）根据需要设置加油次数。

10）设置各部分的编织密度。

11）其它指令：如打开关闭出布门电眼，断锤刹车，升降哈夫针盘等等指令。

编制或修改程序，是建立在对机器以及各个程序指令有一定的了解和认识的基础上的。而且，程序编制好以后，需要反复检查，以免对机器造成很大的损害。在上机编织时，程序可能需要多次调适以使机器的各编织部件很好的配合，使机器达到最好的编织状态。

七、产品种类

随着国内无缝内衣产业的发展，无缝内衣的产品种类也越来越多：

1）短裤系列

短裤产品包括，普通的三角裤，平角裤，"丁"字裤以及高腰收腹裤等等。目前有很多的三角裤及平角裤用彩棉原料编织，可以在腹部编织图案，并且依靠组织起到提臀的作用。而高腰收腹裤更是可以起到收腹的效果。

2）一字文胸

完全利用组织体现文胸的特点，也有很多一字文胸在北部使用网眼，使文胸看上去更加美观。

3）套装产品

美体套装是目前国内市场上最常见的产品，同样利用组织起到收腰提臀的作用。套装的领口可以选择 V 领或圆领，是依靠裁剪，再加花边形成。而袖子通常选用大身中用的最多的组织，或者直接选择 1＋1 组织，袖口处可以选择用扎口，也可以另缝花边。

4）长袖衫或无袖衫

侧身无缝的长袖衫和无袖衫在市场上也越来越多见，作为春夏装，常采用大网眼与平纹组织结合；原料选择上，氨纶的比例减少，棉与尼龙比例增加，因此产品具有很强的时装性。

5）紧身裙装

在编织过程中，对不同部位设置不同的密度，使织物在不同的部位具有不同的宽度，从而实现紧身裙装的编织要求。

6）运动短套装

由于侧身缝迹的消失以及织物具有的良好弹性，使无缝内衣在生产运动短套装上的优势越来越明显。

除了以上介绍的各个种类的产品，还有很多无缝产品：如泳衣、医疗用纺织品、居家服等等。

八、尺寸调整

首次做出的内衣样品，在染色以及后处理后，需测量各个部分的尺寸，与样品或图样中规定的尺寸相比较，如有差别，可通过修改程序中的密度或花型的横列数来调整，一般需要反复几次。

全成型内衣设计还有其它很多种类，其图形以及程序设计大致相同。全成型内衣产品的设计及生产，必须在工作中不断地熟悉，积累经验，才能熟练的设计各类产品。其中花型及程序的设计也需要不断的上机操作和实践来完善。

第七章　其它针织产品设计

本章主要介绍真丝针织品、麻针织品、差别化纤维针织品、新型纤维针织品的设计。

第一节　真丝针织品设计

真丝针织品是指用蚕丝作原料编织的织物，主要用作贴身穿的内衣，也可用作女式时装和外衣。常见的真丝针织物有连续长丝的真丝针织物和短纤纱的绢丝针织物。

一、真丝针织物

（一）常用规格

真丝针织物常用规格有 44.4/48.8 dtex 和 22.2/24.4 dtex，以 4 根、6 根或 8 根合股编织。其织物组织结构以纬平针居多，也有双面织物和一定花色的织物。

真丝织物可在台车上编织，也可在舌针圆纬机上编织。其编织工艺有湿织法和干织法。湿织法是让生丝用不同的泡丝剂浸泡柔软处理后，采用湿丝上机织造，在浸润助剂湿态下进行编织，这种工艺适合于台车织造；干织法是将生丝经过不同泡丝剂浸泡柔软处理后，采用干丝上机织造。

（二）常规工艺流程

真丝织物编织的常规工艺流程如图 2-7-1 所示。

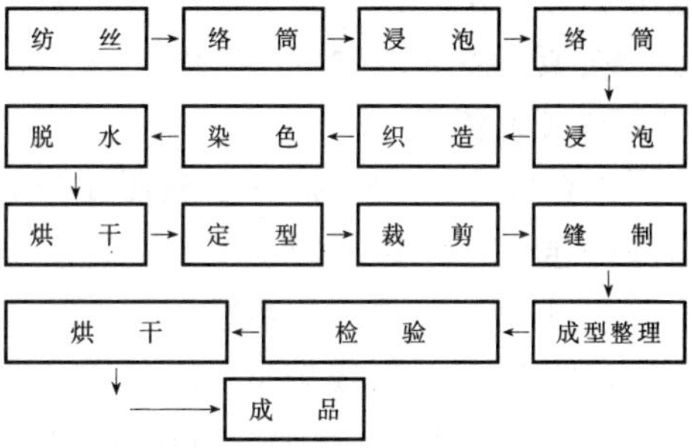

```
纺 丝 → 络 筒 → 浸 泡 → 络 筒
                              ↓
脱 水 ← 染 色 ← 织 造 ← 浸 泡
  ↓
烘 干 → 定 型 → 裁 剪 → 缝 制
                              ↓
烘 干 ← 检 验 ← 成型整理
  ↓
成 品
```

图 2-7-1

（三）产品设计实例

1. 台车湿织实例如表 2-7-1 所示

表 2-7-1

品　名	原料线密度	台车机号		下机线圈密度/5 cm	光坯面密度 /g·m^{-2}	机　速 /r·min^{-1}	进线路数
	dtex	G	N				
HA1003	44.4/48.8×3	40	36	100	75	60～75	3
HA1004	44.4/48.8×4	36	34	95	95	60～75	3
HA1005	44.4/48.8×5	34	32	92	105	60～75	3

2. 台车干织实例如表 2-7-2 所示

表 2 - 7 - 2

| 品　名 | 原料线密度 | 台车机号 | | 下机线圈 密度/5 cm | 光坯面密度 /g·m⁻² | 机　速 /r·min⁻¹ | 进线路数 |
	dtex	G	N				
HA1003	44.4/48.8×3	40	36	102	75	50～60	3

两者比较起来,采用干织工艺,台车不易生锈;采用湿织工艺,织物质量稳定。

3. 舌针单面大圆机编织熟丝织物实例

① 工艺流程

原料丝挑丝→络丝→并丝→捻丝→络丝→精炼→染色(固色柔软处理)→络丝→成筒→编织→修补→水洗→脱水烘干→光电剖幅→拉幅呢毯整理→检验入库。

② 编织工艺与成品参数

原料 HA1010,线密度 44.4/48.8×4 dtex,360 捻/m,机型 MV4Ⅱ,进线路数 84,机速 16 r/min,下机密度 105 横列/5 cm,光坯面密度 110 g/m²,编纬平针组织,每根纱的上机张力5～6 cN。

4. 舌针单面大圆机编织生丝织物实例

① 工艺流程

原料丝挑丝→浸渍→自然脱水→机械脱水→抖松、自然晾干→络丝→成筒→编织→落布→打卷称重→生坯入库。

② 编织工艺与成品参数

原料 HA4010,线密度 44.4/48.8×2 dtex,机型 MV4Ⅱ,机号 E32,针筒直径 66 cm(26 英寸),进线路数 80,机速 12 r/min,每根纱的上机张力 4～5 cN,变化平针组织,下机密度 160 横列/5 cm,光坯面密度 110 g/m²。由于熟丝对织针损伤小,但工艺流程长,质量难控制,所以一般用于生产彩横条 T 恤衫面料,而生丝可用于组织结构有些变化的花色组织面料。

5. 真丝罗纹织物生产实例

① 工艺流程

原料丝挑丝→浸渍→自然脱水→机械脱水→抖松、自然晾干→络丝→成筒→编织→落布→打卷称重→生坯入库。

② 编织工艺与成品参数

原料 HA3307,线密度 44.4/48.8×3 dtex,机型 FLG,机号 E20,针筒直径 76 cm(30 英寸),进线路数 20,机速 15 r/min,每根纱的上机张力 5～6 cN,2+2 罗纹组织,下机密度 95 横列/5 cm,针盘高度 1.4 mm,光坯面密度 96 g/m²。

6. 真丝熟丝双罗纹织物生产实例

① 工艺流程

原料丝挑丝→络丝并丝→捻丝→络丝→精炼→染色→固色柔软处理→烘干→络丝→成筒→编织→修补→水洗→柔软处理→烘干→呢毯整理→检验入库。

② 编织工艺与成品参数

原料 HA2200,线密度 22.2/24.4×3 dtex,机型 5622Ⅱ,机号 E40,针筒直径 762 mm(30 英寸),进线路数 72,机速 10 r/min,每根纱的上机张力 3～4 cN,双罗纹组织,下机密度 150 横列/5 cm,面密度 70 g/m²。

7. 真丝生丝双罗纹织物生产实例

① 工艺流程

原料丝挑丝→浸渍→自然脱水→机械脱水→抖松、自然晾干→络丝→成筒→编织→落布→修补→打卷称重→生坯入库。

② 编织工艺与成品参数

原料 HA2200,线密度 44.4/48.8×2 dtex,机型 INOVITⅡ,机号 E32,针筒直径 762 mm(30 英寸),进线路数 36,机速 13 r/min,每根纱的上机张力 4～5 cN,织针配置双罗纹,三角配置,每隔两路,将一路针盘上的成圈三角改为集圈三角,下机密度 120 横列/5 cm,面密度 125 g/m²。

(四) 后处理设计

为使真丝针织物的染整加工顺利进行,必须对织物进行精炼(脱胶)处理,以获得柔软的手感和优良的光泽。精炼后的织物已很洁白,如果要求更白,可作漂白处理及增白处理。其使用说明如下:

(1) 炼漂工艺流程:

毛坯布→预处理→初炼→复炼→热水洗→冷水洗。

毛坯布→预处理→初炼→快速精炼→热水洗→冷水洗→漂白→热水洗→冷水洗。

真丝针织物染色的常用燃料是弱酸性染料、活性染料、中性染料。

染色工艺流程:

前处理→染色→水洗→固色→柔软处理→脱水→烘干→堆置→呢毯整理

(2) 真丝针织物染色后的一般整理,如柔软处理、脱水、烘干等与棉针织物的基本相同,可参考棉针织物的后整理方法。

二、绢丝针织物

绢丝来自于真丝产品的下脚料,是以蚕茧中抽出的短丝加工形成的短纤纱。绢丝具有真丝的各种特性,又具有短纤纱的特点,服用性能好。还可与其它纤维混纺,形成丝毛纱、丝麻纱等,达到性能互补。

绢丝可以在棉毛机、罗纹机、大圆机、吊机、袜机、台车等各种针织机上编织,但由于绢丝中含有较多杂质,纱线较硬,其编织也有一定的难度,在编织时需予以注意。例如,在选择机号和纱线线密度配合时,考虑到绢丝的密度较低,同样线密度的绢丝略粗于棉以及条干不匀的因素,选择机号时,宜参照低一档的机号或细一些的纱线;在编织时,要经常地清除编织区内从绢丝上脱落的粉尘,以防粉尘阻碍针舌等编织元件的活动。

绢丝针织物的加工工艺路线比真丝的复杂,现举例如下。

1. 工艺流程

专纺绢丝→预处理→翻丝→清糙→络筒(上柔软剂)→编织→精炼→水洗→染色→出水(3次)→固色→出水(1次)→柔软处理出水(3次)→湿阔幅→圆网干燥→呢毯定型→检验

2. 工艺参数

如表 2-7-3 所示。

3. 性能如表 2-7-4 所示

绢丝针织物的染整工艺与真丝针织物的相似。

表 2-7-3

工艺参数	单 面 机			双 面 机		罗 纹 机
	Z201 型台车	WAGA 型吊机	S3P172 大圆机	Z211 棉毛机	GE051 双面机	Z103 罗纹机
进线张力/cN	10～15	12～15	—	4～5	1～2	1～3
机上密度/横列·(5 cm)$^{-1}$	95(下机)	110	116/68	81(下机)	59	63
毛坯面密度/g·m^{-2}	—	89	134	115～160	123	100～160
机速/r·min^{-1}	65～70	22	15	15	12	12～28
编织路数	4	4	62	8	72	28～34
车间温度/℃	18～24	18～24	20～25	18～24	18～24	18～24
车间相对湿度/(%)	70～80	70～80	75～85	70～80	70～80	70～80

表 2-7-4

项　　目	单　　位	弹力罗纹	灯芯条弹力罗纹	双罗纹	纬平针
幅宽	cm	46×2	30×2	82×2	55×2
线圈密度(纵/横)	1/5 cm	80/55	84/52	65/76	108/67
自然面密度	g/m^2	100	137	114	81
干燥面密度	g/m^2	90	124	105	73
缩水率	(%)	3.5	4.5	7	5.7
回潮率	(%)	10	9	8	8.4
悬垂系数	(%)	5.2	18.6	19	14.9
伸长弹性率	(%)	75.9	91	88	—
伸长回复率	(%)	—	85	64	—
静电值	V	760	900	1 700	—

第二节　麻针织品设计

目前用于针织品的麻纤维主要有苎麻、亚麻、大麻和罗布麻纤维,可纯纺或与棉、毛、丝、涤纶、腈纶等混纺形成麻纤维纱线。

一、麻纱编织前的处理

根据麻纱的品质与编织设备的性能不同,可选用煮炼、柔软、上蜡、清纱等方法,以满足针织线圈弯曲成圈的要求。以亚麻纱为例,其织前处理参考工艺流程如下:

亚麻纱→松式络筒→煮炼→热水洗→柔软处理→烘干→过蜡→清纱板→筒子纱。

1. 松式络筒

其卷绕密度一般为 0.1～0.3 g/cm^3,经络筒后纱层疏松有利于下道工序的碱液向纱层内部扩散,可提高煮炼效果的均匀性。

2. 煮炼

使果胶质生成果胶酸钠盐,使含氮物质分解成可溶性氨基酸盐,并使木质素膨化分解,从纤维上分离而去除,如果棉含量在 35% 以上,可适量减少烧碱的含量,缩短煮炼时间。其参考工艺如下:

设备:筒子纱染色机,煮炼剂 NaOH 10%,煮炼温度 100℃,煮炼时间 60 min。

3. 水洗参考工艺

设备:筒子纱染色机,中和剂(98%的硫酸)3%,水温 75℃热水洗,时间 20 min,水温 25℃冷水洗,时间 20 min。

4. 柔软处理参考工艺

设备:筒子纱染色机,有机硅柔软剂 15%,温度 45℃,时间 40 min,浴比 1:10。

5. 烘干参考工艺

设备:筒子纱染色机,烘干温度 100℃,烘干时间 30 min。

6. 上蜡,清纱

通过上蜡使麻纱增强润滑,有利于改善可编织性,上蜡量通常在 0.5%,清纱可去除纱疵、杂质,减少产品织疵。

二、麻针织物的编织

经过处理的麻纱线能满足针织成圈的基础要求,可以在台车、单双面圆机、袜机、横机等织机上编织。可采用平纹、罗纹、集圈、添纱等各种组织。对单面织物的纵行扭斜问题,一般采用 Z 捻纱与 S 捻纱交替喂入的方法来改善。现把编织工艺(苎麻纱盖 Coolmax 工艺)举例如下:

原料:27.7 tex 苎麻纱＋18 texCoolmax 纱,设备:双面大圆机,针筒直径 762 mm,机号 E18,进线路数 60 路,进纱张力苎麻纱 4~5 cN、Coolmax 纱 1~3 cN,采用双罗纹配置的复合组织。三角排列和纱线配置如表 2-7-5 所示。

表 2-7-5

循环路数	使用纱线	针　盘		针　筒	
		高踵针	低踵针	高踵针	低踵针
1	苎麻纱	集圈	浮线	集圈	浮线
2	Coolmax 纱	浮线	成圈	浮线	浮线
3	苎麻纱	浮线	浮线	成圈	浮线
4	苎麻纱	浮线	集圈	浮线	集圈
5	Coolmax 纱	成圈	浮线	浮线	浮线
6	苎麻纱	浮线	浮线	浮线	成圈

三、麻针织品后整理

为提高麻针织品的服用性能,根据产品要求,可选用烧毛、煮炼、丝光、漂白、染色等后整理工艺,以 20 tex 苎麻汗布为例,其参考工艺流程如下:

特白:毛坯布→烧毛→丝光→煮炼→氧漂→增白→柔软→脱水→烘干→轧光或毛坯布→烧毛→丝光→亚氧漂→增白→柔软→脱水→烘干→轧光。

浅色:毛坯布→烧毛→丝光→煮炼→氧漂→染色→柔软→脱水→烘干→轧光或毛坯布→烧毛→丝光→亚漂→染色→柔软→脱水→烘干→轧光。

中深色:毛坯布→烧毛→丝光→煮炼→染色→柔软→脱水→烘干→轧光。

1. 烧毛参考工艺

织物:20 tex 苎麻汗布

设备:ME120 型圆筒针织物烧毛机

热源:煤气

穿布方式:二火口,一正一反

火口温度:1 100~1 200℃

火焰高度:12 cm

车速:60~70 m/min

2. 丝光

麻纤维在碱溶液中的浓度达到某一临界值后发生显著不可逆是溶胀,纤维分子在适当的外界条件作用下进行重排,从而增加织物尺寸稳定性并获得满意的光泽,根据麻的种类、含量、产品要求的不同,需对碱溶液浓度、张力、温度、浸碱时间等工艺参数进行优选,通常范围为碱溶液浓度140 g/L~180 g/L,经向拉伸6%~9%,碱液温度为15~20℃,时间为50 s到3 min,其参考工艺如下:

织物:20 tex 苎麻汗布

设备:ASM/2 型圆筒针织物丝光机

碱液浓度:180 g/L

碱液温度:15~20℃

浸碱时间:50 s

透风时间:100 s

水洗温度:70~80℃

洗后布面 pH 值:7~8

3. 煮炼

去除纤维的共生物、果胶质、含氮物质、灰粉、色素、油污等,改善织物的吸水性和白度。其参考工艺如下:

织物:20 tex 苎麻汗布

设备:不锈钢煮布锅

处方:烧碱 10 g/L、磷酸三钠 1%、太古油 1.5%

浴比:1：6

温度:100℃

时间:3.5 h

4. 漂白

在煮炼的基础上进一步去除残存的杂质和色素,根据设备条件分为双氧水漂白和亚氧酸钠两种。其参考工艺:

(1) 双氧水漂白参考工艺

织物:20 tex 苎麻汗布

设备:溢流染色机或不锈钢煮布锅

处方:双氧水(100%)2~3 g/L、稳定剂 0.8%~1.2%、烧碱(36°Bé)1~2 mL/L、渗透剂 0~0.5 mL/L

pH 值:10.5~11

浴比:1：5~1：12

温度:98~100℃

时间:60~180 min

(2) 亚氯酸钠漂白参考工艺

织物:20 tex 苎麻汗布

设备：亚漂联合机

亚漂处方：亚氯钠(80％)2.4％、磷酸三钠 0.06 g/L、甲酸 1.6 g/L

pH 值：3.8～4.2

浴比：1：5

温度与时间：60℃ $\xrightarrow{30\ min}$ 80℃ $\xrightarrow{25\ min}$ 80℃ $\xrightarrow{35\ min}$ 95℃ $\xrightarrow{80\ min}$ 95℃

中和脱氯处方：亚硫酸钠 0.5％～0.6％、纯碱 0.5％～0.6％

浴比：1：5

温度：90～95℃

时间：30 min

5. 染色

麻针织染色所用的染料、工艺、设备与棉针织品基本相同，但其上染率低于棉，要注意染料的优选。参考工艺如下：

(1) 活性染料染色

设备：绳染机或溢流染色机

活性染料：x％

元明粉：25～40 g/L

纯碱：15～20 g/L

浴比：1：16～20

温度：50～80℃

时间：60～90 min

(2) 还原染料染色

还原染料：x％

36°Bé 氢氧化钠：2 ml

元明粉：1.2 g

红油：5 滴

干缸温度：80℃

染色温度：(50±2)℃

浴比：1：30

6. 酶整理

染色后的坯布采用纤维素酶进行抛光处理，以消除织物表面存在的粗而短的毛羽，减轻对人体皮肤产生的刺痒感，增加布面光洁度，提高服用性能。参考工艺如下：

设备：溢流染色机

纤维素酶：2％

浴比：1：15

温度：45～50℃

pH 值：4.5～5

时间：30 min

纯碱：2 g/L

水洗：15 min

第三节　差别化纤维针织品设计

差别化纤维是指不同于一般常规品种的化纤,通常是对常规化纤品种生产工艺进行技术改造而制造出的具有某一特性的化纤,以改进服用性能为主,也称"合纤新品种"。

差别化纤维分为第一代(替代)纤维产品、第二代(仿制)纤维产品、第三代(高仿)纤维产品和第四代(超仿)多功能纤维产品。其中截面形状变化的差别化纤维和细度方面变化的差别化纤维较为常用,现举例如下。

一、导湿纤维针织品的设计

(一) 导湿纤维及导湿原理

人们以往多以棉等亲水性原料制成舒适性面料,利用此类纤维的吸水性吸去皮肤上的汗水,但是吸足汗水而湿透的内衣织物会粘附在皮肤上使人不舒服。导湿性针织物能把皮肤的汗水快速从织物内层引导到织物外表,并散发到空气中去,而使贴身层快速干燥,同时面料又具有良好的延伸性和弹性。因此,现已成为运动服、T恤和内衣等新型面料的选择。

导湿纤维是一种异形截面的化学纤维,它在纬编针织物上的应用有短纤和长丝两种。导湿纤维短纤中有导湿纤维纯纺纱和导湿纤维与天然纤维的混纺纱,其中导湿纤维纯纺纱较常用。导湿纤维长丝中以DTY型在纬编针织物上较常用。

常见的导湿纤维有涤纶导湿纤维、锦纶导湿纤维和丙纶导湿纤维等,导湿纤维的横截面有"十"字型、"Y"型、"W"型等。在其纤维表面沿纤维轴向形成一条条沟槽。当导湿纤维的纱线织入针织物后,不论编织得多少紧密,上述沟槽总是在织物中留下细密的空隙。通过纤维截面异形化来增加毛细管作用,使织物内层的汗水由于纤维上或纤维间的毛细通道,而流向织物的外层,汗水在织物外层与空气接触多就容易散发出去。由于毛细管效应总是使水分多的一面的水分流向较干燥的一面,因此当织物外层较快干燥后,织物内层的汗水就会继续流向织物外层。这种经过物理改性的合成纤维织物就会具备天然纤维吸湿性好,穿着舒适的优点,也会彻底克服天然纤维因存在当人体排汗量较大时,其衣服会紧贴身体,令人感觉湿冷的缺点,从而达到导湿快干的目的。

(二) 编织方法

导湿纤维纬编针织物一般采用导湿纤维纱线与亲水纤维纱线编织成两面派等交织结构或采用纯导湿纤维纱线编织。其中,亲水纤维纱线可采用各种天然纤维纱线,例如棉、毛、丝。也可采用各种人造纤维素纤维纱线,例如粘胶、莫代尔、醋酸、竹浆等。这种织物可以在单面圆纬机上编织,也可以在双面圆纬机上编织。

在单面圆纬机上编织时,可采用如下的方法:

(1) 导湿纤维与吸湿纤维交织编织时,导湿纤维纱线和吸湿纤维纱线可排列在不同的编织系统上,通过一定的三角配置,使导湿纤维线圈与吸湿纤维线圈在织物上相互交错间隔地分布,两种线圈不仅在横列上相互交错间隔地分布,而且通过一定的花色配置,在同一线圈横列上也可间隔地相互交错分布。

这种结构的织物可使人体肌肤表面的汗水借助于导湿纤维表面沿纤维轴向的沟槽,通过毛细管芯吸效应,沿织物平面向四周传递,并被临近的吸湿纤维线圈所吸收,不断向周围的空气中挥发,从而达到使服装在人体出汗后快干的效果。

(2) 以添纱的形式编织时,每一个编织系统上同时喂入导湿纤维纱线和吸湿纤维纱线,以添纱的形式编织纬平针组织,使导湿纤维纱线的线圈分布在织物的里层,吸湿纤维纱线的线圈分布在织物的外层。

这种组织结构的织物,使人体肌肤表面的汗水可借助于导湿纤维表面沿纤维轴向的沟槽,通过毛细管芯吸效应,从织物里层向外层传递,被外层的吸湿纤维线圈所吸收,便于不断向周围的空气中挥发,从而达到使服装在人体出汗后织物贴身层快干,即使湿润时也不粘身的效果。

上述两种单面织物中,前者可做得薄而凉爽,后者的导湿快干比前者好。

在双面圆纬机编织时,可采用以下的方法:

(1) 织物的两面分别由两种不同的纱线编织。其正面可由吸湿纤维纱线编织,反面可由导湿纤维纱线编织,这两层线圈组织再用一种较细的低弹丝以集圈相连接,或由外层纱到内层集圈连接并在外层形成网眼花型。在编织时适当增加连接丝的输线张力,从而将正面的吸湿层和反面的导湿层在集圈处紧密地结扎在一起,以有利于汗水的传导和挥发。

(2) 采用三层结构编织。穿着时贴身的织物里层用于吸取皮肤上的汗水用导湿纤维纱线编织,中间层为传导层,也用导湿纤维纱线编织,织物外层用吸湿纤维纱线编织,可吸取织物内层和中间层纱线的水分,向空气中散发。其方法举例如下:

编织条件:双面大圆机(双罗纹配置),机号 $E24$,筒径 762 mm(30 英寸),编织工艺如表 2 - 7 - 6 所示。

表 2 - 7 - 6

编织系统	穿 纱	三 角 配 置
第 1 路	18.7 tex(32 Ne)导湿涤纶	上下低锺针成圈
第 2 路	18.7 tex(32 Ne)导湿涤纶	上针全部成圈
第 3 路	18.7 tex(32 Ne)精梳棉纱	下针高锺针成圈,下针低锺针集圈
第 4 路	18.7 tex(32 Ne)导湿涤纶	上针全部成圈
第 5 路	18.7 tex(32 Ne)精梳棉纱	下针全部成圈
第 6 路	18.7 tex(32 Ne)导湿涤纶	上下高锺针成圈
第 7 路	18.7 tex(32 Ne)导湿涤纶	上针全部成圈
第 8 路	18.7 tex(32 Ne)精梳棉纱	下针低锺针成圈,下针高锺针集圈
第 9 路	18.7 tex(32 Ne)导湿涤纶	上针全部成圈
第 10 路	18.7 tex(32 Ne)精梳棉纱	下针全部成圈

(三) 导湿织物的染整

导湿织物的染整中按照两种纱线交织针织物的染整方法进行。对于双层结构针织物,染浅色时也可只对织物外层的纱线染色。导湿织物染整时要选择好亲水柔软剂,防止柔软剂在织物表面形成一层拒水薄膜,而使水滴在织物表面不易吸收扩散。现以纯涤纶导湿针织物的染整工艺举例如下:

(1) 工艺流程

前处理→水洗→染色→水洗→亲水柔软后处理→脱水→烘干→热定型。

（2）前处理工艺

设备：溢流染色机

浴比：1∶12

温度：80℃

时间：15 min

去污剂：0.5 g/L

（3）染色工艺

设备：溢流染色机

浴比：1∶12

阳离子染料：x%

匀染剂：1 g/L

温度：98℃

时间：30 min

pH 值：4.5～5

（4）后处理工艺

设备：溢流染色机

浴比：1∶12

柔软剂：1%

温度：30℃

时间：10 min

热定型：拉幅定型机

温度：160℃（单面布）、170℃（双面布）

布速：18 m/min

超喂：10%～30%

二、超细纤维仿麂皮针织物的设计

超细纤维虽然没有明确的定义，但它有多种纺丝方法，目前应用最多的是海岛溶离法，即海岛超细纤维。它的单丝细度很细（0.000 1 dtex≤单纤细度≤0.11 dtex），目前海岛纤维中的岛数以 37 为多，最高可达 1 000 以上的岛数。由海岛超细纤维制成的仿麂皮绒织物和天然麂皮很相似，不仅有相同的很细密的绒毛，而且内部结构和天然麂皮的束状胶原纤维结构非常相近，形成开放式的三维微孔网络结构，透气透湿，柔软有弹性，还具有天然皮革的绒毛根梢效果。

与机织和经编仿麂皮相比，纬编针织物仿麂皮产品织造工艺流程短，且具有弹性、延伸好的特点。举例如下：

（一）编织工艺

纬编仿麂皮针织物一般采用海岛型超细涤纶和高收缩涤纶丝的网络丝为原料，以弥补纬编结构硬挺度和紧密度方面的不足，使光坯织物紧密，适应仿麂皮的需要。本例采用143 dtex 变形长丝（110 dtex 海岛型超细涤纶＋33 dtex 高收缩涤纶丝的网络丝），在双面大圆机上编织。机号：E28，双罗纹配置，采用双罗纹组织结构。筒径：762 mm（30 英寸），编织系统 72 路。编织时，喂纱张力应紧一些为好。

(二) 染整工艺

1. 工程流程

毛坯布→前处理→开纤处理→染色→抗静电处理→剖幅→预定型→磨毛→定型→检验→卷装。

2. 染色工艺

在开纤加工中,海岛型超细纤维是在制成织物后把海组分溶解掉,留下岛组分而形成连续不断的超细纤维织物的。开纤工艺是在碱性溶液中进行,采用先溶胀后溶解的方法,这对海组分的完全溶解固然有利,但对常规 PET 岛纤维也产生了水解作用。因而,海岛纤维要达到海组分的完全溶解,其失重率比海组分的比例要稍大一些。如果海组分比例为 20% 时,海岛纤维的失重率一般控制在 22%～26% 左右,海组分才能完全溶解。例如采用的溶液为:

碱:NaOH

水温:95℃

1227 表面活性:1 g/L

可根据不同情况调整 NaOH 的百分含量来控制溶解速度,确定开纤加工时间。

织物经开纤工艺以后,在进行染色以前必须进行充分水洗,水量要大,为使坏布上的碱液要充分中和,先在 70℃ 含醋酸 1 g/L 的溶液中洗 10 min,然后用清水冲洗,使其 pH 值在 6.5～7 这一范围内。如果水洗不足,残留的碱及纤维杂质滞留在布上,易造成以后染色时产生色花。

在染色加工中,针对聚酯类的海岛型超细纤维,主要是用分散染料通过高温高压法染色,它上染速度快,匀染性、显色性、色牢度均差,但移染性、提升性较好。这些都主要是由于它特别细、比表面积大引起的。匀染性和染色牢度差还和它染色时低聚物容易析出,使染色产生困难有关。

为了改善染色性能,还要配套开发染色助剂,特别是具有匀染、分散、润湿、增深和减少低聚物的高效多功能染色助剂,它多半是一些非离子和阴离子表面活性剂,再与多种有机添加剂的复配物。不同助剂复配对助剂的性能影响很大。超细纤维染色温度控制最为重要。研究证明,这类纤维染色起始温度应低,一般低于 40～50℃,特别是高速纺丝工艺(POY、FOY)的纤维在低温下就有很快的上染速度;其次升温速度应慢,在接近玻璃化温度(T_g)时,即 90℃ 附近宜保温一定时间,对一些上染速度特别快的染料在 110℃ 附近也宜保温一定时间,即分二段或三段升温;最后,最高染色温度较普通纤维染色的温度低,约降低 5～10℃,视纤维线密度和纺丝工艺而不同,一般控制在 120～125℃。染色降温速度也宜慢,它对纺织品的手感及平整性影响也很大,降温到 70℃ 以后才能排液。

染色过程除了染上色泽外,对织物的收缩有很大的影响,关系到织物的密度及后道工序。

在染色工艺的影响因素中,首先是染色温度对仿麂皮的影响。一般涤纶纤维受热影响,其收缩随温度的变化而变化,在 80～100℃ 之间就可获得明显的效果。染色温度在 120～130℃,这对增加织物的收缩率和提高密度和蓬松是有利的。

其次是染色过程中张力对仿麂皮的影响,织物在染色过程中理想状态是纵向和横向受力均匀,但事实上由于织物在染色机内纵向运动,纵向张力要大于横向。

有时为使织物具有良好的皮革感进行聚氨酯整理,在溶剂型聚氨酯整理中,溶剂对分散染料有一定的剥色作用,即色变浅,一般色差在 0.5～1.5 级左右。因此在确定色泽和染色工艺时,可在正常用量的基础上提高 5%～10%,另外从 60℃ 升至 130℃ 时要严格控制升温速度,保温时间不低于 45 min，最佳为 60 min。现在可以用水溶性聚氨酯树脂进行整理。

3. 磨毛工艺

仿麂皮织物须进行磨毛整理。磨毛整理是将仿麂皮坯布在一定的张力和压力及进布速度的控制下进入磨毛区，在高速转动的砂辊或砂带作用下，使织物起毛面纱线的表层纤维产生断裂而形成具有方向性倒伏的绒毛层。

磨毛机可选用单辊磨毛机和多辊磨毛机。前者加工张力小，对纬编仿麂皮织物更适合。磨毛工艺条件如表 2-7-7 所示。

表 2-7-7

项　　　目	单　辊　磨　毛　机	五　辊　磨　毛　机
砂纸规格（♯）	80～120	80～120
砂辊转速/r·min⁻¹	1 000～1 300	900～1 100
进布速度/m·min⁻¹	5～20	6～13
出布速度/m·min⁻¹	—	6.3～13.5

磨毛整理是针织物仿麂皮绒生产的重要处理工序，直接影响织物绒面的绒毛长度、覆盖密度和仿真性效果。

第四节　新型纤维针织品设计

一、大豆蛋白纤维针织品的设计

（一）大豆蛋白纤维及性能

大豆蛋白纤维是一种再生植物蛋白纤维，它是从大豆粕中提取蛋白高聚物，配制成一定浓度的蛋白纺丝液，用湿法纺丝工艺纺成单纤 0.9～3.0 dtex 的丝束，经醛化、卷曲、热定型、切断等工序制得。

大豆纤维单丝线密度可达到 0.9 dtex，单纤断裂强度在 3.0 cN/dtex 以上，密度小、耐酸耐碱性好（耐酸耐碱性能与羊毛、蚕丝相同；耐霉菌性能与羊毛、蚕丝相同；耐虫蛀性能优于羊毛、蚕丝），初始模具偏高，沸水收缩率低，摩擦因数小，质量比电阻接近于蚕丝纤维，静电效应小，纤维卷曲率仅 1.65%，抱合力小，纤维卷曲易伸直，卷曲牢度低；弹性回复率 55.4%，弹性差，抗紫外线能力优于棉。

大豆蛋白纤维针织物保暖率、热阻、传热系数三项指标综合值近于棉，其吸湿性与棉相当，而导湿透气性优于棉，手感柔软、滑爽，光泽柔和，悬垂性也佳，与人体皮肤亲和性好，纤维摩擦因数小、纤维卷曲少、卷曲牢度低，易起毛而不易起球。

大豆纤维常与各类天然纤维、化学纤维，如与棉、绢丝、麻、羊毛、羊绒、涤纶、天丝（Lyocell、Tencel）、Modal 等混纺，如 55/45 豆/棉、78/22 豆/棉、20/80 豆/粘、85/15～50/50 豆/羊绒、50/50 豆/天丝、80/20～50/50 豆/绢丝、80/20～50/50 豆/羊毛、30/25/45～10/20/70 羊绒/豆/莫代尔、30/25/45 羊绒/豆/天丝、55/20/25 牛绒/豆/天丝等。

纺丝所得大豆纤维本身带有黄色色素，根据产品要求和生产条件不同采用纤维漂白、豆条漂白、纱线漂白（包括绞纱漂白、筒纱漂白）、织物漂白几种方法去除色素、纤维和纱线制造加工添加的油剂、抗静电剂、润滑剂等杂质。采用未经漂白处理的纱线编织的大豆纤维针织物,染色前通常需根据染色深浅不同,分别采取双氧水漂白、还原剂漂白、双氧水漂白＋还原剂漂白工艺进行处理,大豆纤维不耐浓烧碱,不能进行丝光加工。

大豆纤维中含有一定的羟基、氨基、羧基等极性氨基酸,还有少部分未交联的聚乙烯醇分子上的羟基。因此,它通常使用:弱酸性染料、活性染料、中性染料和直接染料。其中以弱酸性、活性染料的效果较好,中性染料的匀染性和透染性较差,直接染料水洗牢度较差,除个别色相外通常不用。

大豆纤维针织物在脱水后宜采用不直接接触高温的热风烘干或松式烘干,烘干温度70～80℃,待织物干燥后,热定型处理温度可达170℃左右。

大豆纤维针织品通常需进行抗皱、柔软后整理,以保持织物蓬松、丰满、柔软、滑爽的特性,提高产品的品位档次。抗皱整理剂一般应选择抗皱效果好的环保型整理剂,如:聚马来酸整理剂DP60、改性二羟甲基二羟基乙烯脲树脂GQ－810、聚氨酯整理剂,交联剂DINF整理剂、VU整理剂等。柔软整理可选择有机硅类柔软剂、脂肪酰胺柔软剂、阳离子柔软剂等。

(二) 编织工艺

大豆纤维纱线在针织物编织中,主要采用纬平针、罗纹等组织,编织工艺无特殊要求,只是编织张力要低于棉。

(三) 染整工艺

1. 大豆纤维筒子纱精炼漂白工艺示例

(1) 大豆蛋白纤维纱染中深色品种的前处理工艺(单漂)

纯碱:2～4 g/L

精炼剂:1～2 g/L

H_2O_2(30％):4～6 g/L

稳定剂:0.5～1 g/L

温度:90～95℃

时间:60～80 min

(2) 大豆蛋白纤维纱染浅中色品种前处理工艺——氧漂和还原漂双漂法

A:氧漂

纯碱:2～4 g/L

精炼剂:1～2 g/L

H_2O_2(30％):20～40 g/L

稳定剂:2～3 g/L

浴比:1：12～15

温度:90～95℃

时间:60 min

B:还原漂

纯碱:1～2 g/L

还原剂:2～4 g/L

净洗剂:1 g/L

浴比：1∶12～15

温度：90～92℃

时间：40～60 min

在氧漂后需经热水、温水、冷水充分洗净后再进行还原漂。

（3）大豆蛋白纤维浅色纱前处理工艺

为了提高特浅色鲜艳度，在采用上述氧漂——还原漂后需进行增白处理。

增白工艺：

荧光增白剂：0.3%～0.8%质量分数

食盐：5～15 g/L 或适量元明粉

温度：70～80℃

时间：20～40 min

2. 大豆蛋白纤维纯纺及其混纺或交织物的染前漂白处理工艺示例

H_2O_2：6 g/L

氧漂助剂 197：2 g/L

稳定剂 M：1 g/L

温度：95℃

时间：60 min

浴比：1∶10

3. 大豆蛋白纤维织物染色工艺示例

（1）弱酸性染料染色

浅中色：

染料＜2%～3%质量分数，均染剂 0.4～1.0 g/L，冰醋酸＜1.5～2 g/L

深浓色：

染料＞3%质量分数，均染剂 0.4 g/L，冰醋酸＞2.0 g/L

染色保温温度 90～95℃，保温时间根据颜色浓淡而定，深浓色 60～80 min。染色后水洗和固色。

（2）中温型活性染料（以瑞士汽巴精化公司的 Cibacron FN 染料为例）

染料用量/(%)质量分数	＜1	1～3	3～5	5～7	＞7
元明粉/g·L⁻¹	10～25	25～50	50～75	75～90	90～110
纯碱/g·L⁻¹	2	2～5	5～8	8～11	11～14
匀染剂/g·L⁻¹	0.3～1				

染色工艺流程：加料→升温至 55～60℃→保温 10 min→加碱固色 30～80 min（时间根据颜色浓淡而定）→水洗→醋酸中和→水洗→皂煮→水洗→（深浓色）固色。

（3）高温型活性染料（以瑞士汽巴精化公司的 Cibacron LS 染料为例）

染料用量/(%)质量分数	＜1	1～3	3～5	5～7	＞7
元明粉/g·L⁻¹	10～15	15～30	30～45	45～60	60～75
纯碱/g·L⁻¹	3	3～7	7～10	10～13	13～16
匀染剂/g·L⁻¹	0.3～1				

染色工艺流程：加料→升温至 80～90℃→保温 10 min→加碱固色 30～80 min（时间根据颜色浓淡而定）→水洗→皂煮→水洗→（深浓色）固色。

4. 柔软参考工艺

有机硅柔软剂 SGS：3％

温度：30℃

时间：20 min

5. 烘干轧光定型

大豆蛋白纤维耐热性差，120℃左右变黄，宜采用松式烘干，温度控制在 100℃或更低，超喂量 15％，轧光定型选用呢毯预缩整理以获得较好的手感，超喂量 15％。

二、竹纤维针织品设计

（一）竹纤维及性能

以竹子为原料生产的纤维称为竹纤维，按选材及加工工艺的不同可分为天然竹纤维与再生竹浆纤维。

天然竹纤维是将竹子截段碾平后经过浸、煮、软化、漂白等工序制成，线密度在 4.5 dtex 左右，长度在 50～140 mm。其表面有明显的竹节，有的壁层上有裂痕；截面呈椭圆形，环状中空。因其天然性且加工工序较长，纤维的细度和产量受到限制。

再生竹浆纤维是把竹子打浆后经水解、漂白、提纯并保存竹子中天然抗菌成分"竹酿"制作为浆粕，再用与粘胶生产类似的纺丝工艺制得，其线密度与长度可按纺纱的需要（如 1.67 dtex ×38 mm）制得。再生竹浆纤维从表面很难与粘胶纤维区分，但从其截面可以清晰看到有别于木浆、棉浆纤维，多孔隙。

竹纤维具有天然的抗菌性能和良好的吸湿性、透气性、悬垂性、回弹性、耐磨性，染色性能优良，光泽亮丽。

竹纤维常与各类天然纤维、化学纤维，如与棉、绢丝、麻、羊毛、羊绒、涤纶、天丝（Lyocell、Tencel）、Modal 等混纺，如 70/30 竹/棉、65/35 竹/棉、55/45 竹/棉、70/30 竹/Tencel、70/30 竹/modal、50/50 竹/绢丝、30/70 竹/腈、80/20 竹/羊毛、85/15 竹/羊绒、70/15/15 竹/绢丝/羊绒、60/30/10 棉/竹/涤等，以提高综合加工与服用性能。

竹纤维及混纺纱的纱线线密度范围较广，通常在 10～59 tex，如 18 tex，并有筒子色纱供应，可根据产品风格与针织机机号相应选择。

用竹纤维针织用纱生产的针织面料具有凉爽、柔滑、吸湿、易干、光泽好和天然抑菌等作用，适合于贴身服用的针织内衣、T 恤衫、袜子等产品。

（二）编织工艺

竹纤维针织品可采用纬平针、罗纹、双反面、集圈、提花等基本组织及其变化组织，织物组织结构的选择尽可能简单。可在台车、棉毛机、单面大圆机、双面大圆机、无缝内衣机等各种纬编针织机上编织。对天然竹纤维纯纺或含量较高的纱线，张力一般控制在 5～10 cN 较为适宜，过大易出现破洞，过小则易形成漏针。编织罗纹织物宜采用滞后成圈，并注意上针压针不要太深，否则容易产生破洞。布面结构不宜太紧密，即和相同粗细的全棉纱比较，其线圈长度应适当放长。卷取张力不能过大，卷取张力调节应比其它同规格产品略小。

（三）染整工艺

竹纤维的染色性能较好，染料适应性强，吸色均匀透彻，色牢度在 3～4 级以上。活性染料宜采用中温型双性基高固色率的染料，如汽巴克隆 LS 染料。竹纤维的湿强度低，应缩短湿加工流程，采用松式染整加工机械，以减少张力强度。

（四）设计实例

1. 竹纤维针织内衣面料编织工艺示例

原料：18 tex 70/30 竹/棉针织纱

织物组织：1＋1 罗纹

机型：日本福原公司 LRX-R 型罗纹机

机号：E18

针筒直径：458 mm(18 英寸)

总进纱路数：36 路

毛坯布线圈长度：2.58 mm

毛坯布纵向密度：71 横列/5 cm

毛坯面密度：110 g/m²

毛坯门幅（自然状态）：45.5 cm

2. 竹浆纤维混纺针织坯布部分染整工艺示例

针织坯布类别：14.8 tex 40/30/30 竹/涤/棉

织物组织：纬平针

(1) 碱减量：通过碱减量处理，细旦涤纶纤维表面水解和细化，使针织物手感柔软飘逸，悬垂性更佳，参考工艺如下：

NaOH：20～35 g/L

渗透剂：1.5～2.5 g/L

处理温度：125℃

减量促进剂用量：适中

浴比：1：10

处理时间：35～45 min

(2) 增白：使后续染色加工提高织物的色泽鲜明度，参考工艺如下：

NaCl：10～20 g/L

处理温度：80～90℃

荧光增白剂：0.4％～0.7％

处理时间：30～45 min

(3) 染色：采用分散染料和活性染料进行染色。工艺参数如下：

分散染料：x％

活性染料：x％

分散剂：0.8 g/L

NaCl：30～45 g/L

Na₂CO₃：25 g/L

加入适量的冰醋酸,逐渐升温。

(4) 柔软整理与烘干处理:

① 柔软整理:柔软剂 SGS 的用量为 4% 左右,加工处理时间为 30~40 min,温度为 35~45℃。

② 松式烘干,烘干温度控制在 95~110℃。

第八章　纬编针织物分析

第一节　概　　述

纬编针织物产品,除了一定数量的自行创新设计外,有相当多的为来样加工。为了满足这种生产需要和国内外客户订单要求,必须学会对针织品来样进行分析,分析针织品的外观构成、织物性能以及工艺参数等。只有在正确分析的基础上,才能进一步确定能否有加工该产品的可能,如原料供应、加工设备等。从而,对来样进行仿制设计或对来样某些性能加以改进的改进设计,并由此制定相关工艺和组织生产加工。最终使产品更好地符合用户要求或借鉴该产品为其它产品设计所用。

纬编针织物种类很多,分析方法并无固定模式,通常是多种方法结合使用,重要的是在不断实践与不断积累的过程中学习与掌握。这里就常用的分析方法和步骤作一介绍。

第二节　分析方法与步骤

针织物来样分析一般可通过下列方法与步骤进行:

一、来样分类

根据来样布面的外观结构,一般应先确定出来样属于机织物、针织物、无纺织物或其它织物类别,针织物的特征是找出线圈结构单元,目测有困难的,可借助放大镜或显微镜观察。接着应区分出经编针织物还是纬编针织物,单面针织物还是双面针织物,坯布针织物还是成形针织物等。

二、织物外观与性能分析

织物外观与性能分析应在组织结构分析前进行,这是因为纬编针织物组织的分析会用到脱散法,若来样面积有限,脱散后将无法进行外观与性能分析。

织物外观主要看布面花纹效应、色泽、风格、后处理特征、原料及布面其它特点等。织物性能主要测面密度、密度、厚度、弹性及手感等,线圈长度应放在后面组织结构分析中测,而强度在来样面积允许情况下可测,没有条件,也可不测。

三、织物纱线与组织结构分析

1. 分析纱线

对纱线的分析,主要指原料组成、纱线线密度、纱线捻向、纱线外观、纱线结构、色纱配置等。方法可应用纺织材料中的相关知识进行。

2. 分析织物组织

织物组织分析方法,一般应先把有提花或其它花纹图案特征的进行记录(提花等要绘制意匠图)并需:① 确定一完全组织花高和花宽或编织一个循环的横列数及进纱路数等。② 确定工艺正、反面和编织纵行方向。③ 脱散织物边缘,确定织针排列情况,观察织物边缘正、反面线圈配置,一般总有单面排针、罗纹排针和双罗纹排针三种。单面排针的要注意,若同一纵行上既有正面线圈又有反面线圈的,则是双反面组织排针。④ 观察线圈状态,注意脱散是逆编织的过程,所以可通过脱散,观察到织物中线圈(包括其长短、颜色等)、浮线、悬弧、附加纱线、纤维束、线圈转移等结构和变化,从而确定织物的组织结构范围。

3. 测线圈长度

线圈长度的测定,一般为先测出 n 个线圈的纱线在伸直但不伸长时的总长度,然后除以 n 后所得的值,习惯以 mm 计量。若编织状态不同,如一路纱线成圈,另一路纱线由集圈与成圈一起组成的,则应分别进行测定,得出每路纱线各自的线圈长度。

4. 测不同原料用纱百分比

测用纱百分比是一项很重要的分析项目,不但关系织物性能还关系到织物成本核算。一般可用同一面积内各纱线重量占织物总重量的百分比表示,用脱散法得到各自纱线,再分别称重后求得。

四、编制上机工艺

上机工艺的编制应包括正规的花形花纹图或编织图,机型、机号的确定,纱线品种、纱线线密度及色纱的配置,织针、三角的排列,选针机构的排列,电脑程序编排,织物密度、线圈长度、面密度等工艺参数的制定以及工艺流程、后处理工艺等内容。

五、织物常见花纹与织物组织结构的关系

由于针织物的同一种组织可产生多种花纹效应,而一种花纹效应也可由各种不同的组织结构形成,因此,当来样需要分析组织结构时,往往可根据其织物的外观花色效应大致确定形成该花纹的组织种类。

纬编针织物常见花纹一般可分为结构花纹、色彩花纹和结构色彩花纹三种。如果织物花纹是由形状、大小或排列不一的结构单元组成,则为结构花纹,如网眼、凹凸、褶裥绉、毛绒等花色效应。如果织物花纹是由颜色不同的结构单元组成,则为色彩花纹。一块针织物可以是结构花纹,也可以是色彩花纹或者同时具有结构花纹与色彩花纹的花色效应。常见的纬编织物布面花纹大致有如下这些大类。

(一) 横条效应

形成横条效应织物的主要方法是:

(1) 采用色纱交替进行或用不同原料、不同粗细、不同结构的纱线交织,形成色彩或凹凸横条。

(2) 采用不同的组织结构按间隔横列数搭配及变化,形成线圈结构不同的横条。如纬平针与集圈、纬平针双反面、纬平针正、反线圈横列变化、罗纹空气层、双罗纹空气层、提花纬平针、毛圈、间隔衬纬、间隔添纱等,均可形成横条。若在这些组织中采用色纱配置,则形成色彩与结构的花色横条。

(3) 密度变化采用同一种组织但在编织中按一定间隔横列改变织物密度,则可形成松紧横

条效应。

（二）纵条效应

纵条效应在纬编织物上形成的主要方法是：

（1）单、双面提花

按纵条宽度要求进行选针选纱可形成色彩提花或素色提花纵条。

（2）罗纹、双罗纹组织

在罗纹上抽针，可形成凹凸纵条，如 $2+2$、$3+2$ 等，在双罗纹组织上，采用抽针、色纱或抽针加色纱，可形成凹凸纵条、色彩纵条或凹凸色彩纵条纹。如双罗纹组织，进纱为一路 A 纱、一路 B 纱配置时，可形成一个纵行宽度的 A、B 色彩细直条或双罗纹上针（或下针）连续抽针 n 针，则不抽针那面无纵条，而抽针那面形成正面线圈与反面线圈间隔的凹凸纵条效应。

（3）集圈组织

采用 A、B 色纱分别在间隔 n 针上轮流编织与集圈，由于 B 纱集圈悬弧在 A 纱线圈后面，A 纱集圈悬弧在 B 纱线圈后面，可形成 n 纵行宽的 A、B 色彩纵条纹。

（4）空气层组织

排针为罗纹，在上下针各单独编织后，一纱线在上下针连接横列采用在上针每编织 n 针后去下针某 $1\sim2$ 枚针处集圈，则上针那面形成被下针集圈处纵行隔开的 n 个纵行宽的凹凸纵条。

（三）格子效应

格子效应形成的原理是横条加纵条花纹。因而，把能形成纵、横条花形的方法经适当搭配，可组成格形。格子效应织物多由提花、集圈、花色添纱、花色毛圈、双罗纹变化、复合组织等编织而成。

（四）两面效应

两面效应织物分析，主要是看单面组织（如纬平针等）形成还是双面组织（罗纹或双罗纹类）形成。如果是单面组织形成的，则多为添纱组织，如果是双面组织形成的，则常是空气层组织或者提花中的胖花组织。

（五）网孔效应

网孔效应织物可分单面织物网孔和双面织物网孔。单面织物网孔效应的多由单面集圈、单面提花与集圈复合、架空添纱（如地纱较细作纬平针、添纱较粗作选针编织使凸出在织物表面，形成蜂巢网孔效应）、纱罗组织、菠萝组织形成。双面网孔效应织物可由罗纹式或双罗纹式、集圈、纱罗、空气层集圈等组织形成。双面织物网孔编织时，以纱罗、集圈为主，纱罗组织一般由下针线圈移到上针线圈较多，集圈编织时，则以下针集圈，上针处形成网孔效应较常见。

（六）绉效应（或称乔其纱、泡泡纱效应）

绉效应织物分析，基本可确定由三种方法形成。一是采用有退捻作用的强捻纱等，二是组织结构为纬平针与无规则集圈或不均匀双面提花（如胖花等），三是特殊后处理，如轧花等形成。

（七）褶裥效应

褶裥效应的纬编织物主要由选择某些织针连续不编织的不均匀提花组织形成。少量是单针多列集圈形成。

（八）三明治（夹心）效应

三明治效应的纬编织物主要由复合组织形成。较常见的是几路纱分别上下针单独编织纬平针后，再用间隔上针编织（或下针编织）和选某些下针集圈（或某些上针集圈）予以上下针连接，并在单面编织几个横列后，在织物线圈间衬入 1 至 n 根低弹丝或中空保暖纤维等。这种织物两面都呈正面外观，且有宽、窄纵条纹效应。

（九）花型图案效应

有明确花纹图案（含色彩或凹凸的图案、形状等）效应的织物大多属提花组织或由集圈、纱罗、复合组织按一定配置完成。完全组织大的，多见于电脑提花，如有螺旋式位移的也可是提花轮提花编织，小花型较多在多针道针织机上完成。

第三篇　毛衫类产品设计

毛衫类产品主要是成形编织产品,包括毛衫、裤、手套、围巾等主导产品。产品的设计是一项技术与艺术相结合的综合性设计。设计内容主要包括原料选定、纱线线密度的确定、织物密度的选择、织物组织结构设计、款式规格和花形图案设计、后整理及成衣设计等。产品一般在平型纬编机上完成,也有少量在圆机上编织而成。

平型纬编针织机所编织的各种成形衣片,不经(或极少)裁剪即可缝制为成品,可以节省原料的损耗。产品主要包括开衫、套衫,背心、裤,女式裙(连衣、褶裥、旗袍、西装裙等各种款式的裙装),女式和童式套装,两件套装(衣、裤,或衣、背心,或衣、裙),三件套装(衣、裤、帽或内衣、裤、裙、外衣),五件套装(衣、背心、裤、裙、外衣、帽或手套、袜子)以及装饰类织物,如披肩等。原料也不只是羊毛、羊绒,而广泛采用棉、麻、木代尔、化纤及各种新型纱线。

第一章　平型纬编机产品设计概述

平型纬编针织机按使用织针的不同分为四大类:舌针横机(通称横机)、双反面机(使用双头舌针,又称平板机)、钩针全成形平型针织机(俗称柯登机)、槽针(复合针)横机。按其针床数目的不同又分为单针床横机、双针床横机和四针床横机。实际生产中使用数量最多的平型纬编针织机是双针床舌针横机,本章以该机型为例主要介绍其产品的生产工艺与组织结构设计。

第一节　横机产品的生产工艺

一、机号与纱线线密度的选择

羊毛衫产品在编织纬平针和罗纹组织时,机号与加工纱线线密度的关系,可以用如下经验公式表示:

$$T_t = \frac{K}{E^2}$$

式中:T_t——纱线线密度,tex;

E——机号;

K——系数,$K = 7\,000 \sim 10\,000$。

一般来说,纱线线密度 T_t 的下偏差在 15% 范围内仍属合理匹配,其上偏差只要维持正常编织密度系数值,对织物松弛收缩影响不大。两根纱线并合编织时,纱线线密度数值可比值提高 25%～30%。对于不同结构的横机或不同组织的织物,其规律不尽相同。在实际生产制定工艺时要综合考虑。

二、编织密度系数 CF(Cover Factor)

又称覆盖系数,它给出不同纱线线密度 T_t(tex)与线圈长度 l(mm)的关系如下式表示:

$$CF = \sqrt{T_t}/l$$

因为 CF 测量时与织物的扭曲程度无关,而与松弛织物的面密度、收缩、强度或耐用性以及其它性质相关,而作为一项国际标准使用。但标准中对于羊绒衫及线密度为 83.3 tex×2(24 公支/2、26 公支/2、28 公支/2…)等 90 tex 以下的纱线的 CF 值合格标准尚未定出。各生产企业,尤其是出口产品,都制定了企业自控 CF 值标准,并试验出各种纱线的 CF 控制值。表3－1－1可供设计时参考。

表 3－1－1　编织密度系数 CF 值

	国际纯羊毛标志标准				企 业 自 控 标 准			
T_t/tex	160 以上	90～160	90		125×2	110×2	100×2	小于 100×2
CF 值	1.0	1.1	1.2		1.4	1.39	1.37	≥1.2

线圈长度 l 与 CF 系数的确定方法:平放织物,沿横列与纵行剪取宽度与长度等于、大于 100 纵行×10 横列(或 50 纵行×20 横列)的织物,抽解脱散线圈。测量纱长时,应除去针织过程中造成的纱线卷曲的纱长,除卷曲负荷重量可参考表 3－1－2计算。

表 3－1－2　除卷曲负荷重量

综合纱线线密度	除卷曲负荷/cN
T_t/tex	
15～60	$(4+0.2T_t)\times 0.98\times 10^3$
61～300	$(12+0.07T_t)\times 0.98\times 10^{-3}$

例如,纱线线密度为 41 tex,则测纱线长度施加张力为:$(4+0.2\times 41)\times 0.98 = 11.956$ cN。

按下列公式计算线圈长度 l 与纱线线密度 T_t(tex):

$$l = L/(C \cdot W)$$

$$T_t = 1\,000Z/L$$

式中:C——样本横列数;

W——样本纵行数;

L——样本拆下的所有纱段总长度,mm;

Z——样本所有纱段总称重量,mg。

三、织物密度 P(线圈/cm)

羊毛衫等平型纬编产品的织物密度是用沿横列方向或沿纵行方向上每cm织物中线圈数表示,工厂中也有的用 10 cm 长度内的线圈个数表示。织物密度分为横向密度 P_A、纵向密度 P_B、总密度 $P = P_A \cdot P_B$ 三种密度指标。我国羊毛衫等平型纬编产品织物设计与生产中，都将织物密度作为最重要的指标。按生产过程的不同阶段，又分为下机密度 P_S 与成品密度 P_C。

1. 下机密度 P_S

下机密度 P_S 是生产过程中控制与测量的半成品织物密度。是把针织机上取下的织物在平滑、无外界阻力和压力条件下，经过较长时间（一般不小于 24 h，密度高的织物时间更长）放置，使其回复回缩（即常规回缩法），然后平铺测量织物的横向密度与纵向密度 P_{SA} 与 P_{SB}，称作下机横密与下机纵密，又称编织密度。

为了节约时间简化操作，羊毛衫等产品生产过程中常采用简易回缩法。从机器上取下的衣片经过揉、搌、卷等方法使织物消除线圈内应力，反复几次测得的密度值相等，即认为织物达到松弛状态，可以作为下机密度数值。

表 3 - 1 - 3 为两种回缩方法的实验比较，可以看出，简易回缩法基本上达到预期回缩目的，且节约时间，因而被生产厂家广泛采用。但是也可以看出，简易回缩法的回缩效果并不等于常规回缩法的回缩效果，因此技术部门应该对生产品种采用常规回缩法及时把关，以确保产品质量。精品毛衫产品设计则更应使测得的下机密度值可信、可比性高。有的产品用蒸片回缩。

表 3 - 1 - 3　总密度值($P_A \times P_B$)　　　　　　　　　　　　　　　　　单位:线圈/cm

试　样	刚　下　机	简　易　回　缩	常　规　回　缩
1	6.0×4.55	6.2×4.45	6.1×4.5
2	6.1×4.8	6.5×4.6	6.4×4.6
3	6.4×4.8	6.8×4.7	6.6×4.7
4	6.8×4.95	7.2×4.9	7.2×4.8
5	5.8×4.45	6.2×4.25	6.0×4.4
6	5.6×4.4	5.9×4.3	5.9×4.3

注:试样用纯羊绒纱线。线密度为 62.5 tex×2,在机号为 E9 的横机上,编织纬平针组织样片 100 横列×100 纵行。5 次测量取平均值。

2. 成品密度 P_C

下机衣片织物经过一系列的干、湿加工整理过程，使织物获得成品所需要的手感、身骨和外观，测得的织物密度称为成品横向密度 P_{CA} 与纵向密度 P_{CB}，一般在产品工艺计算中简计为 P_A 与 P_B。

羊毛衫类产品在生产过程中（指成品出厂前）的回缩与变形（包括松弛回缩与毛纤维缩绒性、纤维与纱线水洗回缩性引起的毡化回缩）是必要的，是产品设计时已经考虑到的回缩因素，并加以修正。

3. 纵向密度 P_j

又称罗纹计算密度。

四、缩率 Y

羊毛衫类产品设计与生产中使用的缩率可以用下机密度 P_S 与成品密度 P_C 求出，定义如下：

$$Y = (P_C - P_S)/P_C \times 100\%。$$

影响缩率的因素很多，主要有:(1) 原料类别、性质及其色别;(2) 织物组织结构;(3) 织物编织密度;(4)编织时针织机与纱线线密度匹配关系;(5)编织时施加的牵拉力和给纱张力;(6)缩绒、水洗、熨烫等后整理方式。

实际上,回缩与变形不仅在产品出厂前的生产过程中存在,在出厂后,产品在使用过程中还会出现,甚至仍有不可逆的毡化回缩现象,影响产品的风格与使用。羊毛衫类产品,尤其是纯羊毛标志产品,必须吊牌说明原料种类、成分及洗涤操作说明。

五、线圈密度对比系数 C 和线圈形态系数 R

为了保证产品在使用过程中具有良好的尺寸稳定性和保形性,横向和纵向密度数值必须有合理的比值。

$$C = P_A/P_B \text{ 为线圈密度对比系数}$$

$$R = P_B/P_A \text{ 为线圈形态系数}$$

羊毛衫单面平针组织织物一般 $1/C = R = 1.3 \sim 1.6$ 左右。但当使用不同机号和舌针规格不同的横机编织时,密度值可以有所变化。考虑到衣身和袖子在生产和穿着过程中受力方向的差异,同件毛衫产品的衣身密度与袖子密度可以取不同的数值。如可选用袖子成品纵密比衣身成品纵密小 $2\% \sim 8\%$,而横密大 $1\% \sim 5\%$;细针产品可以差异小些或取相同密度。

六、平型纬编毛衫织物设计参考工艺数据

由于原料、编织机台机号与结构、纱线线密度、织物组织、生产工艺条件、整理方式与工艺条件等各方面的差异以及密度、风格与单件重量要求的不同,织物的密度、(回)缩率、针转重量等不是固定不变的取值,表3-1-4、表3-1-5的毛衫织物设计工艺数据仅供参考。

表3-1-4　毛衫织物设计参考工艺数据

原料		织物组织	机号 E	密度/线圈·cm⁻¹				缩率/(%)		10^4 针转重量/g	缩片方法
种类	T_t/tex			成品		下机					
				横	纵	横	纵	横	纵		
山羊绒纱	38.5×2	平针	12	5.6	8.4	5.4	7.8	3.57	7.14	10.24	揉,掼
				5.9	8.1	5.8	7.8	1.69	3.70	10.10	
	41.7×2		11	5.2	8.0	5.7	7.6	-9.62	5.0	12.40	揉,掼
	55.6×2		9	4.5	7.2	4.7	6.8	-4.44	5.55	15.41	揉,掼
羊毛纱	30.8×2	平针	11	5.8	8.4	5.7	7.8	1.72	7.14	8.75	掼
	$31.25 \times 2 \times 2$		11	5.1	7.6	5.1	7.0		7.89	20.06	蒸
	48.8×2		11	5.3	7.4	5.3	6.8		8.11	15.0	掼
	$31.25 \times 2 \times 2$		9	4.6	7.0	4.7	6.4	-2.2	8.57	21.0	掼
	48.8×2	三平	9	4.4	4.9	4.6	4.9	-4.54		21.3	蒸
	$31.25 \times 2 \times 2$		6	3.3	4.6	3.05	3.9	7.58	15.2	31.0	掼
	30.8×2	罗纹空气层	11	6.1	11.0	6.3	10.7	-3.18	2.73	8.85	蒸
	$2 \times 48.8 \times 2$	平针	9	4.4	6.6	4.5	6.2	-2.27	6.06	35.0	蒸
			6	3.6	5.4	3.6	5.3	—	1.85	53.10	蒸

原料		织物组织	机号 E	密度/线圈·cm⁻¹				缩率/(%)		10⁴针转重量/g	缩片方法
				成品		下机					
种类	T_t/tex			横	纵	横	纵	横	纵		
羊仔毛纱	83.3	平针	11	5.5	8.6	5.6	7.9	−1.82	8.14	11.29	揉,掼
		半畦	11	5.5	8.6	5.5	8.2	—	4.65	11.80	揉,掼
		平针	9	4.5	7.5	4.6	6.9	−2.22	8.0	13.20	揉,掼
	62.5×2	平针	9	4.5	7.0	4.5	6.6		5.71	33.70	揉,掼
	2×71.4	半畦	6	2.2	6.6	2.85	5.6	−29.5	15.15	49.00	掼
驼绒纱	71.4×2	平针	9	4.2	6.7	4.25	62	−1.2	7.46	25.50	揉,掼
				4.2	6.6	4.25	5.95	−1.19	9.85	26.0	揉,掼
兔毛纱	71.4	平针	11	5.2	7.8	5.4	7.0	−3.85	10.26	9.86	揉,掼
	83.3		11	5.2	7.8	5.4	7.0	−3.85	10.26	11.64	揉,掼
	2×83.3		6	3.25	5.3	3.4	4.6	−4.62	13.21	30.90	揉,掼
		畦编	6	2.1	3.35	2.5	3.0	19.05	10.45	70.49	揉,掼
牦牛绒纱	71.4×2	平针	9	4.5	6.8	4.55	6.35	−1.1	6.7	23.48	揉,掼
毛型腈纶纱	38.5×2	平针	11	5.6	8.6	5.7	8.5	−1.79	1.16	9.34	卷
	2×38.5×2		6	3.2	4.9	3.2	4.7	—	4.08	31.0	卷
		三针	6	2.9	3.2	2.9	3.2	—	—	45.0	掼
	38.5×2	四平抽条	11	5.4	7.8	5.7	7.7	−5.56	1.28	17.30	掼
	32.3×2	平针	11	6.3	8.8	6.3	8.8	—	—	7.54	卷

表 3-1-5 1+1单罗纹计算密度

原料规格		针密/针·cm⁻¹	机号 E	计算密度/线圈·cm⁻¹
种类	T_t/tex			
山羊绒纱	38.5×2	4.72	12	11.6
	41.7×2	4.33	11	10.6~11.0
	55.6×2	3.54	9	8.6~9.4
羊毛纱	30.8×2	4.33	11	10.6~11.2
	31.25×2×2	4.33	11	8.6~9.0
	48.8×2	4.33	11	9.2~10.0
	48.8×2×2	3.54	9	6.8~7.8
	48.8×2×2	2.36	6	6.6~7.0
羊仔(短)毛纱	83.3×1	4.33	11	10.0~10.6
	62.5×2	3.54	9	8.8~9.2
	71.4×2	3.54	9	8.6~9.0
驼绒纱	71.4×2	3.54	9	8.6~9.0
兔毛纱	71.4×1	4.33	11	11.2~11.8
	83.3×1	4.33	11	10.2~11.0
牦牛绒纱	71.4×2	3.54	9	8.2~8.6
毛型腈纶纱	38.5×2	4.33	11	8.6~11.0
	32.3×2	4.33	11	10.0~11.0
	38.5×2×2	2.36	6	7.0~7.4
毛腈混纺纱	38.5×2	3.54	9	9.0~9.6
	33.3×2	4.33	11	9.2~10.0

注：表中为1+1单罗纹参数

罗纹织物下机长度：纯毛类品种下摆罗纹比规格长出 0.5~1 cm，袖口罗纹长出 0~

0.5 cm,腈纶下摆罗纹长出 0~0.5 cm,腈纶袖口罗纹同规格长度。

第二节 横机织物组织结构设计

横机织物组织结构除了与一般纬编组织结构相同外,由于其编织条件的不同,可产生其特有的织物结构形成多种花色效应,以下是横机上常用的各种织物组织结构。

一、纬平针类织物

纬平针组织是单面纬编针织物中的基本组织,在成形产品中广泛使用。平型纬编针织机上可以形成多种平针织物。

(一)单面平针织物

使用一个针床编织的片状纬平针织物称为单面平针织物,编织图如图 3-1-1 所示。其两面具有不同的外观,正面比反面光洁,线圈会沿逆编织方向脱散,边缘封闭光滑,纱线连续,织物轻薄柔软,编织操作简便。单面平针是一般成形衣片的最常使用的组织。

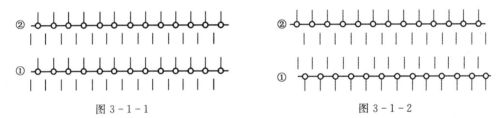

图 3-1-1   图 3-1-2

(二)双层平针织物

机头在两个针床上轮流编织平针组织,就形成双层平针织物。当两针床之间的线圈纵行使两针床上的织物相连,就形成了封闭的织物,俗称"空转"。双层平针织物通过起头及三角工作状态的调节设计,可以形成多种不同形式的织物形状或成品坯件。先举例如下:

1. 管状平针织物

前、后针床织针轮流参加编织,编织图如图 3-1-2 所示。

2. 袋状平针织物

两针床 1+1 罗纹式起口,然后按管状平针编织方法编织,形成封底的口袋,可以用作口袋与饰袋附件或装饰,尤其多用于完美边口。

3. 单侧分离袋状织物

两针床 1+1 罗纹式起口,然后两针床再分别进行单面编织时,使一侧两针床线圈相连,而另一侧前后针床线圈不相连,下机后织物为封底单侧分离的袋状。

4. 阔幅织物

在普通横机上可以编织出两倍于一个针床宽度的织物,那就是将单侧分离的双层平针编织,使其下机后成为阔幅的单面平针织物。

5. 无缝管状条带

只使用一个针床,机头单行程编织纬平针,返程为空程,使 3~5 个纵行的起始纵行与结束纵行相连,而形成封闭管状条带。它中空圆滑,蓬松柔软,编织操作方便,是毛衫产品常用的附件。

二、罗纹类织物

罗纹织物是纬编双面基本组织,由正反面线圈纵行以一定的组合配置而成。罗纹织物的种类很多,平机上常用的罗纹织物有1+1罗纹、满针罗纹、弹力罗纹和其它结构的罗纹织物。

(一) 1+1罗纹

毛衫行业中的1+1罗纹组织又称单罗纹,编织时两个针床针槽相对配置,1隔1抽针排针。图3-1-3为单罗纹组织的编织图。

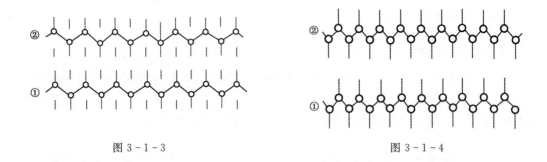

图 3-1-3   图 3-1-4

(二) 满针罗纹

编织时将两个针床针槽相间配置,满针排针编织的1+1罗纹,又称四平针、四平罗纹等,编织图如图3-1-4所示。

尽管单罗纹与满针罗纹线圈配置与结构相同(都是1+1罗纹),但由于织物在弹性、密度、厚度、宽度等有所差别,所以在羊毛衫生产中,习惯将单罗纹与满针罗纹分开。满针罗纹织物横向紧密,弹性较单罗纹好,而且满针罗纹衣片的横向缩率较小,组织比较紧密,厚度较厚,幅宽较宽。

这两种罗纹织物,一般用作编织弹力衫和羊毛衫的下摆、袖口、领口等,另外四平针织物作为外套时,穿着效果较佳。

(三) 弹力罗纹织物

平型纬编产品常称2+2、3+3等罗纹织物,为弹力织物或弹力罗纹,由于毛纱弹性较大,因而同种线圈纵行相连时“卷边”因素造成的包卷现象较大,使得2+2、3+3罗纹织物较1+1罗纹织物具有更小的宽度和更大的横向延伸性与良好的弹性。弹力罗纹结构常用于边口等有收缩感的部位,也用作衣片大身。由于排针编织方式不同,弹力罗纹有两种生产工艺可供选用,如图3-1-5所示。

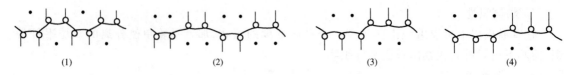

(1)   (2)   (3)   (4)

图 3-1-5

图3-1-5所示,图(1)为针槽相错,2隔1抽针,(2)为针槽相对,2隔2抽针。前一种称为

罗纹式弹力罗纹,后一种称为棉毛式弹力罗纹。3+3罗纹也有两种编织与排针方式,如图(3)、(4)所示。

(四) 其它结构罗纹织物

除1+1、2+2、3+3等结构弹力罗纹组织外,其它结构的罗纹织物,如2+1、2+3、3+5等,起始横列都必须采用1+1罗纹织物的起头方式,编织一个1+1罗纹组织后,再通过移圈翻针操作,变换为其它结构的罗纹组织进行编织。

三、双反面类织物

双反面组织是在双反面横机(两针床水平配置)上编织的,它可根据正面线圈横列和反面线圈横列的搭配及不同横列上针数的变化产生各种凹凸或图案等花色效应。

四、移圈类织物

移圈织物在横机上编织,一般有挑花和绞花两种。

(一) 挑花织物

挑花织物又称起孔织物、纱罗织物,有单面和双面两种。当一个线圈移位于相邻线圈之后,原位置上出现孔眼,如图 1-3-25 所示;也可以两只或多只线圈相互移圈,移圈处的线圈纵行并不中断,外观呈现扭曲效应,如图 1-3-26 所示。如果将这些孔眼或扭曲按照一定的规律分布在针织物的表面,即可形成所需的花型图案和几何图案。

图 3-1-6 为双面纱罗组织线圈结构图。它是在罗纹组织的基础上进行移圈编织而成的。双面纱罗组织的孔眼效应没有单面纱罗组织明显,因此常在抽针的罗纹组织基础上进行编织。

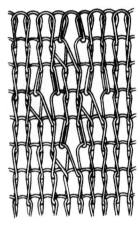

图 3-1-6

(二) 绞花织物

绞花织物又称扭花、麻花、拧花,也是一种移圈花纹织物。由两只或多只相邻线圈相互移圈,使其圈柱彼此交叉起来形成扭曲图案花纹。图 3-1-7 表示一种绞花织物的编织图与线圈

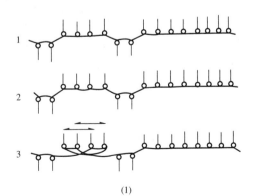

(1)

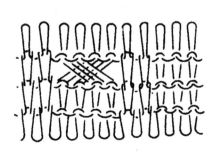

(2)

图 3-1-7

图。按外观花纹效应绞花织物有多种。

1. 凸形绞花织物

为了突出绞花扭曲花纹效应,常采用抽针罗纹为基础组织,进行 1＋1、2＋2、3＋3 等两组线圈纵行有规律交替移圈,在织物表面形成凸起的"麻花"状凸形绞花,花纹纵向排列。

2. 多股绳状绞花

多组线圈纵行有规律地两两组成交替移圈形成多股绳状绞花织物,有以下三种。

（1）外绞式绳状绞花:编织时将中心线圈向外移圈使圈柱置于织物表面,如图 3－1－8(1)所示为一种外绞式绳状绞花。

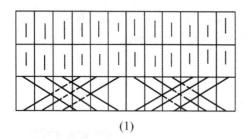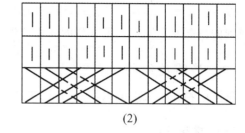

(1)   (2)

图 3－1－8

（2）内绞式绳状绞花:编织时将两侧线圈向中心移圈并使圈柱置于表面,如图 3－1－8(2)所示为一种内绞式绳状绞花。

（3）内外交互式绳状绞花:内绞与外绞交替配置的绳状绞花织物。

3. 网状绞花

图 3－1－9(1)与(2)分别表示凸起网状绞花与凹纹网状绞花的意匠图,图 4－1－9 中(3)为凹纹网状绞花的线圈结构图。

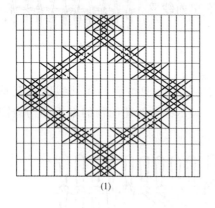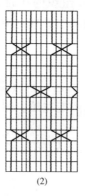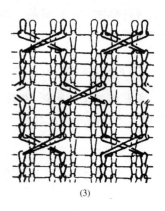

(1)   (2)   (3)

图 3－1－9

五、集圈类织物

1. 多列集圈

俗称胖花织物,胖花织物有单面和双面之分,多采用无退圈法集圈编织。利用集圈的排列和使用不同的色纱,可使织物表面具有图案、闪色、孔眼、凹凸等花色效应。胖花织物的脱散性小,织物丰厚、蓬松。这种组织结构可以掩盖毛纱条干的不匀和轻度色花等纱线缺陷,但易抽丝,弹性较差,横向也易变形。胖花织物多用于女装和童装等类品种的设计。图 3-1-10 为单面胖花组织的线圈结构图。

2. 畦编组织

俗称鱼鳞织物。在横机上以罗纹组织为基础,多采用无脱圈法集圈编织,有半畦编和全畦编两种。半畦编又称单鱼鳞,如图3-1-11(1)所示,这种织物一面全部是单列集圈,另一面为平针线圈。畦编织物又称双鱼鳞织物,如图 3-1-11(2)所示,织物的两面线圈上都含有一只悬弧。畦编织物的性能与胖花织物基本上相同,但由于形成集圈的方法不同,畦编组织上的悬弧比胖花组织小,这种组织较多用于设计婴儿、幼童以及男装套衫等。

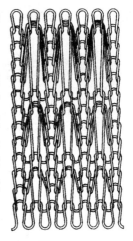

图 3-1-10

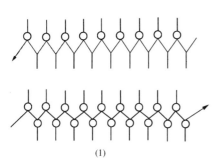

(1)

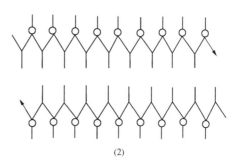

(2)

图 3-1-11

六、空气层织物

横机生产中常用的空气层组织有罗纹空气层与罗纹半空气层两种。

(一)罗纹空气层织物

由罗纹与双层平针复合而成的罗纹空气层织物俗称四平空转织物,是由一横列满针罗纹组织和正、反两横列平针组织复合编织而成,如图 3-1-12 所示。

罗纹空气层织物结构紧密,横向延伸性小,尺寸稳定性比较好,织物厚实、挺括,是羊毛衫外衣化、时装化较为理想的织物,是设计童裤、春秋毛外衣等的面料。

(二)罗纹半空气层织物

编织图如图 3-1-13 所示,由罗纹与平针组织复合而成。织物中单面平针对应的一个表面为凸状,织物中线圈细致、紧密、平整,另一个表面为凹状,线圈横列数为凸面的1/2。该织物尺寸稳定性良好,挺括,比较厚实,但较罗纹空气层织物薄些,生产操作极为简便,是常用羊毛衫外衣织物结构。

七、波纹类织物

凡是由倾斜线圈形成波纹状的双面纬编组织称为波纹组织。形成波纹状花纹的倾斜线圈是由于横机两个针床相对横向移动而形成的,因而波纹织物又称扳花、摇花。波纹织物的类别很多,现介绍常用的 3 类波纹织物。

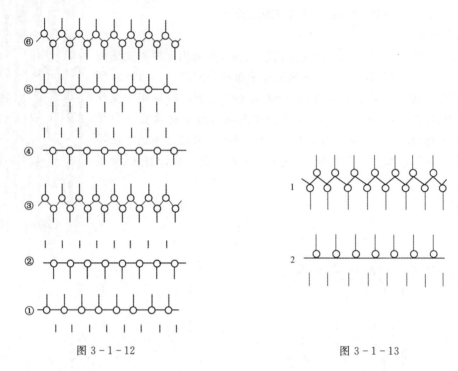

图 3 - 1 - 12   图 3 - 1 - 13

(一) 四平波纹织物

以 1+1 罗纹组织为基础组织,配合针床移动,可以生产 1+1 罗纹波纹组织。通常是采用满针罗纹为基础,因此称为四平波纹织物,又称四平扳花织物。

(1) 图 3-1-14(1)表示的半转 1 扳四平波纹织物中,相邻两纵行的线圈相互交叉形成 X 形,织物中由 X 形纵行方式形成凸条纹路,两行 X 凸条之间凹下,因此外观又与 1+1 罗纹颇为相似,可用作外衣面料,织物具有较好的尺寸稳定性

(2) 图 3-1-14(2)表示的半转 2 扳四平波纹织物是每次针床移动两个针距,织物中线圈明显倾斜,纵向曲折,横向形成水平人字形纹路。

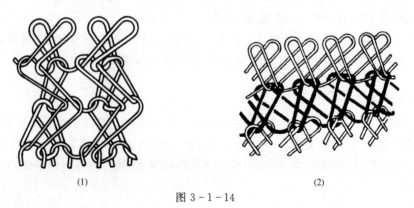

(1)   (2)

图 3 - 1 - 14

(二) 四平抽条波纹织物

这种织物编织时反面线圈对应的针床上满排针;正面线圈对应针床上只排放部分舌针,该

针床为可移动针床，配合一个方向多次移针床以及定时改变移针床方向，可使正面线圈在反面线之上形成凸出的波纹曲折图案，如图 3 - 1 - 15 所示。

四平抽针波纹织物的厚度及面密度介于单面平针与罗纹织物之间，波纹效果明显，常用于羊毛衫上装。

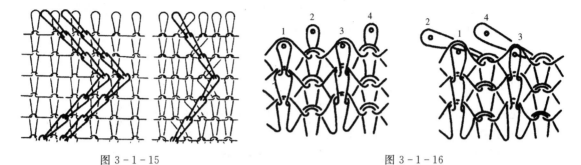

图 3 - 1 - 15　　　　　　　　　　图 3 - 1 - 16

（三）畦编波纹织物

畦编波纹织物的基础组织是畦编组织，两个表面线圈结构相同，交替在两个针床上成圈与集圈，若移动针床成圈后被移动，则移动针床一侧线圈倾斜，其线圈移动方向与针床移动方向相同；若移动针床集圈后被移动，则固定针床上线圈向相反方向倾斜，如图 3 - 1 - 16 所示。

八、提花类织物

提花是平机纬编产品花纹图案形成的主要方法。提花织物主要有单面提花织物、浮线花纹织物、双面提花织物、独立花型织物和嵌花织物等。

（一）单面提花织物与浮线花纹织物

1. 单面提花织物

采用单面提花组织结构在织物正面设计色彩或凹凸花纹图案。凹凸花纹是由不同线圈指数的提花组织线圈形成的。单面提花织物，由于反面有虚线，易产生勾丝现象，因此设计的花型不能太大，以减短织物反面的虚线，也可在织物反面加里衬。

2. 浮线花纹织物

采用单针浮线或 2 针浮线等等长浮线，在提花组织的反面设计花纹图案。并以此表面作为服用面，这是单面提花组织的又一用途。浮线凸起使花纹呈现立体图案效果，可作为外衣毛衫织物。

（二）双面提花织物

一个针床具有选针装置，另一个针床不可以选针的提花横机，只能生产完全提花织物，多色提花时，织物反面与正面线圈横列数之比为 $n:1$（n 为提花色纱数），反面 n 色横条极易干扰正面的花纹图案与图案的色彩效果。

两个针床都具有选针装置的提花横机，可以生产不完全提花织物。一般情况下，织物一个表面设计花纹图案作为服用正面，而另一表面采用跳棋式小花纹作为反面，这样可以使织物正面花纹大小不受限制，而且正面受反面色彩配置的影响较小。

双面提花织物在织物的两个表面都不显露浮线,因为浮线较短且被夹在正反面线圈之间。

(三) 独立花型提花织物

有的提花横机使用织针选针控制器,可以使织物中多数织针进行主色单纱编织,而在织物的某个部位上选针编织两色提花图案花纹,一般用于手动提花横机。独立花纹图案与主色纱线编织的单色织物连接处,往往要使用同色辅助纱线使交接处增加连接牢度和图案边缘的清晰度。

(四) 嵌花织物

嵌花是一种图案技术,它是由两块以上用不同颜色或不同种类的纱线编织而成的织物花块,纵向连接镶拼成图案而产生花色图案效果的纬编花色织物。

嵌花织物有单面与双面之分,它们的花块分别由单面与双面纬编组织形成。

1. 单面嵌花

在羊毛衫生产中使用最为广泛,因为它具有提花织物的色彩效应,图案与花纹清晰,织物反面没有浮线,因此又称无虚线提花。

单面嵌花织物以平针花块为基础组织,因此织物轻薄柔软。

2. 双面嵌花

以罗纹组织花块镶接的嵌花织物是普通的双面嵌花织物。

3. 双层互补式嵌花

两个针床具有相同选针功能的提花横机可以编织双层互补式嵌花织物。一般使用双系统两色双层互补式嵌花编织。一种色纱交替在两个针床某些连续针上形成平针线圈,而另一种色纱则与之互补,也交替地在两个针床的另外针上形成连续线圈,其编织方法如图 3 - 1 - 17 所示。

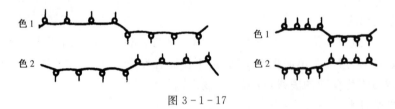

色1

色2

色1

色2

图 3 - 1 - 17

双层互补式嵌花花纹图案清晰。图案处为正反面色纱相反的双层平针组织,花块连接处正反面线圈相交叉。一般用于较细纱线的高档羊毛衫产品,主要用作上衣或装饰。

第二章　毛衫产品设计

本章主要介绍毛衫产品设计,包括款式与工艺设计。即设计或选定产品款式,规格造型,原料类别、纱线线密度、织物组织,编织机械及其主要技术特征,制定出符合产品内在与外观质量要求,并符合单件重量要求的编织织物密度,选定生产工艺路线,确定各种生产工艺参数和工艺要求,进行编织工艺设计计算,制定成衣缝制、整理、绣饰等工艺要求。产品设计与计算结果,要以文件形式编印出来,作为生产中各个工序的指导文件。

第一节　毛衫产品设计的内容与方法

一、毛衫编织工艺设计

毛衫的编织工艺设计,是整个产品设计的重要环节,编织工艺的正确与否,直接影响设计产品的质量、款式和规格,并与产品的用毛率、劳动生产率、成本有很大的关系。

(一) 工艺设计的原则

毛衫的编织工艺设计要根据产品的款式、规格尺寸、编织机械、织物组织、密度、回缩率、成衣与染整手段及成品重量要求等诸因素综合考虑,制定合理的操作工艺和生产流程,以提高毛衫产品的质量与产量。毛衫编织工艺设计的原则为:

1. 按照经济价值分高、低档产品设计

羊绒衫、驼毛衫、兔毛衫、(纯)羊毛衫等产品的经济价值较高,在编织和缝纫方面的工艺均需考虑精细、讲究,设计要精心。腈纶等化纤衫一般属低档产品,在做工上可以简化,在款式上则可多变。

2. 节约原料,降低成本

整个工艺设计过程中,要精心计算,精心排料;减少原材料、辅料的损耗,降低生产成本。

3. 结合实际生产情况制定优化的工艺路线

在制定工艺路线时,必须结合生产的具体情况,根据生产的原料,设备条件,操作水平以及前、后道工序的衔接等因素,制定最短、最合理的工艺路线。

4. 提高劳动生产率

编织工艺的设计,必须在确保产品质量的前提下,有利于挡车工的操作,缩短停台时间,减少织疵,以提高劳动生产效率。

5. 严格执行中试制度

为保证产品的质量,提高工艺的合理性、经济性和正确性,应在设计、试样以后,经小批生产核实工艺,方可批量生产。

（二）编制工艺的设计内容

毛衫产品编织工艺设计内容较广，具体有以下几方面：

1. 产品分析

（1）根据产品款式、配色，确定纱线原料、纱线细度及织物组织结构等。

（2）确定选用编织机器类型和机号等。

（3）确定产品的规格并初步确定用料量。

（4）确定生产工艺流程。

（5）考虑缝制条件、选用缝纫机的机种及确定缝合质量要求。

（6）考虑染色及后整理工艺，并考虑其质量要求。

（7）考虑产品所采用的修饰工艺及所需的辅助材料。

（8）考虑产品所采用的商标形式及包装方式等。

2. 计算生产操作工艺

（1）通过实验小样，确定出织物的回缩率及成品密度。

（2）理论计算横机产品的编织操作工艺。

（3）定出横机产品的编制操作工艺单。

3. 产品用料计算及半成品质量要求的制定

（1）通过实验小样测定织物单位线圈重量。

（2）按编织操作工艺单求出各衣片线圈数。

（3）根据织物单位线圈重量与各衣片线圈数求出单位产品理论重量。

（4）计算横机单件产品的原料耗用量。

（5）制定半成品的质量要求。

4. 制定缝纫工艺流程和质量要求

（1）确定选用缝纫机的型号、规格。

（2）经济、合理地安排缝纫（包括修饰）工艺流程。

（3）制定缝纫各工序的质量要求。

5. 制定染色和后整理工艺及其质量要求

（1）对需染色产品，制定合理、经济的染色工艺。

（2）制定产品最佳的缩绒工艺及其它整理工艺。

（3）正确选用染色及后整理设备的型号、规格。

（4）制定对染色及后整理工艺的质量要求。

6. 确定产品出厂重量、商标及包装形式

7. 技术资料汇总

将产品的技术资料汇总、装订、登记，并存档保管。

二、毛衫产品生产工艺流程

毛衫原料进厂入库后，首先由试化验部门及时抽取试样，对纱线线密度、条干均匀度、色差、色花等项目进行检验，并及时将结论提供给有关部门。

进厂的各种毛纱、混纺纱线、化纤纱线等基本上都是有色绞纱，需经过络纱工序，使之成为适合于针织横机上编织的卷装，然后根据生产计划和经过小批量试制调整后的生产工艺，按照工艺流程进入横机车间编织,半制品衣片(坯)经过检验后,转入成衣工序。成衣车间按工艺要求进行机械或手工缝合,同时根据产品特点,有些还需经过特种整理,如蒸片(坯)预定形,成衣工序中除缝合工艺外,还有拉毛、缩绒以及绣花、扎花、贴花等修饰工序,有的还需经过特种整理以发挥特色和提高服用性能。最后经过检验、熨烫定型、复测、整理、分等、搭配、包装、入库、出厂。

毛衫生产工艺流程:

原料进厂→原料检验→准备工序(倒纱)→编织(横机、柯登机)→半成品检验→成衣工序(机械缝合、手工缝合、修饰工艺、整理工艺)→检验→熨烫定型→整理→分等→包装→入库→成
　　　　　　　　　　　　　　　　　　　　　┗→特种整理

品出厂→反馈信息。

三、毛衫款式与规格、造型设计

(一) 传统款式设计方法

对于男、女、儿童不同穿着对象,传统毛衫几种经典款式以肩的变化为主,有平肩(背肩)、斜肩(插肩)、马鞍肩 3 种常用肩型;肩袖相连,与 3 种肩型相对应的有平袖、斜袖和马鞍袖 3 种袖型。

襟型、领型是款式变化的辅助手段。襟型主要有开襟、半开襟、套头 3 种;开襟又可细分为装门襟、连门襟两种款式。

领型设计是一种形象的设计,常用领型有圆领、V 领两种基本领型及其高(圆高领、樽领)、低(普通圆领)、大小的变化形式。

(二) 时装化毛衫的款式设计方法

毛衫产品中传统经典款式仍占有相当大的份额,尤其是高档(山)羊绒衫、精纺羊毛衫等出口和内销大路产品,但时装化毛衫也发展很快。毛衫的款式结构设计已经成为技术与艺术作品的综合设计。不同的人、周围的环境、衣着潮流都成了毛衫款式设计要考虑的因素。同时更注重廓形、领、腰、肩、袖及边口、装饰等各方面的设计,以体现产品风格及艺术效果。

时装化毛衫设计可以参照各种织物如机织物服装的设计方法,但是要根据针织物具有较大的延伸性、弹性以及横机等成形编织的特点,对款式进行衣片分解。毛衫成品可以是宽松式和紧身式,与其它服装(机织物、皮革等)相比,其主要优越性是表面缝迹少,穿着舒适,随体性好。

参照借鉴服装原型设计法发展起来的毛衫原型设计方法,女装原型分为衣身(上半身)、袖、裙(下半身)三部分;男装原型与童装原型只有衣身(上半身)。

(三) 规格造型设计

规格是产品细部尺寸造型设计。按照人的体型尺寸及毛衫款式造型风格与艺术效果要求,制定出按人体尺寸划分的不同档级规格(俗称尺码),称为厘米号,以及各部位的形状尺寸数值。

毛衫产品规格尺寸表示方法与一般服装不同,与棉(含化纤)针织内衣与外衣服装也不同。毛衫产品上装毛衫、背心以胸围,裤、裙以腰围,围巾、披巾(肩)以长度(或长、宽)的厘米(cm)数表示成品规格大小,称为厘米号。常用羊毛衫产品规格表示方法见表 3 - 2 - 1 所示。弹力(弹力丝或加入氨纶、橡筋)衫、裤规格标识(cm)为虚码。

表 3-2-1　毛衫规格表示方法

规 格 档			厘米号/cm	英 制 号		代 号						
				英寸	cm	称号	名称	参 考 尺 寸				
								英 寸		cm		
间 隔			5	2	5			男	女	男	女	
男衫	范 围		85~115	32~46	81~117	S	小 号	36	34	90	85	
	中档	外衣	100	—	—	M	中 号	38	36	95	90	
		内衣	95	38	97	ML	中大号	40	38	100	95	
男 裤			80~110	—	—	L	大 号	42	40	105	100	
女衫	范围		80~110	30~42	76~107	XL	特大号	44	42	110	105	
	中档	外衣	95	—	—	XXL	特特大号	46	44	115	110	
		内衣	90	36	91			48	—	120	—	
女 裤			80~105	—	—							
童衫范围			45~75	—	—	一般尺寸由客户指定,因销售地区而异						

四、毛衫规格尺寸丈量与衣片分解

(一) 毛衫丈量部位与衣片分解

三种传统经典肩型款式毛衫丈量部位与衣片分解如图 3-2-1 所示。图(1)为平肩 V 领男开衫,前片 F_1 肩部为平型,后片 B_1 收针形成斜肩线,前后片合肩后缝迹在背后又称背肩,S_1 为袖片;图(2)为马鞍肩 V 领套头衫,F_2、B_2、S_2 分别为前、后、袖片;图(3)为 V 领插肩斜袖套头衫,F_3、B_3、S_3 分别为前、后、袖片。成品与衣片部位名称如表 3-2-2。

表 3-2-2　成品与衣片部位名称

成 衣		衣 片	
代 号	部 位 名 称	代 号	部 位 名 称
1	胸围(=1/2 厘米号)	15	前身挂肩收针转数
2	身长	16	前身挂肩平摇转数
3	袖长	17	后身平摇转数
3'	全袖长	18	后身挂肩收针转数
4	挂肩	19	后身挂肩平摇转数
4'	袖阔	20	后肩收针转数
5	肩阔	21	前身、后身、袖口罗纹
5'	单肩阔	22	袖放针转数
6	下摆罗纹	23	袖收针(山头高)转数
7	袖口罗纹	24	马鞍转数
8	后领阔	25	袖山头针数
8'	后领口外档阔	25'	马鞍针数
9	领深(前)	26	前胸阔针数
10	门襟(领边)阔	27,27'	前、后肩阔针数
11	袋阔	28,28'	前、后胸围针数
12	袋深	29	后领口针数
13	袋带阔	30	前领口针数
14	前身平摇转数		

(二) 毛裤规格丈量

图 3-2-2 中(1)、(2)为男裤、女裤规格部位,分为裤片与贴档方块,见表 3-2-3。

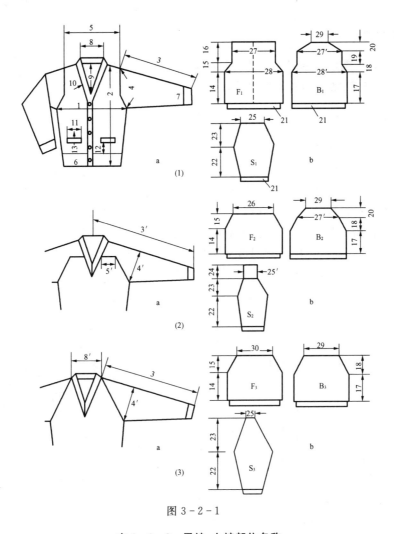

图 3-2-1

表 3-2-3 男裤、女裤部位名称

代 号	1	2	3	4	5	6	7	8	9
部位名称	横 裆	裤 长	直裆（立裆）	方 块	腰罗纹	裤口罗纹	腰 围	门 襟	襟 带
								男 裤	

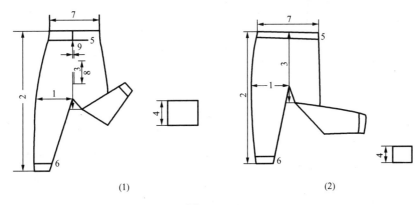

图 3-2-2

（三）围巾规格丈量

图 3-2-3 为长围巾规格尺寸标注。1 为围巾对折长，2 为围巾阔；有时还注明穗长 3、穗头档及每档根数。

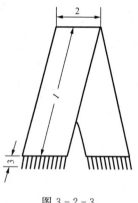

图 3-2-3

（四）毛衫样板制图

在非成形编织或非传统款式的毛衫产品设计中，样板设计是一重要环节。服装样板制图的方式很多，如比例法、原型法、立体裁剪法等。对于一般款式的毛衫产品样板制图，可以采用比例法进行。又由于毛衫织物具有良好的延伸性和弹性，因此它的制图方法要比弹性小的如机织物服装制图简单些。而对于一些有特殊要求的或织物弹性很小的毛衫产品，其样板制图可采用与机织物服装相同的（如原型法）制图方法进行。

图 3-2-4 中（1）、（2）分别为女装衣身与袖片原型及其画法说明。设计参考尺寸为：胸围 $B = 84$ cm，肩宽 $S = 36$ cm，背长 $= 37$ cm。

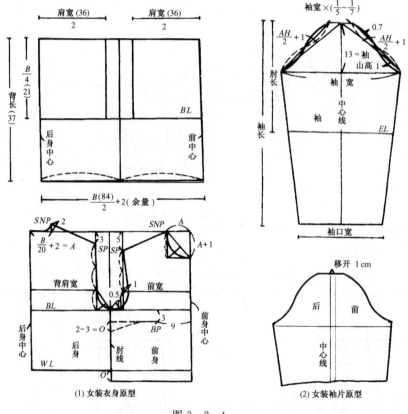

(1) 女装衣身原型　　(2) 女装袖片原型

图 3-2-4

作图步骤如下：

设定比例，画基准线框图，画后身领窝线、肩线、袖窿，画前领窝线、肩线、袖窿、胸线点、省缝线。从衣身原型图上量得袖窿尺寸 AH，它等于前后身两肩点 SP 组成的 U 形袖窿曲线长度。EL 为肘围线，肘长、袖口围（宽）＝手掌围＋1 cm（量体而得）。

(五) 裙原型

如图3-2-5所示，设计参考尺寸为：腰围 $W=$ 62 cm，臀围 $H=90$ cm，裙长＝60 cm。作原型图顺序为：画基准线方框、臀围线 HL，臀长尺寸由量体获得；腰带宽3 cm，腰带长＝$W/2+3$（余量）；裙褶（腰省缝量）$C=3$ cm，长＝10 cm；臀腰尺寸差形成的臀围劈势 E。当 $E>4$ cm 时，可用2个褶缝以在腰围上加大余量进行调整。

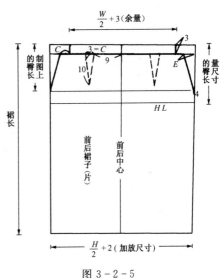

图3-2-5

(六) 毛衫规格的制定

表3-2-4为女装、男装各档规格尺寸及各部位基本尺寸，供参考。毛衫规格的具体尺寸见下面设计举例部分。

表3-2-4　女装、男装各档规格尺寸及各部位基本尺寸　　　　　　　单位：cm

规格		胸围	腰围	臀围	肩宽	背长	总长	上衣长	外衣长	裙　长	袖全长	袖长	裤长	颈围
女装	小	84	62	90	36	37	136	52～62	85～96	50～62	71	53	95	36
	中	90	68	94	38	39	145	57～67	90～100	58～64	75	56	100	37
	大	96	73	100	40	41	150	60～70	95～105	64～70	78	58	105	38
男装	小	90	78	90	40	42	—	65	—	—	77	56	98	38
	中	94	84	96	42	44	—	70	—	—	82	60	103	41
	大	98	90	100	44	46	—	75	—	—	86	64	108	43

总长指后领中点至脚底（或鞋跟底）的长度；后领中点至手腕关节处（手臂自然下垂，过肩点量）为袖全长；肩宽点至手腕关节处为袖长。

毛衫计算工艺时需要的挂肩（袖窿）是从肩宽点至腋下的斜量；沿摆缝方向自腋下至袖上边为挂肩垂直量；自腋下沿织物横列方向至袖上边称袖阔或袖肥。

五、毛衫工艺计算

横机、柯登机成形编织毛衫工艺计算是以织物的成品密度（纵行数/10 cm 和横列数/10 cm）为基础，根据产品款式、规格尺寸（cm）和额定的缝耗，确定衣片的分解方法，计算各衣片所需的针数（宽度方向）与转数（长度方向），确定收针、放针操作方式，绘制产品的编织工艺单。

编织工艺单应包括两部分内容：

(1) 以针转数标出的衣片与附件编织操作工艺，含收针、放针、排针操作法及必要的缝合记号标记；

(2) 使用原料，针织机类别与机号，织物组织类别及对应成品与下机密度，起口与缩片方法，收针要求，下机衣片尺寸（总长度、宽度）等。

计算步骤应列出以便于检查计算结果。

计算使用的织物密度应该先通过实验求得，并经过样品试织与小批量生产加以修正。

织物纵密 P_B 与转数的关系由织物组织结构决定，表3-2-5列举了几种常用织物的纵密与编织转数的换算关系。

表 3 - 2 - 5　纵向密度与机头编织转数的换算关系

织 物 组 织	横 列 数	换算系数 K	化 转 数
畦编、半畦编、罗纹半空气层	1 转 1 横列	1	$1 \cdot P_B$
平针、罗纹	1 转 2 横列	0.5	$0.5 \cdot P_B$
罗纹空气层(四平空转)	3 转 4 横列	3/4	$3P_B/4$

(一) 大身的计算

1. 后身的计算

(1) 胸宽(针数)

① 套衫

$$胸围针数 = (胸围尺寸 - 后折宽 - 弹性差异) \times \frac{大身横密}{10}$$
$$+ 摆缝耗 \times 2 \qquad (3 - 2 - 1)$$

② 开衫

$$胸围针数 = (胸围尺寸 - 后折宽) \times \frac{大身横密}{10} + 摆缝耗 \times 2 \qquad (3 - 2 - 2)$$

为了使毛衫获得较好的外观质量和造型以及使缝迹便于整理,习惯上使毛衫的两边摆缝折向后身,此即为后折宽,其一般取 $1 \sim 1.5$ cm(两边合计)。摆缝耗针数根据缝迹种类而定,每边取 $2 \sim 3$ 针。弹性差异即毛纱被弯曲成圈后力图伸直的弹性力,一般取 $0.5 \sim 1$ cm 左右。

(2) 肩阔(针数)

$$肩阔针数 = 肩阔尺寸 \times \frac{大身横密}{10} \times 肩阔修正值 + 上袖缝耗 \times 2 \qquad (3 - 2 - 3)$$

由于毛衫衣片在缝制成衣以及在后整理工序和服用过程中,肩阔受袖子拉力的影响,使肩部的横密约小于大身的横密,使肩阔增加,进而影响羊毛衫外观,因此引入肩阔修正值,其一般取 $95\% \sim 97\%$。但对高机号(如 11 针及以上)产品,可不作修正。

(3) 挂肩

① 前后身挂肩总转数

$$前后身挂肩总转数 = (挂肩尺寸 \times 2 - 几何差) \times \frac{大身纵密(转)}{10}$$
$$+ 肩缝耗 \times 2 \qquad (3 - 2 - 4)$$

挂肩尺寸为产品规格中给出的挂肩长度,其值为前、后身挂肩长度的平均值。由于此为斜量尺寸,而计算的挂肩转数是竖直方向的,因此出现直角边与斜边长度之差,简称几何差,一般取 $2 \sim 3$ cm。

注意,对斜袖产品不计算挂肩总转数,直接求挂肩以上转数,其后身挂肩以上转数的计算公式为:

$$后身挂肩以上转数 = (袖窿尺寸 + 修正因素) \times \frac{大身纵密(转)}{10} \qquad (3 - 2 - 5)$$

修正因素根据斜袖的倾斜度而定，一般取 6～7 cm。其前身挂肩以上转数等于后身挂肩以上转数减去后身比前身所长出的长度(1.5～2 cm)所折合的转数。

② 挂肩收针次数

$$挂肩收针次数 = \frac{胸围针数 - 肩阔针数}{每次两边收去的针数} \tag{3-2-6}$$

一般对粗厚织物每次每边收 2 针，细薄织物收 2～3 针，且挂肩收针次数应为整数，如不是整数时，可采用分段收针解决。

③ 挂肩收针转数

$$前身挂肩收针转数 = 挂肩的收针长度 \times \frac{大身纵密(转)}{10} \tag{3-2-7}$$

收针次数应按款式来确定，一般挂肩的收针长度男式为 7～19 cm，女式为 8～10 cm，产品的规格大，则取值大。

一般情况下，后身挂肩比前身挂肩少收 1～2 次针，即少织 2～6 转的收针转数。特殊情况下，也可取前后身挂肩收针转数相等。

④ $$后身挂肩平摇转数 = \frac{总挂肩转数}{2} - 后身挂肩收针转数 - \frac{后肩收针转数}{2} \tag{3-2-8}$$

⑤ 摆缝转数 ＝ 后身衣长总转数 － 后身挂肩平摇转数

$$\qquad\qquad - 后身挂肩收针转数 - 后肩收针转数 \tag{3-2-9}$$

(4) 后领(针数)

$$后领针数 = (领口尺寸 \pm 修正因素) \times \frac{大身横密}{10} \tag{3-2-10}$$

后领的测量方法，如测后领尺寸里档量，要加修正因素，如测外档量，则要减除修正因素，加减修正因素的多少，应按领边的阔窄程度来计算。

(5) 后肩收针

① 后肩收针次数

$$后肩收针次数 = \frac{肩阔针数 - 后领针数}{每次两边收去的针数} \tag{3-2-11}$$

② 后肩收针转数

$$后肩收针转数 = 后肩的收针长度 \times \frac{大身纵密(转)}{10} \tag{3-2-12}$$

收针次数应为整数，否则采用分段收针法。后肩收针长度一般情况下，男装为 10 cm 左右，女装为 8 cm 左右，童装为 6 cm 左右，习惯对粗厚织物每边每次收 2 针，细薄织物每边每次收 3 针。

2. 前身的计算

(1) 胸宽(针数)

① 套衫

$$胸宽针数 = (胸宽尺寸 + 后折宽 - 弹性差异) \times \frac{大身横密}{10}$$

$$\qquad\qquad + 摆缝耗 \times 2 \tag{3-2-13}$$

② 装门襟开衫

$$胸宽针数＝(胸宽尺寸＋后折宽－门襟阔)×\frac{大身横密}{10}$$

$$＋(上门襟缝耗＋摆缝耗)×2 \qquad (3-2-14)$$

③ 连门襟开衫

$$胸宽针数＝(胸宽尺寸＋后折宽＋门襟阔)×\frac{大身横密}{10}$$

$$＋(装门襟丝带缝耗＋摆缝耗)×2 \qquad (3-2-15)$$

（2）肩阔（针数）

$$肩阔针数＝胸围针数－挂肩收去的针数 \qquad (3-2-16)$$

（3）身长转数

① 衣片下摆为罗纹

$$总转数＝(衣长尺寸－下摆罗纹长＋测量差异)$$

$$×\frac{大身纵密(转)}{10}＋肩缝耗 \qquad (3-2-17)$$

前后身转数的分配：

A. 平袖平肩和裁剪拷针品种，通常前身尺寸比后身尺寸长 1～1.5 cm，以使肩缝折向后身，使肩缝容易整理且改善外观。

B. 平袖斜肩（背肩）收针品种前后身转数基本相等。

C. 斜袖品种后身比前身长 1.5～2 cm。袖子山头（袖尖）越大，差距也越大。

D. 测量差异系测量身长时，肩折缝距领肩接缝 1.5 cm 处起量，通常需加测量差异 0.5～1.5 cm，如衣长为从领肩接缝处量至下摆底边所得长度，则可不考虑测量差异值。肩缝耗与其它纵行方向的缝耗一样，其大小也根据缝迹种类而定，一般取 0.5 cm。左右，化成转数为 1～3 转。

E. 前身有花色配置或特殊要求的，需调整差异。

需说明的是，上式计算所得的衣长总转数，对平肩、裁剪拷针品种以及平袖斜肩品种来说，其是前、后身衣长转数的平均值；而对于斜袖品种，其为后身的衣长转数。

② 衣片下摆为折边

$$总转数＝(衣长尺寸＋折边长＋测量误差)×\frac{大身纵密(转)}{10}$$

$$＋肩缝耗＋下摆边缝耗 \qquad (3-2-18)$$

（4）挂肩

前身挂肩收针转数及收针次数见后身计算部分：

$$前身挂肩平摇转数＝前身长转数－前身挂肩收针转数－摆缝转数 \qquad (3-2-19)$$

（二）袖子的计算

1. 袖长

（1）平袖袖长转数

$$袖长转数＝(袖长尺寸－袖口罗纹长度)$$

$$×\frac{袖子纵密(转)}{10}＋上袖缝耗 \qquad (3-2-20)$$

此公式适用于袖长尺寸从袖口量至肩缝或领口边的情况。

（2）斜袖袖长转数

$$袖长转数 = \left(袖长尺寸 - 袖口罗纹长度 - \frac{领阔}{2}\right)$$

$$\times \frac{袖子纵密（转）}{10} + 上袖缝耗 \qquad (3-2-21)$$

此公式适用于袖长尺寸从袖口量至领口中心的情况。

袖子的纵、横向密度与大身的不同，因为袖子编织时的排针数较大身少，门幅相对较窄，受牵拉力作用易纵向产生较大变形，再加上缝合、缩绒等工序，最后使得袖子产生"横紧、直松"现象，即袖子的产品横密大于大身横密，而其产品纵密小于大身纵密的现象，如采用相同密度计算，则产品袖子长度会超出规定。因此，工艺设计时，常取袖子横密比大身横密多，而其纵密比大身少，以满足产品成品规格要求。

2. 袖阔针数

$$袖阔针数 = 2 \times (挂肩尺寸 - 袖斜差) \times \frac{袖子横密（转）}{10}$$

$$+ 袖边缝耗 \times 2 \qquad (3-2-22)$$

通常根据经验来取袖斜差值，一般男、女装取 2～3 cm，童装取 1～1.5 cm。其值视胸围规格而异，随胸围增大而增大，随袖窿的肥瘦而增减。

3. 袖山头针数

$$袖山头针数 = (前身挂肩平摇转数 + 后身挂肩平摇转数 - 肩缝耗转数 \times 2)$$

$$\div \frac{袖子纵密（转）}{10} \times \frac{袖子横密（转）}{10} + 袖缝耗针数 \times 2 \qquad (3-2-23)$$

对斜袖品种，其袖山头宽度，男、女衫为 4～5 cm，童衫为 3～4 cm，因此，其袖山头针数可直接由其宽度乘以袖横密而得到。

4. 袖收、放针

（1）袖挂肩收针

$$袖挂肩收针转数 = (袖阔针数 - 袖山头针数) \div 每次两边收针数 \qquad (3-2-24)$$

袖挂肩收针转数，一般取相同或接近于前、后身挂肩收针转数的平均值。对斜袖产品一般袖挂肩收针转数与后身挂肩以上转数相同或接近。

（2）袖片放针次数 = （袖阔针数 - 袖口针数）÷ 每次两边放针数　　　(3-2-25)

$$袖片放针转数 = 袖长转数 - 袖挂肩收针转数 - 袖阔平摇处转数$$

袖阔平摇转数的长度一般为 3～5 cm。

5. 袖口

$$袖口针数 = 袖口尺寸 \times 2 \times \frac{袖口横密}{10} + 袖边缝耗 \times 2 \qquad (3-2-26)$$

袖口尺寸是指罗纹交接处的尺寸，其中男装为 12～13 cm，女装为 11～12 cm，童装为 10～11 cm。

（三）罗纹的排针和计算

1. 下摆罗纹排针

（1）1＋1罗纹排针（条）

$$（胸宽针数－快放针数×2）÷2 \qquad (3-2-27)$$

1＋1下摆罗纹的排针数一般按款式定，开衫产品罗纹排针数与胸宽针数基本相同，快放针数一般每边取 0～2 针，套衫罗纹排针比大身少排 4～6 针，此时快放针数每边取 2～3 针，放针方式视成衣工艺手段与坯布结构而定。

（2）2＋2罗纹排针（对）

$$（胸宽针数－快放针数×2）÷3 \qquad (3-2-28)$$

2＋2下摆罗纹放针规律基本同 1＋1 下摆罗纹。由于 2＋2 罗纹以 2 针并列为一对，在罗纹织完后，翻针织大身时，前后针床相邻两对 2＋2 罗纹在翻针后将并一针，而只有 3 针，故式中需除 3。

2. 袖口罗纹排针

（1）1＋1罗纹排针（条）

$$袖口针数÷2 \qquad (3-2-29)$$

（2）2＋2罗纹排针（对）

$$袖口针数÷3 \qquad (3-2-30)$$

罗纹排针方式见表 3-2-6。

表 3-2-6 罗纹排针方式

名称				排针方式	排针图示
1＋1罗纹，前后针床一隔一排针	粗针型罗纹	下摆罗纹		正面比反面多一针	正面 |0|0| 反面 |0|
		袖口罗纹	不翻口	同上	同上
			翻口	反面比正面多一针	正面 |0| 反面 |0|0|
	细针型罗纹	下摆罗纹		先排正面比反面多一针，再在正面左右两边各加一平针	正面 ||0|0|| 反面 |0|
		袖口罗纹	不翻口	同上	同上
			翻口	先排反面比正面多一针，再在反面左右两边各加一平针	正面 |0| 反面 ||0|0||
2＋2罗纹，前后针床二隔一排针	袖口罗纹	下摆罗纹		反面边上少排一针，即排单针	正面 ||0||0|| 反面 |0||0||
		袖口罗纹	不翻口	同上	同上
			翻口	正面边上少排一针，即排单针	正面 |0||0|| 反面 ||0||0||

（3）罗纹转数

$$罗纹转数＝（罗纹长度－起口空转长度）×\frac{罗纹纵密（转）}{10} \qquad (3-2-31)$$

为使产品边圆顺、光滑、有弹性，横机产品起口需空转，起口空转长度一般为 0.2～0.3 cm，其编织方法参看表 3-2-7。

表 3-2-7　罗纹起口空转织法

织　物		空　转　织　法		要　求
		粗　厚　织　物	细　薄　织　物	
单层罗纹	下摆罗纹	正面 1 横列 反面 1 横列 或 正面 2 横列 反面 1 横列	正面 3 横列 反面 2 横列	正面比反面略松
	袖口罗纹　不翻口	同　上		
	袖口罗纹　翻　口	正面 1 横列 反面 1 横列 或 正面 2 横列 反面 2 横列	正面 2 横列 反面 3 横列	反面比正面略松
双层罗纹		正面 1 横列 反面 0 横列		
翻领或横门襟		正面 1 横列 反面 1 横列 或 正面 2 横列 反面 1 横列	正面 3 横列 反面 2 横列 或 正面 2 横列 反面 1 横列	正面比反面略松
罗　纹 罗纹（满针） 附　件		正面 1 横列 反面 1 横列		正反面松紧基本相同，不宜过紧，拉长率不低于 2.5%

（四）下机衣片计算

1. 下机衣片长度(cm)计算

$$下机衣片长度＝[衣片总转数÷(下机纵密×K)]×10＋罗纹下机长 \qquad (3-2-32)$$

2. 下机衣片宽度(cm)计算

$$下机衣片宽度＝衣片最大排针÷下机横密×10 \qquad (3-2-33)$$

3. 罗纹下机长度(cm)

纯毛类产品

$$下摆罗纹下机长度＝下摆罗纹＋缩耗＋a \qquad (3-2-34)$$

$$袖口罗纹下机长度＝袖口罗纹＋缩耗＋b \qquad (3-2-35)$$

腈纶化纤等不缩绒产品：

$$罗纹下机长度＝罗纹成品长度＋a（或 b） \qquad (3-2-36)$$

一般罗纹边口长度：$a＝0.5～1$ cm，$b＝0～0.5$ cm。

（五）工艺计算补充说明

（1）上述的工艺计算方法是指常规大类品种的情况，在进行具体计算时，需根据羊毛衫款式的具体要求进行。

（2）由于抽条、扎花、绣花、挑花等织物组织的修正因素的不同而影响规格尺寸的，要在计算时加以考虑调整。

（3）为了便于操作，一般取针数为单数，特殊要求例外。

（4）尺寸计算的针数和转数要适当加以修正，以达到所需的整数。

（六）附件工艺

毛衫产品附件工艺的设计计算正确与否，直接影响产品的外观、质量和规格。附件随产品类型变化，形式较多，主要为领、门襟、挂肩、镶边、嵌条等，领形如圆领、一字领、翻领……门襟如半襟、长襟、直门襟、横门襟……附件工艺包括附件的组织结构，机器的机号，原料和进线根数，转数、排针法、收针方法，夹色法，密度要求，记号眼的位置等等，总之要视产品的款式而定。

大类品种附件工艺的计算方法如下：

产品的附件工艺，通常采用实测和计算相结合的方法，这是因为有些产品的附件部位是不规则的几何形状，很难作理论计算，有的也只能模拟计算，而羊毛衫又是具有弹性的产品，为此，在实测和计算的基础上，并注意在缝纫设计中对缝纫工艺的线迹弹性选择，是完全可以弥补计算中的不足之处。

$$领排针数＝领圈周长×\frac{领子横密}{10}＋缝耗 \qquad (3-2-37)$$

其中领圈周长可以领型样板实测或几何形状近似计算，此外领圈周长还要根据领型加减修正。

$$挂肩带针数＝（挂肩尺寸×2＋凹势修正因素）×\frac{挂肩横密}{10} \qquad (3-2-38)$$

$$附件的转数＝附件的长度×\frac{附件的直密（转）}{10}＋缝耗 \qquad (3-2-39)$$

上例均以一层计算，双层者需乘以 2。附件工艺计算后，经反复试制修正才能完成。

六、产品用料计算

按产品编织工艺单，计算单件衣片的针转数，再由单位针转重量算出单件产品使用纱线的用料重量。

（一）单件产品投产用料

1. 单件衣片的用纱重量：

$$Q_0 = \sum nj \qquad (3-2-40)$$

式中：Q_0——单件衣片用纱重量，g；

　　　　n——衣片总针转数；

　　　　j——单位针转用纱重量，g。

2. 投产用纱计算

$$Q_1 = Q_0(1+\beta\%) \qquad (3-2-41)$$

式中：Q_1——单件衣片产品投产用纱重量，g；

β——络纱与编织衣片损耗率,如表 $3-2-8$。

表 3 - 2 - 8　损 耗 率

原　料	精纺毛纱	粗纺合股毛纱	粗纺单股毛纱	混纺、化纤
损耗率/(%)	1.5~2	3~4	4~5	参照毛纱

(二) 毛衫成品理论重量

$$Q = Q_0 + Q_2 + Q_3 - Q_4 - Q_5 \qquad (3-2-42)$$

式中:Q——成品理论重量,g;

$\quad Q_2$——缝合线(含缝毛与缝线)重量,g;

$\quad Q_3$——辅料重量,g;含产品所用的丝带、拉链、袋布、钮扣、珠片、饰件等各项分别计算后再求总辅料重量;

$\quad Q_4$——裁耗重量,g;

$\quad Q_5$——缩毛染整损耗,g。

其中 $Q_2 \sim Q_5$ 由生产中统计实验求得。

(三) 单件产品重量(g)

单件毛衫产品公称重量指在公定回潮率(按毛纱回潮率)下,将该批产品中各色产品混合抽样,称重量(g),计算算术平均值,并以此作为该批产品的单件产品重量值(g)。

七、毛衫成衣工艺

采用缝合方法将成形的衣片、袖片、领片及钮扣、拉链、丝带等辅料连接成衣服的工艺过程叫成衣。有时还要通过绣贴补花等修饰或整理工艺,以形成产品款式和独特风格。因此成衣工艺必须结合毛衫原料、组织结构、产品款式和品质等要求,选用合适的缝线、缝迹、缝合设备和缝合工艺要求。

缝迹应与衣片、附件拉伸条件一致,肩、领、袖、摆等处,应保持一定的拉伸性和弹性,通常要求拉伸率达到130%。

(一) 套口

使用合缝机(俗称套口机)将两片织物进行线圈对线圈的缝合和单片织物锁边(对线圈锁边又称锁活套)。多采用单线链式线迹,其伸长率可达到130%以上。常用于毛衫的肩缝合、挂肩缝合,上领,上袖,也用于衣身和袖的缝合。套口机机号大于衣片编织时所使用的横机机号,不同部件缝合时选用的机号差值也不尽相同,一般取套口机号 E 比横机机号 E 大 $E2 \sim E4$;有的部位则选相同机号。选用时可参考表 $3-2-9$。

表 3 - 2 - 9　套口机机号与横机机号关系

横　机	针密/针·cm^{-1}	1.57	2.36	2.76,3.15,3.54	3.94,4.33,4.72	5.51,6.30
	机号 E	4	6	7,8,9	10,11,12	14,16
套口机	针密/针·cm^{-1}	2.36,3.15	3.15,3.94	3.94,4.72	4.72,5.51,6.30	6.30,7.09
	机号 E	6,8	8,10	10,12	12,14,16	16,18

套口毛纱(又称缝毛)采用股线,其捻度和强度比编织用纱要高。套口缝合时的缝耗,一般合袖缝耗 1 纵行,合身缝耗 2 纵行,合肩、上领等耗 2～4 横列。

(二)平缝

用于部件缝合后的加固(如门襟、带、袋边、包边缝等),缝制商标、拉链;上毛带时起落要打回针;缝耗一般为 0.8 cm。平缝机为双线梭缝线迹,牢固但无弹性,要求缝迹拉伸率大于 120％。

(三)合缝

采用单线链缝线迹缝纫机进行两衣片的缝合,无需对针眼。缝迹具有弹性,要求拉伸率大于 130％。常用于摆缝、袖底缝的缝合。常用缝纫机为 GJ1-1 中速工业用(无刀)切边缝纫机(俗称 24 KS 或小龙头无刀)。缝毛同套口用纱,缝耗 2～3 纵行。

(四)包缝

三线与五线包缝线迹是常用的两种线迹,线迹弹性与拉伸性最好,用于防边缘线圈脱散的布边包缝,也可用于大身、袖的包缝与合缝等。主要用于拷针或裁剪产品。缝耗 0.7 cm,其中缝耗 0.4 cm,拷耗 0.3 cm。缝迹拉伸率大于 130％。一般包边全部采用棉纱。

(五)手缝

1. 缝边

(1)领边、挂肩边需要翻向正面折叠手缝,线圈纵向纹路对齐,压过 24 KS 链状缝迹 0.1～0.2 cm,每眼要回针缝,保证拉伸率要求。

(2)缝门襟边要按门襟规格封闭门襟两端,边口与罗纹平齐。

2. 缝下摆罗纹、袖口罗纹 1 转缝 1 针,缝耗 0.5 纵行。下摆罗纹和 8 cm 长度内的袖口罗纹在反面缝合;8 cm 长度以上的袖口罗纹在正面缝合。摆、袖交叉处(腋下)做加固回针缝。

3. 缝口袋

(1)缝袋带时先抽开袋口夹纱,自下袋口边一端回针缝至另一端。不缩绒产品按成品规格缝制袋口带,缩绒产品另加绒缩因素。

(2)缝袋头时将袋夹里一边与上袋口边针数对齐,按单面组织走针,针针相缝。

(3)缝袋底时袋夹里的另一边按袋口针数对齐,与大身隔针缝在同一横列纹路上,拉伸率与下摆罗纹相同。

(4)封袋。最后将袋带两端封口加固。

4. 钉钮扣

按画线与钮扣眼位置钉钮扣,男衫钉在右门襟,女衫钉在左门襟,用 7.3 tex×4(80 英支/4)对色棉线或 103 # 对色丝线钉钮扣。

(六)画、锁钮眼

按设计要求做。

(七)烫领、烫门襟

烫平前身领口以便于按领样板裁领窝;烫平门襟以便于画线、锁钮眼、钉钮扣。

（八）裁剪

毛衫衣片裁剪分为小裁和大裁两种。对收针成形编织产品的剖门襟、裁领等称为小裁；对拷针品种按样板裁领、肩、挂肩等处称为大裁。

小裁：剖门襟，中间裁口斜不得超过 1 纵行；裁领口左右不得超过 0.5 cm，要左右对称、圆顺。

大裁：挂肩前身按样板裁，后身比前身放出 1.5～2 cm；裁领和肩阔不得超过样板 0.5 cm。

（九）钉商标、吊牌

商标、吊牌均需符合规定。

（十）烫熨成衣

按规格套烫板（或烫衣架），用蒸汽熨斗或蒸烫机蒸汽定形。毛产品温度在 100℃以上，腈纶类产品低温蒸汽定形，温度在 60℃左右。

（十一）整理检验、分等、包装

成衣最后工序，应做到符合出厂要求。

第二节　毛衫产品设计实例

毛衫产品设计方法有多种，不同款式设计方法也不同，但基本原理与步骤相似，现以较为复杂的 V 形领男开衫为例进行介绍。

一、原料与产品款式

1. 原料

采用 71.4 tex×2(14 公支/2)驼绒纱线。

2. 款式

V 形领男开衫外衣，暗袋、装门襟，成形编织。款式图样及部位尺寸丈量方法见图 3－2－1 中(1)a 所示，按图 3－2－1 中(1)b 衣片分解法设计编织工艺。

3. 产品规格尺寸

表 3－2－10 所示为 95 cm 产品规格尺寸。

表 3－2－10　95 cm 产品规格尺寸

编号	1	2	3	4	5	6	7	8	9	10	11	12	13
部位	胸围	身长	袖长	挂肩	肩阔	下摆罗纹	袖口罗纹	后领阔	领深	门襟阔	袋阔	袋深	袋带阔
cm	47.5	66	55	22.5	40	6	5	10	25	3	11	12	2

二、生产工艺流程

（1）纱线准备　色纱编织前检验色别、纱线线密度，领纱称重；络纱、上蜡形成一定大小松紧程度合适的纱筒。

（2）编织　使用机号为 $E9$ 的普通横机,按编织工艺单在选定的横机上编织成形衣片和附件。

（3）衣片检验、缩片,测下机密度、下机长度、宽度。

（4）套口　用 $E12$ 机号合缝机,27.8 tex×2(36 公支/2)同色羊毛精纺纱线套口缝合肩、装袖,从收针花外第 6 横列起套,纵向套 1 针(正面保持 3 针)、横向套在第 3 线圈中。

（5）烫领　烫平前身领口。

（6）裁剪（领）　按前身记号眼裁剪 V 形领。

（7）平缝　缝毛为 27.8 tex×2(36 公支/2)羊毛精纺纱线,缝线为 10 tex×3(58 英支/3)对色棉纱线。

领口卷边:从前身右领尖起沿后领、肩缝至左领尖止,领襟缝在第 3 针纹中。

复缝门襟:门襟放在前身衣片正面,对准下摆、袋、V 形领口、后领粉线,从右襟下摆边口起缝到左襟下摆边口止,衣片缝耗控制在 3 针,门襟缝半纵行,上下回针加固 2 cm。

（8）合缝　用 27.8 tex×2(36 公支/2)羊毛精纺纱线缝合摆缝和袖底,缝耗 2 针,上下回针加固 2 cm。

（9）手缝　用同色 27.8 tex×2(36 公支/2)羊毛精纺纱线,隔针缝下摆罗纹和袖口罗纹;缝袋底,缝袋带,缝门襟两端,边口与下摆罗纹平齐;摆缝和袖底缝交叉处加固回针。

（10）半成品检验。

（11）缩绒　按缩绒工艺:净洗剂 209 为 1.5%,浴比 1:30,温度 35～38℃,缩绒时间 10～15 min,水洗 2 次,每次 10 min,参照绒度标样缩绒。烘干机烘干。

（12）裁剪（剖分前片）　剖开前身衣片抽针处,并裁配丝带,按规定画粉线。

（13）平缝　上丝带,丝带两端各留 1 cm 并按粉线折进,要求丝带折进后退进边口 0.2 cm,并退进门襟带抽针,针迹缝在第一条纵行里。

（14）烫门襟。

（15）画、锁钮眼　在左襟的反面画 5 个钮眼粉线,领口规格处 1 只,下摆罗纹居中 1 只,中间 3 个均分。用 29 tex×6(20 英支/6)嵌线和 10 tex×3(58 英支/3)对色棉线。锁男式凤眼钮眼。

（16）钉钮　右襟钉 26 号 4 眼钮扣。

（17）清除杂质　清除草屑和杂毛。

（18）烫衣　按规格套烫板,汽蒸定形,温度 100℃,注意款式与规格要求。

（19）钉商标。

（20）成品检验　核对原样,检验成品规格质量,按级分等。

（21）称重　按驼绒公定回潮率 15% 条件下同规格不同色别抽样、称重,求出算术平均值。即为该批产品中本规格单件重量(g)。

（22）包装、入库。

三、横机选用与织物设计

（一）机号及横机机型选用

由经验公式 $T_t = \dfrac{K}{E^2}$,已知驼绒纱为两合股,纱线线密度 $T_t = 71.4$ tex×2,合股可降低

$25\%\sim30\%$，取系数 $K=9\,000$

$$E_1=\sqrt{\frac{9\,000}{71.4\times2}}=8$$

$$E_2=\sqrt{\frac{9\,000}{71.4\times2\times(1-25\%)}}=9.2$$

现有机号为 $E9$ 的普通横机可选用。

（二）织物组织与参数设计

经样品实织、测试实验，设计结果如表 3-2-11。

表 3-2-11　织物组织与参数

部　段	组　织	机号	密度/线圈·cm⁻¹ 成品 横	成品 纵	下机 横	下机 纵	缩率/(%) 横	纵	10针转重量/g	缩片方法
前后衣身	单面平针	E9	4.2	6.6	4.25	5.95	−1.19	9.85	26.00	揉、掼
袖	单面平针		4.3	6.2	4.25	5.95	1.16	4.03	26.00	
下摆	1+1 单罗纹			8.8					22.00	
袖口	1+1 单罗纹			8.6						
门襟带	1+1 满针罗纹								0.21 g/cm	
袋带	1+1 满针罗纹								0.14 g/cm	
袋里	单面平针		4.2	6.6	4.25	5.95			26.00	
身、袖收针辫子			4 条				密度横列、转数转换系数 $K=0.5$			
起头空转横列			正 2 反 1							

四、编织工艺计算

表 3-2-12　编织工艺计算过程表

编号	部　位	计 算 方 法	取 值 与 备 注
1	前身胸围针数	$(47.5+1-3)\times4.2+4\times2+2=201.1$	201 针
2	后身胸围针数	$(47.5-1)\times4.2+4=199.3$	199 针
3	后身肩阔针数	$40\times4.2\times95\%=159.6$	159 针
4	后身挂肩收针次数	$(199-161)/4=9.5$ $199-10\times4=159$	10 针
5	后身挂肩收针转数分配	$8\times6.6\times0.5=26.4$ 3 转收 2 针/边，收 10 次，暗收 4 条	27 转 $3-2\times10$（转一针×次）
6	后领口针数	$(10+2\times3)+4.2-10=57.2$	59 针
7	后肩收针次数	$(159-59)/4=25$	25 次
8	后肩收针转数与分配	$10\times6.6\times0.5=33$ 1 转收 2 针/边，收 12 次，暗收 4 条 1.5 转收 2 针/边，收 13 次	33 转 $1-2\times12$ $1.5-2\times13$
9	前身挂肩收针次数	$10+1=11$ 次	$3-2\times11$
10	前身挂肩收针转数	$(11-1)\times3=30$	30 转
11	前身挂肩收针针数	$2\times2\times11=44$	44 针
12	身长转数	$(66-6+0.5)\times6.6\times0.5+2=200.7$	201 转
13	前后身挂肩总转数	$22.5\times2\times6.6\times0.5=148.5$	148 转

（续表）

编号	部 位	计 算 方 法	取 值 与 备 注
14	后身挂肩平摇转数	$148/2-27-33/2=30.5$	30 转
15	后身平摇转数	$201-(27+33+30)=111$	111 转
	前身平摇转数		111 转
16	领深转数	$(25-1)\times0.5\times6.6=79.2$	79 转
17	前肩单肩针数	$\sqrt{10^2+(25\times2/4.4)^2}\times4.2=65.3$	64 针
18	开领转数	前挂肩收针末次同时开领	60 转
		$201-30-111=60$	
19	开领针数	$59-3\times4.2-4-6=36.4$	37 针
20	开领针转分配	取中,拷 7 针	7
		10 转拷 3 针/边,5 次。裁领标记 3 针	$10-3\times5$
21	前身单肩放针针数	$64-(201-44-37)/2=4$	4 针
		开领拷针末暗放针,2 转放 1 针 4 次	$2+1\times4$
22	前身抽针	前挂肩收针第 5 次(第 12 转)抽脱中间 1 针	12 转
23	下摆罗纹转数	$6\times8.8\times0.5-1.5=25$	25.5 转
24	袋阔针数	$11\times4.2=46.2$	46 针
25	袋高转数	$(12-2)\times6.6\times0.5=33$	33 转
26	袖长转数	$(55-5)\times0.5\times6.2+2=157$	157 转
27	袖阔针数	$(22.5-2.5)\times2\times4.3+6=178$	179 针
28	袖山头针数	$[(60+30-4)/(0.5\times6.6)]\times4.3+2=114$	113 针
29	袖口针数	$13\times2\times4.3+4=115.8$	115 针
30	袖罗纹转数	$5\times8.6\times0.5-1.5=20$	19.5 转
31	袖阔处平摇转数	$4\times0.5\times6.2=12.4$	12 转
32	袖收针针数	$(179-113)/2=33$	33 针
		$33/3=11$ 次	29 转,11 次
33	袖收针转数与分配	3 转收 3 针 7 次	$3-3\times7$
		2 转收 3 针 4 次	$2-3\times4$
34	袖记号眼针数	$[113\times30/(30+60-2)]-1=37.5$	37 针
35	袖放针针数	快放,1 转放 1 针 2 次	$1+1\times2$
		$179-2\times2-115=60$	60 针
36	袖放针转数	$157-29-12=116$	116 转
37	袖放针次数分配转数	$60/2=30$ 次,$116-2=114$	30 次,115 转
		4 转放 1 针 22 次	$4+1\times22$
		3 转放 1 针 9 次	$3+1\times9$
38	袖口罗纹针数	$115-2\times2=111$,正 56 针,反 55 针	111 针
39	后身下摆罗纹针数	$199-2\times2=195$,正 98 针,反 97 针	195 针
	前身下摆罗纹针数	$201-2\times2=197$,正 99 针,反 98 针	197 针
40	罗纹袋带长	$(11\times2+3)\times(1+回缩率7\%)=26.8$	27 cm
41	门襟带长	(身长$\times2$+后领阔+门襟阔+缝耗)$\times$(1+门襟带回缩率)	160 cm
		$=(66\times2+10+3+2)\times(1+8\%)=158.8$	
42	门襟带针数	$3\times4.2+3=16$,正 16 针,反(15+1)针	32 针
43	袋带针数	$2\times4.2+2=10$,正 10 针,反(9+1)针	20 针
44	袋底针数	$11\times4.2+4=50$	50 针
45	袋底转数	$(12-2)\times6.6\times0.5+4=37$	37 转
46	门襟丝带长	身长-领深$+3+0.8$回缩$=66-25+3+0.8=44.8$;2 条/件	45 cm

下机衣片阔度与长度控制要求如表 3-2-13。

表 3-2-13 下机衣片针数 N、转数 r 与尺寸

项 目		密度/线圈·cm⁻¹	前 身			后 身			袖 子		
			针	转	cm	针	转	cm	针	转	cm
横向	针数/针	4.25	201			199			179		
	宽度/cm	—			47.3			46.8			42.1
纵向	平针 转数/r	5.95		201			201			157	
	平针 长度/cm				67.6			67.6			52.8
	罗纹 规格	—			6			6			5
	罗纹 回缩量	—			0.5			0.5			0.4
	罗纹 总长度/cm	—			74.0			74.0			58.2

起口空转：正 2 横列，反 1 横列，为 1.5 转。
缩片方法：揉，掼；收针辫子 4 条纵行。

五、绘制编织工艺操作图

V 领男开衫编织工艺操作单如图 3-2-6 所示，下机衣片按表 3-2-13 要求控制。

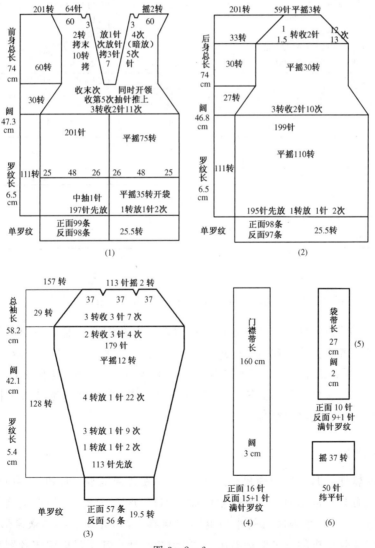

图 3-2-6

图(1)为前身,中间抽1针,32转开袋嵌线,开领为拷针,肩暗放针,挂肩收针第12转将抽针推上、收针开始同时开领;图(2)为后身;图(3)为袖片(2片);图(4)为门襟带罗纹,1+1满针罗纹;图(5)为袋带罗纹2条,1+1满针罗纹;图(6)为袋底(2块),单面平针。前后身下摆为1+1单罗纹,身、袖起头空转为正2反1横列,1.5转。

六、产品用料计算

产品用料计算方法与结果如表3-2-14所示。

表3-2-14　产品用料计算方法

项　目		前身/针转	后身/针转	袖片/针转	附件/cm
单面平针	计算	$199 \times 1 = 199$ $201 \times 110 = 22\ 110$ $(201 - 22) \times 30 = 5\ 370$ $157 \times 52 = 8\ 164$ $161 \times 8 = 1\ 288$ $165 \times 2 = 330$ $2 \times 50 \times 37 = 3\ 700$ 领口拷针针转 $= [(7+37) \times 0.5 \times 52$ $+ 37 \times 8] \times 0.25 = 360$	$197 \times 1 = 197$ $199 \times 110 = 21\ 890$ $179 \times 27 = 4\ 833$ $159 \times 30 = 4\ 770$ $133 \times 18 = 2\ 394$ $(59 + 24) \times 12 = 996$ $59 \times 3 = 177$	$113 \times 1 = 113$ $124 \times 27 = 3\ 348$ $(179 - 22) \times 88 = 13\ 816$ $179 \times 12 = 2\ 148$ $(179 - 3 \times 4) \times 6 = 1\ 002$ $(113 + 21) \times 21 = 2\ 814$ $113 \times 2 = 226$	门襟带 160 袋带 27
	总针转	40 801	35 257	$23\ 467 \times 2 = 46\ 934$	
罗纹针转		$197 \times (25.5 + 1.5) = 5\ 319$	$195 \times (25.5 + 1.5) = 5\ 265$	$111 \times (19.5 + 1.5) \times 2 = 4\ 662$	
重量/g	平针	106.08	91.67	122.03	$160 \times 0.21 = 33.6$
	罗纹	11.70	11.58	10.26	$27 \times 0.14 = 3.78$
	小计	117.78	103.25	132.29	37.38
单件产品用纱量/g		$117.78 + 103.25 + 132.29 + 37.38 = 390.7$			
单件产品投产用纱量/g		$390.7 \times (1 + 3\%) = 402.5$		注　拷针拉网减去1/4重量;络纱织耗3%。	

第三节　家用电脑横机的新产品开发实例

日本产的"兄弟"牌KH系列手摇电脑横机因其强大的编织功能而广受众多毛衫加工编织户和毛衫编织爱好者的喜爱。现就该传统的横机在新产品的开发上作一介绍。

"兄弟"牌手摇横机的主要机型有KH-838型、KH-940型和KH-970型。其中KH-838型为花卡型选针机构,而H-940型和KH-970型为微电脑选针机构。三者都可以编织前述各种常见的毛衫组织结构。

一、设计思路

利用特制的软件与KH系列横机相连接,只需要在普通电脑(PC机)上利用WINDOWS自带的画图软件或者其它常用的平面制作软件如PHOTOSHOP等,直接在电脑上制作各类大型花型图案,再传送到KH系列横机的小型电脑控制器上,就可以编织出众多形态丰富的图案。图案的大小可以达到横机的整个针床宽度(一般为200针),甚至可以将多片图案纵向缝合以形成更宽的图案花纹。

二、设计实例

以下就 KH 系列横机编织大型花型图案的实际应用作介绍。

(一) 编织毛线肖像画

作为传统横机编织用途的拓展,利用横机编织毛线照片将具有广阔的商业前景。客户只需要提供照片,经过扫描仪扫描,通过电脑传到横机的小型电脑控制器中,只需要进行基本编织操作就可以实现照片的毛线化,另外再附加镜框以提高产品附加值。也可以自备数码相机,当场为客户拍照。如果有条件的,可以开设网站,一方面可以做广告,另一方面可以通过电子邮件来传送客户的照片,以实现产品的异地销售。

(二) 编织各类传统图案

各类名画,风景名胜图片也完全可以作为 KH 系列横机编织的一种新产品。

名画实例 1:图 3-2-7

作品名称:**佚名女士**　　　　　作品尺寸:198 针 276 行

作品颜色:墨绿、白两色　　　　　所用材料:腈纶线(四两)

编织方法:单面提花　　　　　　画框尺寸:内框为 60 cm×90 cm

作品说明:19 世纪俄罗斯绘画大师克拉姆斯柯依的作品。该作品真实地表现了一个 19 世纪俄国少女的形象。

名画实例 2:图 3-2-8

作品名称:**蒙娜丽莎**　　　　　作品尺寸:200 针 290 行

作品颜色:黑、白两色　　　　　所用材料:腈纶线(六两)

编织方法:单面提花　　　　　　画框尺寸:内框为 60 cm×85 cm

作品说明:文艺复兴时期意大利著名画家达·芬奇的经典名画。

图 3-2-7　　　　　　　　　　　　　　图 3-2-8

(三) 编织各类宠物、卡通图案

宠物实例:图 3-2-9

作品名称:宠物猫　　　　　作品尺寸:200 针 254 行

作品颜色:黑、白两色　　　　　所用材料:腈纶线(四两)

编织方法：单面提花　　　　　　　　画框尺寸：内框为 60 cm×75 cm

作品说明：家庭宠物——可爱的小猫。

图 3-2-9　　　　　　　　　　　　　　　　　　图 3-2-10

（四）各种字体的字幅

各类名家书法、个人的书法甚至春联、对联等都可以编织。

字幅实例：图 3-2-10

作品名称："喜"字　　　　　　　　　作品尺寸：88 针 90 行

作品颜色：黑、红 两色　　　　　　　所用材料：腈纶线（二两）

编织方法：单面提花　　　　　　　　画框尺寸：内框为 25 cm×25 cm

作品说明：可以作为书法作品装饰家居。

（五）个性化毛衫

可以将以上各个图案以适当的比例加放在毛衫上，以构成个性化毛衫。尤其是人物肖像图案，可满足人们的个性化需要，将会更加具有市场价值。

当然，就编织的色纱种类和纱线细度而言，KH 系列横机新用途还有一定的局限性。如图案的色彩不是很丰富，只适合于编织一些简单的双色组织。若采用多色编织，一方面会增加编织成本，另一方面会增加编织难度。

第四节　双反面圆机的产品设计实例

一、设计概述

大部分毛衫是用横机进行半成形或成形方法编织生产的，而用圆机编织圆筒形毛衫坯布，然后通过裁剪缝制而成，则是毛衫生产的另一种重要方法。其中采用双反面圆机编的毛衫类产品，因其花型风格独特而受欢迎。为减少圆机编毛衫类产品存在的较大裁耗，目前，已开发一些不需要裁剪或经少量裁剪的装饰类和家纺类的产品，其优势明显，还能体现圆机编毛衫产品生产效率高、花型变化能力强等特点。下面主要介绍在西班牙珍宝家（JUMBERCA）DNW 系列双反面圆机上开发毛衫类产品的设计实例。

（一）双反面圆机成圈机件及其作用原理

如图 3-2-11 所示，珍宝家双反面圆机的成圈和选针机件主要有双头舌针 1、上下针筒

2',2、上下导针片 3',3、中间片 4、底脚片 5、选针叉 6、选针片 7 以及上下三角座和机械或电子选针装置(图中未画出)。

其编织原理是根据工艺要求,利用选针装置对选针片 7 进行选择,被选中的选针片将作用选针叉 6 的尾部,使其摆动,其头部将作用底脚片 5 摆出针槽,进而沿上三角,推动下导针片和双头舌针上升,在下针筒上完成上针钩的编织(形成正面线圈)。当上导针片 3 受到上三角作用提升双头舌针 1 至上针筒处,完成下针钩的编织(形成反面线圈)。这样,该双反面圆机就可以在任意横列上实现单针选针,使正反面线圈交替,形成双反面花色组织。

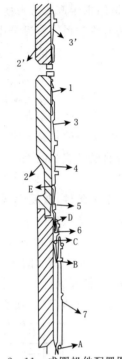

图 3-2-11　成圈机件配置图

(二)花色双反面组织效应

普通的双反面组织是纬编组织的原组织之一,为正面线圈横列与反面线圈横列以一定的规律交替配置。而利用带有选针装置的双反面圆机可以实现正反面线圈以任意规律实现排列,即在同一横列或同一纵行中既可以有正面线圈,也可以有反面线圈的花色双反面组织。

因为双反面组织中,正面线圈下凹、反面线圈凸起,就具有凹凸效应;如将各单个正、反面线圈根据一定的花纹要求进行搭配,便可形成具有设计需要的多种凹凸效应的花纹图案。

二、设计实例

实例 1:牛奶丝盖毯

编织工艺条件:双反面圆机,机号 7 针,针筒直径 30 英寸,原料为 10 支/2 牛奶丝。规格:开幅定型后幅宽 160cm,面密度 650g/m²;成品规格 100cm×50cm,成品单重约 340g。要求用同色锦纶经编布在毯子边缘包边。

花型设计:单色提花双反面组织,意匠图如图 3-2-12 所示。

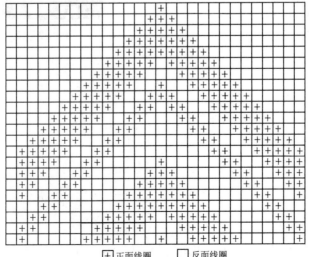

+ 正面线圈　　□ 反面线圈

图 3-2-12

该款牛奶丝盖毯,采用了变化的双反面组织,使正反面线圈交替配置,错落有致。形成了具有凹凸效应和曲折波浪形的花纹效果,被用来生产长方形的盖毯(家纺用品),具有很好的服用性能和市场消费前景。若设计中采用其他原料(如竹纤维、珍珠纤维等),产品还具有一定的保健功效。该实物的布面效果如图 3-2-13 所示。

图 3-2-13

实例 2:毛衫及附件产品设计

对于一些复杂花色组织的毛衫,往往使用电脑横机生产,但是生产成本一般较高。利用花色双反面组织编织毛衫的裁耗较小部位(如领子、门襟、口袋等),再与普通横机编织的毛衫大身片、袖片缝合,也能够得到较为理想的花色毛衫以及用于围巾等附件。

工艺条件:双反面圆机,机号 6 针,针筒直径 30 英寸,原料为 4 支 65%毛/35%腈纶混纺纱。下机开幅定型后门幅 150cm;裁剪后半成品尺寸为 67cm×17cm;成品毛衫门襟尺寸为 65cm×15cm。若生产围巾则可根据规格尺寸相应裁剪后包边得到。

花纹意匠图如图 3-2-14 所示,利用每个纵行连续 3 个正面线圈和连续 2 个反面线圈交替编织,相邻纵行的正反面线圈错开,形成如图 3-2-15 所示的"菠萝"状花纹效果。可用来设计花色毛衫的门襟、领子、口袋等附件,也可用作围巾或儿童毛外套等。

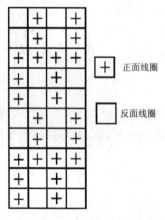

+ 正面线圈

□ 反面线圈

图 3-2-14

图 3-2-15

第三章　手套与围巾产品设计

第一节　手套产品设计

针织成形手套可以在横机、双反面机以及圆型纬编机、双针床经编机等多种针织机上编织。但是大多数的针织手套,尤其是分指手套,是由横机编织生产的。下面简单介绍一下横机编织的分指(五指)手套的产品设计。

一、针织手套款式设计

(一) 手套款式

针织手套产品种类很多,但基本款式有 3 大类,如图 3-3-1 所示。图(1)为独指手套,图(2)为分指手套,图(3)为插指手套。

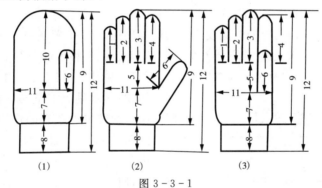

(1)　　　　　　(2)　　　　　　(3)

图 3-3-1

1-小指　2-无名指　3-中指　4-食指　5-小掌　6-大拇摆(大指)
7-大掌　8-统口(腕筒)　9-手背　10-指顶到大指根　11-掌宽　12-全长

表 3-3-1　常用手套全长规格　　　　　　　　　单位:cm

品　名	独指型	五指型	品　名	独指型	五指型
婴 孩 式	12.1 13.6 15.0	— 14.2 15.6	女　式	23.2 24.5 25.7	23.8 25.1 26.4
童　式	16.2 17.5 18.7	16.5 17.8 19.1	男　式	— 	25.4 26.7 27.9
中人式(少年)	19.7 20.9 22.3	20.0 21.2 22.6	劳保罗口式	—	26.9
			劳保平口式	—	25.0

（二）手套规格与测量方法

图 3-3-1 表示各种款式手套的测量方法。

手套的规格往往根据使用对象来区分,规格大小用中指尖至统口边缘既手套全长的厘米数表示。常用手套有 5 种:男、女、中、童、婴。各类手套规格尺寸见表 3-3-1。

二、手套编织工艺操作设计

（一）设计方法

现以自动手套机编织分指手套(五指式)为例,说明编织工艺的设计方法。

1. 编织工艺流程

分指手套的各指是分别编织的,五指手套各指编织顺序为:

(1) 小指→无名指→中指→食指→小掌→大指→大掌;

(2) 编织罗纹口;

(3) 罗纹统口与手套主体缝合,一般由人工完成。

2. 各指间的搭针设计

相邻两指交接处需要有共同的线圈,以保证连接处的强度与外观质量。因此编织时编织上一指的某些针还要参加下一指的编织,称为搭针。

3. 手指选针与搭针的控制方法

机械式自动手套横机上,针槽为深浅不一的倾斜底面,针头一端的针槽较浅,针尾一端的针槽较深,并使针踵没于针床表面之下,不与编织三角相接触,这种舌针为不工作状态。

图 3-3-2 为选针机构及选针与搭针方法示意图。图中 1～6 为顶针摇臂,它们处于针床下方,摇臂的一端具有上下两个凸块。下凸块受带有凹凸齿形的推拉齿条 9 的作用,当下凸块处于齿条 9 的凸面时,则该顶针凸块上抬,例如图(1)中凸块 1 遇齿条凸面,则顶针凸块 1 将其所对应的舌针针尾托起,使舌针与成圈三角作用编织成圈;反之,当顶针凸块处于齿条 9 的凹处时,顶针摇臂便不能托起针尾,因而其对应舌针不参加编织。

搭针处要使用握持槽板 8,将刚退出工作的织针上的线圈握持住,以便使这些针中参加搭针工作的舌针能顺利退圈,参加下一指的编织。

顶针摇臂的宽度由各手指需要的排针数而定。

4. 长度控制工艺设计

手套各部位的编织长度(转数),可以由计数链条控制,流程程序变换由分配滚筒控制。

(1) 计数链条:计数链条有高节链与低节链两种链节;

(2) 分配滚筒:受高节计数链控制,高节链每走过一个链节,分配滚筒撑过一牙;

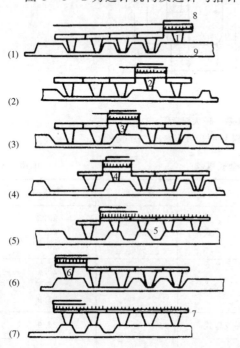

图 3-3-2

（3）一般情况下：

平节计数链一节对应横机机头 2 转；

高节计数链一节对应横机机头 1 转；

（4）机器速度：快速用于编织，慢速用于变换程序动作。

（二）设计举例

现以罗口劳保手套为例说明手套编织工艺设计内容：

（1）产品名称　罗口劳保手套。

（2）款式与测量方法　如图 3-3-1 中(2)所示。

（3）织物组织与产品规格　如表 3-3-2 所示。

表 3-3-2　罗口劳保手套规格

横机		织物组织	原料			成品尺寸/cm					下机重量/g·(10 副)⁻¹
机　种	机号 E		种类	tex	英支数	中指	小掌	大掌	统口	全长	
手套机	E7	筒状平针	棉纱	9×28	21×9	8.4	4.4	6.6	—	26.9	573
罗纹横机	E8	2+2 罗纹		6×28	21×6	—	—	—	7.5		

（4）上机操作工艺　上机操作工艺包括排针方式、五指编织宽度（针数前/后）与长度（转数）、搭针（前/后）、罗口编织工艺与牵拉方式等内容，见表 3-3-3。

表 3-3-3　手套上机工艺

排针方式（四平针）	五指编织针数（前/后）、转数										搭针（前/后）				手掌		罗口		牵拉方式
	小指		无名指		中指		食指		大指		小指与无名指	无名指与中指	中指与食指	食指与大指	转		单床针数/条	转数/转	
	针数	转数	针数	转数	针数	转数	针数	转数	针数	转数					小掌	大掌			
‖‖‖ ‖‖‖	10/10	28	11/11	38	11/11	42	11/11	36	12/12	30	2/2	2/2	3/3	3/3	22	34	—	—	—
∣·∥·∥ ∥·∥·∣	计件连续编织																18.5	28	罗拉式

（5）计数链条排列与分配滚筒（展开）设计　见图 3-3-3 所示。

机头停止运行时快、慢传动离合器都脱开，但其它机构的变换动作仍可进行。

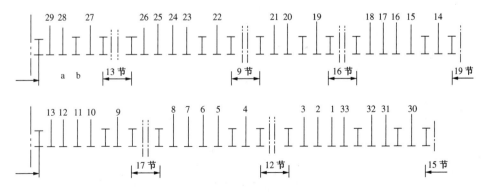

(1) 计数链条排列

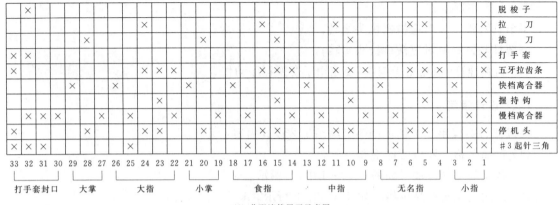

		脱梭子
		拉　刀
		推　刀
		打手套
		五牙拉齿条
		快档离合器
		握持钩
		慢档离合器
		停机头
		＃3 起针三角

33 32 31 30 29 28 27 26 25 24 23 22 21 20 19 18 17 16 15 14 13 12 11 10 9 8 7 6 5 4 3 2 1

打手套封口　大掌　　大指　　小掌　食指　　中指　　无名指　小指

(2) 分配滚筒展开示意图

a—高节链　⊠—对应机构动作变换　b—平节链　□—机构无动作变换

图 3 - 3 - 3

(6) 选针过程设计　手套横机上由拉刀和推刀分别控制五牙拉齿条和四牙推齿条,使推拉齿条上凹凸部分对各指选针,参见图 3 - 3 - 2。

第二节　围巾产品设计

针织围巾的种类有经编巾与纬编巾两大类。经编巾多为轻薄纱巾;纬编巾多为平型厚重毛围巾,使用横机与双反面机编织。

一、围巾品种与规格

1. 款式

围巾的款式有多种,如:长围巾、方巾、三角巾、斜角巾、大方巾、披肩巾,等等。围巾的巾边式样也有多种,如:有穗边、平边、包缝边、荷叶边、牙边、钩边等。图 4 - 2 - 3 所示为带穗长围巾的款式与测量方法。

2. 围巾规格

围巾规格如表 3 - 3 - 4 所示。

表 3 - 3 - 4　围巾常用规格尺寸　　　　　　　　　　　　　　　　　单位:cm

名称类别		长　度	宽　度	穗　长	备　　注
长围巾	特 加 长	180	40	7	穗档:8×2根/1档,每端37档。
	加　　长	166	35	6	穗档:6×2根/1档,每端30档;
	中　　长	150	32	5	
	标准(普长)	140	30	5	
	普　　长	130	29～30	4.5	
	童　　式	110	20	3.5	斟减穗档数
方　围　巾		72～80	72～80	4.5	
		104	104		
儿童方巾		68	68	3.5	
三角围巾		(底边)105	(高)52.5	钩边	
斜角围巾		110	17	钩边	

注(1) 长巾、方巾总长含穗长。(2) 三角巾、斜角巾长含钩边。

二、围巾工艺设计

1. 使用原料

使用横机编织毛围巾常用原料有羊毛、羊仔毛、羊绒纱等。精纺毛纱线密度为 56 tex×2(28 公支/2～36 公支/2);粗纺毛纱线密度为 83～63 tex(12 公支/1～16 公支/1)或 83 tex×2～63 tex×2(12 公支/2～16 公支/2)。

2. 织物组织

围巾常用织物组织有以下 4 种:① 四平罗纹组织;② 单罗纹组织;③ 畦编组织;④ 波纹组织;⑤ 双反面组织。多为两个表面具有相同外观结构的织物组织。

3. 上机编织操作工艺设计

围巾上机操作工艺设计方法与羊毛衫衣片同,应包括排针数、宽度(针数)、长度(转数)以及成形操作说明。

4. 针织毛围巾生产流程

一般流程如下:

原料→漂染→络纱→编织→毛坯检验→开剪→包缝→结穗→缩毛或拉毛整理→蒸烫→成品检验→整理包装→入库。

毛围巾可御寒保暖,防风遮尘,同时可以起美化装饰作用及与套装组合。

第四章　电脑横机产品设计

第一节　设计概述

价格昂贵的电脑横机之所以被国内许多生产厂家所接受,除了其高效、自动化之外,最主要的是其广泛的花型可能性。因此,在进行电脑横机产品设计时,最重要的就是能够利用电脑横机所具有的各种功能,借助电脑横机所提供的设计系统设计出为市场所接受、为用户欢迎的花色产品。

电脑横机产品设计一般有两条途径。一种是比较常用的产品结构,如起头、提花等,电脑横机的辅助设计系统会提供标准的设计程序供用户使用,用户可以根据所要编织的产品去选择相应的现成程序,然后稍加修改即可上机编织。另一种是一些变化较多或结构复杂的产品,就要用户自己开发和设计相应的编织程序。

一、电脑横机产品设计内容

电脑横机是多功能针织机,它可以编织提花组织、集圈组织、各种移圈组织等多种织物组织,还能编织成形产品等等,因而机器具有多类自动控制装置,可完成如调梭换纱控制,选针、三角变换,密度调节,针床横移,牵拉控制,给纱控制,起头、落片控制以及各类自停器控制等。在编织生产过程中,各个控制装置根据产品需要随时变换工作状态。因此,电脑横机都有电脑控制箱及输入键盘。电脑横机的产品设计包括两部分,除了普通横机毛衫产品设计的内容外。还包括上述所有自动电脑控制装置动作的各类控制信号的组织,称之为编织程序设计。将设计好的程序输入到电脑横机的电脑控制箱中,控制电脑横机的运行,产品的试织及程序的检查、修改、贮存。

电脑横机比普通横机产品种类多,其中以羊毛衫产品为主,另外有裤、裙、围巾、披巾、帽子、手套等,还可以编织立体花纹、立体成形产品、产业用特殊织物产品。有的电脑手套横机除编织全成形五指手套外,还可以生产分趾袜子产品。

(一) 产品工艺设计

电脑横机产品的工艺设计内容与一般毛衫产品设计内容相同。由毛衫设计人员设计出产品款式、纱线种类、纱线线密度、横机型号、机号,织物组织选择与密度设计,衣片分解及成衣生产工艺流程,衣片编织工艺计算,编制编织工艺操作文件。

1. 传统编织工艺计算

传统编织工艺中产品设计的计算与编织工艺单的绘制工作一般由人工完成。由本篇第二章可知,对于任何一种款式与不同规格尺寸的毛衫,其计算数据都不相同;设计、试织过程中任何一点小小变动,都将会使计算过程重复一次甚至多次。传统人工进行编织工艺计算的方式,极大地限制了毛衫产品设计的效率和产品开发设计工作的普及和推广。

2. 计算机辅助设计(CAD)

(1) 传统编织工艺计算的 CAD

使用普通计算机及计算机语言,将工艺计算公式、选择数据编制成辅助计算程序,甚至可以将款式及其变化方式和对应计算程序编制为毛衫产品设计 CAD 软件系统。毛衫设计人员可以利用先进的计算机作为工具,快捷准确地完成羊毛衫产品设计计算的全过程,并可将结果存贮于磁盘上,打印出编织工艺及生产工艺流程、成衣整理等全套指导生产的工艺文件。

(2) 计算机辅助花纹设计

计算机辅助花纹图案设计是计算机辅助设计的主要方面。图案可以用键盘、数字化仪或鼠标器绘制出来,也可以用扫描仪或摄像仪把现成的图案输入到计算机里。彩色显示和打印系统的采用,使图案色彩更加逼真,颜色的选择范围更大。各种图案输入手段的采用,扩大了花纹设计的可能性,极大地提高了设计效率。

(二) 电脑横机的程序设计

电脑横机的程序设计,包括将产品工艺设计的内容按电脑横机控制系统可以识别并运行的指令系统要求,进行编制程序设计,还包括横机生产操作程序和计算机操作指令等程序设计与编制工作。程序设计人员必须掌握程序设计系统和相应的指令系统并熟练操作。程序设计也是计算机辅助设计的主要内容之一,但它必须针对相应的电脑横机,因为不同厂家生产的电脑横机结构组成、控制方式、控制指令系统、程序语言系统各不相同。

二、电脑横机的机器控制系统

电脑横机的机器控制系统有 4 部分。

(一) 程序输入系统

编织程序的输入一般有 5 种形式。

1. 键盘输入

利用机器上的键盘直接把编织程序输入给电脑横机的计算机,或对已输入到计算机里的程序进行检查和修改。这种输入方式需要操作人员在整个输入过程呆在机器旁,操作起来不很方便,并且影响机器的正常生产,输入效率低。所以键盘输入法很少用于整个程序的输入,而只是用作其它输入形式的辅助操作或对已输入的程序进行检查、修改。

2. 打孔纸带输入

纸带的修改、保存和复制不很方便,并且要配备纸带打孔机、纸带输入装置。但打孔纸带上存贮的程序可靠且不易抹去。

3. 磁带输入

带有程序的磁带可以复制,在计算机上进行编程、录制、程序检查和修改。但受磁场影响可能使磁带上的程序损坏。

4. 磁盘输入

磁盘输入除具有磁带的优点外,还有存贮信息量大、输入速度快等优点。

5. 利用中心输入计算机输入

把中心输入计算机和多台电脑横机连接,并向多台机器进行程序输入。

（二）存储器和程序控制 CPU

存储器和程序控制 CPU 分别储存已输入的程序和根据程序对电脑横机进行控制。CPU 还可以对程序进行检查和通过机器的各种反馈信号对各种指令进行处理,它是控制部分的核心。一台电脑横机有的只有一个 CPU 系统,有的则有多个 CPU 系统分别对电脑横机的多项功能进行控制。

（三）监视系统

电脑横机的监视系统一般由彩色或黑白监视器、液晶显示器或阴极射线管等方式显示,以便对程序的输入、修改、检查以及电脑横机的编织和运行过程进行监视。

（四）反馈系统

电脑横机运行过程中所处状态和位置信息,如针脉冲、牵拉张力传感器、机头动程传感器等信号,可以由信号反馈系统向计算机提供,以便及时监视和调整。

三、电脑横机的程序设计

（一）编织程序语言系统

为电脑横机设计编织程序使用的计算机指令编程语言,对于不同厂家系列的电脑横机有所不同。生产厂家都有各自的指令程序语言(软件)与设计系统(硬件),使电脑横机产品设计更加复杂化。使用不同电脑横机,需要分别学习掌握各自的语言、系统与程序编制方法。

程序指令系统基本分为两类:一类是专用性较强的指令系统,形成一套全新的软件系统,基本上看不出计算机语言的格式;另一类是明文语言指令系统,程序设计方法比较类似于普通的计算语言格式,可以看到普通计算语言的模式,甚至借用一些指令。现在,各厂家已经发展了较先进的窗口式操作方式,以各种窗口和相应的指令提示来编制编织程序,甚至用图案的方式,由不同颜色表示不同的编织方法、组织结构和不同色纱,这就使程序的编制更加快捷。

（二）编制程序的计算机系统

电脑横机的编织控制程序的编制,很少使用机器上的键盘完成程序编制的全部工作,一般采用某些厂家甚至某些系列的电脑横机开发的计算机辅助设计(CAD)系统。系统一般包括以下主要设备:① 主机,② 显示器,③ 键盘,④ 磁盘驱动器,⑤ 数字化仪,⑥ 扫描仪,⑦ 摄像仪,⑧ 单色或彩色打印机。

该系统完成的辅助设计包括花纹图案设计,也包括程序设计。使电脑横机编织控制程序的编制工作更加简便、省力、省时,且设计范围更大、质量更高。由于它在辅助图案设计和花纹设计方面优越的特性,习惯称这种计算机辅助设计系统为花形准备系统。下面以 STOLL 公司电脑横机的程序设计为例,介绍程序设计的方法步骤。

第二节　电脑横机产品的程序设计实例

示例:STOLL 公司电脑横机的程序设计

一、SIRIX 花型准备系统

SIRIX 花型准备系统是 STOLL 公司为其新一代 CMS 系列电脑横机开发的 CAD 系统。其硬件设备包括 12 Mb 内存, 380 Mb 硬盘的主机; 键盘、鼠标器、扫描仪、摄像仪和数字化仪等输入设备; 1024×1024 高分辨率彩色显示器、黑白或彩色打印机等输出设备以及在线控制和远程通讯系统等。

花型准备系统软件的设计力图最大限度地方便编程人员操作, 采用系列文件夹式立体图标显示的菜单, 当打开任何一个文件菜单、程序或者直接进入相应的操作窗口, 可供编程人员操作; 或者进入下一级菜单, 供进一步选择。

该系统的主要功能包括图形设计、编织程序设计、分析检验和在线控制与通讯等。

(一) 图形设计

图形设计包括通用绘图、图形转换、工艺绘图、嵌花绘图和成型设计等内容。它们是可在主菜单下执行的各级独立的菜单。

通用绘图(paint)在菜单中的图标是一个绘图板和笔, 其功能类似于 Windows 中的绘图软件或其它的通用绘图软件, 用以"徒手"绘制各种色彩的图案。它包括一些绘图功能菜单、色彩选择菜单等。这里所绘制的图形, 在用于编织之前必须作相应的处理。

图形转换的图标为一网格图案, 其功能是将各种原始图案, 如从摄像机、扫描仪中所输入的或绘制的图案转换成适于编织的图案, 它包括对原始图案的色彩进行归并和缩减。

工艺绘图程序使用较多, 其图标为一彩色意匠图, 它与通用绘图程序不同的是, 其功能更强, 而且更适合于工艺要求。图形绘制在特定的意匠格中进行, 可以方便地进行色彩变换及图形的旋转、移动、增加、删减、交换以及使用弹出菜单对其进行其它处理。一些预先存贮的常用图案可以以微型图案菜单的形式显示在屏幕上, 可随时调进绘图窗口。

对于编织程序来说, 它所使用的是符号图形, 即以各种符号(如 A、Y、*、……等)代表不同的颜色, 以便据此进行选针。为此, 该程序设置了文字图形模式, 可以上述符号绘图或将已经绘制的彩色图形转换成相应的文字图形。

为了便于编程人员理解图形的编织过程, 系统设置了编织图模式, 当在窗口中选择了编织图模式之后, 屏幕就将相应的图形转换成标准的针织编织图, 如成圈、集圈和移圈等形式, 以便使设计者直观地了解设计意图。如果设计者想要观看织物效果, 相应的调色板上给出各种线圈结构单元, 设计者可以据此对图形进行转换, 使其成为近似织物实际外观效果的图形, 即线圈结构图。在这些转换中, 屏幕上的某一颜色和相应的字符、编织图符号及线圈结构图符号相对应。

嵌花, 即无虚线提花, 其编织程序较为复杂, 为此, 该系统专门设计了一个嵌花绘图程序, 当选择了该程序时, 它可以将绘制的图形自动转换成嵌花编织的工作模式, 可以自动给出一横列所需的导纱器数、导纱器初始位置, 导纱器进入或退出工作程序以及色块之间连接处的编织方法等内容, 不需再由设计者处理。

全成形程序也是一个独立的程序, 当选择了该项功能之后, 计算机可以根据衣片的形状尺寸进行收放针计算。

(二) SINTRAL 编织程序

SINTRAL 是 CMS 系列横机的编织程序语言系统, 它是一种专门的语言系统。在花形准备系统中,当选择了 SINTRAL 菜单之后,就可以在屏幕上用该语言进行编程。它与通用计算机程序设计语言的使用方法相类似,同时也具有程序的复制、删减、连接、窗口分割等功能,使程序制作更加方便、快捷。它还提供一个将旧式操作系统 VDU 程序文件转换成 SINTRAL 程序文件的功能。SINTRAL 编织程序的详细内容将在后面详述。

(三) 分析与检验程序

分析和检验程序可以将在工艺图中所绘制的各类图形转换成编织信息,与编织程序结合起来,并可以模拟编织,以编织图的形式逐行显示出来或以线圈结构图的形式显示出编织衣片的结构与图案。这一方面使设计人员所设计的程序更准确无误,也可以使设计人员在屏幕上直观地评价其所设计产品的可用与否。如果将所设计的产品以线圈结构图的形式打印出来,就相当于一个样品库,可供客户订货时参考,省却了样品生产的费用。经过分析检验的程序如果无误,就可以供生产使用。

在主菜单下的纱线程序以图形方式为设计人员提供了各种可能颜色和质地的纱线,设计人员可以选择不同的纱线在屏幕上"编织"相应的"衣片",以上述线圈结构图的形式显示出来,从而选择出最佳的纱线搭配。

(四) 在线控制与通讯

在线控制使该系统可直接与多达 120 台横机联机,对其进行监控。它可以将新的编织程序传递到机器内,以取代旧的程序,并开始新衣片的生产;可中断生产过程,改变现有程序衣片的各部分尺寸,如长度、宽度等;可从机器中调出生产信息、每班的生产报告,用以研究和分析生产情况以及及时显示所监控机器的运转状态、停机原因等。

通讯程序在菜单中用信封作为图标,通过该程序再加上集成式调制解调器,就可以使两台 SIRIX 系统在普通电话线上交换信息,可以由 STOLL 公司直接向用户提供程序服务。

二、SINTRAL 编织程序语言系统

SINTRAL 是该公司为其电脑横机所设计的编织程序语言系统。它基本上保持了 BASIC 语言的一些特点,其程序由一条一条语句组成,每一条语句同样有行号、"语句体"和"语句定义符",只是在它的系统中添加了一些特殊的语句或赋予某些指令以特殊的含义。

在该系统中,最多可以使用 4999 行语句,即行号从 1~4999,通常 1~1999 为控制程序行,2000~4999 为花型信息行,相当于数据行,如果花型较大时,可以从 1000 行开始,即 1000~4999,共 4000 行花型信息行。

(一) 说明与预定义语句

1. 注释语句

在程序中的各部位,可以插入一些便于程序员阅读的文字信息。这些语句可以作为单独一条语句,也可以放在其它执行语句的后面。它以字母"C"或 REM 为标志,如:

1 C CMS 400　(机型说明)

2 C 2×1－START　(2＋2 罗纹起口)

100 REP ＊ 20 C REPeat 20 times　(程序循环 20 次)

2．开始与结束语句

在程序中，分别用 START 和 END 语句来说明控制程序的开始和结束。一些注释语句和预定义语句可以在 START 之前，而花型信息则在 END 语句之后（参看后面例子）。

3．导纱器初始位置的设定

在程序开始后，首先要设定导纱器初始位置，即在程序中所使用的导纱器号及导纱器在开始编织之前处于机器的左边还是右边。其语句是：

50 YG：1346/123456

这里"/"将导纱器分为两部分，前面的 1346 为机器左边的导纱器号，后面的数字为机器右边的导纱器号。下面，程序就按照这个配置来使用导纱器。一个程序完结后，其导纱器还应回到这个位置，以使衣片能够连续编织。

4．间接弯纱深度值的设定

该机的弯纱深度值可以从 5.6～23.3 中选择。其中 5.6 为最小值，23.3 为最大值，该值可以直接在编织语句中设定，也可以间接设定。间接设定可以用 $NPn=XX.X$ 来表示，这里 n 可以为 1～25，分别表示 25 档的弯纱深度值，其档号的顺序并不表示实际弯纱深度的大小。如：

20 NP1＝10.0　C SET UP　（起头）
21 NP2＝11.0　C TUBULAR　（空转）
22 NP3＝11.5　C 2×1　（2＋2 罗纹）

这样，在以后的编织语句中，如果将弯纱深度赋值为 NP1，则其实际值即为 10.0，NP3 即为 11.5。该语句一般放在 START 语句之前。

5．编织区

可以用 SEN 来设定参加工作的织针区，如：

100 SEN＝1～500

则表示从左起第 1 针编织到第 500 针。如果在机器上分几片同时编织，可以用 SENn 来对各编织区分别定义，如：

100 SEN1＝1～210；SEN2＝311～520 则表示第一片从左起第一针编织到第 210 针，第二片从第 311 针编织到 520 针。

6．织物牵拉值的定义

织物牵拉值由 WM 来定义，如：

48 WM＝10

表示这里的牵拉值为 10，该值可以为 0～31，数字越大，牵拉力越大。如果在机头运行到机器两端换向时的牵拉张力过小，不足以保证织物边缘的正常牵拉，可以增加织物的瞬时牵拉脉冲值；还可以在牵拉值偏大或偏小时，用百分数对其增减。

（二）编织语句

下面是一句编织语句：

60《S：R(1)—R(1)/R(3)—0；Y：1/2；VR1　S2S3

它包括下面一些内容：

1. 机头运行方向

符号"《"为机头从右向左运行;符号"》"为从左向右运行;一般 STOLL 横机机头开始都放在机器的右边,所以都是以"《"开始第一个编织行的程序。如果机头运行方向不好确定,可以用"《》"表示,也可由机器自行按实际情况运行。

2. 编织组织结构

编织组织结构反映了各系统前后针床的选针与编织情况,它由"S:"引导,其后则为所编织的组织结构,如四平空转可写成:

$$R—R/R—0/0—R$$

这里,斜线"/"将各系统分开,上面为三系统编织;横线"—"连接的是前后针床,由这些线段连接的字母就是相应的选针与编织状态。它有不选针编织、固定选针编织和根据意匠图选针编织 3 种情况,相应的符号如下所示:

(1) 不选针编织

R—全编织成圈

F—全集圈

0—全不编织(浮线)

U∧SR(或 U∧NR)前针床向后钊床移圈

U∨SR(或 U∨NR)后针床向前针床移圈

根据这些符号,上述组织结构为,第一系统 R—R,前后针床全编织成圈(四平);第二系统 R—0,前针床成圈,后针床不编织;第三系统 0—R,后针床成圈,前针床不编织;右边两系统形成一转空转,所以为四平空转。

(2) 固定选针编织

所谓固定选针编织,就是织针按照某一种规律进行选针,如 2 隔 1,3 隔 2 等。此时用符号"D"表示为固定选针,用符号"I"代表参加编织的针,用符号"·"代表不编织的针。如 DII· 或 DI·I 就为 2 隔 1 选针编织。它不仅表示出了参加编织和不编织针的数目,还表示出了从左边起始针开始,编织针与不编织针的顺序关系。如 2＋2 罗纹的编织可以写成 DI·I—DII·,相应的织针排列为:

$$| \ | \ · \ | \ | \ · \ | \ |$$
$$| \ · \ | \ | \ · \ | \ | \ ·$$

这种固定选针所表示的最多针数为 12 针,即 D 后面可以有 12 个相应的符号。当固定选针移圈时,就将固定选针符号直接放在移圈符号的后面,如 U∨SDII· 表示后针床 2 隔 1 向前针床移圈。

(3) 按意匠图选针编织

按照意匠图进行选针就是根据意匠图里的符号进行选针编织。意匠图可以由 19 种不同的符号代表不同的色纱或不同的编织方法,它们是·AY＊TI＋ BGHOWZEKLMPQ。如某三色提花组织,分别用·、A、Y 表示 3 种不同色纱编织的组织点,其编织程序就可以写成:

$$·—R/A—R/Y—R$$

这样,在前针床,每个系统按照意匠图去编织相应的色纱,而在后针床所有的针均成圈。在移圈时,则把色码符号写在移圈符号后面,如 U∧SA 即可,这就表示意匠图中 A 这种组织点从前针床向后针床移圈。一种特殊情况是前后针床相互移圈,即某些针从后针床向前针床移圈,某些针从前针床向后针床移圈。这时,其表示方法为 U×Sn－m,这里 n 为从前针床向后针床移圈的针,m 表示从后针床向前针床移圈的针。如 U×＋－T 就表示所有符号为"＋"的组织点从前针床向后针床移圈,符号为"T"的组织点从后针床向前针床移圈。在集圈时,用"％"号加上所集圈的组织点表示,如 ％A 就表示 A 组织点集圈。

3. 弯纱深度值

在程序中,弯纱深度值可以直接在编织符号后面的括号中给出,如 R(1)－R(3)。这里有两种表示方法,一种是间接表示法,如上所述,这里 1、3 就是前面所定义的弯纱深度档次中的 NP1、NP3 的值,即 10.0 和 11.5。这种方法必须在前面预先定义它们的具体值,否则就会出现错误。另一种方法是直接表示法,如 R(10.0)－R(11.5),其弯纱深度值直接在括号中给出。

如果在某一行程各系统的弯纱深度值一样时,为了简便,也可以由间接弯纱档次统一给出,如:

60《S:R－R/R－0;Y:2/5;NP1－1;S1S2 这里,NP1－1 就表示前后针床针的弯纱深度为第一档的值,即前面所定义的 10.0。

4. 导纱器号

在某一行程中,各系统所用的导纱器号可以在符号 Y 后面给出,如 Y:2/5。这里斜线将各系统分开,即第一系统用导纱器 2,第二系统用导纱器 5。

5. 所用系统号

一般机器为二系统、三系统、四系统或六系统。而在编织时,有时只用到其中的部分系统,这时就必须标明所用的系统号,这些系统号用 S1、S2、S3、S4… 表示。也可以不标明具体的系统号,只用 SX 表示即可,机器自动地选择相应的系统进行编织。

6. 针床横移

在一个行程中,除了必须有上述指令外,有时还需要进行针床横移。针床横移是以后针床相对于初始位置移动针数,用下列符号表示:

V0:针床处于初始位置。

VRn:后针床相对于初始位置向右移动 n 针,这里 n 可以为 1、2、3…;

VLn:后针床相对于初始位置向左移动 n 针,这里 n 可以为 1、2、3…;

V0 时的前后针床位置为:

```
    1'2'3'4'5'6'
    ││││││ ←后针床针
    ││││││  ←前针床针
    1 2 3 4 5 6
```

即前后针床针为相错配置。

上述横移为整针距横移,每次移动整针距,前后针槽为相错,最大移针距离为左右各 50.8 mm(2 英寸)。

除了整针横移外,还可进行半针横移,使针槽由相错变为相对,其符号为:V♯V0。这里 V♯ 就是半针横移,使针槽相对。当遇到移圈指令时,针床自动移到移圈位置,不必给出。

(三) 花型配置语句

对于花色编织,程序需要有相应的花型配置语句,它包括以下几部分内容:

1. 意匠图

花型意匠图是用不同符号表示不同的编织情况,如某三色提花意匠图如下:

1000	Y	·	·	A	·	·	Y
1002	·	Y	A	·	A	Y	·
1004	·	A	Y	·	Y	A	·
1006	A	·	·	Y	·	·	A
1008	·	A	Y	·	Y	A	·
1010	·	Y	A	Y	A	Y	·
1012	Y	·	·	A	·	·	Y

这些符号最多可有 19 种,代表不同的颜色。意匠图的绘制不仅可以在程序中一行一行地给出,还可以通过 SIRIX 系统的图形绘制功能很方便地用各种颜色绘制出来。

意匠图作为程序的一部分,如同数据行,通常放在程序的末尾,在 END 语句之后,从 1000 语句或 2000 语句开始。

在一个程序中可以有一个基本的意匠图,也可以有几个基本的意匠图,各个意匠图分别由 JA1,JA2,JA3…等表示,一个程序中最多可以有 8 个基本意匠图,从 JA1～JA8,在程序中应定义基本意匠图所对应的程序行号,如:

100 JA1=1006(1000～1012)这里表示第一个意匠图从程序的 1000 行开始,到 1012 行结束,如上图所示,在编织时从 1006 行开始编织。

在编织时,可以按从上到下的顺序逐行编织,即按 1006,1008,1010,1012,1000,1002,1004 的顺序循环编织,也可按从下到上的顺序进行编织,即按 1006,1004,1002,1000,1012,1010,1008 的顺序进行编织。在程序中,由符号<1+>表示从上到下编织,而<1->则表示从下到上编织,它被放在编织程序中 S:的后面,如:

135《S:<1+>·－R/A－R/Y－R

如果有两个意匠图 JA1 和 JA2,分别从上到下和从下到上编织,则可以写成:

135《S:<1+2->·－R/A－R/Y－R

这里,1、2 分别代表 JA1 和 JA2。

2. 花型组合

在实际应用中,可以将几个意匠图或意匠图与某些组织点按某种规律沿横向组合起来,形成花型组合,从而产生一个较大的花型。花型组合用 PA 来表示,如:

110 PA:20·5JA14JA25JA120·;

这里,PA 就包括了:

20·:20 针地组织色"·";

5JA1:5 次基本意匠图 JA1;

4JA2:4 次基本意匠图 JA2;

5JA1:5 次基本意匠图 JA1;

20·:最后 20 针地组织色"·"。

编织时,就可以根据需要从这里选取相应的部分进行编织。

3. 图案在机器上的配置

上述图案的花型组合在机器上如何编织,沿横向从哪一纵行开始编织,到哪一纵行结束,也必须予以定义,这里用 FA～FZ 或 F0～F9 来定义。如上述花型组合,假如 JA1 花宽为 7 纵行,JA2 花宽为 9 纵行,则整个花型组合的宽度为:

20•:从 1～20 纵行	20 纵行
5JA1:从 21～55 纵行	5×7＝35 纵行
4JA2:从 56～91 纵行	4×9＝36 纵行
5JA1:从 92～126 纵行	5×7＝35 纵行
20•:从 127～146 纵行	20 纵行
合计	146 纵行

如果给出:

FS＝1～146

FA＝5～142

那么,FS 就从花型组合的第 1 纵行开始到最后一个纵行,而 FA 则从花型组合的第 5 纵行开始到第 142 纵行,即前面的 4 纵行地组织不编织,而从第 5 纵行开始,只编织 16 纵行"•",后面也有 4 纵行地组织"•"不编织。这样,如果要改变衣片尺寸就可以用同一花型组合,通过选择其中的不同部分,改变编织的纵行数来实现。

在进行了上述选择之后,它们还应该在机器上进一步进行组合和配置,这时用指令 PM,如:

120 PM:4FS;

说明在机器上要编织 4 块 FS 所定义的花型。这里,起始针从机器上左起第 1 针开始,直至 4 个 FS,即 584 针止。也可以不从第 1 针开始编织或与其它花型或色组织点配合使用,如:

120 PM:10:4FS<•>

这时,就从机器上的第 10 针开始编织,编织 4 个 FS 所定义的花型,然后再一直编织地组织色"•"。直至结束。如果在一台机器上编织几片衣片,并将其分开,可以用另一种符号色将其分开。如:

120 PM:FSTFSTFSTFS

在实际编织中,组织点 T 始终不编织,形成抽针记号,这样就可以形成 4 片衣片。

(四) 其它语句

除上述语句外,该系统还有一些选择、转向、循环等语句,这些语句使程序编制起来更加方便、简练、快捷。

1. GOTO 语句

GOTO 语句将程序转到指定的行号去执行,如:

200 GOTO 300

⋮

300 《S:R(4)－R(4)/R(1)～0;Y:5/1;S2S3

2. 判断语句 IF

该语句后面的条件存在可转到相应语句,否则继续执行下面的语句,如:

220 IF♯126＞200 GOTO999

230 GOTO 200

999 END

这里♯126 是一个变量,如果该变量值大于 200 时,就转到 999 行,程序结束,否则执行下面语句,即回到 200 语句执行。

3. GOSUB 语句

该语句可以执行一段子程序,其格式为:GOSUBm 或 GOSUBm－n,当执行完子程序语句后又回到原来的地方继续执行,这对于一些需要经常运行的语句来说,是非常有用的,如:

120   GOSUB 300～400 转到 300 语句执行直到 400 语句,执行完再回来。而:

120   GOSUB 300 则只转向 300 语句执行完就回来。

4. 循环语句

该系统有两种循环语句,一种是:

REP……REPEND

另一种是:

RBEG……REND

这两种功能是一样的,它们都可以使其间的程序循环执行若干次,并且可以嵌套使用。但在嵌套使用时,一般 REP…REPEND 为内层循环,RBEG…REND 为外层循环,还可以有多重循环嵌套。如编织若干横列四平空转的程序可如下编写:

100   RBEG * RS1

120   《S：R－R/R－0/0－R；Y：2/3/4；S2S3S4

130   》   S1S2S3

140   REND

这里,RS1 是一变量名,可以在程序中或在编织时键入相应的值,它可以反映出该四平空转编织的横列数,这个变量也可以常量的形式给出,如 RBEG * 10,则表示这段程序执行 10 次。程序中的 130 行因与 120 行编织的组织相同,故仅给出其机头运行方向和参加编织的系统数即可。

5. 函数

对于经常使用的程序,如各种起头、各种提花及各种常见的组织结构,可以将其编制成相应的函数,相当于子程序,以备以后调用。函数由函数起始语句 FBEG 加函数名开始,由函数结束语句 FEND 结束,如,横条反面三色提花的函数可以如下编写:

80   FBEG：JAC－3－COLOR

82   《S：＜1－＞·－R/A－R/Y－R；Y：4/5/6；S2S3S4

84   》   S1S2S3

R6   FEND

这里,JAC－3－COLOR 就是该函数的函数名,调用时,只要在主程序中调用该函数名即可。即：

```
100    F：JAC－3－COLOR
```

该语言系统还有一些其它语句,在这里就不一一列举了。

三、程序举例

为了使大家对 SINTRL 语言系统有一个更全面系统地了解,下面给出一段二色提花衣片的编织程序。

```
10     NP1＝10.0
11     NP2＝11.0
12     NP3＝11.5
30     START
50     YG：8/1133557
100    SEN＝1－210
105    JA1＝1130(1100－1130)
110    PA：JA1
115    FA＝1－17
120    PM：＜·＞#1：#2(FA)＜·＞;
125    F：RIBSTART 2＋2   (调用2＋2罗纹函数)
130    F：TRANSFER TO   PATTERN   C 调用过渡横列函数
135    F：2－COLOR－JAC＊RS2   C 调用二色提花函数并执行 RS2 次
299    END
300    FBEG：RIBSTART   2＋2   C   2＋2 罗纹函数
302    《S：R(11.5)－R(11.5)/R(12.0)－0;Y：1/1;S2S3
303    》S：0－R(12.0)/R－R;Y：8/1;S2S3
304    《S：U∧SR/0－R(13.0);   Y：1;S2 S3
305    》S：U∨SD·· I;V0                S2
306    《S：U∧SD·· I;VR1                S2
307    》S：DI·I(9.0)－D I I·(11.0);Y：1;S2
308    《S：R(10.0)－0/0－D I I·;Y：0/8;S2S3
309    》S：R－0/D I·I(1)－D I I·(1);Y：O/1;S2S3
310    IF RS19＝1   F：WITH ELASTIC C 调用加弹力线函数
311    IF RS19＜＞1 F：WITHOUT   ELASTIC   C 调用无弹力线函数
312    RBEG＊RS1
313    《S：D I·I(3)－D I I·(3);Y：1/1;S2S3
314    》                        S2S3
315    REND
316    FEND
318    FBEG WITH EIASTIC C 带弹力线函数
319    《S：D I·I(3)－(3)0/0－D I I·;Y：1/7;S2S3
```

```
320    》S：0－DＩＩ・/DＩ・Ｉ－DＩＩ・；Y：7/1；V0S2S3
321    FEND
323    FBEG：WITHOUT ELASTIC   C无弹力线函数
324    《S：0(3)－(3)DＩＩ・；Y：1；S2
325    》S：DＩ・Ｉ－0；Y：1；V0      S3
326    FEND
330    FBEG：TRANSFER TO PATTERN   C过渡横列函数
332    《S：DＩ・Ｉ－DＩＩ・/R－0；Y：1/1；S2S3
334    》S：0－R/R－R；                S2S3
336    FEND
340    FBEG：2－COLOR－JAC C 二色提花函数
342    《S：＜1－＞・－R/A－R；Y：3/5；S1S2S3S4
344    》                       S1S2S3S4
346    FEND
```

```
1100 ・ ・ ・ ・ ・ ・ A ・ ・ ・ ・ ・ ・
1102 ・ ・ ・ ・ ・ A A A ・ ・ ・ ・
1104 ・ ・ ・ ・ A A A A A ・ ・ ・
1106 ・ ・ ・ A A A A A A A ・ ・
1108 ・ ・ A A A A A A A A A ・ ・
1110 ・ A A A A A A A A A A A ・
1112 ・ A A A A A A A A A A A A A ・ ・
1114 ・ A A A A A A A A A A A A A A ・
```

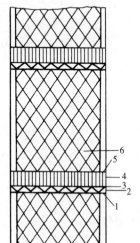

图 3－4－1

1-上一衣片结束横列
2-分离横列
3-起口横列(关边)
4-2＋2罗纹下摆
5-过渡横列
6-大身(二色提花)

```
1116 ・ A A A A A A A A A A A A A ・ ・
1118 ・ ・ A A A A A A A A A A A ・ ・ ・
1120 ・ ・ ・ A A A A A A A A A ・ ・ ・
1122 ・ ・ ・ ・ A A A A A A A ・ ・ ・
1124 ・ ・ ・ ・ ・ A A A A A ・ ・ ・
1126 ・ ・ ・ ・ ・ ・ A A A ・ ・ ・
1128 ・ ・ ・ ・ ・ ・ ・ A ・ ・ ・ ・
1130 ・ ・ ・ ・ ・ ・ ・ ・ ・ ・ ・ ・
```

　　该程序所编织的衣片草图如图3－4－1所示。该衣片被分成6部分,分别由程序中调用各编织函数编织而成。1～3部分,即罗纹边以下部分,调用了2＋2罗纹函数,其编织图如图3－4－2所示。

　　这里,程序的302～307行编织上一衣片的结束横列,并为下一衣片的编织作准备,它对应于编织图中的1～9行。这是在电脑横机中进行衣片连续编织时所必需的。在程序的302～303行,前后针床针首先满针编织一个横列的满针罗纹,然后前后针床分别编织,形成空气层,最后再编织一行满针罗纹。这样,不管上一件衣片最后一横列为什么状态,前后针床所有针在这里都吃线编织,为下一片衣片的编织作好了准备,这对于挂布后重新起头同样适用。这里罗纹时的弯纱深度值为 11.5,平针空气层时的弯纱深度值为 12.0。为了便于下一衣片 2+2 罗纹的编织,在第 304～306 行,将前针床所有线圈移到后针床,使前针床成为空针,并使后针床形成二隔一成圈的配置。然后,在第 307 行,在上一行程,针床处于 VR1 位置的情况下,前后针床分别二隔一出针,编织 2+2 罗纹的起口,如图 3-4-2 中 5～9 行所示。至此,上一衣片的结束横列就完成了。

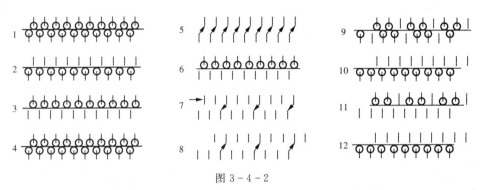

图 3-4-2

第 308、309 行为分离横列。在 308 行,第一系统前针床全出针,后针床不出针(R(10.0)-0),但第一系统的导纱器为 0,这就是说该系统只出针不带线,从而使前针床所有针上的线圈脱掉,第二系统后针床用分离线 8 二隔一编织;309 行的第一系统与上一行的第一系统相同,使前针床针上再脱一次圈,以保证前针床所有针上的线圈都脱掉,并使闭口针的针口打开,此时织物只由后针床编织的线圈连接起来(图 4-3-2 中 10～12 行);在第二系统,前后针床二隔一出针,编织 2+2 罗纹的起口部分。这样,在下机后只要将分离线 8 从织物中抽出来,两片衣片就分离开了。分离线一般用较细,但强度较高,表面光滑的纱线为好。

按照常规起口方法,当起始横列完了之后,要编织一转或一转半空转,使摆口不出现荷叶边。如果此处再加一根弹性纱线,如橡筋线或氨纶线,则会使接口处弹性更好。为此,这里安排了两个函数,一个是加弹力线函数,一个是不加弹力线函数,由变量开关 RS19 选择,即如果在机上或程序里将变量 RS19 赋为 1,则调用加弹力线函数(310 行),此时执行 318～321 行程序,在后针床由导纱器 7 织两次弹力纱线,并在最后由罗纹纱线导纱器在针床回零(V0)后编织一横列 2+2 罗纹。如果变量 RS19 不等于 1,则程序调用无弹力线函数,执行 323～326 行程序,由导纱器 1 编织一转空转,同样也把针床置零位(V0)。这里之所以在 324 行由系统 S2,在 325 行用系统 S3 编织,是因为在 4 系统机上,当机头从右向左运行时的第二系统即为从左向右运行时的第三系统,这样使用可以避免导纱器在系统之间换来换去,如图3-4-3所示。

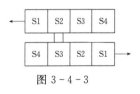

图 3-4-3

起口空转部分织完之后,从 312～315 行就可以编织若干横列的 2+2 罗纹了。这里,编织罗纹的横列数由变量 RS1 来确定,可以在机器上或在程序中给定 RS1 的值。因为每一循环编织 4 横列的 2+2 罗纹,所以当 RS1 为 5 时,就可编织 20 个横列。

执行完 2+2 罗纹函数,130 行调用过渡横列函数。过渡横列函数如 330～336 行所示,它是将二隔一选针编织的前后针床通过一转空转之后转换成满针编织(四平),以便进行下面的编织。过渡横列通常起承上启下的作用,它要根据大身所要编织的组织将针配置成相应的状态。如大身为单面编织时,就要将一个针床针上的线圈转移到另一个针床上(翻针),使其成为空针,以便在另一个针床上编织单面。

135 行调用二色提花函数编织衣片的大身部分。这里在调用的函数后面加上了该函数运行的次数,即变量 RS2,它与变量 RS1 一样,是用于设定所编织提花部分的横列数的。二色提花函数从 340 行开始到 346 行结束。在四系统机上用 4 个系统同时编织,两把 3 号导纱器穿一种色纱编织"·",两把 5 号导纱器穿另一种色纱编织"A",两行程为一循环,共编织 4 个横列,编织时从意匠图中的第 1130 行开始向上编织(<1->),其花型组合只有 JA1,即 1100～1130 行所绘制的一个意匠图(110 行),花型从意匠图的第 1 纵行到第 17 纵行(115 行)。在机器上编织时,为便于缝制,在花型两边各留出若干针在正面只编织地组织色,如 120 行所示,即从机器左边的第一针开始编织地组织色,当编织到第♯1 针时,开始编织 FA 所定义的意匠图,编织♯2 次,然后在最后几针再编织几次地组织色,直至结束(至第 210 针)。这里的♯1,♯2 如同 RS1,RS2 一样,同样也是变量名。这种衣片可以根据需要在机器上连续不断地编织下去。

四、程序上机与机上的信息显示

编制好的程序可以存入磁卡或通过在线控制输入到横机的控制电脑中,控制机器进行生产。在生产过程中也可以随时查阅和修改有关的参数以及对编织过程进行监控。在机上程序的输入、修改、显示以及执行是通过一个可以在机上滑动的特制显示器及键盘来进行。

(一)程序上机

程序上机通常需要开机准备、程序测试和开机生产几个步骤。

1. 开机准备

开机准备包括下面几步:

(1) 用(CTRL A)键进入控制系统。

(2) 用"EALL(RET)"指令删除机器中以前的程序。

(3) 从磁卡中或通过在线控制读入程序。

从磁卡中读入程序时,将磁卡插入机中的磁卡孔,按键(F3),显示器就可显示主菜单,如图 3-4-4 所示。

```
* * * * * * STOLL KNIT-MEMORY-CARD * * * * * *
1    -    READ PATTERN(SINTRAL+JACQUARD)
2    -    READ SINTRAL
3    -    READ JACQUARD

4    -    SAVE PATTERN(SINTRAL+JACQUARD)
5    -    SAVE SINTRAL
6    -    SAVE JACQUARD

7    -    CATALOG
8    -    ERASE PATTERN
9    -    CADE INIT

SELECTION:(1~9)
```

图 3-4-4

这里 1 为读入程序,包括编织程序(SINTRAL)和花型程序(JACQUARD);2 仅读入编织程序;3 仅读入花型程序;4 为存程序,包括编织和花型程序;5 仅存编织程序;6 为存入花型程序;7 为显示目录;8 为删除程序;9 为磁卡初始化。选择 1 并按回车键(RET)确认后,屏幕上则显示出存在磁卡上的程序内容,如图 3-4-5 所示。

```
* * * * * *    STOLL  KNIT-MEMORY-CARD  * * * * * *
* * * * * *    CATALOG   TOREAD THE PATTERN * * * * * *
CARD NAME:CMS440 d

1   *    EUN1
2        EUN2
3        EUN3
4   *    EUN4

SELECTION:(1,2,……)

5 READ VALUES INTO THE CATALOG
153694 BYTE FREE, 108450 BYTE USED AND 0 BYTE ERASED
```

图 3-4-5

这是要读的程序的目录,它包括卡名 CMS440-d 及 EUN1,EUN2,EUN3 和 EUN4 四个程序,此时,选择所要编织的程序号,并用(RET)键确认后,则开始读此程序,并在显示器上显示正在读盘的信息,直至显示器上显示出"$"符号时,就说明程序已经读入进来,这时,开机前的准备已完成。

2. 程序测试

程序测试包括输入控制循环数值和测试程序两部分。

在程序中,我们已经注意到有一些变量如 RS1,RS2…,用来定义所编织循环的循环次数,这些变量通常要在机器编织之前在机上赋值,如我们已经在程序中设定了:

14 C RS1=2×1 cycle

15 C RS2=1st pattern cycle

即:RS1 为 2+2 罗纹的循环次数,RS2 为第一个花型的循环次数,在机上通过键盘给它们赋值并确认,如:

"RS1=4(RET)",

"RS2=16(RET)"。

然后,应对程序进行测试,检查有无错误。键入指令:

"TP(RET)",

如果检查程序无误,则显示器上显示出:

"PATTERN OK,150 REVOLUTION s",

即程序无误,共需编织 150 转。这样就可以继续进行。如果程序有误,就必须在编织之前将其修正过来。

3. 开机

(1) 给出生产件数:在开机生产之前,首先给出所要生产的产品件数,如键入:

"ST=4(RET)",

则表示该衣片连续编织 4 片后自动停机。

(2) 检查导纱器:键入指令"SP(RET)",屏幕上将显示出导纱器初始状态。如果上一衣片编织完后;某一导纱器处于新程序所要编织衣片的织针工作区范围之内时,显示器上将会显示出:

"Y5 IN NEEDLES(Y→YH,EAY)",

这表示第 5 号导纱器现处于织针工作区,必须将其退出去,然后用"EAY<RET>"确认,再敲入指令"SP<RET>"进行检查,直至导纱器都处于正常的初始位置为止。

如果想要知道每个导纱器应该处于何种位置,可以键入"Y？ <RET>"进行询问,显示器就会显示出导纱器所应处的位置,如:

Y－4A：YP＝295 YG＝295…

则表示第 4A 把导纱器应位于第 295 针处。如果此数值为负值,则表明导纱器应位于针床有效长度之外。

在调整完导纱器之后,就可以抬起操纵杆开机生产了。

(二) 机上信息显示与数据查询

1. 机上信息显示

在结束各项输入指令,键入"END<RET>"后,显示器上将显示出如下信息,如:

```
》ST＝1(3)   RS2＝1(5)   WM＝10
T＝133   L230   MSEC＝0.80   VP＝0
```

这里:

》表示机头运行方向,此时为从左向右运行:

ST＝1（3）表示编织的件数,括号中的数字表示该产品应编织件数为 3,数字 1 表示现在在编织最后一件;

RS2＝1(5)表示花型循环 RS2 重复 5 次,现在是最后一次;

WM＝10 表示织物牵拉值为 10;

T＝133 表示机头编织的行程数为第 133 行程;

L230 表示现在正在编织程序中的第 230 行;

MSEC＝0.80 表示机器速度现在为 0.8 m/s;

VP＝0 表示针床处于"0"位置。

如果还需要了解其它信息,如花型范围、现在编织的横列、弯纱深度值、导纱器号以及日期、时间等,可以用指令 MON 加上相应的指令符号,使其在显示器上显示出来,如键入:

"MON SEN",

就会显示出程序中所选择的编织范围(参看前面程序说明),如:

"SEN1－SEN4"。

2. 数据查询和修改

在机器的生产过程中,可以对编织件数、牵拉张力、循环次数、机器速度、弯纱深度、针床横移位置等分别用指令 ST、WM、RS、MSEC、NP 及 VP 等进行查询和修改。如要查询编织件数,只要键入"ST<RET>"就可以显示设定的编织件数和还要编织的件数,如显示,"ST27(50)",其含义如前所述。可以用"STn<RET>"修改原设定的编织件数,这里 n 为新设定的件数,或者用 "ST＋n<RET>"或"ST－n<RET>",在原设定的编织件数基础上增加(＋n)或减少

（－n)n 件。其它各参数也可照此办法进行相应的修改。

3. 信号指示灯

显示器右边的为信号指示灯,它们分别用来指示电源通断及各种故障停机原因,如织物牵拉停机、断线停机、控制系统停机以及其它一些停机。过去的机器上有 9 个指示灯,现在改为 5 个。如果标有"ABC"的指示灯亮时,表明其停机原因将在显示器上显示出来。还有一些没有能够直接显示出来的停机原因,可以通过按"(CTRLA)"键并键入"？ ＜RET＞",使其显示在显示器上。

(三) 生产数据积累

为了便于对生产进行管理和分析,可以通过打印机打印出生产数据,特别是某些故障停机时间,以供生产者分析,其内容如图 3－4－6 所示。这里包括第一行的时间、第二行的产品名称、第三行的机器型号"CMS"和 SINTRAL 系统的版本号"SINTRAL V 4.0",再下面就是生产数据的具体内容了。

```
1 C ARTIKEL HELENE HERBST/WINTER/87/88
CMS            SINTRAL V 4.0
```

0033	%	H	M	%	H	M	
SIN		368	00		8	00	
RUN	91	338	39	88	6	57	
V＝V	1	4	1	1	0	6	3
/－\	4	15	40	6	0	31	29
000	1	3	18	1	0	6	3
＞!	0	0	19	0	0	0	0
－/)	0	0	33	1	0	5	1
%	0	0	18	0	0	0	0
PR	1	4	12	2	0	10	4
MS~	0	0	0	0	0	0	0
－＞/	0	0	34	1	0	5	1
V[]	0	0	26	0	0	0	0
＃＜＞			422880			8756	
＃ML			1524			0	
ST			2535			58	

图 3－4－6

生产数据的内容分成 4 栏,最左边一栏为各种项目的名称,左边第一个方框栏中为某一程序输入以后所积累的数据,其中包括各种停机所需要的小时数(H)、分钟数(M)及所占总时间的百分数(%),该栏数据不能在键盘上修改。第二个方块栏中的数据内容与前一栏一样,但它可以随时进行删除并重新开始计数。如可以以一个班次、一天、一周或一月等来计数。最右边一栏为停机次数。

各项目具体含义如下:

SIN 为程序工作时间;RUN 为生产总时间;V＝V 为操作故障停机时间;/－\为穿纱/结头停机时间;000 为衣片计数停机时间;＞! 为机头阻力停机时间;－/)为织针位置停机时间;%为织物牵拉故障停机时间;PR 为程序故障停机时间;MS~为关机或短时电源故障停机时间;－＞/为震动故障停机时间;V[]为针床横移故障停机时间;＃＜＞为机头往复总次数;＃ML 为慢速往复次数;ST 为生产的衣片数。

第四篇　袜类产品设计

袜类产品的设计包括产品的用途、款式和花型三部分内容。由于电子技术、袜机制造技术的飞速发展，人们生活水平的不断提高，袜机生产的产品不再限于脚穿的袜子，而是涵盖了人体整个下部躯体乃至上肢的穿着与装饰，成为了流行服饰潮流中不可或缺的组成部分。

袜类产品的用途设计就是根据市场、客户的要求设计产品的最终用途：如普通袜、专业运动袜、保健袜、防静电劳保袜，或地板袜、护腕、袖套、脚套、保暖腿套等。

款式设计是根据袜子用途、袜机的技术条件等设计产品的具体形式。如普通袜是短袜、过膝长袜、连裤袜、九分裤，或是五趾袜、露趾袜、松口袜；女童袜罗口是织成泡泡口，还是上花边的，是直口还是翻口；少女腿套是宽松式的还是踩脚式的；女式丝袜连裤袜是有跟还是无跟的、是加拼裆还是不加裆的等。

花型设计是在款式设计的基础上进行的花纹图案、装饰物及其在袜类产品上具体配置的设计。因此袜类产品设计是一项设备、技术与艺术、时尚相结合的创意性工作。

第一章　袜类产品的类别与结构

第一节　袜类产品的分类

袜类产品根据其服用对象可分为男袜、女袜、童袜三大类。

在这三大类下，根据用途又可分为普通袜、专业运动袜、医疗（保健）袜、地板袜、航空袜、劳保（防护）袜、芭蕾舞袜、冰上运动袜、护腕、袖套、腿套等。

根据款式可分为脚套（俗称隐形袜）、船袜、短统袜、中统袜、长统袜、过膝袜、二骨袜、三骨袜、四骨袜、连裤袜、五分裤、七分裤、九分裤、露趾袜、五趾袜、二趾袜等。

根据组织结构或花色可分为素（平板）袜、抽条（罗纹）袜、网眼袜、毛巾（毛圈）袜、横条袜、提花袜、绣花袜、凹凸提花（双反面）袜等。

根据原料可分为天然纤维如棉、羊毛、羊绒、兔毛、马海毛、麻、真丝袜类产品；再生纤维如粘胶、莫代尔、天丝、竹纤维；再生蛋白质纤维如大豆纤维、花生纤维、牛奶纤维、玉米纤维及醋酸纤维袜类产品；合成纤维如锦纶（尼龙）、涤纶、腈纶、丙纶、维纶、氨纶等以及化学纤维的衍生产品（差别化纤）如竹炭纤维、空调纤维、甲壳素纤维、珍珠纤维、海藻纤维、陶瓷纤维、云母纤维、镀银纤维袜类产品等。

第二节　袜类产品的组织结构

一、普通组织结构

袜类产品是多指在小筒径纬编机(主要是袜机)上生产的袜子及其衍生的服饰或装饰类的产品(有一些例外,如在经编机上可生产大网眼连裤袜产品、在横机或手套机上亦可生产一些地板袜、五趾袜等产品)。因此,袜类产品的普通组织结构大多数是纬编基本组织如平针、罗纹、双反面;花色组织如集圈、衬垫、毛圈、添纱、网眼、提花、绣花、移圈等。此外,根据袜子部位不同会选择如:袜子的罗口多为衬垫组织,橡筋等弹性纱线多以衬垫的方式织入;袜头、袜跟采用平针或毛圈组织;棉氨交织袜多以添纱的方式织造,使棉纱覆盖住氨纶而显露在织物外面。

二、袜头袜跟的袋形结构

袜机编织成形产品的特点是机器针筒可作往复廻转。针筒往复转动时,让织袜子脚面部分的织针退出工作,织袜底的针继续编织。编织时让参加编织的针数按一定规律(通常是一横列一针)不断减少,俗称收针。收到一定针数后再放针,放到原收针前针数后再让退出工作的织袜面的织针重新一起编织,同时针筒恢复单向廻转。由此形成了与人的脚后跟相吻合的扁锥形立体袋状结构,也称为袜跟。如图4-1-1所示。

图4-1-1

若袜跟太小,穿着时容易掉跟、滑到脚底下;袜跟太长,就会降低机器产量。这种袋状结构除用于袜跟袜头的编织外还可用作立体提花形成立体花型结构效应。

三、由双层平针组织形成的立体结构

由双层平针组织形成的立体结构在袜类产品中有三种:第一种是在双针筒袜机上让一只针筒上的织针停止工作,另一只针筒上的织针继续编织若干横列后两组织针再一起编织形成褶裥效应的立体组织,如图4-1-2所示。第二种是在单针筒袜机上扎口针两次以上投入工作织出多个双层罗口形成立体结构,如图4-1-3和4-1-4所示。这两种结构一般用在罗口部位。

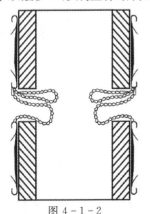

图4-1-2

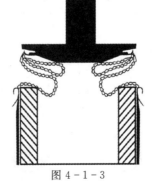

图4-1-3

图4-1-4

第三种是在单针筒袜机上在袜子的袜头、袜跟以外的部位通过袜机往复收放针,形成突出

在袜子表面的平针双层口袋状立体结构。图4-1-5是织在罗口上的突起靠背,图4-1-6是立体花型中织出的突出织物表面形成动物耳朵状的外形。

图4-1-5

图4-1-6

四、在花色地组织上绣纹添纱形成的"花中花"结构

普通的纬编提花或绣花都是以纬编基本组织(包括原组织平针、罗纹、双反面和变化组织集圈、衬垫、毛圈等)为地组织形成的。"花中花"是以花纹组织为地组织而形成更有层次感和表现力的花纹组织,如图4-1-7所示。

图4-1-7

第三节　袜类产品的款式结构

袜类产品的款式可分为有袜头袜跟,无袜头袜跟、连裤和缝制四大类

一、有袜头袜跟的袜类产品

有袜头袜跟的袜类产品就是普通的既有袜头又袜跟的袜子。它们在款式上的区别主要是袜统长短不同、袜口形式及袜头形式不同。不同的袜跟如"Y"跟"W"跟等对其款式结构影响不大,如图4-1-8所示。

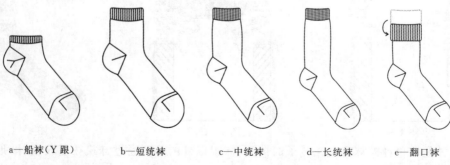

a—船袜(Y跟)　　　b—短统袜　　　c—中统袜　　　d—长统袜　　　e—翻口袜

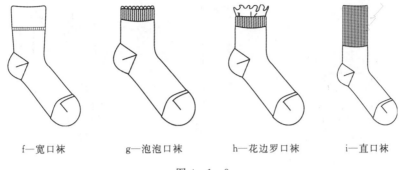

f—宽口袜　　　　g—泡泡口袜　　　　h—花边罗口袜　　　　i—直口袜

图 4 - 1 - 8

二、无袜头袜跟的袜类产品

1.无袜跟类

无袜跟的袜类产品就是在织袜程序中去掉了袜跟编织过程而形成的产品。主要有如下一些：二骨袜（俗称对对袜）、三骨袜、四骨袜、航空袜、无跟五趾袜、部分医疗保健袜、部分脚套、腿套等。在这类产品中，袜头可以是织出的，也可以是缝制成形的，如图 4 - 1 - 9 所示。

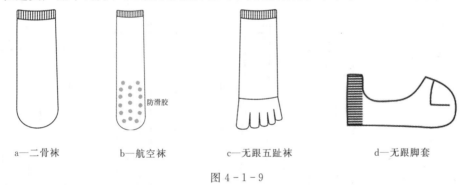

a—二骨袜　　　　b—航空袜　　　　c—无跟五趾袜　　　　d—无跟脚套

图 4 - 1 - 9

2.无袜头类

无袜头的袜类产品就是在织袜程序中去掉了袜头编织过程而形成的产品。主要有如下一些：露趾袜、露趾裤、有跟的脚套腿套等，如图 4 - 1 - 10 所示。

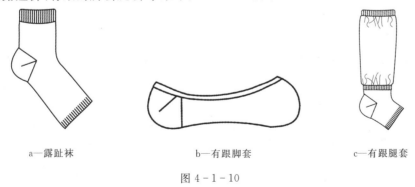

a—露趾袜　　　　b—有跟脚套　　　　c—有跟腿套

图 4 - 1 - 10

3.无袜头袜跟类

既无袜头又无袜跟的袜类产品就是在织袜程序中去掉了袜跟和袜头编织过程而形成的产品，也就是袜机去掉了成形功能，仅仅作为小圆机所能生产的产品。虽然普通单针筒丝袜机（只能单向廻转，不能往复收放针）生产的产品都可归属这一类，但这里指的产品是织物主体在袜机上生产但用途不属袜子的如护腕、袖套、腿套等，如图 4 - 1 - 11 所示。

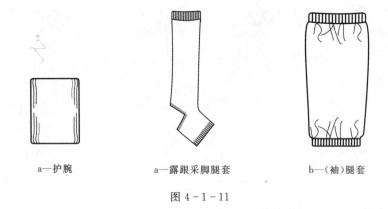

a—护腕   a—露跟采脚腿套   b—（袖）腿套

图 4 - 1 - 11

三、连裤类袜类产品

连裤类袜类产品是指主体织物在袜机上生产的连裤类产品,主要有:连裤袜、九分裤、七分裤、五分裤等,其中又有不加裆、单面加裆、双面加裆、T形裆、三角裆、菱形裆等不同款型,如图 4 - 1 - 12 所示。

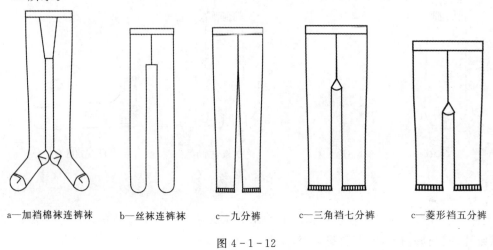

a—加裆棉袜连裤袜   b—丝袜连裤袜   c—九分裤   c—三角裆七分裤   c—菱形裆五分裤

图 4 - 1 - 12

四、缝制类袜类产品

缝制类袜类产品的主体织物不一定在袜机上生产,但用途属袜子。如缝制脚套、分趾袜、缝制五趾袜等,如图 4 - 1 - 13 所示。

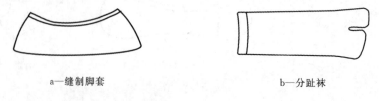

a—缝制脚套   b—分趾袜

图 4 - 1 - 13

第四节　袜类产品花型的形成方法

在袜类产品上形成花型的方法有很多,大致可以分为:

一、利用原材料的变化形成花色效应

利用花式纱或差异性较大的纱交织均可在袜类产品表面形成花色效应。如直接用羽毛纱、半边绒、丝绒、圈圈纱、竹节纱、点子纱、段染纱、并线、闪光丝、金银线等原料编织基本组织就可在袜类产品表面形成花色效应。随着纺纱新技术的不断出现，这种方法的运用越来越多。

二、利用组织结构变化形成花色效应

利用组织结构变化形成花色效应是常用的形成花型的方法。因其对设备要求不高故被广泛采用。缺点是花型属结构花纹，色彩表现力不够。这种方法通常是用两种以上的基本组织复合而成。如平针＋罗纹＋双反面、平针＋集圈、平针＋衬垫、平针＋毛圈、平针（正面线圈）＋平针（反面线圈）、平针＋平针（双层立体结构）等。

三、利用花纹机构形成花色效应

利用花纹机构形成花色效应就是利用袜机上配备的花纹机构来形成花型。袜机上的花纹机构经历了从机械式到半电脑再到全电脑控制的发展过程。由于电子技术和机器制造技术的飞速发展，电脑提花袜机自 20 世纪 80 年代中期问世以来几乎是 3～4 年就推出一代新机型，现在最先进的机型多为第六代的产品。这些机器具有非常强的形成花型的功能、良好的高速性能和稳定性。鉴于我国袜子生产行业绝大多数袜机设备已更新为全电脑或半电脑袜机，只有少量的机械提（绣）花袜机。因此，本书中主要介绍一些国内主流机型上袜类产品花型与款式程序的设计方法。

电脑袜机上花纹机构形成花型的方法，是利用电子技术选择针筒上的某些织针让其按设计花型在需显色的某一路喂纱口（纱嘴）编织成圈（或集圈、成毛圈等），而在其他色的喂纱口不编织（织浮线）从而不显色，这样就在织物表面形成了花纹效应。由此，袜机上每一路进线（喂纱口）都要有一套选针装置（选针器），而且路数（选针器）越多，花型变化就越多，花型的表现力就越丰富。最新型的全电脑单针筒棉袜机上装备有十路进线，两路用于地组织编织，八路用于提花。可生产双路五色、单路八色提花的产品。若每路配备三只调线的纱嘴（俗称梭子），则可在织物表面形成有 24 种以上颜色的花型。由于袜机针筒的直径较小（3～5 英寸），针筒周围的空间有限，可容纳的选针器的数量也是有限的，十路进线已近极限。

电脑花纹机构形成的花纹大小，理论上可达整只袜子（袜头、袜跟除外）的总线圈面积。

四、利用后加工的方法形成花色效应

利用后加工的方法形成花型，就是在袜类产品普通加工过程完成后再利用裁剪缝制、电脑刺绣、印花、转移印花、点胶、点钻以及加装其它饰品等后加工方法在袜类产品上形成花色效应。

第二章　袜类产品款式与花型的设计

第一节　袜类产品款式设计

一、袜子的基本结构

普通袜子的结构从上至下可分为扎口、罗口、袜统、袜跟、袜脚、过桥、袜头、缝头线等八大组成部分,如图4-2-1所示。

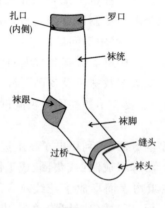

图4-2-1

二、不同类型袜子的款式设计

1.船袜类的款式设计

船袜是指罗口直接(也可有数圈过渡横列)与袜跟相连,没有袜统的袜类产品。这类款式主要适用运动袜和休闲时尚袜的设计。典型的款式结构如图4-2-2所示。

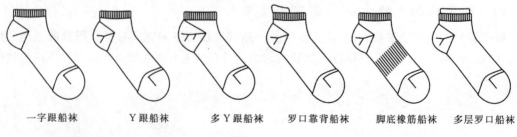

一字跟船袜　　　Y跟船袜　　　多Y跟船袜　　　罗口靠背船袜　　脚底橡筋船袜　　多层罗口船袜

图4-2-2

2.短袜类的款式设计

短袜是指上统长大于船袜,小于13cm的袜类产品,这类款式是目前市场上的主要棉袜类款式,适用于男女休闲袜、运动袜、时装袜等产品的设计。典型的款式结构设计如图4-2-3。

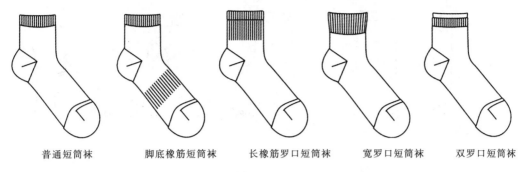

| 普通短筒袜 | 脚底橡筋短筒袜 | 长橡筋罗口短筒袜 | 宽罗口短筒袜 | 双罗口短筒袜 |

图 4 - 2 - 3

3. 中长统袜类的款式设计

中长统袜是指上统长大于 13cm,小于 35cm 的袜类产品。这类款式主要应用于男士正装袜、商务休闲袜及运动袜等产品的设计。典型的款式结构设计如图 4 - 2 - 4。

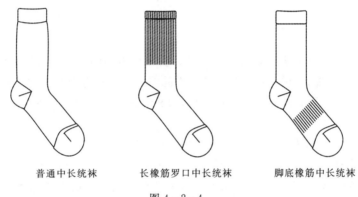

| 普通中长统袜 | 长橡筋罗口中长统袜 | 脚底橡筋中长统袜 |

图 4 - 2 - 4

4. 及膝、过膝袜类的款式设计

及膝、过膝袜是指上统长大于 35cm,穿着时可达到或超过膝关节的袜类产品。这类款式主要应用于胫骨保护类运动袜(如足球袜、滑雪袜等)、功能性袜(如航空袜、医疗袜等)、女士时装袜等产品的设计。典型的款式结构设计如图 4 - 2 - 5。

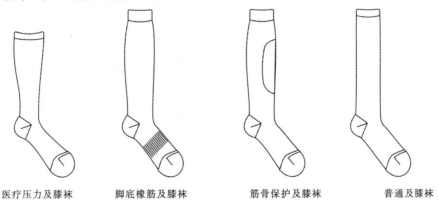

| 医疗压力及膝袜 | 脚底橡筋及膝袜 | 筋骨保护及膝袜 | 普通及膝袜 |

图 4 - 2 - 5

5. 异形袜类的款式设计

异形类袜子往往会对袜子的结构进行较大的破坏和重组,如五趾袜、分趾袜、无头袜、无跟袜、无筒袜、挖孔袜、腿套等。这些款式主要应用于时尚袜类产品或功能袜类产品的设计。典型的款式结构如图 4 - 2 - 6 所示。

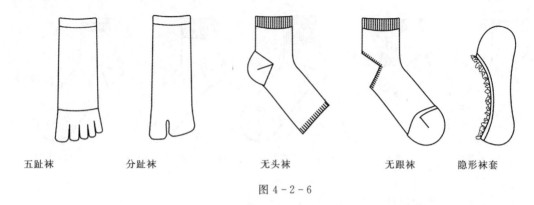

五趾袜　　　　　分趾袜　　　　　无头袜　　　　　无跟袜　　　　隐形袜套

图 4 - 2 - 6

第二节　袜类产品花型设计

一、常见花型的种类与作用

袜类产品的花型可分为明花和暗花两大类。明花是由不同的颜色或原料的纱线交织而成的花型，其特点是色彩丰富、表现力强。暗花是由不同的组织结构组合而成的结构花型，其特点通过分层次类似浮雕或线圈形状的对比来表现花型，如凹凸花型、网眼花型、集圈花型、橡筋花型等。

1.色纱提花花型

色纱提花花型分单面和双面两类，单面提花是指单针筒袜机上除主供纱口（可独立成圈）外还有一个或多个辅助纱口（不可独立成圈）同时供纱，利用袜机的提花装置控制相应的织针编织所需的纱线形成的图案。此类花型是袜类产品中最为常见应用最广的花型。可形成多种颜色、多种原料风格的图案，此类织物中，纱线在正面不编织（显色）时以浮（虚）线的形式留在织物反面。因此织物反面有浮（虚）线或纱线剪线线头。单面色纱提花类花型主要使用加弹的锦纶长丝（俗称尼龙）或涤纶长丝（俗称高弹）作为提花线原料，因为此类提花在颜色转换时需要剪线，使用弹性原料可以有效的防止剪断的线头外露。双面色纱提花是在双针筒袜机上通过两路以上颜色不同的主纱通过提花机构控制织针吃纱成圈完成。反面无浮（虚）线或剪线线头。

2.凹凸花型

凹凸花型是双针筒袜机的特有花型，它通过将织物的正面线圈与反面线圈进行交替编织的比例不同、以及部分正面线圈单面编织的色纱与里纱的色彩差异，使正反线圈显露不同颜色来加强其凹凸立体效果。

3.网眼花型

网眼花型可分为真网眼和假网眼或半网眼。袜机编产品中的真网眼是在特殊的移圈袜机上编织的，一般用来编织厚型大网眼的棉袜类产品。假网眼是在普通袜机上编织的具有网眼效应的结构。这种网眼类花型其实并非真正的孔眼，而是由织针连续的在适当的部位只对袜子的里纱进行编织，而不编织面纱所形成有厚薄差异线圈的织物。这样的编织方法可以在袜子表面形成网眼状的结构，因而被称为假网眼或半网眼。这类花型在运动袜类产品中使用较为普遍，具有透气性结构功能。

4.集圈花型

集圈类花型是通过集圈的方式在织物面上获得凸点状花型。此类花型可应用于普通产品的装饰性设计，也可在袜底编织密集的集圈花型从而对脚底有保健按摩的功能。

5.橡筋花型

橡筋花型是特指在袜子有橡筋部位面纱通过橡筋的收缩拉扯,在袜面形成的类似浮雕效果的花型。平常所说的1×1橡筋、3×1橡筋是橡筋花型最常见的通用花型,在一般的袜子罗口上都有体现,除此之外还有一些较特殊的不规则的皱花型,可在运动袜的设计上有较多体现。

6.后道添加花型

后道添加花型是指袜子在完成袜机上坯袜编织后通过其它手段在袜子上添加的花型,如刺绣、点胶、印刷、热转印、花边缝制等。

二、花型设计要点

1.单面色纱提花花型设计要点

单面色纱提花花型是单针筒袜机的特有花型,应主要考虑:

1)色彩极限

色彩极限是指袜机所能编织的最多配色数(主纱色除外)。根据袜机品牌型号的不同,所能编织色彩的极限也各有不同。色彩极限又分为横列极限和纵行极限,如有一台袜机拥有4个副喂纱口,每个喂纱口有3个梭子,那么这台机器的横列颜色极限是4色,纵行颜色极限是12色。也就是说在袜子的任何一个横列里最多只能出现4个配色,任何一个纵行里最多只能出现12个配色。现代电脑提花袜机的横列色彩极限一般是4～6色,纵行色彩极限一般是12～18色。

2)花型清晰度

袜子的色纱提花花型是由不同颜色的色纱线圈形成,所以其清晰度直接受到机号的影响。机号高的,花型的表达力和精细度好,则花型清晰度高。如在96针粗针袜机上不能做出很精细的花型,而在200针的袜机上则可织出较生动细腻的花型。

3)同色连续花型横向间距

在提花花型设计中经常会遇到同色连续花型的设计。由于色纱提花花型的反面线头是需要剪线的,如果同色花型横向距太小,线头就不会被机上的圆形剪刀剪断,会导致袜子背面有长浮线产生,此类浮线会严重影响袜子的拉伸性及舒适性,所以在设计时要充份考虑到产生浮线的可能性,尽量将同色连续花型的横向间距拉大,一般来说,间距在10～15个纵行以上的花型就不易产生长浮线。

2.网眼类花型设计要点

1)四方连续网眼花型

网眼类花型以小型四方连续图案作为设计单元进行图案的填充设计,如要做一个圆形的网眼图案,除了要确定这个圆的大小和位置外,还要确定用什么样的四方连续图案来做这个圆形的网眼填充。常用的网眼四方连续图案有1×1交叉、2×1交叉、2×2交叉等,如图4-2-7所示。

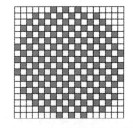　　　　　　　　　

由1×1交叉网眼图案组成的圆　　　　　2×1交叉网眼　　　　　　　2×2交叉网眼

图 4-2-7

2）线型网眼花型

当网眼以线型方式在产品表面适当配置时就可形成横条、纵条（俗称抽条）或几何图案效果，这类花型效果在袜子设计中也有较多的应用，如图4-2-8所示。

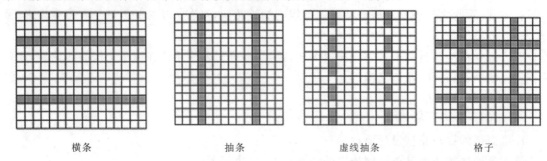

横条　　　　　　　　抽条　　　　　　　　虚线抽条　　　　　　　　格子

图 4-2-8

网眼花型中织网眼时织针只吃里纱，主纱在此是浮线，如果连续织网眼针数太多浮线太长会降低织物延伸性和服用性能，因此网眼的大小一般不宜超过三针。

3. 凹凸花型设计要点

1）花型特点

凹凸花型是双针筒袜机的特有花型，是由正面线圈和反面线圈在织物表面作不同的配置而形成花纹效应。

2）单色花型

由于目前普通双针筒机器只有主进纱口，没有副进纱口，所以凹凸花型一般为单色浮雕式花型（双路以上进线双针筒袜机除外）。其基本结构为正反面线圈组合成的各种罗纹、双反面及正反线圈相互镶嵌而成的各种图案等。

3）双色或多色花型

在双针筒袜机上若有两路以上的可独立成圈的主进纱口就可编织双色或多色的双面色纱提花花型。在这种组织中由于正面线圈的大小是反面线圈的两倍或多倍，因此，织物表面可见（显色）的都是正面线圈，反面线圈深陷不显色，如图4-2-9所示。

比正常线圈长一倍
双路进线正面线圈图　　　　　双路进线织物正面组织图　　　　　　双路进线织物反面组织图

图 4-2-9

4. 后道添加花型设计要点

1）刺绣

刺绣在袜子设计中应用较为普遍，特别是在男袜的设计中经常应用。在做此类设计时需要尽量控制刺绣图案的大小，如果刺绣图案过大，不仅生产成本高而且花面板硬，影响产品的穿着舒适性。一般来说刺绣的图案会选择品牌的商标或简单的标志性图案。

2）点胶

在袜子上进行点胶设计一般有两种情况，一是为了装饰，二是为了防滑。装饰性的点胶设计一般在袜筒上进行，点胶图案一般会选择品牌商标或简单的标志性图案。防滑性的点胶设计一般在袜底的脚底部分进行，点胶的图案一般会选择规则分布的点状图案。

3）印花

使用袜机织造袜坯作为印刷基布，可以在袜子上印上较为细腻且色彩较为丰富的图案。一般可分为染料印（丝印）和涂料印（胶印）两种。后者由于袜子具有较大的弹性，印刷的袜子成品在穿着拉伸后会产生花型断裂现象。

4）花边缝制

为了实现袜机无法达到的复杂花边效果，很多时尚类女袜会应用花边缝制以达到袜子的时尚要求，采用花边缝制工艺的袜子会对缝制部位的拉伸尺寸产生一定影响。

第三节　袜类产品的款式与花型设计实例

一、单针筒袜子产品

单针筒袜机上生产的产品是目前袜类市场上应用最广泛的袜子类型。市场上常用的款式花型如图 4-2-10 所示。

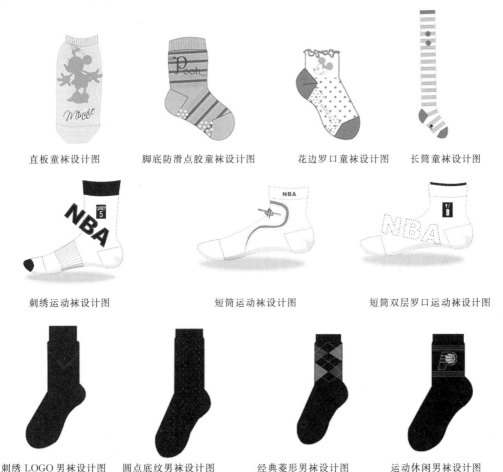

直板童袜设计图　　脚底防滑点胶童袜设计图　　花边罗口童袜设计图　　长筒童袜设计图

刺绣运动袜设计图　　短筒运动袜设计图　　短筒双层罗口运动袜设计图

刺绣 LOGO 男袜设计图　　圆点底纹男袜设计图　　经典菱形男袜设计图　　运动休闲男袜设计图

缝制花边女袜设计图　　　花边女袜设计图　　　碎花女袜设计图　　　运动休闲女袜设计图

图 4 - 2 - 10

二、双针筒袜子产品

双针筒袜类产品以素色设计为主，大部分的设计为凹凸感花型。为了增加双针筒袜子的色彩搭配，可以应用后道添加花型的方法增加产品上的色彩。也有外观类似单针筒提花的双针筒多色提花产品，但其织物反面是无虚线和线头的。典型双针筒袜子设计实例如图 4 - 2 - 11所示。

后道缝制蝴蝶结及膝女袜设计图　　　三路进线及膝女袜设计图　　　素色凹凸底纹男袜设计图

图 4 - 2 - 11

三、五趾袜产品

五趾袜产品可分为套接五趾袜和一次成型五趾袜，由于套接五趾袜的袜头是横机生产的，袜身（及袜跟）是圆机生产的，所以套接的五趾袜可以设计各种提花图案。而一次成型五趾袜是由五趾袜机（横机）生产的，所以一次成型的五趾袜一般只能设计横条图案，如图 4 - 2 - 12所示。

一次成型横条五趾袜设计图　　　一次成型横条五趾袜设计图　　　套接五趾袜设计图

图 4 - 2 - 12

四、丝袜类产品

丝袜类产品可分为袜类和裤类两大类产品,丝袜产品以平板素色类居多,多色或特色提花如花中花、雕花、镂空花、大网眼类丝袜产品越来越多。如图4-2-13所示。

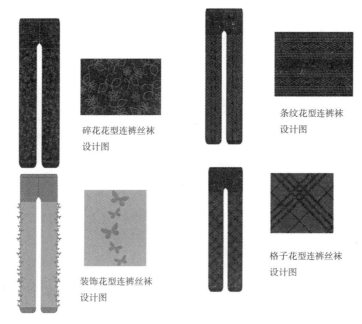

碎花花型连裤丝袜
设计图

条纹花型连裤袜
设计图

装饰花型连裤丝袜
设计图

格子花型连裤丝袜
设计图

图 4-2-13

五、其它袜类产品简介

1.大网眼袜类产品

大网眼丝袜近几年在市场上很流行,多为连裤产品,其中大部分由经编袜机生产。生产此类袜品的经编机已国产化,因而在国内市场的份额会越来越大,是有较大发展潜力的产品,如图4-2-14所示。大网眼棉袜又称移圈袜,此类产品目前在国内市场相对较少。移圈袜由移圈袜机生产,移圈袜机可以通过织针间的移圈针实现线圈的完全转移,形成孔眼状花型。因移圈袜机仅意大利COLOSIO、RUME和高乐斯等几家公司生产,机器价格较高而产量较低,在国内数量较少,产品如图4-2-15所示。

图 4-2-14

图 4-2-15

2.无线头(亦称无虚线提花)袜类产品

普通单针袜类产品在进行颜色的替换时会在袜子的背面产生浮线或线头,如果这些浮线、线头过多会对穿着的舒适性产生一定的影响。单面无线头袜类产品是由特殊的无线头袜机（如意大利生产的"高乐斯"袜机）生产，此类袜机的工作原理与普通单针袜机不同，其拥有四组独立的主口。每个主口负责四分之一针筒的纵向编织任务，这样可以使袜子在进行横向颜色替换时不产生线头。这类袜机售价高但产量较低，一般用来生产高档袜类产品。

3. 缝制袜类产品

缝制袜是指利用半成品袜坯或纺织面料经平缝车等缝制设备缝制而成的袜子，如分趾袜、隐形袜套等产品都属于缝制袜类产品。

第三章　全电脑提花袜机花型与款式程序设计

电脑袜机由电脑控制系统和袜机主机两部分组成。织袜的各个程序(包括款式程序、密度程序、花型程序、导纱器程序、速度程序等)通过按键、鼠标等操作传送给电脑,再由电脑发出信号,通过一系列控制传递(转录)装置驱动袜机上的机件按程序工作。通过全电脑袜机的花型图案及编织程序的设计,其主要功能有:

(1) 扫描(Scanner)　将各种设计图形、照片扫入计算机,再由绘图功能进行修改,以形成适合编织要求的花型。

(2) 图形编辑(Graphic Editor)　通过画图、图形复制、旋转、镜射等多种编辑方式,在屏幕上绘制出用户所需要的花型图案。

(3) 编织编辑(Knit Editor)　将上面绘制的花型图案转变成编织所需要的花型意匠图。

(4) 参数(Parametring)　进行袜子的款式、尺寸参数及花型图案在袜子上配置的部位等方面的设计。

(5) 传输(Transmission)　把图形或数据文件转变成机器控制系统所能接受的形式,并直接或通过磁盘机传送到袜机上的编辑器里。

(6) 文件处理(Files Management)　用于文件的删除、存储、拷贝、重新命名等。

(7) 打印(Printing)　该功能可对参数、图形等进行打印。

本章主要介绍在全电脑提花袜机上进行袜类产品的花型与款式程序设计的方法。

第一节　单针筒电脑袜机的花型与款式程序设计实例

一、单针筒电脑袜机的花型设计

目前单针筒电脑袜机花型形成的原理是基本相似的:花型先在专用的花型绘图界面(如罗纳地公司的 PHOTON,DEIMO 公司的 STYLER 等)上完成,然后将其嵌入设计好的款式(链目)程序从而形成一个完整的袜机可执行的生产程序。现国内电脑单针筒袜机的主流机型有意大利生产的罗纳地、胜歌,韩国生产的水山(SOOSAN 含爱丝达)、泰浩、新韩,我国台湾生产的大康、泰禾兴等。此外,国产品牌的市场占有率近年也有较大增长。下面以图示的方式分别介绍一下意大利罗纳地(LONATI)公司生产的 G61Q 型和韩国爱丝达 ST－603(同水山 SS－603)全电脑单针筒袜机花型的设计过程。

1. 罗纳地 G61Q 花型设计

打开 photon 设计界面在工具栏中点击齿轮图标(或文档 File 选择机型)就会弹出下面机型版本、花型种类及版本号的小窗口,如图 4－3－1 所示。在窗口中 G61Q 机型有普通花型(pattern)、重叠花型(Superposed Pattern/也称覆盖花型)和特殊花型(Stitch cam pattern/也称成圈三角花型)三种。

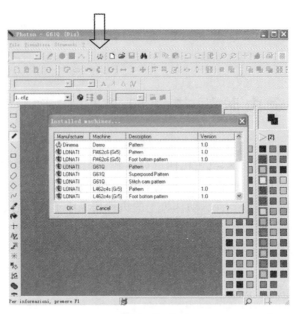

图 4 - 3 - 1

例如选普通花型,则选好机型后点新建文件会先跳出花型文件格式选择对话小窗如图 4 - 3 - 2 所示。选 DIS 格式。

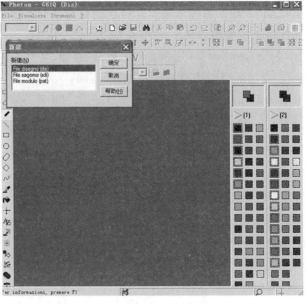

图 4 - 3 - 2

确定花型设计画图框。选好图形文件格式后,会跳出如图 4 - 3 - 3 所示的选定画图框大小的窗口。若设计的花型是要在 120 针袜机上生产的,则画图框宽为 120;画图框的高度理论上是无限的,但实际上由于机器内存空间有限,画框高度也是有限的。如果我们设计的是连续重复花型,则画图的花高应为花纹一个完全组织的高度,画图框高度应等于花高。如我们设计的是独立花型,画图框的高度应略大于花型的花高(太大占用空间,会导致程序输入袜机时缓慢或输不进)。如最大花高在 380 横列左右则画框高度可选 400。

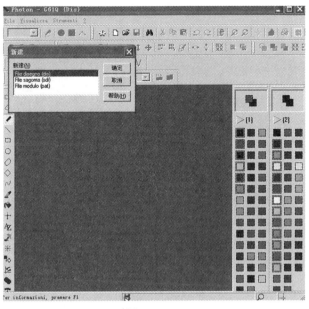

图 4-3-3

　　选择好画图框大小点击 OK 就会出现面积为 120×400 的画图区,见图 4-3-4 所示。区域初始颜色为黑色,代表主纱不编织或编织集圈。绿色代表主纱编织,因此一般花型设计都是在绿色底色上完成的。点击右边色块表(1)上方绿黑小色块就可转换底色如图 4-3-5 所示的绿色。

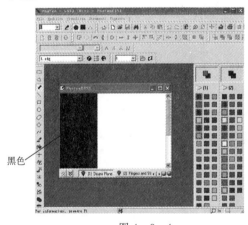

图 4-3-4

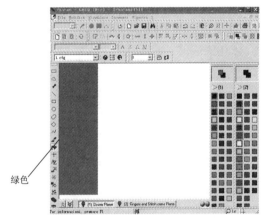

图 4-3-5

　　图中一纵行方格代表一纵行线圈,方格横向一行在一路进线(主纱)的袜机上代表一横列;在两路进线(主纱)的袜机上代表两横列。

　　通常在 G61Q 袜机上有一路主纱、四路提花线,在同一横列可织 5 种不同颜色的线圈。图 4-3-6 所示:在画图窗右边(1)号色块栏中最左面色条中第一个色块(黑色)代表主纱集圈或不编织,第二色块(绿色,即底色)代表主纱编织,第三色块(蓝色)代表第一路提花线编织,第四色块(白色)代表第二路提花线编织,第五色块(红色)代表第三路提花线编织,第六色块(浅绿色)代表第四路提花线编织,粉红色块(箭头所指)代表橡筋线编织。图中(2)号色块栏代表每一路提花中导纱梭子的工作状态。在 G61Q 机上每一路提花中都有三个导纱梭子,可穿三种不同颜色的提花线,这样在袜子表面最多可织 4×3+1=13 种颜色的线圈。

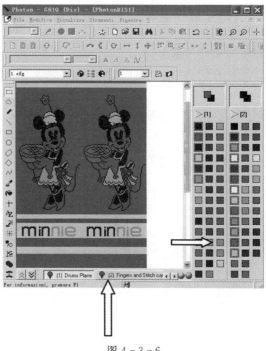

图 4-3-6

画好花型图后点击最下边箭头所指（2）Fingers and Stitch cam 图标，进入图 4-3-7 梭子与三角设置视窗。

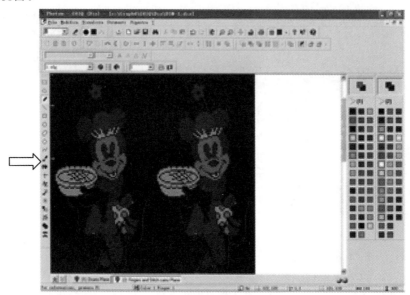

图 4-3-7

图 4-3-7 中左边箭头所指小色块表示各路提花中导纱梭子工作的状态，小色块颜色取自最右边的色块栏（2）。不同的颜色代表不同路数中的提花线梭子。同一路中，梭子编号不同颜色也不同。

完成后存盘、输入花型名称 DSN-1，保存后会显示花型文件名称、文件大小及创建修改时间等内容，见图 4-3-8

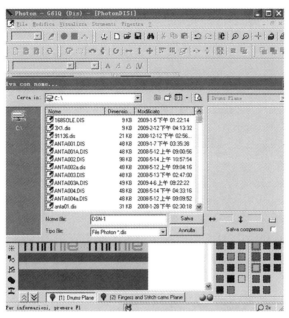

图 4-3-8

2. 爱丝达 ST-603 花型设计

水山、爱丝达,台湾产大康、泰禾兴等机型用的都是意大利 DEIMO 公司的 STYLER 花型程序软件系统。6 系列机型用的是 STYLER4 花型图形设计系统。

打开 STYLER4 图形设计界面在工具栏中点击文档(File)选择新建会出现图 4-3-9 所示的对话窗。

在此视窗中有花型名称、花型尺寸和窗口(画图框)大小等内容。画图窗口大小确定的原则与罗纳地机型相同。本例中我们定位 120 和 300。输入花型名 C6-1 后点确认。

图 4-3-9

确认后会出现图 4-3-10 所示的画图窗口定位的对话窗。如果设计的是局部花型,可以通过 X、Y 值选择花型在袜子上放置的位置。如果设计的是整体的花型,X、Y 值一般选起始值"1"。

图 4 - 3 - 10

确认后就会出现面积为 120×300 的画图窗。画花型图时需将窗口放大。点击工具栏中"视图"，选放大整个页面，倍数一般选 4 倍就会出现画花型意匠图方格，如图 4 - 3 - 11 所示。

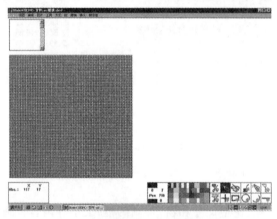

图 4 - 3 - 11

画图窗口左下角的 XY 值显示光标所在位置，右下方有一画图工具栏。工具栏最左箭头所指第一格代表画笔选定的颜色，第二格是填充色。色块表中共有 256 种颜色，除第 256 号色是特定的表示做网眼的工具外其余颜色均可任意使用。该系统最大的特点是画图颜色与机器上的提花选针器无对应关系。画好图后可通过导纱梭子分配来指定哪种颜色由第几路的第几号梭子编织，而在罗纳地等其他一些机型上画图颜色与提花选针器是固定的对应关系。实际工作中设计人员习惯将 7 号色白色代表主纱地组织，黑色代表织橡筋。画好的花型如图 4 - 3 - 12，保存文件即完成画图。花型图画好后还需在款式程序设计系统中将花型图中的各种颜色分配给各路提花选针器及梭子，这样机器才能在设计或选定的款式模板程序中织出想要的花型。

图 4 - 3 - 12

二、单针筒电脑袜机的款式程序设计

现代单针筒电脑袜机的款式程序可分为两大类：一类是以水山、爱丝达、大康、泰禾兴等机型为代表的固定款式模板程序。固定款式模板就是袜机在出厂时生产商已将 200 多种袜子的款式模板程序（如图 4-3-13）存在编程系统和袜机内，设计时只需根据款式图选用合适款式的模板号，与花型图案一起形成机器程序即可。当固定款式模板没有完全与需要的款式相同时，设计人员可自由修改甚至全部自己编写。并且选用和修改款式既可在电脑上完成也可在袜机上完成，从而减少了对电脑的依赖、减少了新品上机时技术人员为修改程序在电脑与机器间的奔波，这是这类程序最大的优点。缺点是对机上电脑的内存和功能要求较高。

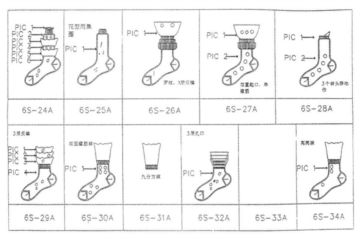

图 4-3-13

另一类是以意大利罗纳地袜机为代表的采用固定模块组合的方式形成款式程序。固定模块就是将组成袜子的每一部分如罗口、袜统、袜跟、袜头、缝头眼等各种不同编织过程以固定的模块（子程序）形式存于程序设计系统中，设计者将模块作不同的组合就可形成各种不同款式的袜类产品。例如，选好某种织罗口模块后，就会出现可供选择的织袜统及以后步段模块：既可选织袜统模块，也可选织袜跟或袜脚的模块。如选织袜统的模块就是普通袜；选织脚跟模块（无袜统）就是船袜；选织袜脚模块就是无跟袜等。模板与模块的区别在于：模板是完整的款式程序且存于袜机中，可通过链目程序直接调用。而模块只是织袜子某个部位且存于编程系统中的子程序，只有在款式编程时组合好了才能输入机器使用。如需修改还需借助电脑在编程系统中完成。打个通俗的比喻：模块是一块块的积木，可由你自由地去搭；模板是开发商已造好的样板房，可任你挑。如不满意，两者都可以对程序作编辑修改。只是模板式"样板房"可现场修改，模块式"积木"得拿回"工作室"修改。

现以罗纳地 G61Q 和爱丝达 ST-603 全电脑提花单针筒机为例，分别介绍模块式和模板式款式程序设计方法。

（一）罗纳地 G61Q 款式程序设计方法

打开罗纳地程序设计图型界面 BigBang，见图 4-3-14 的左边视窗存盘图标下面有两个选择小视窗。上窗是袜机品牌选择视窗，选 Lonati 既罗纳地；下面一个是机型视窗，选男袜单针筒（还有一种机型"女袜单针筒"是丝袜机），左下大视窗就会列出可选机型（如 G61Q）。

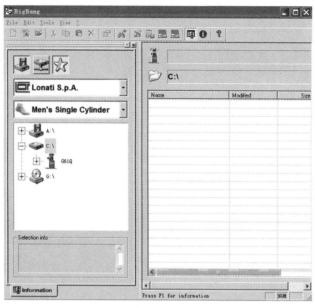

图 4 - 3 - 14

1. 选择程序设计种类

点击 G61Q 图标,进入图 4 - 3 - 15 所示的图形界面。视窗右边是目录文件,左边大视窗是分类文件夹,G61Q 图标下文件夹分别是:电脑传送到机器的文件;普通花型文件;款式程序文件;覆盖花型文件;用户模块文件等。点击款式文件,右边视窗显示的是已存在电脑系统中的固定款式程序的名称和创建或最后修改时间。

图 4 - 3 - 15

2. 开始款式程序设计

点击工具栏左第二个"创建新程序导引"图标会出现一新页面并自动弹出下一页面(如未弹出可点新增按钮进入图 4 - 3 - 16 页面)。

　　第一个视窗是织物结构选择图形界面。织物结构可选模块有两种,分别为反纱毛圈结构和平针结构。

图 4-3-16

　　双击选择平针结构,选定后进入图 4-3-17 所示起口视窗。

　　视图右边为起口部段的可选模块,依次是:一路尼龙里口有花双层罗口;一路全橡筋双层罗口;一路泡泡口有花双层罗口;一路翻口有花双层泡泡口罗口;一路特短双层罗口;一路单层罗口;卷边罗口;一路普通双层罗口。左边视窗显视的是已选的模块。

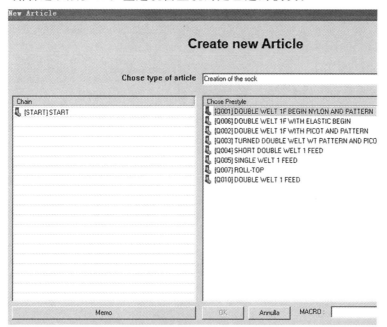

图 4-3-17

　　双击选择一路尼龙里口有花双层罗口,右视窗跳出织下一部段的模块(见图 4 - 3 - 18):一路有靠背双层罗口;花式有靠背罗口;罗口有花;罗口无花。

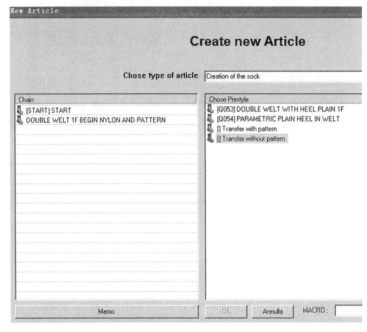

图 4 - 3 - 18

　　选择罗口无花,右视窗跳出织下一部段的模块(见图 4 - 3 - 19):罗口无花平针扎口;罗口无花橡筋扎口。

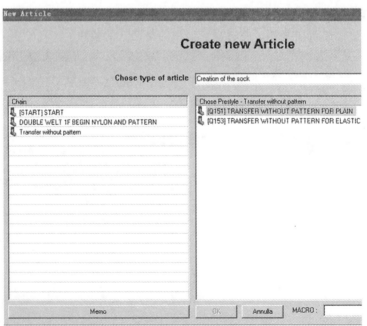

图 4 - 3 - 19

　　选择罗口无花平针扎口,右视窗跳出织下一部段的模块(见图 4 - 3 - 20):普通袜统;密度渐变式袜统;一路平针袜统接普通袜跟;一路平针袜统接高后跟;平针花式袜跟;袜脚;一路脚底织橡筋；一路平针卷边罗口结束程序；一路平针双层罗口结束程序。

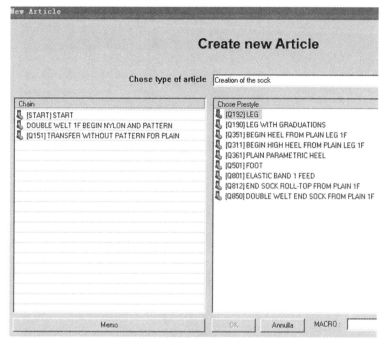

图 4 - 3 - 20

　　选择普通袜统模块，右视窗跳出织下一部段的模块（见图 4 - 3 - 21）：普通袜跟接一路平针袜统；高后跟接一路平针袜统；平针花式袜跟；袜脚；一路脚底织橡筋；一路平针双层罗口结束程序。

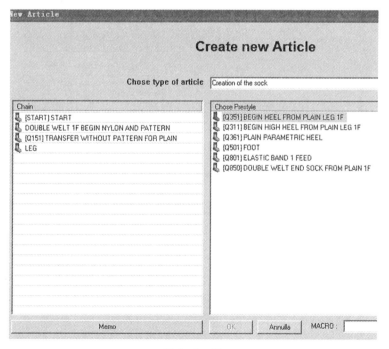

图 4 - 3 - 21

　　选择普通袜跟接一路平针袜统，右视窗跳出织下一部段的模块（见图 4 - 3 - 22）：结束袜跟接一路平针袜脚;"Y"型袜跟。

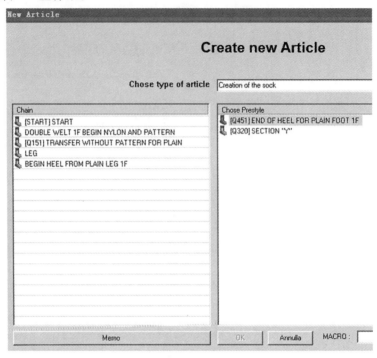

图 4 - 3 - 22

选择结束袜跟接一路平针袜脚,右视窗跳出织下一部段的模块(见图 4 - 3 - 23):袜脚。

图 4 - 3 - 23

选择袜脚,右视窗跳出织下一部段的模块(见图 4 - 3 - 24):一路平针袜脚接袜头开始;一路脚底织橡筋;一路平针双层罗口结束程序。

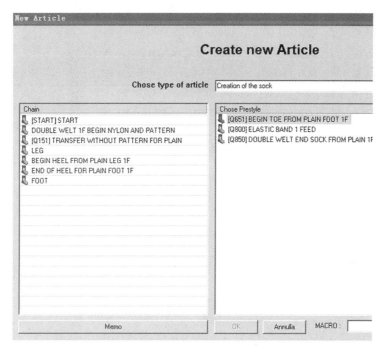

图 4 - 3 - 24

选择一路平针袜脚接袜头开始,右视窗跳出织下一部段的模块(见图 4 - 3 - 25):这部分模块较多,主要是各种不同的缝头方式和正常袜头、分左右脚袜头等的不同组合。

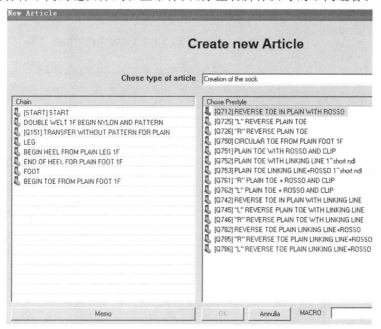

图 4 - 3 - 25

选择普通袜头,右视窗显示织下一部段的模块(见图 4 - 3 - 26):无翻袜装置落袜。

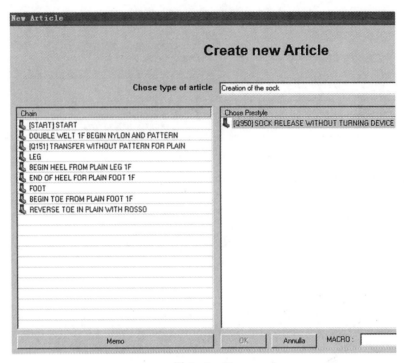

图 4 - 3 - 26

选定无翻袜装置落袜(见图 4 - 3 - 27)。

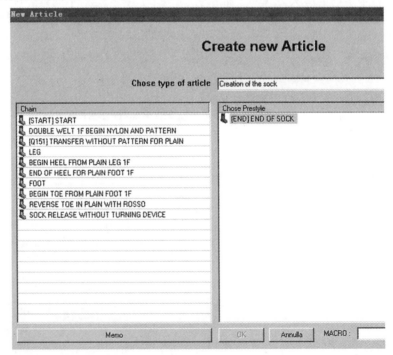

图 4 - 3 - 27

结束织袜程序(见图 4 - 3 - 28)。

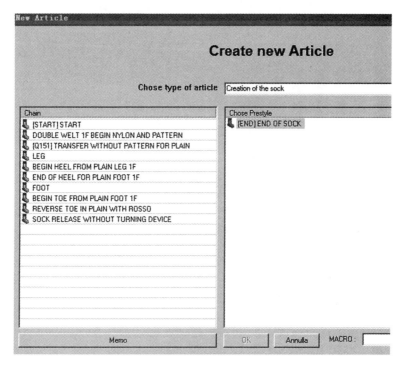

图 4 - 3 - 28

点击 OK 结束设计。视窗显示已选定的固定模块列表、尺寸序号及输出状态(见图 4 - 3 - 29)。如没有问题,点击 OK,

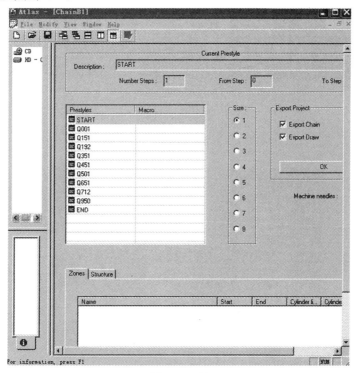

图 4 - 3 - 29

出现如图 4 - 3 - 30 存盘文件名输入对话框,输入文件名 DSN - 1 保存。

图 4 - 3 - 30

保存后,见图 4 - 3 - 31 中工具栏中右边最后一个箭头所指图标-快速进入程序首页键显现。点击进入图 4 - 3 - 32 页面完成后面流程。

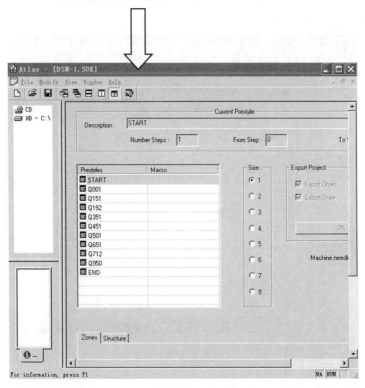

图 4 - 3 - 31

在此页面可进行机器参数选择、嵌入花型和编辑修改程序。此视窗左边显示的是固定模块列表,右边显示模块中包含的程序功能。最右边小图标为机器功能工具栏,供修改编辑程序使用。在左视窗下方有两个页面切换键如箭头所指:左边"STRUCTURE"机器结构参数键,右边的"HEADER"为返回模块列表键。

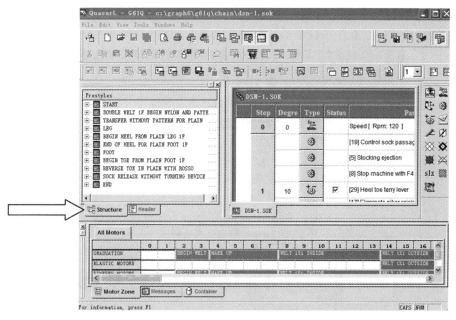

图 4 - 3 - 32

3.选择机器参数

点左边箭头所指"STRUCTURE"键显示机器结构参数,如图 4 - 3 - 33 所示。机器结构参数有针数、针筒直径、润滑加油模式、后跟收放针数等。必选的一般是针数,双击第一个图标输入针数,如 120 针机器输 120 即可。其他功能也可按要求选择进行,在此不作展开。

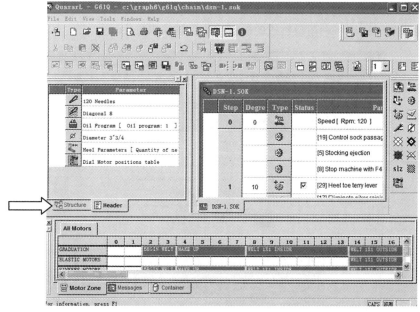

图 4 - 3 - 33

4.嵌入花型

嵌入花型就是将我们前面设计的花型图案嵌入某款式程序中以形成一个完整的机器程序袜机才能织出我们想要的款式和花型。在选好针数后点 HEADER 返回图 4-3-34 所示的模块列表页面。在单针筒袜机上,花型一般是在罗口结束模块插入的。在左视窗列表中第三个小红方块代表罗口结束,点击打开如图 4-3-35。

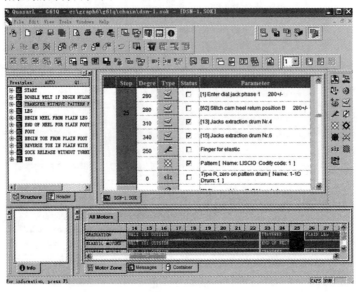

图 4-3-34

列表中显示罗口结束模块包含 21-28 部段(STEP),点击部段号,右视窗就会显示该部段内的功能程序。这些功能程序如编织花型、机器速度、密度、编织横列数、导纱器状态等都是可编辑的。我们在第 25 段中找到花型功能图标(箭头所指),双击进入花型图库,找到文件名 DSN-1 选择即完成花型嵌入。若一双袜子上要织多个花型,需在相应的位置多次嵌入。如果该部段原程序中无花型功能图标 ⌧ 则可利用最右边的机器功能工具编辑进去。

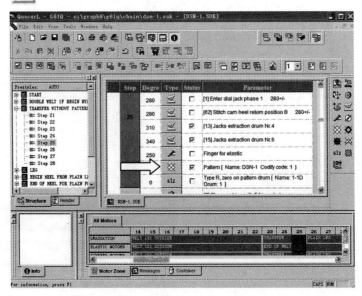

图 4-3-35

完成后显示出嵌入的花型图案,如图 4-3-36 所示。

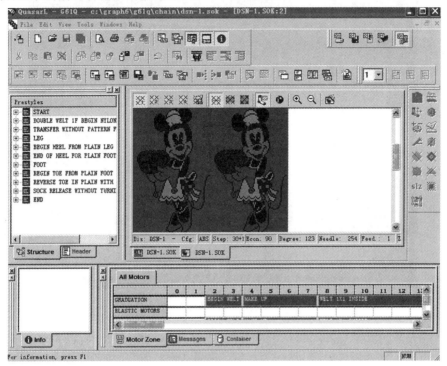

图 4-3-36

将程序输入袜机中,实际织出袜子如图 4-3-37。

图 4-3-37

(二)爱丝达 ST-603 款式程序设计。

打开爱丝达 ST-603 程序设计系统 ST603TM 就会进入图 4-3-38 所示界面。

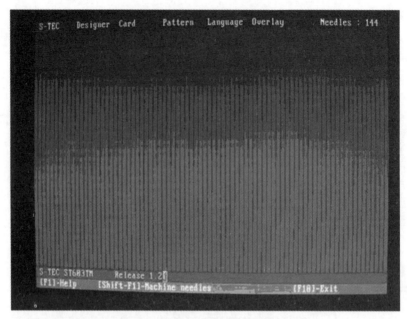

图 4 - 3 - 38

　　视图中工具栏从左到右分别是：机型、画图软件、款式模板、花型、语言 、覆盖和机器针数。机器针数是可点击进入修改的，如图 4 - 3 - 39。机型和画图软件点击打开选择你所需要的机型如 ST602 或 ST603，画图软件是 STYLER3 或是 STYLER4 版本等。编程时，系统会自动与所选版本的数据库相连以提取正确花型数据。

　　下面分别介绍各种编程功能：

1. 模板编辑修改

　　款式模板栏"Card"点开后有三个选择条：第一条是模板编辑，第二条是固定款式模板选择，第三条是链目程序转录，见图 4 - 3 - 39

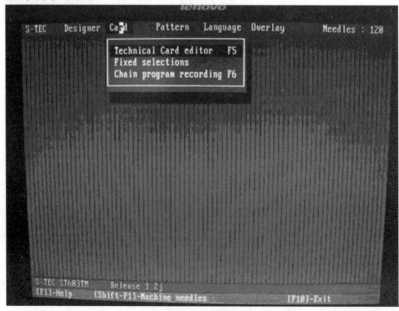

图 4 - 3 - 39

　　点击程序编辑进入图 4 - 3 - 40 界面,小窗口中有:新模板、载入已有模板、保存、打印、终止等选择。

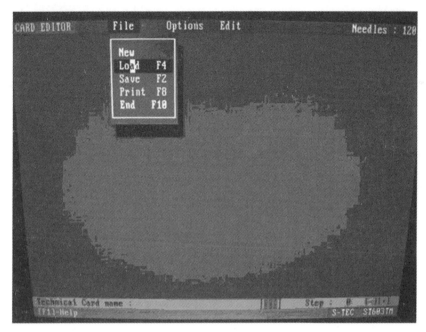

图 4 - 3 - 40

　　因全部新编一个模板程序工作量太大,实际工作中一般采用在已有模板基础上修改的方式编辑。点击载入模板进入图 4 - 3 - 41 所示的视窗。小视窗中栏目依次是:程序名称、特性、起始部段号、结束段号、载入文件修改方式(覆盖还是合并)、载入文件格式(款式模板还是链目程序)等。

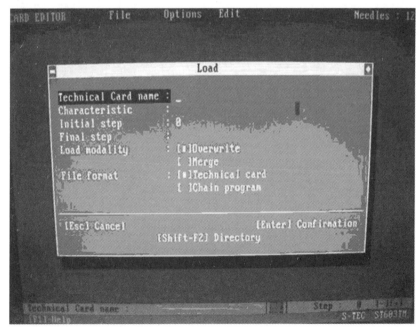

图 4 - 3 - 41

　　程序名称可直接输入也可用 Shift＋F2 进入程序目录中查找,见图 4－3－42,选择 602T－11 后文件名就会出现。

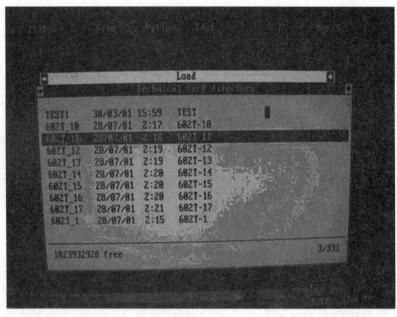

图 4－3－42

　　双击选定所需模板名如 602T－11,模板名就会出现在图 4－3－43 中。

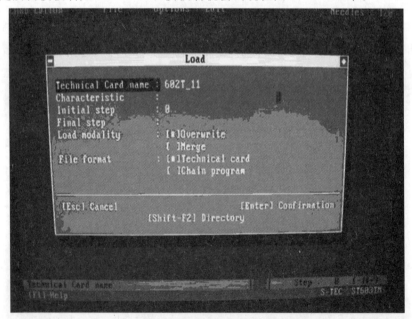

图 4－3－43

　　回车后系统自动检查该模板特性(模板名 602T－11 出现在特性行),红色警告窗提示原模板针数是 144 针的,与设计针数 120 不符,回车确认修正,进入图 4－3－44 界面。

　　显示原模板程序指令,程序指令包含袜机上各部件的工作状态如三角进出、梭子门(俗称蝴蝶门)开闭、挑线杆、挑针头、开针舌器、橡筋输送器是进入工作还是退出工作、是在第几针进、第

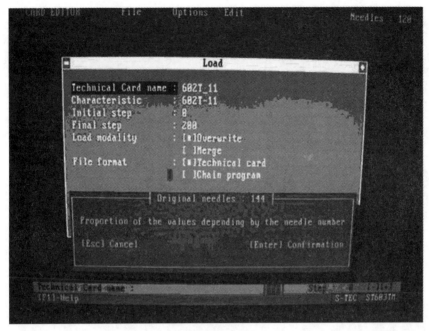

图 4 - 3 - 44

几针退等;机器的工作参数如速度、润滑油加油间隔时间等。

点开编辑图标 Edit,小视窗显视的分别是:指令列表(用于添加指令)、删除指令及翻页等,
修改完成后保存,见图 4 - 3 - 45

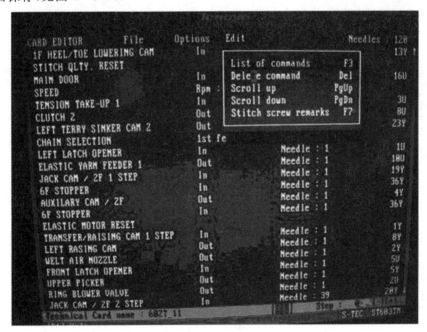

图 4 - 3 - 45

2.链目程序转录

系统中的固定模板及修改后的模板都不能直接到袜机上使用,需将它们转成袜机可执行的
CAT 程序格式(俗称链目程序)。如图 4 - 3 - 46,点开"CARD"中的第三栏:链目程序转录。

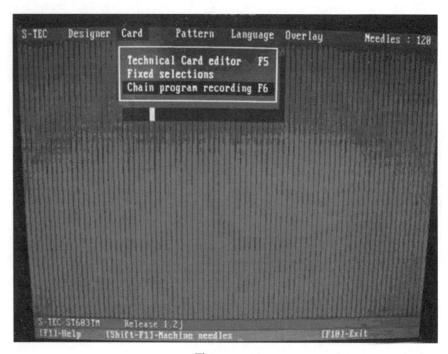

图 4 - 3 - 46

输入新建链目程序名,如图 4 - 3 - 47 中的 C6 - 1。

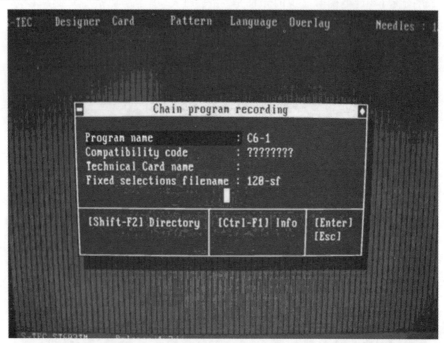

图 4 - 3 - 47

输入要采用模板的名称,可以是机器已存的,也可以是修改或自己编辑的,如图 4 - 3 - 48,这里仍用原始模板 602T - 11(见图 4 - 3 - 49),确认转录(见图 4 - 3 - 50),转录完成并显示录入步段(STEPS)总数(见图 4 - 3 - 51)。

S-TEC Designer Card Pattern Language Overlay Needles : 128
Chain program recording
Program name : C6-1
Compatibility code : ????????
Technical Card name : _
Fixed selections filename : 128-sf
[Shift-F2] Directory
[Ctrl-F1] Info
[Enter]
[Esc]
S-TEC ST683TM Release 1.2j
[F1]-Help [Shift-F1]-Machine needles
[F10]-Exit

图 4-3-48

S-TEC Designer Card Pattern Language Overlay Needles : 128
Chain program recording
Program name : C6-1
Compatibility code : ????????
Technical Card name : 602T_11_
Fixed selections filename : 128-sf
[Shift-F2] Directory
[Ctrl-F1] Info
[Enter]
[Esc]
S-TEC ST683TM Release 1.2j
[F1]-Help [Shift-F1]-Machine needles
[F10]-Exit

图 4-3-49

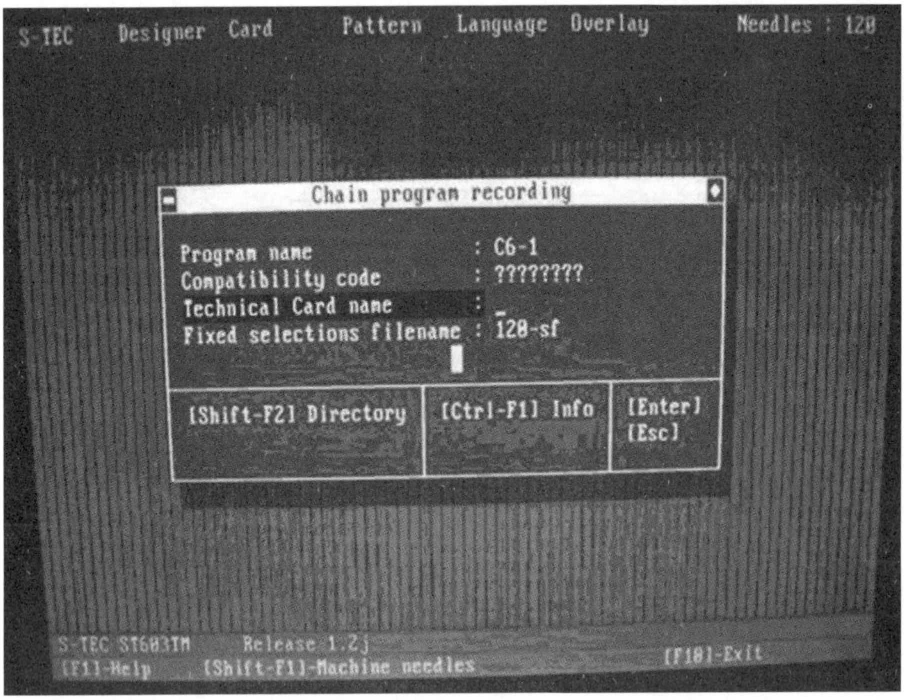

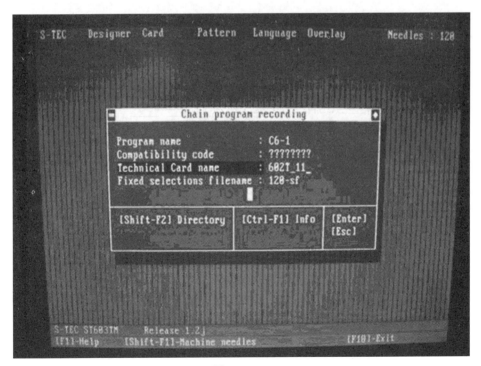

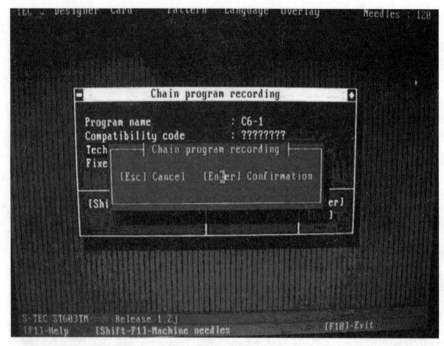

图 4 - 3 - 50

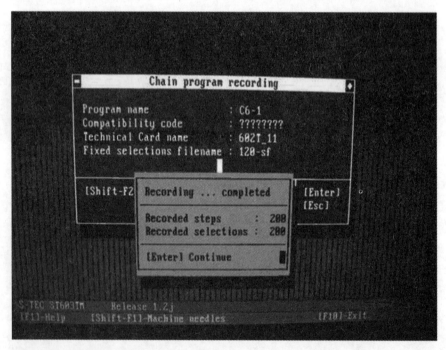

图 4 - 3 - 51

3.花型颜色分配

花型颜色分配就是将花型图中的各种颜色分配到具体由哪路提花的哪一号梭子来织。ST
－603袜机上共有一路主纱,五路提花纱,每路提花中都配有三只可穿不同颜色提花线的梭子。

点开图4－3－52的花型"PATTERN"工具栏,第一栏为梭子分配、第二栏为更改梭子进出位置、第三栏为花型程序转录、第四栏为花型导入（将机上程序导入电脑），点击第一栏，进入颜色分配界面（颜色分配表）。

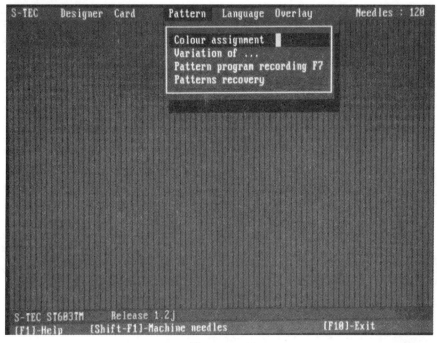

图 4 - 3 - 52

　　颜色分配表（图 4 - 3 - 53），左边是机器上提花系统（路数），第 6 路为主纱，1 - 5 路为提花线。上横排为颜色序号，下排为读入花型的颜色代码。

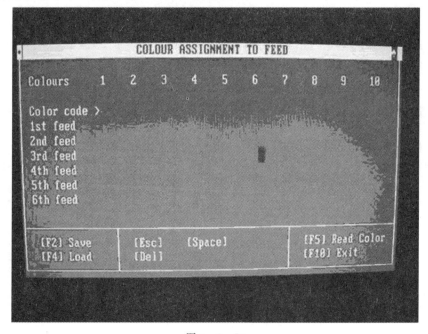

图 4 - 3 - 53

　　编辑前应先读取花型颜色。读色就是将指定花型中的颜色代码信息读入颜色分配表中。

按 F5 出现输入读色花型名称的对话框(图 4-3-54),输入花型名称 C6-1(图 4-3-55),回车
后花型颜色代码在第二排 Color code 处显示出来(图 4-3-56)。

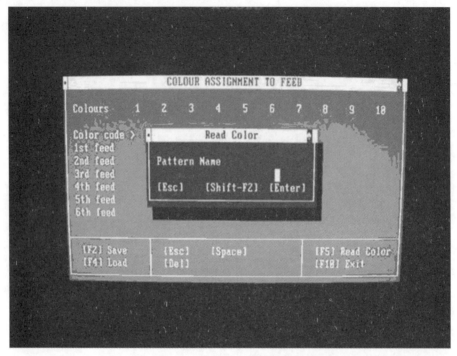

图 4-3-54

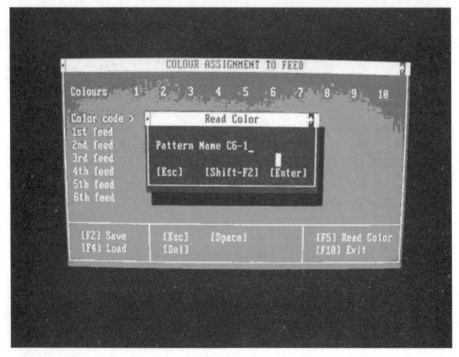

图 4-3-55

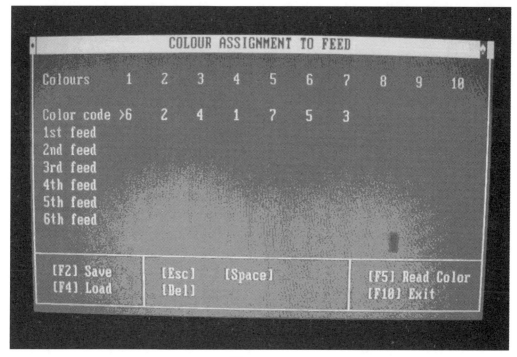

图 4-3-56

排好梭子后的分配表如图 4-3-57 所示,图中 1、2、3 数字代表各路提花中的 1、2、3 号梭子,"＊"号为主纱梭子。

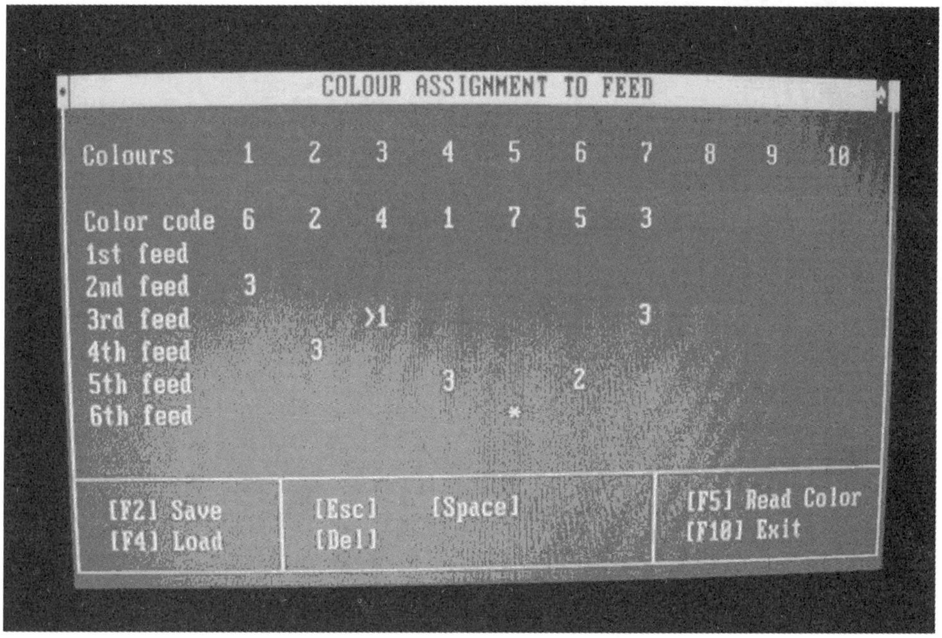

图 4-3-57

按 F2 保存,输入颜色分配表名称,回车完成,见图 4-3-58 所示。

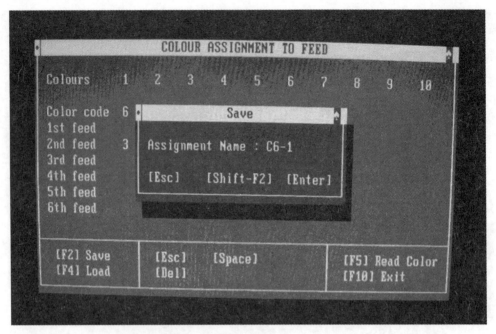

图 4 - 3 - 58

4. 花型程序转录传输

与款式模板一样,花型程序和颜色分配表也需转成机器 CAT 程序格式。打开 PATTERN 中第三栏:花型程序转录(图 4 - 3 - 59)。

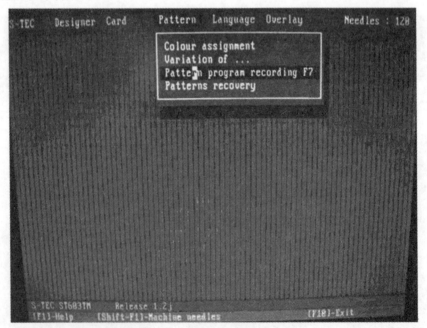

图 4 - 3 - 59

进入图 4 - 3 - 60 的转录界面,视窗中要输入的主要内容有款式(链目)程序名、花型程序名、颜色分配表名、花型程序种类(提花还是平纹、连续花型还是重复花型)等。输入款式程序名。

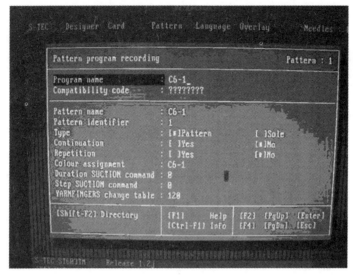

图 4 - 3 - 60

确认转录日期,回车即完成了全部袜子程序设计(图 4 - 3 - 61)。

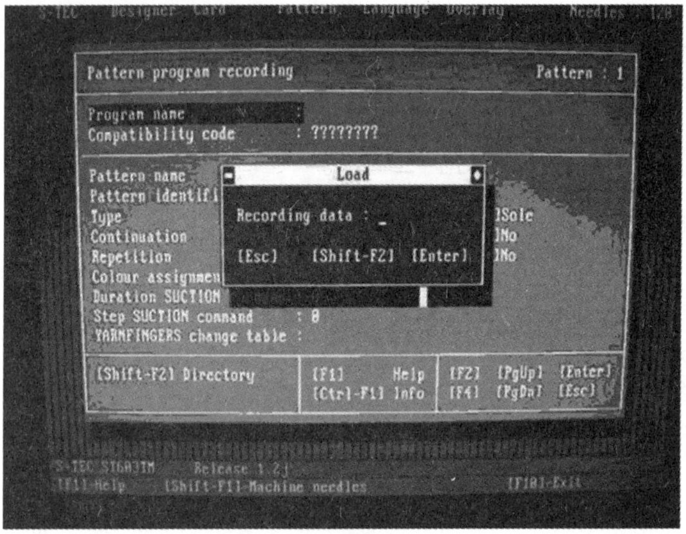

图 4 - 3 - 61

实际织出的袜子如图 4 - 3 - 62 所示。

图 4 - 3 - 62

第二节　双针筒电脑袜机的花型与款式程序设计实例

一、全电脑双针筒袜机的花型设计

全电脑双针筒袜机的花型也是先在专用的花型绘图界面(如罗纳地机用 Photon、兄弟机用 Styler5)上完成,然后将其嵌入设计好的款式(链目)程序,从而形成一个完整的袜机可执行的生产程序。目前国内全电脑双针筒袜机的主流机型是意大利罗纳地、韩国的富盛和兄弟公司的产品。下面以图示的方式简单介绍一下罗纳地 U8 - 856 型电脑双针筒袜机花型的设计过程。

1. 打开 photon 设计界面在工具栏中点击文档(File)选择机型就会弹出图 4 - 3 - 63 所示的机型程序版本、花型种类的小窗口;在窗口中 U8 - 856 机型有 Pattern 和 Pattern Superimposed 两栏,选第一是普通花型,选第二是覆盖花型(或重叠花型)。

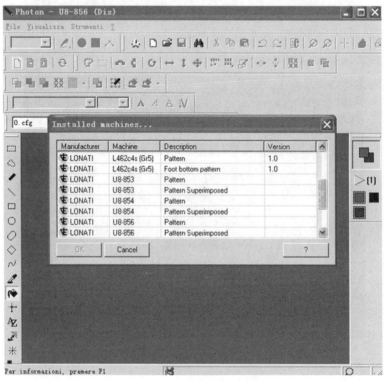

图 4 - 3 - 63

2. 选好机型、花型形式后点击 OK 键。点击新建文档图标,就会出现图 4 - 3 - 64 上选择花型设计画图窗口大小的对话窗。确定原则同罗纳地单针筒袜机:宽度根据机器针数,高度根据花型形式和花高。假如要设计一个在 168 针机上织的完全组织花高为 63 的菱形重复花型,则窗口宽度为 168、高度为 63。

设置好花型范围后点击 OK 就会出现图 4 - 3 - 65 所示的画图视窗。视窗中暗红色代表的是在下针筒上编织的正面线圈,其面积大小即为我们选定的最大花纹范围,本例中为 168×63。画图视窗中还有两种颜色,绿色代表在上针筒上编织反面线圈,黑色表示不编织。

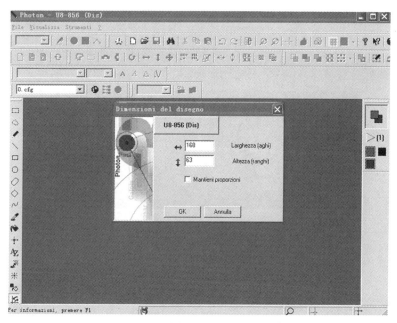

图 4 - 3 - 64

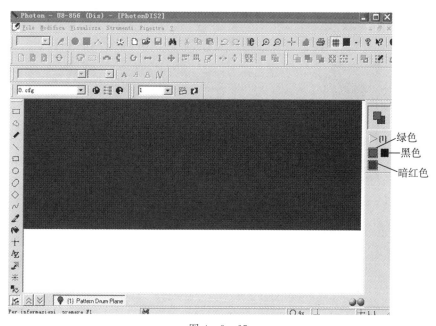

图 4 - 3 - 65

　　3.在画图视窗中画出设计花形(见图 4 - 3 - 66)。图中方格一纵行代表一针;横向一行在一路进线袜机上代表一横列,在两路进线袜机上代表两横列。花型图是由袜底中部展开的。在168针袜机上 43 - 126 针为脚面针。

　　4.画图完成后存盘、输入花型名称,保存后会显示花型文件名称、文件大小及创建修改时间等内容,如图 4 - 3 - 67

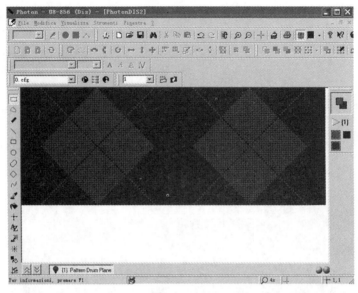

图 4 - 3 - 66

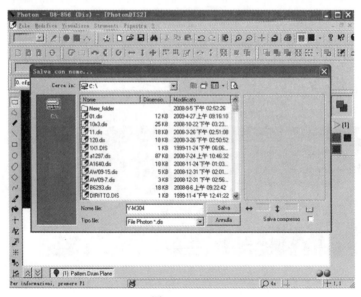

图 4 - 3 - 67

二、全电脑双针筒袜机的款式程序设计

现代全电脑双针筒袜机的程序也可分为两大类:一类是罗纳地袜机采用的固定模块组合的方式设计袜子的款式程序。固定模块就是将组成袜子的每一部分如罗口、袜统、袜跟、袜头、缝头眼等的各种不同编织过程式以固定的模块代码预存于设计成序中。在双针筒袜机上款式设计的方法有两种选择:一种是固定式,就是袜子编织每一步段的可选模块的次序或数量都是相对固定的。例如,选好织罗口模块后,就会出现可供选择的织袜统模块;选好织袜统模块后就只会跳出下一步织袜跟的模块,在该模式下不能跳过袜跟,直接选织袜头的模块。自由式就可不按袜子通用流程选模块,甚至可把袜子流程反过来织,如先织袜头,再织袜脚、袜跟、袜统,最后织罗口等。自由式可按各种不同方式组合形成各种不同款式的袜类产品(此功能目前尚在测试

阶段)。另一类是以兄弟机为代表的采用 DEIMO 系统的款式程序。这类款式程序是直接将一套标准的双针筒织袜程序以 CAT 格式存于编程系统(Editor Scheda Tecnica)和机器中,编程时根据需要作修改(也可在机上修改)。因此,在这类系统中编程修改工作量较大,对程序设计人员专业知识和经验要求较高。现以意大利罗纳地 U8－856 电脑提花双针筒机程序设计为例介绍全电脑双针筒袜机的程序设计。

打开罗纳地程序设计图型界面 BigBang(见图 4－3－68),左边视窗存盘图标下面有两个选择小视窗。箭头所指上窗是袜机品牌选择视窗,如选 Lonati 既罗纳地;下面一个是机型视窗,如选男袜双针筒,则左下大视窗就会列出可选机型,点击 U8－856,图标就可进入如图 4－3－69 所示的图形界面。

图 4－3－68

1. 选择程序设计种类。左边视窗中文件夹分别是:电脑至袜机导入文件;自由式款式程序文件;普通花型文件;固定式款式程序文件;覆盖花型文件等。

图 4－3－69

点击固定式款式文件,右边视窗显示的是已存在电脑系统中的固定式款式程序的名称和最后修改时间(图4-3-70)。点击固定式款式程序文件夹"Programs"后工具栏左第二个"创建新程序导引"图标会显现,点击进入款式设计面(如未弹出可点新增按钮进入页面)。

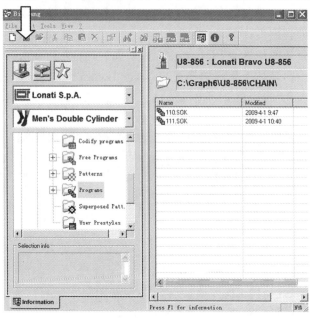

图4-3-70

2. 开始款式设计(图4-3-71)。图中第一个视窗是织起口的图形界面,其中右边是可选的起口模块。双击要选的模块,被选中的模块就会出现在左边视窗中。起口模块视窗右边所显示起口部段的可选模块分别为:标准罗口起口;线头隐藏式标准罗口起口;单圈橡筋罗口起口;线头隐藏式单圈橡筋罗口起口;泡泡口罗口起口;线头隐藏式泡泡口罗口起口;多层复合罗口起口和双层罗口起口。

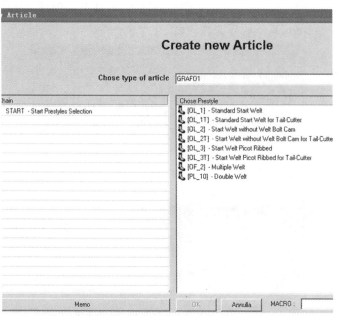

图4-3-71

双击选定模块,如选图4-3-72中的标准罗口起口模块后,左视窗出现模块名称同时右视窗跳出下一部段可选模块名称,它们依次是:普通罗口;直下罗口(罗口袜统连织式);多层复合罗口;特小罗口。

图4-3-72

选择普通罗口模块,右视窗跳出织袜统部段的模块:普通袜统和复合多层罗口袜的袜统(见图4-3-73)。

图4-3-73

　　选择普通袜统模块,右视窗跳出织袜跟部段的模块:普通袜跟;带高后跟袜跟;复合多层罗口袜的袜跟(见图4-3-74)。

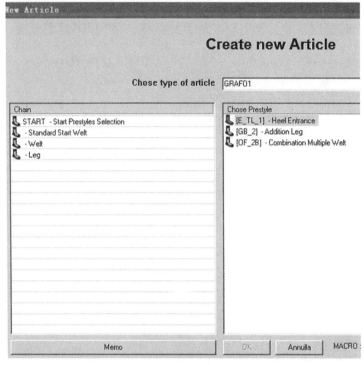

图4-3-74

　　选择普通袜跟模块,右视窗跳出织袜脚部段的模块(见图4-3-75)。

图4-3-75

选择袜脚模块,右视窗跳出织袜头部段的模块:普通袜头;特殊袜脚袜头(图4-3-76)。

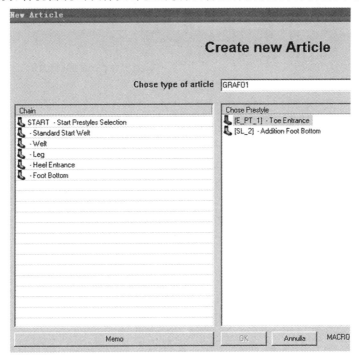

图4-3-76

选择普通袜头模块,右视窗跳出织缝头眼部段的模块:普通自动缝头;特殊自动缝;手工缝头(见图4-3-77)。

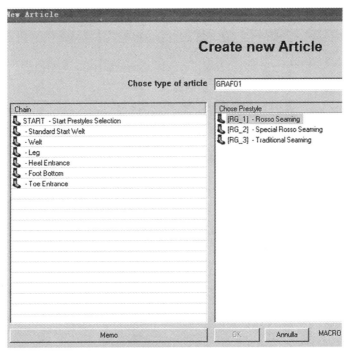

图4-3-77

选择普通自动缝头模块,右视窗跳出织握持横列部段模块:普通握持横列,加厚握持横列（见图 4 - 3 - 78）

图 4 - 3 - 78

选择普通握持横列模块,右视窗跳出织机头线部段模块:普通机头线,特殊机头线（见图 4 - 3 - 79）。

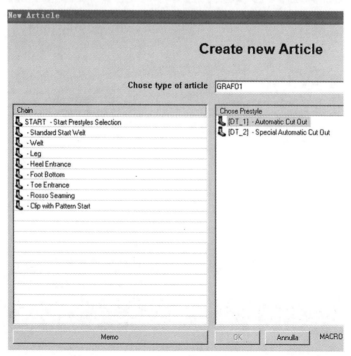

图 4 - 3 - 79

选择普通机头线模块,右视窗显示款式设计完成模块(图4-3-80)

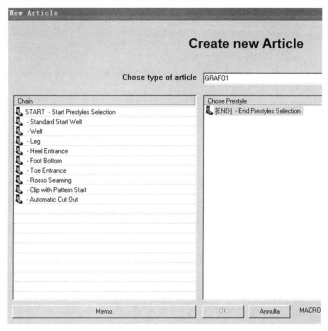

图4-3-80

选择设计完成,点击 OK 键就会进入图4-3-81的视窗。此视图显示的内容有:袜子的款式图形,袜子各部段模块的名称代码及组织结构如平针、罗纹等,脚底组织是织花还是平针或罗纹(图中是脚底平针),机器的针数、针筒直径,脚底脚面分界针的位置等。

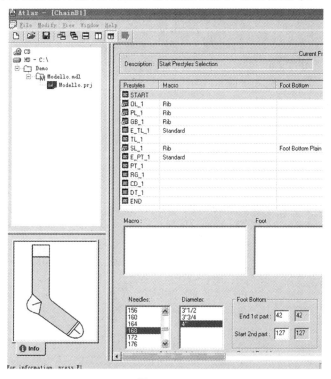

图4-3-81

保存款式设计的文件(图 4 - 3 - 82)。

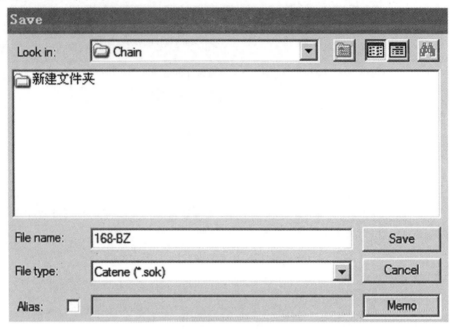

图 4 - 3 - 82

新花型款式程序名称 168 - BZSOK 和创建(修改)日期在右视窗中显示出来(图 4 - 3 - 83)。

图 4 - 3 - 83

3. 花型嵌入

花型嵌入就是将前面设计的花型图案与款式程序连起来形成一个完整的机器生产程序。双击图 4 - 3 - 83 的右视窗中要嵌入花型的款式程序名称如 168 - BZ SOK 进入图 4 - 3 - 84 界面。

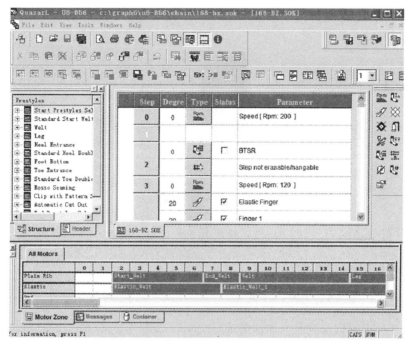

图 4 - 3 - 84

因这款袜子的花型是在袜统部位开始织的,所以在左视窗中点击代表袜统的 Leg 小方块。点开后,右边视窗显示花型是在绿方块代表的第 14 步(step)织的(见图 4 - 3 - 85 所示)。双击该箭头所指的花型图标可进入普通花型文件夹,选择要嵌入花型的编号 Y－M304(选中后会在花型图标边的参数栏中出现),即可完成全部花型与款式程序设计。

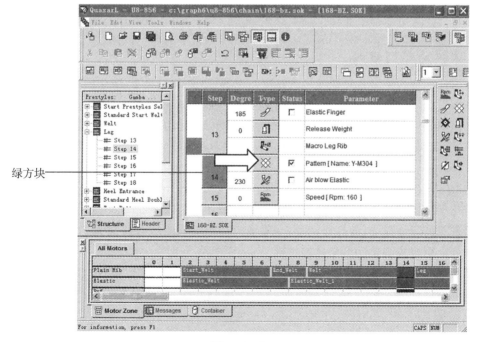

图 4 - 3 - 85

将程序输进袜机,编织成实物如图 4 - 3 - 86 所示。因在前面图 4 - 3 - 81 的脚底组织设置中选的是"脚底平针",所以在袜脚部位仅袜面织出了半个菱形。若脚底组织选"脚底织花",则脚底也可织出完整的菱形。

图 4 - 3 - 86

第三节　单针筒电脑提花丝袜机的花型与程序设计实例

全电脑丝袜机主流机型有意大利罗纳地(LONATI)和马泰克(MATEC)两种,全部是四路进线的且四路进线均可独立成圈,这是有别于棉袜机的地方。丝袜机通常分提花机和平板机两大类,平板机只能做四路平针结构或固定的网眼结构(如 1X1、1X3、3X1 等),通常是四路主吃,机型有罗纳地 L411,L421,L510,L10 等;提花机分二路提花和四路提花,可任意提花,通常也是四路主吃。可做集圈、添纱等提花结构。当添纱提花功能不够用时,有些机器增添了"花中花"功能。即退出两路成圈三角,四路主吃变二路主吃,退出的两路做辅助垫纱,机型有罗纳地 L504MJ、L04MJ 等机型。机器的筒径多为 4 英寸,也有少量的 3.5 英寸和 4.5 英寸。下面介绍罗纳地提花机的花型和程序设计。

一、袜机的花型设计

单针筒丝袜机的花型是先在专用的花型绘图界面(如罗纳地公司的 PHOTON)上完成,然后将其嵌入设计好的款式(链目)程序从而形成一个完整的袜机可执行的生产程序。下面以图示的方式简单介绍一下罗纳地 L500 系列机型电脑单针筒丝袜机花型的设计过程:

1. 打开 photon 设计界面点击菜单上 File(select machine)或工具栏中的选择机型就会弹出如图 4 - 3 - 87 所示的要选机型及程序版本、花型种类的窗口;在窗口中 L500 系列机型有 Normal pattern 和 Superposed pattern 以及 Stitch cams pattern 三栏,选第一是标准花型,选第二是覆盖花型(机器编织时会在袜子的第一层花型上再编织一层组织),选第三是压针三角可按一定的角度改变弯纱深度(即打松花型,一般做脚后跟打松时或收腹提臀的袜子时用到),可以在同一横列上织出线圈长度不一样的结构。

2. 在上图中选好机型、花型形式后点击 OK 键。点击菜单上 File(New)或工具栏中的新建文件图标就会出现图 4 - 3 - 88 所示界面,第一栏是新建花型文件,点 OK。

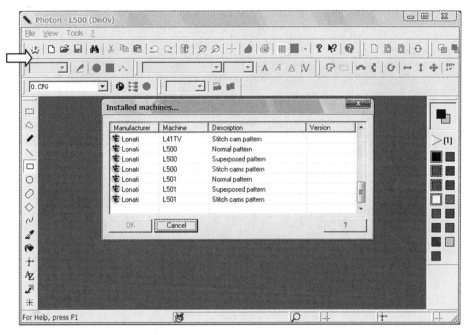

图 4 - 3 - 87

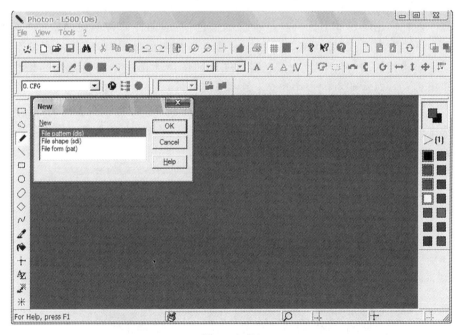

图 4 - 3 - 88

　　出现了要新建的花型的针数、花型圈数大小范围的对话窗（图 4 - 3 - 89）。如我们要设计的花型是在 400 针的机器上做的则最大花宽为 400 纵行；如果花纹的高度不会超过 200 横列，我们可将画图窗口最大花高设为 240。

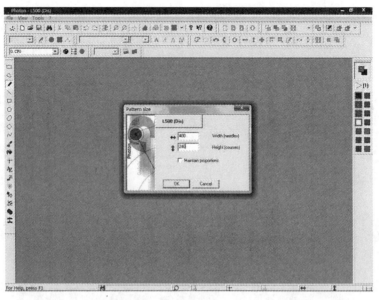

图 4 - 3 - 89

　　设置好花型范围后点击 OK 就会出现图 4 - 3 - 90 所示的画图视窗。视窗中黑色代表的是不编织(俗称浮线),其面积大小即为我们选定的最大花型范围,本例中为 400×200。画图视窗中右边还有十四种常用颜色和七十九种纱嘴控制颜色,右边的每一种颜色会根据左边的 0.cfg 或 1.cfg 或 2.cfg 或 4.cfg 等配置来显示每一种颜色所控制的针位都不同,一般常用是以上四种配置(0.cfg 是常用的、1.cfg 和 2.cfg 要用到红色和黄色才用或用颜色控制纱嘴起落、4.cfg 做花中花才用到),一般在所有配置中黑色代表四路全浮线,绿色代表四路全编织;红色在所有配置中代表一、三路编织,二、四路浮线;黄色跟红色相反即所有配置中代表一、三路浮线,二、四路编织。选中一种配置后,把鼠标放到每一种在配置中要用到的颜色上都会有提示出来该种颜色的作用。

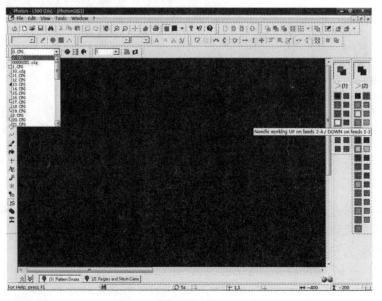

图 4 - 3 - 90

3. 在画图视窗中画出设计花形如图 4 - 3 - 91(放大图)。图中方格一列代表一针;横向一行代表一横列,每四个横列为一圈,按一、二、三、四路进线顺序排列。

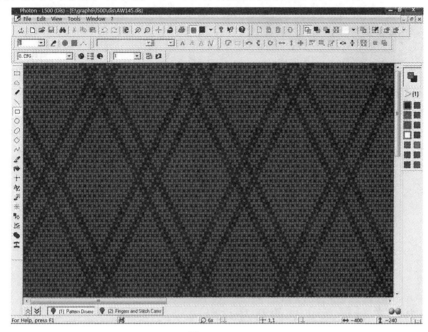

图 4 - 3 - 91

正式图如图 4 - 3 - 92 所示。

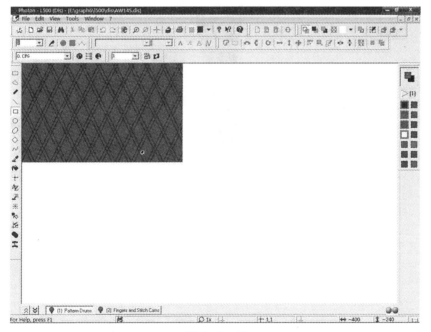

图 4 - 3 - 92

4. 画图完成后保存,保存时会记录花型文件名称、文件大小及创建时间等内容,如果把 Save Compress:后面的框框打上"√"将以压缩形式保存图形,见图 4 - 3 - 93

图 4-3-93

二、全电脑单针筒丝袜机的程序设计

罗纳地全电脑单针筒丝袜机的程序设计与全电脑单针筒棉袜机的程序设计类似。本设计花型织成三骨袜成品后实物如图 4-3-94 所示。

图 4-3-94

第五篇　经编产品设计

第一章　高速经编机产品设计

高速经编机是指梳栉数较少、生产速度较快的一类经编机,是经编生产中最主要的机型之一。常用的有普通型、氨纶型、毛圈型、毛巾型、全幅衬纬型、衬经衬纬型、花压板型、贾卡提花型等,其产品主要有各种平纹布、网眼布、毛绒毛圈布、服装衬、各种氨纶弹力织物以及一些产业用双轴向、多轴向织物等。

第一节　设计概述

高速经编机具有梳栉数少、机号高和生产速度快等特点。机号高、编织速度快决定了这类设备使用短纤纱比较困难;梳栉数少决定了这类经编机不能像多梳栉拉舍尔经编机和贾卡经编机那样编织花纹复杂的提花类织物。高速经编机的产品设计,应该抓住经编组织的特点,从平纹、网眼和起绒等组织结构着手,开发生产各种平纹、网眼、绣纹和绒类经编产品。

一、高速经编机产品的结构、性能和特点

(1)生产效率高。最高机速已达 3 600 r/min 以上,门幅达 6 604 mm(260 英寸),效率可达 98%。

(2)与纬编针织物相比,经编针织物的延伸性较小、防脱散性较好。经编针织物的延伸性与梳栉数及组织有关,有的经编针织物横向和纵向均有延伸性,但有的织物则尺寸稳定性很好;也可以利用不同的组织,减小脱散性。

(3)在生产网眼织物方面,与其它生产技术相比,经编技术更具有实用性。织物上的网眼大小可根据要求改变,网孔形状变化也很方便,并且织物结构稳定,不需要经过任何特殊的整理以使织物牢固。

(4)在生产氨纶弹力织物方面,可利用氨纶裸丝直接参与编织,氨纶含量易于控制,变化范围大,可生产双向弹性或单向弹性的平纹、网眼织物,织物弹性好。

(5)经编针织物由于能使用不同粗细、不同性能的纱线进行部分衬纬或全幅衬纬编织,因而能加工成不同性能与用途的织物,如衬纬起绒布、绣花地网、土工格栅、粘合衬里布以及复合材料基布等,结构变换简单。

二、产品技术的发展

近年来在高速经编机生产中出现了一系列新产品和新技术,其主要表现在以下几个方面:

(一)高速经编机的高速化、细针距化和阔幅化

在现代高速经编机上,由于采用多种机械技术与加工工艺,不断向高速化、细针距化和宽幅化方向发展。目前某些经编机的运转速度已达 3 600 r/min 以上;机号也已出现了高达 $E44$ 机号(每 1 英寸针床上为 44 针);工作幅宽也已增加到最高达 6 604 mm(260 英寸)。

由于经编机生产速度的大幅度提高,从而增加了机器产量。另外为提高速度而修改成圈机件的动程被认为是经编领域具有决定性意义的改进措施,有利于编织高弹性纤维,可用于功能性服装领域等;机号 $E28$ 和 $E32$ 的高速经编机可适用于内衣、衬衣、蚊帐及一些装饰织物的生产,通用性很大,是经编生产中的主要机号。$E36$、$E40$ 和 $E44$ 的经编机主要用来生产薄型和超薄型内衣织物,产品质地细腻,有良好的丝绸手感和抗起毛起球性能;经编机的针床幅宽直接影响着所加工的产品幅宽,现在多为 3 302 mm(130 英寸)、4 318 mm(170 英寸)和 5 334 mm(210英寸)幅宽的机器,甚至已达到 6 604 mm(260 英寸)。随着针床幅宽的增加,机器的运转速度相应有一些降低。

由于高速经编机的高速化和阔幅化,使单位产品的消耗资金减少、费用降低、占地面积缩小,从而降低了产品的加工成本;而细针距化则满足了一些特殊要求产品的加工,可大大提高产品的附加值。

(二)经编原料的多元化

在经编生产中,一般以采用涤纶、锦纶、氨纶等化纤原料为主,生产各种风格的服装用、装饰用、产业用织物。为满足人类对高品质服装面料的需要,棉纱、真丝和毛纱甚至麻纱亦开始用于经编,并已取得了一定的成功。

棉纱一开始较多地用于粗机号经编机以加工网眼布、毛巾布及棉毯,现在棉经编产品已得到进一步开发。国内已有采用丝光棉纱在 $E28$ 高速经编机上批量生产过高档男 T 恤面料;在德国也有用低线密度棉纱和氨纶裸丝在 $E28$ 特里科经编机上交织的制品用作高档妇女内衣。

由于真丝针织产品不仅具有吸湿、透气、轻盈、保健等特性,而且比机织丝绸织物有更好的弹性、悬垂性、抗皱性和耐洗性,因而在 20 世纪 80 年代就开始了对真丝的经编编织性能的研究,现已趋于成熟,经浸渍(柔软处理)—烘干—络丝—整经—编织—染整等工序加工而成的经编真丝绸产品也得到了市场的青睐。

近年来随着超细纤维技术的发展,其在经编上也得到成功的应用,采用机号为 $E32$ 或 $E28$ 的高速经编机所加工的经编麂皮绒产品便是典型的例证。

(三)后整理工艺的功能化

在经编生产中除了采用多种原料,使成品坯布具有特殊的外观和性能外,其后整理技术亦有很大发展。如氨纶交织织物的后整理、各种起绒机械整理、篷帆和灯箱等织物的涂层整理、复合材料的粘贴、树脂涂覆整理等。可以说,没有合适的后整理,就没有适用的经编产品。

(四) 产品设计与工艺管理的电脑化

高速经编机产品花型变化少,但品种比较多,如平纹类、起绒类、网眼类、毛圈类等等。对经编企业来说,产品设计与工艺管理是一项非常重要且繁琐而量大的工作,因此已普遍使用经编针织物 CAD 系统来进行辅助设计与工艺管理。

三、产品的分类及应用

高速经编机产品按其用途、结构与性能特点可分以下几类。

(一) 根据产品用途分类

高速经编机产品按用途可分为服装用、装饰用、产业用等三大类,其中以服装用和产业用尤为广泛。

在服用方面,由于高速经编机一般适合于加工化纤原料,其产品作为工作服、校服、运动服、鞋面料等有较多使用。采用聚氨酯树脂涂层的经编衬衣织物具有皮革的外观和弹性,有一定的流行性。利用锦纶丝或阳离子可染涤纶丝与涤纶丝交织获得彩色条纹或简单图案的织物在衬衣上也有一定的应用。涤纶长丝起绒织物仍在外衣及其它服装方面有相当的应用,如丝绒型、毛绒型、起圈型、花色绒面(可由组织改变、压花、刷花等方法获得)等。细旦涤纶长丝经编织物经仿丝绸整理并印花后,可得到类似于真丝织物的柔和光泽和柔软手感,目前已广泛用于女衬衣和裙类。另外锦纶或阳离子可染涤纶丝与氨纶交织的经编平纹广泛用作游泳衣、运动衣、紧身衣和健美服等;氨纶网眼织物,则广泛用作各种绣花地布、服装里衬等。而带单面毛圈或双面毛圈的经编织物则广泛用于仿丝绒服装、海滨服、便服、睡衣、童装等方面,尤其是全棉型的用作高档浴巾、睡衣等;采用涤纶长丝加工的网眼类经编织物,主要用作内衣、头巾、裙衬等;带全幅衬纬的高速经编坯布常使用在需要高尺寸稳定性的服装及其衬里上。

在室内外装饰方面,涤纶长丝经编织物经印花或压烫花纹后广泛作为窗帘等制品;各种起绒经编织物也广泛作为厚型窗帘、帷幕等。现在印花涤纶长丝经编织物作为席梦思面料极为流行。而蚊帐用布这一使用领域则差不多由经编织物垄断。用特里科经编机编织的经编涤纶长丝织物的一个重要使用方面是作为复合织物的基布,可用火焰融化法或粘合剂粘贴法在织物背面贴附泡沫塑料薄片,而作为家具的衬垫材料,当然还有许多别的用途。用烂花技术可在细薄地布上制得任意图案的厚密花型,过去常用以涤纶丝为芯的棉包芯纱制成织物,再以酸浆局部烂去棉纤维形成烂花花型,现在则常用一梳涤纶长丝,一梳棉纱进行编织,然后在局部烂去棉纱形成烂花花型,如在烂花织物上加以印花,则可使花色更为丰富多彩。显然,以棉纱作全幅衬纬的涤纶长丝坯布也是烂花处理的良好材料,广泛用作装饰性床罩、桌布等。

在汽车工业中,采用涤纶起绒织物作为车顶及四壁的面料;采用普通细薄涤纶织物用作泡沫塑料薄片贴合的基布,贴合后用作座椅、沙发的衬垫材料;采用涤纶经编毛圈织物作座椅面料。现这些方面的应用正向飞机、火车、轮船扩展。采用锦纶与导电纤维交织制成的防静电面料广泛用作电子业中的操作手套、屏蔽服等。在土工、建筑以及航空航天业中采用高强涤纶丝、玻纤丝、碳纤维等新型原料加工的经编双轴向、多轴向织物作为土工格栅、安全防护帽基布、新型建筑材料和飞机外壳增强材料、火箭壳体增强材料等得到了广泛的应用。用特里科经编机编织的网孔织物还广泛用作滤布、橡胶工业的基布(如橡胶管道、皮带等的基布)、各种网类等。

（二）根据产品形成方法、结构与性能特点来分类

（1）特里科经编织物 如外衣、衬衣、运动衣、海滨服、便服等；

（2）网眼经编织物 如服装网眼衬、鞋用网布等；

（3）弹性经编织物 如弹性内衣、泳装、紧身衣、运动衣、体操服、滑雪服等；

（4）起绒织物 如运动衣、外衣、玩具绒等；

（5）毛圈织物 如沙发面料、汽车座椅面料、睡衣、浴巾等；

（6）毛巾织物 如高档浴巾、睡衣面料等；

（7）轴向经编织物 如经编服装衬、经编土工格栅、灯箱布、涂层基布、头盔、防弹衣、风力发电叶片和贮存容器等。

四、经编产品的一般设计方法

（一）确定产品用途

明确产品用途是设计的前提，它确定了使用对象和目的，拟出了产品的特点、风格，以便进行其它项目的设计。不同用途的织物，应当有不同的使用性能，如内衣要求柔软、舒适；外衣要挺括、防皱性好等；装饰织物要求美观、悦目、畅怀；产业用织物则要满足特定的物理机械性能，如强度等。只有清楚了织物的用途，才能设计出符合要求的织物。

（二）选择机器参数

织物花型、风格与机型、机号有很大关系。不同的机型，能生产的品种也不同。经编机型号很多，但对于一个工厂来说是有限的，有的只能根据已有的机型、机号来设计。另外，需要确定织物是用几把梳栉编织的，机号为多少，最后确定机器速度。

（三）选择原料及其规格

原料对于织物设计有相当重要的意义。织物的性能很大程度上是由原料表现出来的，对于用途不同的织物，需要的原料性能也不同。原料选用应以发挥它的良好特性为目的，但与价格也有较大关系。有时某原料即使性能很好，但价格太贵，只能改用性能次之但经过加工可以弥补其特性的原料代替；有些性能难以代替，在织物中又需突出，虽然原料价格昂贵也要应用。只有采用合适的纱线才能得到所需的坯布性能。影响经编坯布性状的纱线因素如表 5-1-1 所示。

表 5-1-1 影响经编针织物性能的纱线因素

经编坯布性状	纱线影响因素	内容
外观	形态	断面形状，细度
	捻度	捻度强弱
	色彩	光泽、色调、颜色配合
	色牢度	光照、洗涤、汗渍、摩擦等色牢度
触感	感觉	轻重、软硬、冷暖
	手感	粗细、湿滑、身骨
处理情况	洗涤难易	去污难易，干燥快慢

（续表）

经编坯布性状	纱线影响因素	内　　　容
形状稳定性	伸　　缩	伸长缩短,洗涤缩水率
	褶　　皱	褶皱产生难易、褶皱恢复难易
	折　　叠	由折叠造成的折痕回复难易
卫 生 性 质	重　　量	纱线密度大小
	透 气 性	空气通过的难易
	保 温 性	保温的优劣
	吸 湿 性	吸湿及放湿的难易
	吸 水 性	吸水(汗)、脱水、失水的难易
	带 电 性	带电对保健卫生、穿衣感觉的影响
耐 生 物 性	防 霉 性	生霉难易,受霉侵害难易
	防 蛀 性	虫蛀难易
对物理化学作用的抵抗	耐 热 性	燃烧难易,空气和水温变化造成的影响
	耐 光 性	太阳光、紫外线、风吹雨打的影响
	耐汗油性	油和汗附着时的影响,油和汗对其产生的影响
	耐 药 剂 性	酸和碱性药剂、洗涤剂、漂白剂及染料产生的影响
机 械 性 质	纱线性能	强度、摩擦性能、疲劳性能、卷缩性能、收缩性能
	可编织性	毛羽等纱线疵点、纱线卷装形状、对机号的适合性

（四）确定组织结构

织物的组织结构是产品设计中的关键,它包括梳栉数目、色纱应用、纱线排列、纱线根数、对纱位置、垫纱图、垫纱记录等。在设计经编针织物时,考虑外观效果的因素有:

（1）要把显露在表面的纱线穿入前梳栉;

（2）要形成直向条纹,可用小针背垫纱线圈,由空经或色纱实现;

（3）要形成横向条纹,可用衬纬或使前梳的大小针背垫纱组合起来。为表现格子花纹、分散花纹,可用衬纬、绣纹等;

（4）线圈不论在前一横列内如何针背横移,都是向下一针背横移的相反方向倾斜;

（5）要使线圈直立,可用编链;可使两把梳栉作对称横移或用衬纬向相反方拉引;

（6）为形成倾斜孔眼,可使两把梳栉一起作转向针背垫纱;

（7）在网眼经编织物上,线圈多的地方孔眼小。在正规的孔眼(由于空纱缺乏延展线的部分)前后,一定要连以起封闭孔眼作用的线圈横列。

考虑坯布性质的因素有:

（1）为制得粗厚的经编坯布,选用针背垫纱量大的线圈;

（2）为使坯布在纵横方向稳定,可用衬纬或重经组织;

（3）如将坯布在宽向拉紧,则开口线圈变宽,闭合线圈变狭的为多;

（4）在决定了经编坯布的组织构成以后,就可与前述经编织物分析同样地制订垫纱运动图、对梳图、花板表、穿经图作为组织标记。另外,亦可以由此估计送经比,并根据所用原料、坯布规格决定送经量。

此外,为获得理想的花色产品,还应综合应用各种原理进行组织结构设计。例如:

（1）应用前后梳纱线的显露关系,设计花色品种。如包芯织物、"两面派"织物等。

（2）应用色纱排列,设计花色品种。如纵条花纹、横条花纹、菱形花纹、娥眉月花纹等。

（3）应用织物组织性能,设计花色品种。如弹性好的织物、延伸小的织物、强度大的织物、加厚织物等。

（4）应用带空穿穿纱方式，设计网孔织物。

（5）应用不同性能原料的组合，设计花色品种，如凹凸花纹等。

（6）应用设备中的一些特殊装置，设计花色品种，如间歇送经的裥褶花纹、花压板的贝壳花纹、毛圈花纹、提经提花花纹等。

（五）确定后整理工艺

应用漂洗、染色、印花、涂层、定型、起毛、剪毛等等不同的后整理加工工艺，可获得丰富多彩、风格各异的花色品种。

五、设计注意事项

织物的设计包括三个方面：一是织物外观花纹的艺术设计；二是织物规格的设计；三是工艺参数和内在质量的设计。就高速经编机织物来说，在外观花纹上以平纹、网眼、绣纹和起绒等类型为主；对织物规格则指织物门幅、面密度等；工艺参数是指线圈长度、密度等。此外，还应考虑以下几点。

1. 贯彻美观、实用、经济的原则

在产品的整个设计过程中要精心计算，在满足产品设计质量与性能要求的前提下尽可能降低生产成本、方便生产操作、缩短停台时间、减少织疵，以提高劳动生产效率和产品经济效益。

2. 结合生产实际情况，制定最佳工艺路线

生产企业之间由于技术水平、设备条件、操作工熟练程度等差异很大，设计人员必须结合生产实际情况，考虑包括整经、染整在内的整个加工流程的技术可能性，提出有关产品的物理机械性能、外观、疵点及产品变化要求，同时还应尽量充分发挥设备的能力，努力提高产品的附加值，以便在生产中能更好地满足织物设计，改善织物的性能。

3. 注意新型原料、新型染整工艺的应用

在产品设计中应注重新型原料和新型染整工艺的应用。因为新型原料、新型染整工艺的运用能开发出许多优秀产品。如近年来较为流行的经编仿麂皮织物即是超细纤维在经编中的应用。

4. 严格执行产品试样制度

为保证所设计产品的质量，提高工艺的合理性、经济性和正确性，应在设计后进行小批量试产，方可进入批量投产阶段。

第二节 普通平纹系列产品设计实例

高速经编机普通平纹织物是指表面单调一致，无任何结构上的花型、网眼的一类产品，坯布表面形成平纹效应。

一、普通平纹产品的一般工艺

普通经编平纹产品一般在普通的特里科型经编机上编织，通常采用 2～3 把满穿的梳栉，而极少用单梳或三把以上的梳栉编织；常用机号多为 $E28～E32$，现正向高机号如 $E36～E44$ 方向发展，以获得质地细腻的薄型织物。

在组织结构上,经编平纹织物编织时各梳栉的垫纱运动多以编链、经平及经缎等基本组织或其变化组织为主,其花纹循环高度一般较小。根据是否配置色纱,可分为素色经编平纹织物和花色经编平纹织物。

常用于经编平纹织物的组织结构有经绒平、经平绒、经平斜、经斜平、编链经斜、编链经平等。

二、普通平纹产品工艺实例

经编平纹织物在服装、装饰、产业用领域具有广泛的应用,下面通过一些产品实例来具体地介绍其工艺与应用。

1. 服装衬

在两梳栉的特里科型经编机上,采用编链经平组织进行编织,使织物具有一定的纵横向延伸性;双梳均用较细的 55dtex/f24 涤纶长丝,使织物亦较稀薄,极适合于用作服装衬里、定型衬等。

(1)编织设备

机型:HKS2;机号:E28;机器幅宽:4 318 mm;梳栉数:2;机速:2 850 r/min

工作幅宽:190 cm×2(注:表示编织双幅织物,每幅 190 cm,下同)

(2)原料、整经根数与用纱比例

GB1:55 dtex/f18 涤纶长丝,524×8,47.8%

GB2:55 dtex/f18 涤纶长丝,524×8,52.2%

(3)组织、穿经与送经量

GB1:1-0/0-1//,满穿,1 100 mm/腊克

GB2:1-2/1-0//,满穿,1 200 mm/腊克

(4)织物工艺参数

	纵密/横列·cm⁻¹	横密/纵行·cm⁻¹	面密度/g·m⁻²	幅宽/cm	产量/m·h⁻¹
机　上	20.0	11.6	61.0	181	85.5
成　品	22.0	12.9	79.4	153	77.7

(5)工艺流程

涤纶长丝—整经—织造—水洗—定型(—贴合)。

2. 鞋子面料

采用双梳栉的反向经平斜组织,前梳经平、后梳经斜,前梳的短延展线将后梳长延展线束紧,使坯布的结构稳定紧密,同时短延展线在外层起到抗起毛起球作用。

(1)编织设备

机型:HKS2;机号:E28;机器幅宽:4 318 mm;梳栉数:2;机器速度:2 300 r/min

工作幅宽:142 cm×3

(2)原料、整经根数与用纱比例

GB1:76 dtex/f34 涤纶有光丝,588×8,31.8%

GB2:76 dtex/f34 涤纶有光丝,587×8,68.2%

(3)组织、穿经与送经量

GB1:1-2/1-0//,满穿,1 200 mm/腊克

GB2:1-0/4-5//,满穿,2 570 mm/腊克

（4）织物工艺参数

	纵密/横列·cm^{-1}	横密/纵行·cm^{-1}	面密度/g·m^{-2}	幅宽/cm	产量/m·h^{-1}
机　上	22.0	11.0	145	142	62.7
成　品	27.0	11.0	178	142	51.1

（5）工艺流程

涤纶有光丝—整经—织造—水洗—预定型—染色—复定型。

3. 装饰用印花底布

采用双梳栉的同向经斜平组织，前梳经斜、后梳经平，前梳的长延展线自由地浮现在织物反面，织物表面平滑，有良好的纵横向延伸性。

（1）编织设备

机型：HKS2；机号：E28；机器幅宽：3 302 mm（130 英寸）；梳栉数：2；机器速度：2 200 r/min

工作幅宽：165 cm×2

（2）原料、整经根数与用纱比例

GB1：76 dtex/f24 涤纶半消光丝，599×6，77.0%

GB2：50 dtex/f20 涤纶半消光丝，600×6，23.0%

（3）组织、穿经与送经量

GB1：1－0/3－4//，满穿，1 980 mm/腊克

GB2：1－0/0－1//，满穿，900 mm/腊克

（4）织物工艺参数

	纵密/横列·cm^{-1}	横密/纵行·cm^{-1}	面密度/g·m^{-2}	幅宽/cm	产量/m·h^{-1}
机　上	28.0	11.0	125	165	47.1
成　品	28.8	11.3	132	160	45.8

（5）工艺流程

涤纶半消光丝—整经—织造—水洗—定型—转移印花。

4. 旗帜面料

旗帜面料一般采用2～3梳的特里科型经编机进行编织，为达到结构稳定的要求，因而多采用编链或带缺垫的编链位于前梳，与后面的梳栉的经斜组织相配合。

（1）编织设备

机型：HKS3－M；机号：E28；机器幅宽：3 302 mm（130 英寸）；梳栉数：3；机器速度：2 000 r/min

工作幅宽：165 cm×2

（2）原料、整经根数与用纱比例

GB1：167 dtex/f30 涤纶半消光丝，600×6，31.8%

GB2：167 dtex/f30 涤纶半消光丝，599×6，35.8%

GB3：100 dtex/f40 涤纶半消光丝，599×6，32.4%

（3）组织、穿经与送经量

GB1：1－0/0－1//，满穿，1 290 mm/腊克

GB2：1－2/1－0//，满穿，1 455 mm/腊克

GB3：1-0/3-4//,满穿,2 200 mm/腊克

（4）织物参数

	纵密/横列·cm^{-1}	横密/纵行·cm^{-1}	面密度/g·m^{-2}	每幅宽/cm	产量/m·h^{-1}
机 上	16.5	11.0	93.5	165	72.7
成 品	18.1	11.8	109.9	154	66.3

（5）工艺流程

涤纶半消光丝—整经—织造—水洗—漂白—增白—定型—转移印花。

5. 经编真丝绸面料

由于真丝是一种纯天然蛋白质纤维,含有人体所必需的氨基酸成分,具有很好的吸湿性和放湿性,能吸收紫外线,导热系数低,抗静电,光泽柔和,其产品具有独特的"绿色保健"功能,因而真丝服装历来被视为高档产品。

近来国内已有企业对真丝在经编生产中的应用进行了卓有成效的研究,成功地开发了系列经编真丝绸产品。通过适当的泡丝柔软处理工艺,改变丝胶的凝固状态以及控制丝胶的含量,从而将生丝的刚硬度降低到可适应经编编织的要求,使真丝生产时经编机的生产速度达到1 500 r/min以上。其具体工艺如下。

在经编真丝绸的生产中,经泡丝处理的生丝在整经时应注意控制整经张力和线速度,对于46 dtex 的生丝一般整经张力为 4~7 cN、整经速度为 150~200 m/min;编织时,一般采用2~3梳的特里科型经编机进行编织,前梳多采用延展线短的经平垫纱,使织物的抗起毛勾丝性好,后梳则采用经绒组织。这样织物的组织结构较为稳定,面密度亦较轻。

（1）编织设备

经编机：HKS2;机号：E32;机器幅宽：3 302 mm(130 英);梳栉数：2;机器速度：1 000 r/min

工作幅宽：165 cm×2

（2）原料、整经根数与用纱比例

GB1：46 dtex 白厂丝(不低于 4A 级),600×6,43.1%

GB2：46 dtex 白厂丝(不低于 4A 级),599×6,56.9%

（3）组织、穿经与送经量

GB1：1-2/1-0//,满穿,1 200 mm/腊克

GB2：1-0/2-3//,满穿,1 584 mm/腊克

（4）织物工艺参数

	纵密/横列·cm^{-1}	横密/纵行·cm^{-1}	面密度/g·m^{-2}	幅宽/cm	产量/m·h^{-1}
机 上	17.0	13.0	57.1	142	35.3
成 品	18.0	13.7	65.0	135	33.3

（5）工艺流程

生丝—泡丝柔软处理—晾干络丝—整经—织造—精炼—染色—防静电、免烫等整理—拉幅烘燥—呢毯松式定型整理。

第三节　弹性平纹产品设计实例

经编氨纶弹性织物质地柔滑、轻盈、色泽鲜艳,具有优良的延伸性和回复弹性,所制成的内

衣、健美服、泳衣、连袜裤等穿着舒适美观,运动方便自如、无压迫感,始终贴身,能体现形体美,因而深受人们的喜爱,已成为服装业最流行的织物品种之一。

一、弹性平纹产品的一般工艺

经编弹性平纹织物一般可分为两类:一是织物纵横方向上均有极好的弹性,二是织物只在纵向上有好的弹性。前者多是在高速特里科型经编机上编织的成圈型双向弹力经编面料(俗称弹力拉架,拉架即 Lycra 之广东话音译);而后者则多是在高速拉舍尔型经编机上编织的衬纬型单向弹力经编面料(俗称弹力色丁布,色丁即 Satin 之音译)。本节主要讨论前者,而后者将在本章第八节中进行介绍。

经编双向弹力平纹织物主要是双梳栉的锦纶与氨纶交织的细薄平纹织物。通常在 $E28-E32$(现已高达 $E44$)的细针距特里科高速经编机上编织,然后再匹染或印花。也有少数是用 3 梳或 4 梳的特里科机编织几何形或小花纹织物,再匹染或印花,使外观效应更变化多样。这类织物最常用的底布组织是经绒平。44 dtex 左右的氨纶裸丝穿在后梳编织经平,44 dtex 左右的锦纶复丝穿在前梳编织经绒组织,成品织物的面密度约为 $200 \ g/m^2$,成品纵向密度约 48 横列/cm,成品幅宽多为 155 cm 左右。由于坯布的机上织幅经后道加工会大量收缩(成品幅仅为编织门幅的 50% 左右),所以常用的特里科经编机的工作门幅规格为 3 302 mm(130 英寸)。据说,目前市场上要求的经编氨纶弹性织物的成品幅宽有增大的趋向,因而配置的机器幅宽应按市场的需求作相应扩大配置。

二、弹性平纹产品工艺实例

1. 弹力经绒平泳装面料

普通的弹力平纹拉架用得最为广泛的组织是弹力经绒平组织,在双梳栉的特里科高速经编机上生产。经绒平织物手感柔软,表面呈纬平针的外观,纵横向都有弹性,坯布经染色或印花后,可作妇女紧身衣、运动衣、游泳衣等。经绒平组织的此种结构,使织物具有不同于一般弹性织物的拉伸特性,具有如下特点:

(1)弹力经绒平织物经向延伸性和纬向延伸性较为接近,两者差异仅为 20% 左右(一般经向延伸性为纬向延伸性的 1.05~1.6 倍,而普通弹性织物的经向延伸性为纬向延伸性的 3~6 倍),即该织物具有非常优良的双向弹性,从而使该织物很合适做需双向拉伸的服装。

(2)弹力经绒平织物在受 30%~70% 拉伸时,拉力随着延伸度上升的幅度不大。这样,一方面由于上升幅度较缓,故一个尺寸的成品服装能适应一个尺寸范围的人穿着,另一方面又保证了成品服装的贴身性,从而适应做运动服装,如健美服等。

(3)弹力经绒平织物拉伸张力大,而回复性很小,十分适合做泳衣(在水中时,虽有水的下坠力,但仍能很好的贴身,较难将泳衣拉松,而穿着时又不因回复力而感觉不舒服),故常将弹力经绒平称为泳衣面料。

弹力经绒平泳装面料可采用如下的工艺:

(1)编织设备

机型:HKS2-3E;机号:$E32$;机器幅宽:3 302 mm(130 英寸);梳栉数:2;机速:3 500 r/min

工作幅宽:330 cm×1

(2)原料、整经根数与用纱比例

GB1:44 dtex/f20 锦纶深度消光丝,688×6,80%

GB2：44 dtex 氨纶丝，685×6，20%

（3）组织、穿经与送经量

GB1：2－3/1－0//，满穿，1 460 mm/腊克

GB2：1－0/1－2//，满穿，500 mm/腊克（整经牵伸比 140%）

（4）织物工艺参数

	纵密/横列·cm^{-1}	横密/纵行·cm^{-1}	面密度/g·m^{-2}	幅宽/cm	产量/m·h^{-1}
机　上	32.0	12.6	67	330	65.6
成　品	38.7	26.8	173	155	54.3

（5）工艺流程

锦纶丝—整经—织造—松弛—浸压（抗老化）—热定型—经轴染色—柔软整理。

2. 弹性妇女内衣面料

采用双梳双经平组织，与双梳经绒平相比前梳的延展线少了一针，减少了那种长丝的感觉。由于采用了短的针背垫纱和采用较细的锦纶丝，所以织物具有很软的手感；另外在使用前梳作短针背垫纱还具有光泽柔和的效果。在编织和后整理生产过程中为了保证织物的质量，必须使纱线和线圈充分保持松弛状态，如织造中通过使用特殊的"软罗拉"卷取装置、随后的热蒸汽松弛处理和坯布的预热处理等。另外，在运输的过程中也是以布卷罗拉形式，这样也可以避免织物受压。这种织物不仅用于妇女内衣，在浴场也很流行。

（1）编织设备

机型：HKS2－3E；机号：E32；工作幅宽：3 302 mm（130 英寸）；梳栉数：2；机器速度：3 300 r/min

工作幅宽：330 cm×1

（2）原料、整经根数与用纱比例

GB1：22 dtex/f13 锦纶消光丝，688×6，75%

GB2：44 dtex 氨纶丝，685×6，25%

（3）组织、穿经与送经量

GB1：1－2/1－0//，满穿 A，1 110 mm/腊克

GB2：1－0/1－2//，满穿 B，520 mm/腊克（整经牵伸比 140%）

（4）织物工艺参数

	纵密/横列·cm^{-1}	横密/纵行·cm^{-1}	面密度/g·m^{-2}	幅宽/cm	产量/m·h^{-1}
机　上	30.0	12.6	50.8	330	66.0
成　品	50.0	27.6	185.2	151	39.6

（5）工艺流程

锦纶丝—整经—织造—水洗—预定型—漂白—荧光增白—烘干—拉幅定型。

第四节　网眼产品设计实例

经编编织时通过组织设计使得相邻的线圈纵行在局部失去联系，从而可以很方便地在经编坯布上形成一定形状的网眼。经编网眼是经编的一大特色，形成方法多种多样，梳栉既可以空穿，也可以满穿。网眼有大有小，网眼高度可从两个线圈横列到十几个线圈横列。网眼的形状

多种多样,有三角形、正方形、长方形、菱形、六角形、柱形等。通过网眼的分布,可呈现直条、横条、方格、菱形、链节、波纹等花纹效应。高速经编机生产的网孔类产品主要有头巾、蚊帐、鞋帽布等。

一、网眼产品的一般工艺

经编网眼织物可在机号 $E5\sim E32$ 的特里科型高速经编机上使用 $22\sim680$ dtex 的合成纤维长丝或人造纤维长丝编织而成,也有使用 $59\sim590$ dtex 的天然纤维纱线或天然纤维和合成纤维的混纺纱线。织物干燥面密度为 $12\sim250$ g/m^2。

高速经编机编织的网眼织物,其网眼结构一般为左右对称或左右、上下均对称的组织结构,由两把梳栉、四把梳栉、六把梳栉或八把梳栉编织而成。编织时,每两把梳栉之间进行相同穿纱和对称垫纱。具有一定的延伸性和弹性,并具有结构较稀松、透气性和透光性较好的特点,被广泛用于缝制蚊帐、窗帘、花边、工业用阀门活塞中的胶布、农业用蔽荫网和种植网、捕鱼业用渔网、商业用包装袋、土建用保护网和河坝防护网、医疗用各种形状的弹性绷带、军用天线和伪装网等,还可用于缝制外衣、内衣、头巾、运动服、袜子等。

二、网眼产品工艺实例

1. 服装全棉网眼织物

采用全棉纱为原料编织服装用网眼织物,一般用两把梳栉作对称的变化经平垫纱,形成较大的网眼组织,这类织物大量用作 T 恤面料。图 5-1-1 所示即为一种全棉网眼织物,其工艺如下:

(1) 编织设备

机型:HKS3;机号:$E20$;机器幅宽:3 302 mm(130英寸);使用梳栉数:2;机器速度:1 500 r/min

工作幅宽:165 cm×2

(2) 原料、整经根数与用纱比例

GB1:20 tex 棉纱,216×6,50%

GB2:20 tex 棉纱,216×6,50%

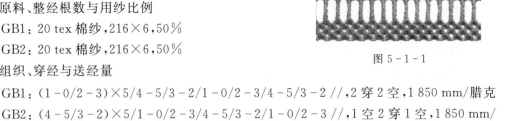

图 5-1-1

(3) 组织、穿经与送经量

GB1:$(1-0/2-3)\times5/4-5/3-2/1-0/2-3/4-5/3-2//$,2 穿 2 空,1 850 mm/腊克

GB2:$(4-5/3-2)\times5/1-0/2-3/4-5/3-2/1-0/2-3//$,1 空 2 穿 1 空,1 850 mm/腊克

(4) 织物工艺参数

	纵密/横列·cm^{-1}	横密/纵行·cm^{-1}	面密度/g·m^{-2}	幅宽/cm	产量/m·h^{-1}
机　上	18.1	7.9	49.7	163	49.2
成　品	14.2	11.4	106.0	113	63.4

(5) 工艺流程

全棉纱—整经—织造—水洗—漂白—染色—定型。

2. 素色蚊帐

我国自 20 世纪 70 年代后期,就开始生产经编涤纶六角形网眼蚊帐,现蚊帐市场已基本被经编涤纶蚊帐占有,但产品在品质、花型等方面仍有待提高。在编织花纹上,一般为素色六角形网眼花纹,在不影响蚊帐透气透风的条件下,在六角形网眼基础上配上适当的花纹;在蚊帐款式上,有普通圆形和方形,也有壁挂式、钟罩式等;在装饰性方面,应有无装饰边产品,也应有缝有各种饰边的产品。普通六角网眼蚊帐的工艺如下:

(1) 编织设备

机型:HKS2;机号:E28;机器幅宽:3 302 mm(130 英寸);梳栉数:2;机器速度:2 100 r/min

工作幅宽:165 cm×2

(2) 原料、整经根数与用纱比例

GB1:50 dtex/f36 涤纶长丝,300×6,50%

GB2:50 dtex/f36 涤纶长丝,300×6,50%

(3) 组织、穿经与送经量

GB1:1-0/1-2/1-0/1-2/2-3/2-1/2-3/2-1//,1 穿 1 空,960 mm/腊克

GB2:2-3/2-1/2-3/2-1/1-0/1-2/1-0/1-2//,1 穿 1 空,960 mm/腊克

(4) 织物工艺参数

	纵密/横列·cm⁻¹	横密/纵行·cm⁻¹	面密度/g·m⁻²	幅宽/cm	产量/m·h⁻¹
机　上	25.0	11.8	30.7	152	50.4
成　品	29.6	10.2	30.0	175	42.6

(5) 工艺流程

涤纶长丝—整经—织造—水洗—染色—脱水—烘干—定型。

3. 经编衬里织物

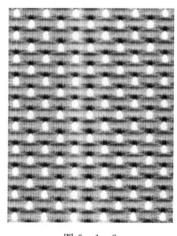

图 5-1-2

一些休闲服装如沙滩裤等常采用小网孔织物作为衬里,这种衬里可在两把梳栉的特里科型高速经编机上进行编织,双梳对称垫纱,并可用一个循环较少空穿的穿纱方式来形成结构稳定而较为分散的网孔,如图 5-1-2 所示的衬里织物的工艺如下:

(1) 编织设备

机型:HKS2-3;机号:E28;机器幅宽:3 302 mm(130 英寸);梳栉数:2;机器速度:2 600 r/min

工作幅宽:330 cm×1

(2) 原料、整经根数与用纱比例

GB1:50 dtex/f22 涤纶有光丝,550×6,50%

GB2:50 dtex/f22 涤纶有光丝,550×6,50%

(3) 组织、穿经与送经量

GB1:1-0/1-2/1-0/1-2/1-0/1-2/3-4/5-6/7-8/7-6/7-8/7-6/7-8/7-6/5-4/3-2//,11 穿 1 空,1 044 mm/腊克

GB2:7-8/7-6/7-8/7-6/7-8/7-6/5-4/3-2/1-0/1-2/1-0/1-2/1-0/1-2/3-4/5-6//,11 穿 1 空,1 044 mm/腊克

(4) 织物工艺参数

	纵密/横列·cm⁻¹	横密/纵行·cm⁻¹	面密度/g·m⁻²	幅宽/cm	产量/m·h⁻¹
机　上	30.0	11.0	65.9	330	52
成　品	26.0	17.7	92.0	203	60

（5）工艺流程

涤纶有光丝—整经—织造—水洗—染色—脱水—烘干—定型。

4. 凹凸效应的运动服面料

采用易于后整理加工的涤纶变形丝由三把梳栉进行编织，后两把梳栉为一穿一空，用变化编链组织对称垫纱形成网眼结构，但前梳满穿用长延展线的经斜垫纱，将中后梳形成的网眼在工艺反面覆盖上，这样在织物工艺正面形成凹凸效应，而在工艺反面由于长延展线而表面平滑，手感较好。在用于做运动服时，工艺反面贴近皮肤，确保了穿着的舒适性。类似的结构还被应用在汽车车顶和门板衬垫材料。

（1）编织设备

机型：HKS3 - M；机号：E28；机器幅宽：5 334 mm(210 英寸)；梳栉数：3；机器速度：1 800 r/min
工作幅宽：266 cm×2

（2）原料、整经根数与用纱比例

GB1：76 dtex/f24 涤纶半消光变形丝，588×10，74.4％

GB2：50 dtex/f20 涤纶半消光长丝，588×10，12.8％

GB3：50 dtex/f20 涤纶半消光长丝，588×10，12.8％

（3）组织、穿经与送经量

GB1：3 - 4/1 - 0/3 - 4/1 - 0 //，满穿，2 220 mm/腊克

GB2：1 - 2/2 - 1/1 - 0/0 - 1 //，1 空 1 穿，1 250 mm/腊克

GB3：1 - 0/0 - 1/1 - 2/2 - 1 //，1 穿 1 空，1 250 mm/腊克

（4）织物工艺参数

	纵密/横列·cm⁻¹	横密/纵行·cm⁻¹	面密度/g·m⁻²	幅宽/cm	产量/m·h⁻¹
机　上	15	11.0	83.9	266	72
成　品	18	11.8	108	248	60

（5）工艺流程

涤纶丝—整经—织造—水洗—预定型—漂白—荧光增白—拉幅定型。

第五节　起绒起圈产品设计实例

高速经编机生产的经编绒类织物范围很广，主要有起毛、毛圈和毛巾等三大类，这些产品广泛地用于服用、装饰用和产业用等各个方面，如运动服、休闲服、家具包覆布和车内装饰织物等。

一、起绒起圈产品的一般工艺

经编起绒起圈产品都是在各种类型的特里科型经编机上生产的，形成绒圈的方式有多种，所形成的绒织物表面风格各异。通常有利用织物表面的长延展线起绒、采用衬纬纱作起绒、利用毛圈沉降片装置起毛圈、利用氨纶弹性使长延展线收缩成毛圈、利用满头槽针装置形成毛巾

毛圈以及采用脱纬法和超喂法形成毛圈毛绒等,在生产中应根据具体的要求选用适当的形成方法。

二、起绒起圈类产品工艺实例

1. 沙发座椅面料

该织物两把梳栉采用同向垫纱,前梳大针距针背垫纱,然后对织物进行拉毛整理。

(1) 编织设备

机型：HKS2；机号：E28；机器幅宽：3 302 mm(130 英寸)；梳栉数：2；机器速度：1 800 r/min

工作幅宽：280 cm×1

(2) 原料、整经根数与用纱比例

GB1：76 dtex/f24 涤纶半消光长丝,616×5,73.3%

GB2：76 dtex/f24 涤纶半消光长丝,616×5,26.7%

(3) 组织、穿经与送经量

GB1：1-0/6-7//,满穿,3 300 mm/腊克

GB2：1-0/1-2//,满穿,1 200 mm/腊克

(4) 织物工艺参数

	纵密/横列·cm⁻¹	横密/纵行·cm⁻¹	面密度/g·m⁻²	幅宽/cm	产量/m·h⁻¹
机　上	30.0	11.0	235	279	36.0
成　品	28.5	17.7	348	173	37.9

(5) 工艺流程

涤纶半消光长丝—整经—织造—水洗—染色—整理—烘干—拉毛—定型—剪毛—拉幅定型。

2. 航空(车)用座垫面料

该织物采用四把梳栉,用带毛圈沉降片的经编机,编织后对织物进行剪毛、粘贴复合等整理。

(1) 编织设备

机型：HKS 4 P；机号：E28；机器幅宽：3 454 mm(136 英寸)；梳栉数：4；机器速度：1000 r/min

工作幅宽：345 cm×1；毛圈高度：3 mm

(2) 原料、整经根数与用纱比例

A：110 dtex/f34 涤纶变形丝,21.5%

B：167 dtex/f48 涤纶变形丝,42.9%

C：110 dtex/f20 涤纶变形丝,25.0%

D：76 dtex/f24 涤纶变形丝,3.5%

E：76 dtex/f24 涤纶变形丝,7.1%

GB1：316×6

GB2：316×6

GB3：316×6

GB4：632×6

(3) 组织、穿经与送经量

GB1：$1-0/0-1/2-2/4-4/7-6/6-7/8-8/10-10/13-12/12-13/12-12/10-10/7-6/6-7/6-6/4-4$ //,1D1E2 空 2E2 空 1E1D2 空,2 210 mm/腊克

GB2：$(4-3/3-4/2-1/0-1/2-1/1-2/4-3/2-3)\times2$ //,2C2 空 2C2 空 2C2 空,3 950 mm/腊克

GB3：$(4-3/3-4/2-1/0-1/2-1/1-2/4-3/2-3)\times2$ //,2 空 2B2 空 2B2 空 2B,4 060 mm/腊克

GB4：$(1-0/1-2)\times8$ //,满穿 A,1 540 mm/腊克

POL：$(0-0/1-1)\times8$ //

（4）织物工艺参数

	纵密/横列·cm^{-1}	横密/纵行·cm^{-1}	面密度/g·m^{-2}	幅宽/cm	产量/m·h^{-1}
机 上	18.0	11.0	326.3	346	33.3
成 品	18.1	11.0	242.0	346	33.1

（5）工艺流程

涤纶半消光长丝—整经—织造—剪毛—梳毛—烫光—剪毛—定型—复合。

3. 服装面料

该织物采用四把梳栉,以棉纱用脱圈法形成毛圈,锦纶丝采用编链衬纬形成强度较高、结构稳定的底组织。织物经水洗定型后具有良好的舒适性和服用性能,可用于制作高档睡衣、浴巾等服装。

（1）编织设备

机型：KS4FBZ;机号：E24;机器幅宽：3 454 mm(136 英寸);梳栉数：4;机器速度：600 r/min
工作幅宽：173 cm×2

（2）原料、整经根数与用纱比例

GB1：29.4 tex 棉纱,272×6,50.1%

GB2：44 dtex/f10 锦纶半消光丝,272×6,3.7%

GB3：110 dtex/f30 锦纶半消光丝,272×6,6.3%

GB4：29.4 tex 棉纱,272×6,39.9%

（3）组织、穿经与送经量

GB1：$1-0/5-6$ //,1 穿 1 空,4 930 mm/腊克

GB2：$1-0/0-1$ //,1 穿 1 空,1 670 mm/腊克

GB3：$5-5/0-0$ //,1 空 1 穿,2 470 mm/腊克

GB4：$3-2/6-6$ //,1 穿 1 空,3 930 mm/腊克

（4）织物工艺参数

	纵密/横列·cm^{-1}	横密/纵行·cm^{-1}	面密度/g·m^{-2}	幅宽/cm	产量/m·h^{-1}
机 上	12.0	9.4	345.0	173	30.0
成 品	14.0	11.0	420.0	148	25.7

（5）工艺流程

锦纶半消光丝、棉纱—整经—织造—水洗—漂白—增白—烘干—定型。

4. 弹性毛绒织物

"不倒绒"产品一般采用三把梳栉编织,前梳以长延展线的变化经平垫纱,中梳用普通经平形成底组织,而后梳用氨纶弹性丝参加编织。编织后由于氨纶丝的收缩,使前梳的长延展线弯曲凸起形成密集的毛圈。

(1)编织设备

机型:HKS3-1;机号:$E32$;机器幅宽:$130''$;梳栉数:3;机器速度:2 400 r/min

工作幅宽:330 cm×1

(2)原料、整经根数与用纱比例

GB1:44 dtex/f34 锦纶 66 半消光丝,688×6,73.2%

GB2:22 dtex/f9 锦纶 6 有光三叶形丝,688×6,15.4%

GB3:44 dtex 氨纶丝,686×6,11.4%(整经牵伸比 140%)

(3)组织、穿经与送经量

GB1:1-0/5-6 //,满穿,2 600 mm/腊克

GB2:1-0/1-2 //,满穿,1 100 mm/腊克

GB3:1-2/1-0 //,满穿,575 mm/腊克

(4)织物工艺参数

	纵密/横列·cm⁻¹	横密/纵行·cm⁻¹	面密度/g·m⁻²	幅宽/cm	产量/m·h⁻¹
机 上	27.7	12.6	113.5	330	52.0
成 品	34.0	28.7	232.0	144	42.4

(5)工艺流程

锦纶丝、氨纶丝—整经—织造—松弛—剪毛—水洗—染色—烘干—定型—印花。

5.经编麂皮绒产品

经编麂皮绒是将超细长丝以经编的加工方式所制得的仿麂皮织物,坯布经过后整理后,手感柔软,既可以直接作为服装用料,制成茄克装、提包、套装、鞋子等,也可以先进行复合,然后再作服装用料或作其它用途。

经编麂皮绒产品是采用超细纤维在特里科型经编机上编织,再进行开纤、起毛等后整理而成的。

首先应选择适当的原料,一般为海岛型或橘瓣型的涤纶超细纤维。

编织时采用两把梳栉。前梳满穿超细纤维丝,作3~4针的经平垫纱,其较长的延展线通过起毛、染色、磨毛等工艺形成短、密、匀、齐的绒毛。如延展线过长,虽容易起毛,但易起毛过长,失去了麂皮效果。在设计时绒毛的长度最好以 0.1~1 mm 为主。后梳满穿普通涤纶丝作为地组织,作经平垫纱,这样对绒纱有一定的收缩作用,且编织时经纱张力要比后梳纱小一些。图5-1-3(1)、(2)所示,分别为经编麂皮绒常采用的同向垫纱的经绒平组织和经斜平组织。

在经编麂皮绒整理中,经过起毛、剪毛等工序后,需对超细纤维进行开纤。对于海岛型超细纤维,开纤是在碱性溶液中将海岛型超细纤维的海组分溶解掉,留下岛组分而形成连续不断的超细纤维。因此只有经过开纤,超细纤维的优良性能才能表现出来。

(1)编织设备

机型:HKS3-M;机号:$E32$;机器幅宽:5 334(210 英寸);机器梳栉数:3;机器速度:1 800 r/min

工作幅宽:255 cm×2;使用梳栉数:2

(2)原料、整经根数与用纱比例

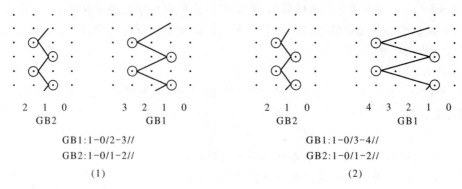

图 5-1-3

GB1：83 dtex/f36 海岛弹力丝，640×10，59.4%

GB2：83 dtex/f36 涤纶长丝，640×10，40.6%

（3）组织、穿经与送经量

GB1：1-0/3-4//，满穿，1 870 mm/腊克

GB2：1-0/1-2//，满穿，1 280 mm/腊克

（4）织物工艺参数

	纵密/横列·cm⁻¹	横密/纵行·cm⁻¹	面密度/g·m⁻²	幅宽/cm	产量/m·h⁻¹
机　上	21.0	12.6	144.6	255	51.4
成　品	22.0	19.0	228.6	155	49.1

（5）工艺流程

海岛弹力丝、涤纶长丝—整经—织造—初定型—起毛—剪毛—开纤—染色—热定型—磨毛—定型。

第六节　高速经编机花色产品设计实例

高速经编机虽然梳栉数较少，但可利用特殊的垫纱运动、穿纱方式和送经量的变化等在织物上形成一些结构上或色彩上的花型，可呈现直条、横条、方格、凹凸、绣纹、褶裥等花纹效应。下面仅介绍部分常见花色的产品工艺与实例。

一、条形花纹产品工艺

1. 直条花纹

利用经编工艺可以用多种方式非常方便地在织物上获得直条花纹。

（1）在 2～4 梳高速经编机上利用前面的梳栉按一定的规律部分穿纱参加编织，后面几把梳栉编织底组织，可在织物上形成有凹凸效应的直条纹；

（2）在 2～4 梳高速经编机上利用前面的梳栉按一定的规律排列色纱或交替穿上不同粗细、光泽、品种的经纱，进行编链、经平等少针距针背的方式，后面几把梳栉编织底组织，可在织物上形成有色泽、厚薄效应的直条纹。

2. 横条花纹

在 2～4 梳高速经编机上利用一把或几把梳栉交替地作一段长针距、一段短针距的针背横移垫纱;或利用一把或几把梳栉交替作一定规律的缺垫组织垫纱,可在织物上形成横条效应。

二、方格花纹产品工艺及实例

在编织时,将直条和横条形成的方法结合起来,即可形成方格效应的花型。

图 5-1-4 所示为一方格效应的产品,可在 HKS3-M 经编机上编织。该产品只要改变两把前梳的穿经方式就可以获得不同宽度尺寸的方格,也可改变两把前梳的垫纱方式就得到不同高度尺寸的方格。从织物结构可以看出两把梳栉在 8 横列的经绒组织和 8 横列的编链组织之间变换编织,前梳经绒组织时,织物由于长延展线而凸起,编织编链组织时呈平坦效应,这样交错就可以形成方格效应。两种垫纱结构必须与不同的送经量配合,这里采用最新的 EBA 2-Step(双速)电子送经系统送纱,采用这种送经系统还可以编织褶裥类织物,送经可以停止、甚至可以向后转。

图 5-1-4

(1) 编织设备

机型:HKS3-M(EBA 2-Step);机号:$E28$;机器幅宽:4 318 mm(170 英寸);梳栉数:3;机器速度:2 200 r/min

工作幅宽:190 cm×2

(2) 原料、整经根数与用纱比例

GB1:167 dtex/f48 蓝色涤纶变形丝,262×6,38.5%

GB2:167 dtex/f48 蓝色涤纶变形丝,262×6,38.5%

GB3:50 dtex/f16 黑色涤纶有光长丝,524×6,23%

(3) 组织、穿经与送经量

GB1:(1-0/2-3)×4/1-0/(1-2/2-1)×3/1-2//,7 穿 7 空,8 横列 2 200 mm/腊克、8 横列 1 450 mm/腊克

GB2:1-0/(1-2/2-1)×3/1-2/(1-0/2-3)×4//,7 空 7 穿,8 横列 1 450 mm/腊克、8 横列 2 200 mm/腊克

GB3:(2-3/1-0)×8//,满穿,1 970 mm/腊克

(4) 织物工艺参数

	纵密/横列·cm⁻¹	横密/纵行·cm⁻¹	面密度/g·m⁻²	幅宽/cm	产量/m·h⁻¹
机 上	14.3	11.0	140.2	190	92.3
成 品	14.3	11.8	150.3	176	92.2

(5) 工艺流程

涤纶丝—整经—织造—水洗—染色—定型—柔软整理。

三、绣纹花纹产品工艺

在 3~4 梳的高速经编机上一般采用后面的梳栉形成底布(平纹或网眼均可),前面带空穿的梳栉成圈编织,且常常采用较长的针背垫纱,这样可以形成立体花纹,这种方法类似绣花,称其为绣纹经编组织。

图 5-1-5 所示为一四梳绣纹组织垫纱运动。后两把梳栉满穿形成尺寸稳定的编链经斜地组织,而前面的两把梳栉采用红、黄二色部分穿经形成曲折绣纹。其垫纱数码如下:

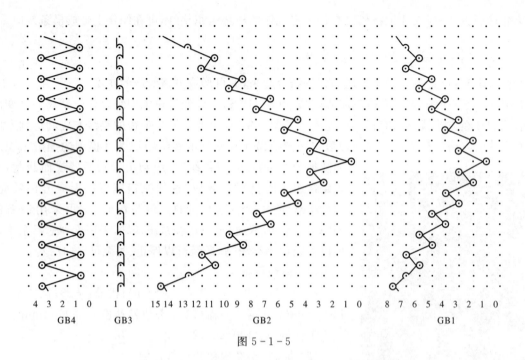

图 5-1-5

GB1：7－8/7－6/6－5/6－7/5－4/5－6/4－3/4－5/3－2/3－4/2－1/2－3/1－0/2－3/2－
1/3－4/3－2/4－5/4－3/ 5－6/5－4/6－7/6－5/6－7 //

GB2：14－15/13－12/11－10/11－12/9－8/9－10/7－6/7－8/5－4/5－6/3－2/3－4/1－0/
3－4/3－2/5－6/5－4 /7－8/7－6/9－10/9－8/11－12/11－10/12－13 //

GB3：1－0/0－1 //

GB4：3－4/1－0 //

其穿经规律(A-红色,B-黄色,C-本色,*-空)为：

GB1：8A,6*,8B,6*

GB2：6*,8B,6*,8A

GB3：28C

GB4：28C

显然,如使两绣纹梳栉(GB1和GB2)作比较对称的运动,并配以合适的穿经完全组织,将
形成封闭的几何图案绣纹。三梳和四梳组织除了在坯布的表面形成彩色绣纹以外,还可以用较
粗的纱线形成素色绣纹(在坯布的表面造成凹凸效应),具有很强的立体效应。

四、褶裥花纹产品工艺及实例

褶裥经编产品是由缺垫纱线将地组织抽紧而形成的,它一般是在3~4梳的带双速送经装
置、双速牵拉装置的特里科型高速经编机上进行编织。编织时,一般采用后面的梳栉连续正常
编织形成底组织,而前梳按要求进行缺垫编织,并且在缺垫时送经装置停止送经、牵拉装置停止
牵拉。为保证褶裥效果明显,前梳缺垫范围一般较大,达12个横列以上,缺垫横列数越多,褶裥
效应越明显。

褶裥经编织物有时可利用前梳带空穿,形成花色褶裥;也可在后梳织入弹性纱线,编织弹性
褶裥经编织物。

图 5-1-6 所示为一弹性褶裥经编织物，它是在带有四把梳栉的特里科型经编机上生产的。用这种织物做成的衣服具有新颖的外观，穿着者显得更为年轻。生产这种弹性褶裥织物时，后面的三把梳栉满穿，而前梳只穿布边纱。编织时，应使用一个改善布边脱散情况的旋转式边撑器来提高布边质量。褶裥是由于穿弹性纱的后梳和第二把梳栉共同作缺垫运动而产生的，且缺垫时送经装置使对应的经轴在该位置上停止转动。如果让经轴反向送经，褶裥还将更明显。合理选用材料，织物还将具有其它的花型效果。在褶裥部分，仅有第三把梳栉成圈，选用的是锦纶丝，因此此处织物将没有弹性。它受到纵向的收缩力作用而形成褶裥。

图 5-1-6

（1）编织设备

机型：HKS4-1ELEBC/EAC；机号：$E28$；机器幅宽：3 302 mm(130 英寸)；梳栉数：4；机器速度：1 950 r/min

工作幅宽：330 cm×1

（2）原料、整经根数与用纱比例

GB1：布边纱

GB2：22 dtex/f9 锦纶三叶形闪光丝，600×6，24.2%

GB3：44 dtex/f10 锦纶半消光丝，600×6，61.6%

GB4：44 dtex 氨纶丝，600×6，14.2%

（3）组织、穿经与送经量

GB1：(1-0/1-2)×45 //，布边穿纱

GB2：(1-0/2-3)×30/(2-2)×10/(1-1)×10/(0-0)×10 //，满穿

GB3：(1-2/1-0)×30/(2-3/1-0)×15 //，满穿

GB4：(1-0/1-2)×31/(2-2/0-0)×13/1-0/1-2 //，满穿（整经牵伸率 140%）

（4）织物工艺参数

	平均纵密/横列·cm⁻¹	横密/纵行·cm⁻¹	面密度/g·m⁻²	幅宽/cm	产量/m·h⁻¹
机　上	＊ 48.2	11.0	98.7	330	24.3
成　品	58.5	25.0	272	145	20

＊——机上纵密设置为：60 横列为 40 横列/cm 和 30 横列为 82 横列/cm 两段牵拉速度。

（5）工艺流程

锦纶丝、氨纶丝—整经—织造—松弛—水洗—热定型—缝合成卷状（或管状）—喷射染色—烘干—拉幅定型。

第七节　全幅衬纬产品设计实例

全幅衬纬经编织物是在带有全幅衬纬系统的经编机上加工而成的一类经编织物。这类织物结构的一个显著特点是：在织物的纵向、横向或斜向都可以直接衬入平行纱线，并且这些纱线能按照要求平行伸直地衬在需要的方向上，因此这类织物又被称为取向经编织物。

全幅衬纬经编织物按纬纱衬入方向可分为单轴向、双轴向和多轴向等，习惯上一般将其中由特里科型经编机生产的全幅衬纬织物归属于高速经编机产品。

特里科型全幅衬纬经编织物将因衬入不同结构和性能的纬纱而各具特色。可利用拉伸性很小的纬纱来增加织物结构和尺寸的稳定性,这种织物与机织物相似;也可利用拉伸性和弹性很大的纬纱来编织双向拉伸的弹性织物。在使用有色纬纱和选择性全幅衬纬时极易编织普通经编织物(尤其在工艺反面)难以达到的清晰横条。另外使用质量较低、粗细不匀的短纤纱、结子纱等花式纱线,再配置以间隔性或选择变换式衬纬,可获得独特风格和效果的织物。

特里科型全幅衬纬产品具有较好的尺寸稳定性,主要用于服装衬里、窗帘和台布等室内装饰织物、床上用品、涂层底布、手术室用的台布和手术衣等医疗用品、用后即弃的婴儿尿布等方面。

一、全幅衬纬产品的一般工艺

在全幅衬纬机构的特里科型高速经编机上编织时,一般多用 1～2 把梳栉采用基本组织如编链、经平等作地组织,根据织物结构需要在地组织的横列中通过全幅衬纬机构衬上纬纱。常用的织造设备主要有 HKS3 MSUS 型和 COP HS2 型特里科型经编机两类,机号一般为 E24～E32。

在经编全幅衬纬的生产中编织纱线一般采用较细的涤纶长丝,而采用较粗的棉纱或涤棉纱作衬纬纱线,这样纬纱显得比较突出,起绒加工时使纬纱易于起绒、易于涂层,以保证其粘合性。如可用 36 tex 涤棉纱做衬纬纱线,有时为进一步降低面密度,还可用 5.6 tex 涤纶低弹丝作纬纱。生产衬纬外衣面料可选用花式纱,如竹节纱、包芯纱等,但这类纱线不能用来生产粘合衬布,衬布所选用的衬纬纱条件要求较高,竹节、棉结的存在都会影响粘合效果。

地组织的选择将直接决定着衬纬纱的束缚力和影响着产品的风格,一般情况下,做轻薄型的衬布,可用一把梳栉作编链垫纱,采用编链组织不但使织物具有良好的纵向尺寸稳定性,而且经实践证明其对衬纬纱的束缚力最好;而做厚型的衬布,则可选用两把梳栉来进行地组织编织,一般后梳采用经平组织,前梳采用编链组织。而衬纬纱衬于整个织物幅宽,夹持在线圈主干与延展线之间,加强了织物的横向稳定性。

二、全幅衬纬产品工艺实例

特里科型全幅衬纬产品在许多技术性和半技术性领域中已经应用多时了。例如,它们被用于改善外衣的成形,使旗杆上的旗帜高高飘扬,用作婴儿尿布上的条带以保持衣服干燥和干净,用作保护性的纺织品或是在用作网状窗帘或柔软的装饰用品,给家庭带来舒适感。下面列举一些全幅衬纬织物的应用实例。

1. 服装衬料

该织物采用一把梳栉作编链垫纱,以确保能有效地锁住衬纬纱线;以涤棉纱作全幅衬纬纱,有利于后整理粘合的处理。图 5-1-7 所示为一种普通服装用衬布,其工艺如下:

(1)编织设备

机型:HKS3MSU;机号:E32;机器幅宽:5 334 mm(130英寸);梳栉数:3;机器速度:900 r/min

工作幅宽:177 cm×3;使用梳栉数:1

(2)原料、整经根数与用纱比例

GB1:22 dtex/f6 涤纶灰色长丝,672×10,15.3%

MSU 纬纱:14 tex×2 涤棉纱,每横列 1 纬,84.7%

图 5-1-7

（3）组织、穿经与送经量

GB1：1-0/0-1//，满穿，900 mm/腊克

（4）织物工艺参数

	纵密/横列·cm^{-1}	横密/纵行·cm^{-1}	面密度/g·m^{-2}	幅宽/cm	产量/m·h^{-1}
机 上	18.9	12.6	167	177.0	28.6
成 品	20.0	12.6	178	177.0	27.0

（5）工艺流程

涤纶丝、涤棉纱—整经—织造—水洗—定型—染色—烘干—拉幅定型。

2. 新型妇女内衣面料

图 5-1-8 所示的新型妇女内衣、衬衫面料，质地轻盈、手感极其柔软，并具有良好的透气性和美感。采用涤纶丝作底布形成网状组织，粘胶丝用作连续全幅衬纬。在后整理中用烂花糊和涂料糊作圆网印花，按照图案需要烂去纬纱，如此形成了轮廓清晰的花纹，厚实的地布上呈现瑰丽的花卉。

图 5-1-8

（1）编织设备

机型：HKS2MSUS；机号：E24；机器幅宽：4 470 mm；梳栉数：2；机器速度：1 400 r/min

工作幅宽：223 cm×2

（2）原料、整经根数与用纱比例

GB1：78 dtex 涤纶变形丝，264×8，17％

GB2：78 dtex 涤纶变形丝，264×8，17％

MSUS 纬纱：36 tex(28 公支)粘胶，每横列 1 纬，66％

（3）组织、穿经与送经量

GB1：1-0/1-2/2-3/2-1//，1 穿 1 空，1 230 mm/腊克

GB2：2-3/2-1/1-0/1-2//，1 穿 1 空，1 230 mm/腊克

（4）织物工艺参数

	纵密/横列·cm^{-1}	横密/纵行·cm^{-1}	面密度/g·m^{-2}	幅宽/cm	产量/m·h^{-1}
机 上	22.0	9.5	122.8	223.0	23.7
成 品	24.8	9.5	136.0	233.0	38.0

（5）工艺流程

涤纶丝、粘胶—整经—织造—印花预处理—烂花糊和涂料糊旋转荧光印花—烂花工艺—水洗—拉幅定型。

3. 窗帘

采用三把梳栉进行编织，前梳用编链垫纱，送经量偏大；第 2 和第 3 把梳栉分别以交替的经平与经绒垫纱，但第 2 梳单速送经且送经量较小，而第 3 梳双速送经、送经量较大，这样使织物表面形成特殊的横条效应，配以一定规律粗细排列的涤纶花式纱作间隔式的全幅衬纬纱，更增添了横条效果。其具体工艺如下：

（1）编织设备

机型：HKS3MSU；机号：E24；机器幅宽：3 302 mm(130 英寸)；梳栉数：3；机器速度：880 r/min

工作幅宽：165 cm×2

（2）原料、整经根数与用纱比例

GB1：50 dtex/f20 涤纶丝，672×10，39.2%

GB2：50 dtex/f20 涤纶丝，672×10，16.0%

GB3：50 dtex/f20 涤纶丝，672×10，25.7%

MSU 全幅衬纬纬纱：300 dtex/f64 涤纶花式纱（A），14.3%；150 dtex/f72 涤纶花式纱（B），4.8%。衬纬方式：1 横列 A＋2 横列缺纬＋1 横列 B＋5 横列缺纬＋1 横列 B＋2 横列缺纬＋1 横列 A＋2 横列缺纬。

（3）组织、穿经与送经量

GB1：(1－0/0－1)×9 //，满穿，1 400 mm/腊克

GB2：(1－2/1－0)×3/(2－3/1－0)×6 //，1 穿 1 空，1 150 mm/腊克

GB3：(2－1/2－3)×3/(1－0/2－3)×6 //，1 穿 1 空，6 横列 1 500 mm/腊克、12 横列 2 000 mm/腊克

（4）织物工艺参数

	纵密/横列·cm^{-1}	横密/纵行·cm^{-1}	面密度/g·m^{-2}	幅宽/cm	产量/m·h^{-1}
机 上	15.7	9.5	55.0	165.0	33.6
成 品	18.5	10.2	70.1	165.0	28.5

（5）工艺流程

涤纶丝、涤棉纱—整经—织造—水洗—固化—柔软。

第八节　高速拉舍尔弹性产品设计实例

高速特里科型经编机上编织的双向弹力经编织物前面已作介绍。而高速拉舍尔型经编机也常用于编织氨纶弹性织物。由于拉舍尔型经编机编织时织物牵拉力和编织张力较大，因而可采用氨纶丝在后梳进行衬纬垫纱，编织平纹或网眼类的衬纬型单向弹力经编面料。

一、高速拉舍尔弹性产品的一般工艺

高速拉舍尔经编机多用于生产模量较高的弹性织物，用作内衣、胸衣的紧身下摆和胸罩的拉力布等；有时也利用拉舍尔经编机编织时织物从编织区向下引出，牵拉力能下拉织物、防止旧线圈上浮而宜于编织网眼织物的特点，生产薄型的网眼印花内衣弹力织物。

1. 弹力色丁布

在机号 E28～E32 的拉舍尔型经编机上采用三把梳栉编织，前梳和中梳常用 44～67 dtex 的锦纶半消光丝满穿进行经绒平等垫纱，后梳用 44～78 dtex 的氨纶裸丝满穿进行 1～2 针距的衬纬垫纱，所生产的模量较高、单向弹性的平纹织物通常称为弹力色丁（Satin），其面密度一般可达 200 g/m^2，多用作内衣、胸衣的紧身下摆和胸罩的拉力布等。

2. 弹力网眼布

弹力网眼布又称为色丁网眼布（Power-net），是高速拉舍尔型经编机的最主要产品之一。弹力网眼布一般在机号 E28～E40 的拉舍尔型经编机上用四把梳栉编织，前两把梳栉用锦纶丝一穿一空进行对称垫纱形成网眼地组织，后两把梳栉用氨纶裸丝一穿一空进行对称的 1～2 针

距的衬纬垫纱。这样形成了透气性极好的网眼状弹力织物。弹力网眼布的面密度较小,一般面密度仅 50~80 g/m²,这种织物在经绣花、印花等加工后大量用于女子时装面料。

弹力网眼布的组织结构很多,主要由两把作对称垫纱的地组织梳栉的垫纱运动所决定。一般地组织多用编链与经平相结合的垫纱方式,由其中编链线圈的横列数决定网眼的大小与形状。如编链线圈的横列数较少,使整个垫纱组织循环高度小于 8 时,则一般形成"砖块"状网眼形状;如整个垫纱组织循环高度达到 10 时,主要表现为菱形状网眼。弹力网眼布常用的垫纱组织有两种,分别如图 5-1-9(1)、(2)所示。

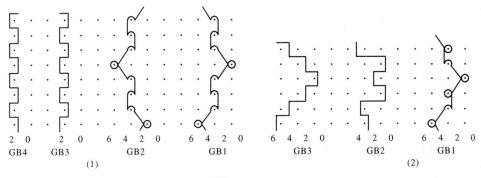

图 5-1-9

第一种:GB1:2-3/2-1/1-2/2-1/1-0/1-2/2-1/1-2 //
　　　　GB2:1-0/1-2/2-1/1-2/2-3/1-1/1-2/2-1 //
　　　　GB3:1-1/0-0 //
　　　　GB4:0-0/1-1 //
第二种:GB1:2-3/2-1/1-2/1-0/1-2/2-1 //
　　　　GB2:1-1/2-2/0-0/1-1/0-0/2-2 //
　　　　GB3:3-3/2-2/1-1/0-0/1-1/2-2 //

弹性网眼织物所用的原料锦纶丝常用的线密度为 22 dtex、44 dtex、56 dtex、67 dtex、78 dtex 和 110 dtex 等;氨纶丝常用的线密度为 44 dtex、78 dtex、155 dtex、278 dtex、622 dtex、933 dtex,且同一织物中,氨纶丝的线密度要大于锦纶丝的线密度。

弹力网眼织物的密度就像织任何拉舍尔织物那样会发生变化。但总的来说,织物在纵、横向的收缩约为 1/3。因此如所需的成品密度约为 66.9 横列/cm,往往应选取机上密度为 47.2 横列/cm;若机上门幅 254 cm,则成品门幅约为 168 cm。

二、高速拉舍尔弹性产品工艺实例

1. 经编弹力色丁

弹力色丁布一般在拉舍尔型经编机上采用三把梳栉进行生产,前面两梳一般穿锦纶三角异形有光丝作反向的经绒平组织,后梳穿氨纶丝作衬纬。这种织物具有特殊的闪光效应,被大量用作泳装面料、妇女内衣面料和晚礼服面料等。

经编弹力色丁产品常用如下工艺:

(1)编织设备

机型:RSE4-1;机号:E32;机器幅宽:3 302 mm(130 英寸);机器梳栉数:4;机器速度:2 300 r/min

工作幅宽：330 cm×1；使用梳栉数：3

（2）原料、整经根数与用纱比例

GB1：44 dtex/f12 锦纶三角异形有光丝，688×6，74.1％

GB2：44 dtex/f12 锦纶三角异形有光丝，688×6，19.5％

GB3：133 dtex 氨纶丝，686×6，6.4％

（3）组织、穿经与送经量

GB1：1-0/2-3//，满穿，2 240 mm/腊克

GB2：1-2/1-0//，满穿，1 180 mm/腊克

GB3：2-2/0-0//，满穿，80 mm/腊克（整经牵伸率 125％）

（4）织物工艺参数

	纵密/横列·cm⁻¹	横密/纵行·cm⁻¹	面密度/g·m⁻²	幅宽/cm	产量/m·h⁻¹
机　上	24	12.6	83.8	330	57.5
成　品	63	15.7	274.9	263	21.9

（5）工艺流程

涤纶长丝—整经—织造—松弛—水洗—热定型—染色—拉幅定型。

2.“砖块”弹力网眼布

“砖块”网眼布一般在拉舍尔型经编机上编织，采用 6～8 个横列高度的组织循环，四把梳栉均为 1 穿 1 空的穿纱，前两把梳栉用锦纶丝、后两把梳栉用氨纶丝。下面为一组织循环高度为 6 的弹力网眼布生产工艺。

（1）编织设备

机型：RSE4-1；机号：E32；机器幅宽：4 318 mm（170 英寸）；机器梳栉数：4；机器速度：2 100 r/min

工作幅宽：190 cm×2

（2）原料、整经根数与用纱比例

GB1：78 dtex/f6 锦纶三叶形有光长丝，300×6，41.4％

GB2：78 dtex/f6 锦纶三叶形有光长丝，300×6，41.4％

GB3+GB4：310 dtex 氨纶丝，598×6，17.2％（GB3 和 GB4 共用一根经轴）

（3）组织、穿经与送经量

GB1：1-0/1-2/2-1/2-3/2-1/1-2//，1 空 1 穿，900 mm/腊克

GB2：2-3/2-1/1-2/1-0/1-2/2-1//，1 空 1 穿，900 mm/腊克

GB3：0-0/1-1//，1 穿 1 空，78 mm/腊克（整经牵伸率 165％）

GB4：1-1/0-0//，1 穿 1 空，78 mm/腊克（整经牵伸率 165％）

（4）织物工艺参数

	纵密/横列·cm⁻¹	横密/纵行·cm⁻¹	面密度/g·m⁻²	幅宽/cm	产量/m·h⁻¹
机　上	36.4	12.6	81.1	187	34.6
成　品	66.0	15.4	179.7	153	19.1

（5）工艺流程

锦纶丝、氨纶丝—整经—织造—松弛—水洗—预定型—漂白—增白—定型。

3. 菱形弹力网眼布

图 5-1-10

菱形弹力网布一般在拉舍尔型经编机上编织,采用 10～18 横列高度的组织循环,四把梳栉均为 1 穿 1 空的穿纱,前两把梳栉用锦纶丝、后两把梳栉用氨纶丝。

弹力菱形网眼布在生产过程中应特别注意,为保证网眼能够张开,织物的最终成品幅宽必须略大于编织时的工作幅宽。图 5-1-10 为一组织循环高度为 18 的弹力菱形网布,其生产工艺如下:

（1）编织设备

机型:RSE4-1;机号:E32;机器幅宽:3 302 mm(130 英寸);机器梳栉数:4;机器速度:2 400 r/min

工作幅宽:165 cm×2

（2）原料、整经根数与用纱比例

GB1:44 dtex/f12 锦纶三角形半消光长丝,344×6,42.4%

GB2:44 dtex/f12 锦纶三角形半消光长丝,344×6,42.4%

GB3+GB4:133 dtex 氨纶丝,686×6,15.2%(GB3 和 GB4 共用一根经轴)

（3）组织、穿经与送经量

GB1:1-0/1-2/1-0/1-2/2-1/1-2/2-1/1-2/2-1/2-3/2-1/2-3/2-1/1-2/2-1/1-2/2-1/1-2//,1 穿 1 空,770 mm/腊克

GB2:2-3/2-1/2-3/2-1/1-2/2-1/1-2/2-1/1-2/1-0/1-2/1-0/1-2/2-1/1-2/2-1/1-2/2-1//,1 穿 1 空,770 mm/腊克

GB3:0-0/1-1//,1 穿 1 空,57 mm/腊克(整经牵伸率 125%)

GB4:1-1/0-0//,1 穿 1 空,57 mm/腊克(整经牵伸率 125%)

（4）织物工艺参数

	纵密/横列·cm^{-1}	横密/纵行·cm^{-1}	面密度/g·m^{-2}	幅宽/cm	产量/m·h^{-1}
机　上	35	12.6	36.5	165	41.1
成　品	86	12.2	87.0	170	16.7

（5）工艺流程

锦纶丝、氨纶丝—整经—织造—松弛—水洗—烘干—预定型—染色—脱水—拉幅定型。

第二章 多梳拉舍尔经编机产品设计

多梳拉舍尔经编产品主要是各类网眼提花织物,例如网眼窗帘、网眼台布、弹性和非弹性的网眼服装以及花边织物等。其中,多梳与压纱板、多梳与贾卡经编技术的复合代表多梳拉舍尔经编机发展上的一个巨大进步。而新一代电子梳栉横移机构与匹艾州(Piezo)贾卡提花系统的使用,使得多梳经编技术更趋完善,其产品更加精致和完美。

第一节 设 计 概 述

一、多梳经编产品形成原理

多梳经编织物在其组织方面有地组织和花纹组织之分,因此在织物的组织、质地上有明显的"花"、"地"效应区别。通常地组织是完全组织循环较小、垫纱情况较简单的组织,一般由2~4把梳栉编织而成,采用比较细的纱线或者弹性纱线进行编织,如方格、六角网眼、技术网眼、弹力网眼等组织。花纹组织是利用多把作复杂的垫纱运动的花梳之间的相互配合而形成的。一般情况下,花梳配置在地梳的后面,但弹力梳一般放在最后。也有一些多梳经编机根据花纹的需要将地梳配置在花梳的中间,如带压纱板的经编机将压纱梳放在地梳的前面以形成立体花纹效应。总之,某一多梳经编机的梳栉数越多就表示该机型的起花能力越强,可编织花型的复杂程度越高。

多梳经编织物花型主要通过局部衬纬来形成。衬纬纱被地组织的圈干和延展线夹持而不成圈。对于多梳压纱经编织物而言,衬纬纱与它横越过相交的每一地组织延展线相连,而压纱纱线仅在其延展线的两端处与地组织相连。如图5-2-1所示,线圈的延展线处于工艺反面的上方,由于多梳经编织物花型主要由延展线形成,从服用观点来看,工艺反面即服用面。

多梳经编织物的地组织由许多作成圈运动的细纱线形成,花纹组织由作左右横

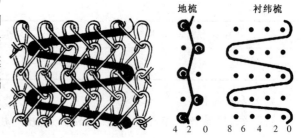

图 5-2-1

移的衬纬纱形成。衬纬纱只作针背横移不作针前垫纱,所以不能成圈,没有圈干,只有延展线。如果将花梳配置在最前面,那么所形成的延展线就没有纱线将其握持,就不能成为织物的一部分,因而在每把花梳的前面需要有一把成圈梳栉,利用线圈的圈干和延展线将衬纬纱夹持。

多梳压纱经编机的花梳配置在最前面,其之所以能形成压纱花型是因为采用了压纱板装置。压纱板处于上升位置时,压纱板能与梳栉一起前后摆动及上下垂直运动。地梳成圈时,压纱纱线与地梳纱线均作针前横移,导纱针摆回机前,压纱板下落,压纱板前的所有纱线被压到针

舌下方,从而与旧线圈叠合在一起。因此,织针脱圈时压纱纱线附在旧线圈上与地组织线圈一起脱圈,从而压纱纱线仅被缠绕于这些地组织线圈的延展线的下方。

二、多梳经编技术的发展

多梳经编技术的发展主要体现在以下几个方面:

1. 采用"集聚"原理

花梳采用集聚方式,克服了梳栉增多,机构复杂,速度低的障碍,梳栉从 8 梳可增加到 12 梳、18 梳、以后又出现了 24 梳、33 梳、53 梳直至现今的 78 梳,而且集聚原理一直沿用至今,从原来的 4 把梳栉集聚,发展到现在的 6 把梳栉集聚。

2. 成圈运动配合的改变

首先,在前面的第二把梳栉到达与织针平面平齐位置时,针床就开始下降;其次,采用了梳栉与针床作相迎运动。这些都减少了梳栉摆动动程,有效地提高了机器速度。现在有些多梳经编机梳栉不再摆动,由针床摆动和梳栉横移来完成垫纱运动。

3. 增加了压纱板装置

在多梳经编机上加装压纱板装置,并在压纱板前面配置部分花色梳栉,利用压纱板可在坯布表面形成立体效应,如再与衬纬花色梳栉配合编织,能形成立体感很强的花边织物。由于压纱梳栉不成圈,这样就扩大了纱线原料的使用范围。

4. 多梳与贾卡经编技术的复合

多梳和贾卡是经编中最重要的两种起花方法,把这两者有机地结合在一起(一般贾卡用于花色地组织),使得花边织物"锦上添花"。

5. SU 电子梳栉横移机构的应用

SU 电子梳栉横移机构的应用,节省了大量链块,花型设计也发生了变化,使计算机辅助设计成为可能,并且使得梳栉数可以增加到 78 把。另外采用电子花纹控制装置后,缩短了花型变换时间,变换花纹只要几分钟。机器的转速为 420 r/min,产量可以达到 10 m/h。电子贾卡的加入,使得花型更加精致完美。现代高档花边织物一般采用电子梳栉横移、电子贾卡和压纱板复合的多梳经编机来生产。

6. 大功率伺服电机控制的钢丝花梳导纱系统的应用

新开发的大功率伺服电机控制的钢绳花梳导纱系统取代了沿用多年的 SU 装置,使得这种机器采用了最新的电子控制和全新的花型系统及设计方法,给花边业的生产和高质量内衣的生产与设计开辟了一个全新的时代。

三、多梳经编产品的分类

多梳经编织物按其性能来分主要有弹性或非弹性的满花织物和条形花边。满花织物主要用于妇女内衣、文胸面料、紧身衣、妇女外衣以及窗帘、台布等;条形花边主要作为服装辅料使用。

多梳经编织物根据用途来分主要有多梳网眼窗帘织物、多梳服装网眼织物、多梳花边饰带等。而按照生产多梳织物的多梳经编机类型,我们又可以把多梳织物分成以下几类:

1. 衬纬型多梳经编织物

这一类织物在衬纬型多梳经编机上生产,主要生产各种条形花边、满花网眼织物和网眼窗帘等。衬纬型机器一般用前面 2～3 把梳栉形成网眼底布,后面的衬纬花梳一般采用 2 把、4 把和 6 把集聚成一条横移线。花纹主要靠作衬纬的花梳形成。因此这类织物花纹效应比较平坦。主要生产设备有机械控制的 MRES33EH，MRES39EH 和电子控制的 MRES33SU、MRES43SU 等。

2. 成圈型多梳经编织物

这一类织物在成圈型多梳经编机上生产，由于生产时花梳放在地梳的前面，并作成圈编织，因此可以利用长延展线形成具有立体效应的织物。典型的机型有采用 SU 电子梳栉横移机构控制的 MRE29/24SU 和 MRE32/24SU，其机号可达 E28，用于生产精致的多梳织物。成圈型多梳经编织物在对于纱线的要求上比较严格，对于花梳纱线的使用受到一定的限制。

3. 压纱型多梳经编织物

这一类织物在有压纱板的多梳经编机上生产，其织物一般有两种效应，一种是花梳放在压纱板前面，可以形成立体效应；另一种是花梳放在地梳后面，作衬纬运动，主要形成平坦的花纹，来衬托主体花型。生产这类织物的机器有机械控制的 MRGSF31/16EH 和电子控制的 MRGSF31/16SU 两种。

4. 康脱莱特多梳经编织物(Contourette)

这一类织物在康脱莱特多梳经编机上生产，主要产品是具有轮廓花纹的窗帘。所谓康脱莱特多梳经编机，即是在多梳经编机上加上贾卡系统，利用贾卡来形成花式底布。生产这类织物的设备主要有采用电磁式贾卡控制的 MRJC22/1 和采用压电式(Piezo)贾卡控制的 MRPJ24/1 两种。

5. 贾卡簇尼克多梳经编织物(Jacquardtronic)

这一类织物在贾卡簇尼克经编机上生产，主要产品有弹性或非弹性的花边织物。所谓贾卡簇尼克经编机，即是在多梳经编机上加上贾卡系统，用于生产花边。生产这类织物的设备主要有采用电磁式贾卡控制的 MRESJ43/1 和 MRESSJ78/1；采用压电式(Piezo)贾卡控制的 MRPJ25/1、MRPJ43/1、MRPJ73/1 和 MREPJ73/1 等。

6. 特克斯簇尼克多梳经编织物(Textronic)

这一类织物在特克斯簇尼克多梳经编机上生产，专门用来生产高质量的精美花边织物，很像传统的列韦斯花边。所谓特克斯簇尼克多梳经编机，是一种带有贾卡和压纱板的多梳经编机，属于高档的花边生产机器，主要设备有 MRPJF59/1/24 以及它的变化机型 MRPJF54/1/24。旧的机型中还有 MRSEJF31/1/24 和 MRSEJF53/1/24。

四、多梳经编产品的应用

多梳经编产品是重要的时装面料，一般在花边机上生产，通常以六角网眼作地组织，再由多把梳栉形成局部衬纬花纹。亦可用压纱板多梳机生产，形成有凸纹的花纹。高档者可利用带贾卡的多梳机生产，这时由贾卡梳形成地组织，使多梳花纹图案不同片段中得到不同的地组织，而大大丰富了花纹效果。近年来，这类产品大多加入氨纶，形成弹性花边型时装面料，有很大的市场。

多梳花边型经编织物，特别是弹性花边产品已大量用于文胸。多梳窗帘拉舍尔经编机亦生产一些窗帘帷幕制品，其地组织花型精美、层次丰富，可形成花型的粗线包边，有一定特色。

第二节　衬纬型多梳经编产品设计

一、多梳花型设计的一般方法

(一) 画出花型小样

花型设计的第一步就是按照实际花型的大小画出小样图。多梳花型一般通过轮廓花纹、普通花纹、阴影花纹、立体花纹和花式纱来表现,并且用不同的颜色表示这些花纹层次或者效果。另外,使用的原料也不同,地组织和阴影花纹一般采用较细的纱线,而普通花纹采用较粗的纱线,压纱的立体花纹以及轮廓花纹采用最粗纱线。

(二) 分配梳栉和确定各梳原料

在花型小样上确定花型的高度、宽度和使用的梳栉数,并进行梳栉分配。不同的梳栉横移线用不同的颜色表示。每一条横移线的导纱梳栉一般分配在花纹循环的整个宽度,花梳呈交错配置,例如 MRES33 花梳分配如图 5-2-2 所示。这样可以避免与另外一个导纱针相撞。另外,花型设计人员应该了解不同多梳机器的技术特性,例如纱线的走向、机器梳栉的配置、生产设计花型时机器上需要配有的花梳数目和所有导纱梳栉允许横移的范围,例如 SU 控制的机器,每一把梳栉最大横移为 47 针,链块控制的机器,梳栉最大横移为 50 针。全部用 SU 控制的多梳经编机,导纱梳栉的最大横移理论上为 16 针,然而实际上并不用满。最大和最小针背垫纱横移取决于所用的机器类型和机号。

图 5-2-2

一般多梳经编机的梳栉可以分为地组织、轮廓花纹、普通花纹、阴影花纹、立体花纹和花式纱梳栉。轮廓花纹梳栉作较小的针背横移,这些梳栉配置在导纱梳栉的前面,形成花纹最上面的部分,以使花纹清晰、图案突出,花边外观更吸引人;普通花纹梳栉采用较粗的纱线作较大的针背横移,这些梳栉配置在花梳栉的中间;阴影花纹梳栉采用较细的纱线也作较小的针背垫纱,配置在花梳的后部;立体花纹效应在带有压纱板的多梳经编机上,通过压纱板前面的压纱梳栉来形成。

(三) 在意匠纸上放大花纹

意匠纸的类型取决于产品的地组织结构。因此首先确定地组织,然后选择相应的意匠纸。由于普通的黑点意匠纸是用水平和垂直的黑点行列来代表织针针头的,它不能表示出地组织所引起的线圈歪斜,因此,一般不使用这种意匠纸,而使用代表地组织结构的另一种专用的意匠纸。常见的多梳地组织有方格网眼、六角网眼、变化六角网眼、三角网眼、编链衬纬组织和弹力网眼等。

　　窗帘织物采用较多的是编链＋衬纬和方格网眼底布,每一格子代表两相邻纵行间和三个横列。显然,不可能采用与实际孔眼尺寸一样的意匠纸。因为在专用意匠纸中,实际孔眼的尺寸上要画三根纱线,这样就没有足够的间距,因此在意匠纸上必须将孔眼放大。孔眼的具体形态取决于最终成品网眼织物中横列/纵行的关系。如果横列数正好三倍于纵行,即横列/纵行比率为3∶1,则将获得一个正方孔眼。如果比率小于3∶1,孔眼的纵向大于横向。如果比率大于3∶1,孔眼的横向将大于纵向。在实际生产中,此比率的范围为2.5∶1～3.5∶1。

　　花边使用六角网眼或编链＋衬纬作底布,往往使用贾卡梳栉形成花式底布。具体每一种意匠纸选择取决于织物的纵横密度的比例。一般使用3∶1比例,即3个横列,一个纵行。计算机习惯使用4∶1的比例,这种意匠纸很容易数字化。

　　弹性织物常用编链＋衬纬、弹力网眼等。根据织物弹性缩率的不同,选择不同的意匠纸。

　　为了获得正确的意匠设计,最好采用正确的横列/纵行比率的意匠纸,这样可使由意匠设计引起的花纹走样尽量减小,从而获得最精确的结果。采用何种意匠纸取决于地组织的结构,但是对于同一种地组织结构也可能采用几种不同的意匠纸。意匠纸一般选用透明纸,这样具有描绘和复制图形方便的优点。

　　然后在意匠纸上放大图形,接着需要将花纹转画到意匠纸上。显然意匠纸不能与成品织物的尺寸相同,否则意匠纸上就没有间距位置画纱线了,因此必须将花纹放大。

(四) 各梳垫纱运动的描绘

　　接着用不同颜色的笔描绘每把梳栉的实际垫纱运动,它将决定花纹的最后外观,可能要对图形做些纠正和修改,而且必须十分细致。通常集聚在一条横移工作线中的各把梳栉用一种颜色笔绘垫纱运动图,以便一眼就可看清哪些梳栉是工作在同一横移线上的。

　　在描绘垫纱运动时,有许多问题需要加以考虑。首先在编织一个横列时,装置在一条集聚横移线上的各把梳栉上的导纱针在任何时候都不允许横移到同一织针针隙处。从理论上讲,它们可以进入相邻的织针针隙中,但花纹链块的磨削必须很精确,否则导纱针可能在摆动通过针隙时相碰,另外梳栉数增多后,花梳导纱针变大,这样,同一条横移线上不相邻的两把花梳的导纱针横移最小距离为2针距,相邻两把花梳的导纱针横移的最小距离见表5-2-1。如图5-2-3所示,在MRESSJ78/1多梳机上PB11和PB13这两把不相邻的花梳最小距离为2针距,而相邻的PB13和PB14花梳最小距离为9针距。

表 5 - 2 - 1　导纱针横移的最小距离

类　　型	动程号	机　号	导纱梳栉	花色导纱针	一条横移线上的花梳		
					2 把	4 把	6 把
MRES33SU	1078	E24	PB5－PB32	F-3-140-E	—	2 针距	—
MRES43SU	1087A	E24	PB5＋PB6	F-3-125-E	—	2 针距	—
			PB7－PB42	F-3-140-E	—	2 针距	—
MRES57SU	1082	E24	PB5－PB8	F-3-125-E	—	2 针距	—
			PB9－PB56	F-3-140-E	—	2 针距	—
MRPJ73/1	1123	E24	PB5－PB78	F-3-200-F	—	9 针距	9 针距
MRGSF31/16SU	1065	E18	PB1－PB16	F-3-140-E	—	2 针距	—
			PB20＋PB21	F-3-125-E	—	—	2 针距
			PB22－PB31	F-3-140-E	—	—	2 针距
MRSEJF31/1/24	1104	E24	PB1－PB24	F-3-140-E	—	—	2 针距
			PB27－PB30	AF-2-70	2 针距	—	—

（续表）

类　型	动程号	机　号	导纱梳栉	花色导纱针	一条横移线上的花梳		
					2把	4把	6把
MRE29/24SU	1107	E28	PB1－PB24	F－3－140－E	—	2针距	2针距
			PB26－PB28	AF－2－70	2针距	—	—
MRPJF59/1/24	1130	E24	PB1－PB24	F－3－160－E	—	—	2针距
			PB25＋PB26	AF－2－115－E	2针距	—	—
			PB29－PB58	F－3－32－200/F F－3－30－200/F	—	—	2针距 9针距
MRPJ43/1	1120	E24	PB2＋PB3	F－3－110－E	2针距	—	—
			PB5－PB42	F－3－180－E	—	4针距	—
MRCJ22/1	1115	E24	PB2－PB21	F－3－160－E	—	2针距	—
MRPJ25/1	1122	E24	PB2－PB24	F－3－125－E	—	2针距	—

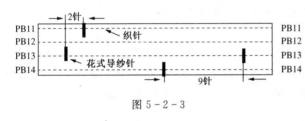

图 5－2－3

在衬纬时,通常在同一横列中以相同的方向推动各把同一横移线中的梳栉。除非需要获得特殊的效应才作反向运动。这样做可减少由于集聚所产生的各种问题。例如,在用两把梳栉编织花纹图案时,如果它们需要反向横移,应将它们配置在不同的横移集聚线上;而如果它们同向横移,则可以将它们配置在同一集聚线上,因此这两把梳栉就不会在同一横列中横移到同一织针针间。另外,如果某把梳栉作一个很小的横移运动,如编织花梗叶柄等,在投影放大的意匠图中可能只有一个针距,但在成品织物中,这样一个由两针距衬纬编织出来的花梗叶柄(效应)可能太细窄了,因为衬入花纱的这两个相邻纵行可能因衬入纬纱的张力而被扭曲,并被拉到很靠近的位置上。因而,通常较好的做法是按实际需要的花纹尺寸,在这些地方衬纬的横移量扩及到3个或4个纵行。

反之亦然,在两把花梳导纱针相互接近处,各自花纱的反向力使表示在意匠图上的孔眼拉得比图中的更大,这里的孔眼有可能加宽了一倍。因此,在设计意匠图时最好预先估量到这些变化,使纵行的扭曲形成需要的效应。但这几点在编织格子网眼时并不是十分紧要的,因为在这种网眼结构中,上述原因引起的扭曲变形是不大的。

另一方面需要注意的是:在花纹的某一地方,不要用太多的梳栉来编织。当从一个花纹图案移动到下一个图案时,各梳栉的引纱路线必须分散。因此,为了使小样适用于拉舍尔编织,各把梳栉的行纱路线必须仔细考虑。

（五）读取链块号

在多梳经编机上,垫纱图采用偶数对针间进行编号。由于历史的原因,H链块用于拉舍尔经编机,每一步仅仅是针距的一半,所以链块号为偶数,梳栉编织一个横列仅需一块链块。一般采用读取卡片的方式对各梳的垫纱记录进行快速读取。"0"号位置放在意匠纸的同一侧,即机器上花纹滚筒的一侧,通常是右侧,每一横列读取一个链块的号数。各花梳的最低链块号通常不是0号,而是6号以上,以便获得修改的余地。但所有花梳的起始链块需位于同一横列。如果有一根花纹链条的循环是短的,此循环数是主要花纹循环的因子,则可将这根短循环的花纹链条装在机器的上花纹滚筒上,但上滚筒每横列应排两块链块(两行程)。

（六）确定穿经图

穿经图表示各梳上导纱针的相对配合位置，它由花纹垫纱运动图来决定。此图表示的是某一给定横列上各把梳栉导纱针的相对位置，以供穿纱和核对。一般常用的有以下两种方法：

1. 起始横列法

花型完全组织循环内的所有花梳导纱针横向位置都依据垫纱运动图上的第一个编织横列来定位。一般将其直接画在垫纱运动图的下面，标出各把梳栉中经纱的位置。在穿经图的右侧应标出各梳栉相应所采用的纱线种类和规格。在机械控制的多梳机中，一般使用起始横列法。必须注意，在对梳栉穿纱上机后，应使第一块链块与推杆的从动滚子相接触时，各梳栉中的纱线位置按穿经图所示的位置排列。目前这种方法在我国经编企业中使用较多。它的优点是花型设计所受限制少，缺点是需保证当起始链块与推杆滚子相接触时，才能按照穿经图上所示位置对各梳进行定位。并且一般不同穿纱需要重新进行，花型变换上机时间长。

2. 零位法

各花梳依据垫纱运动图上的"零位"来确定，即在垫纱运动图上标明梳栉横移运动的最右端位置。采用零位法，花纹链条无论哪个链块与推杆从动滚子相接触，各梳栉的穿纱排列位置都可予以检查纠正。这种方法已在国外花边业中应用了许多年。其有关原理如下：

（1）此方式应在全厂所有机器上应用。

（2）所有机器的全部梳栉必须调节到当 0 号链块与推杆滚子相接触时，各梳栉的边缘导纱针应处于机器边缘的织针针隙处。

（3）一旦调整到上述状态，各梳栉的侧向位置再也不予变动，否则穿经位置就会错乱。在任何一把梳栉上随后所能做的变动，仅是微量的侧向调整，以补偿由温度所引起的变化。

（4）在花纹意匠图上找到每一把梳栉离花纹滚筒的最远位置，这样就确定了它的穿经点，在穿经图上标出此点位置，每把梳栉中纱线的线密度和类型表示在穿经图的左侧，但不必标记出推杆滚子所接触的链块号数，因为以这种方式确定的穿纱位置在任何一个横列上，均能校核滚子所接触的链块号数。

采用这种方法可以设计系列花型。零位穿经，经实践证明是一个好方法，在变换花纹时仅需调换花纹链条，而无需对导纱针重新穿纱，如果是电脑控制的多梳经编机，只要几分钟就可以完成花型的变换。

如图 5-2-4 所示，使用相同的花纹宽度，如果所有导纱梳根据相同的横移线来划分，机器在花型改变的时候就不需要重新设置或重新穿纱。在系列花型中，每把梳栉从零位开始最大横移一般为 36 针，为通常 47 针横移的三分之二。在不改变零位的情况下，当然也可以把横移运动扩大到 47 针。

如图 5-2-5 所示，在 MRSEJF53/1/24 机器上，编织 180 针的花纹循环。48 把花梳可以生产不同宽度的花边。

下面以 MRSS 多梳机为例介绍如何计算零位的方法，图 5-2-6 为花梳的分配情况。假设花宽 24 针，则：

$$花宽内每把花梳横移范围 = \frac{花纹宽度}{每条横移线花梳数目} = \frac{24}{4} = 6\ 针$$

$$加数 = \frac{花纹宽度}{花梳数目} = \frac{24}{16} = 1.5$$

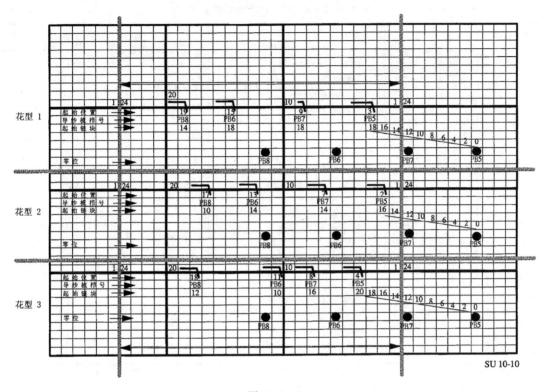

图 5-2-4

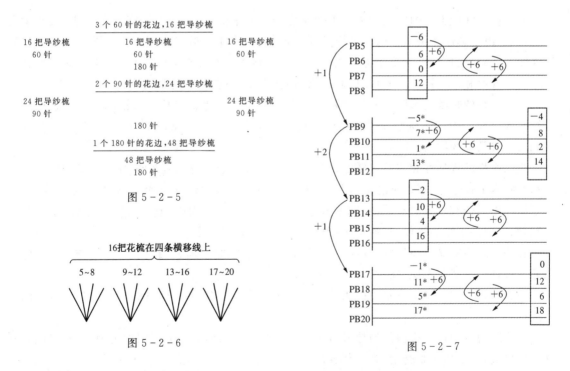

图 5-2-5

图 5-2-6

图 5-2-7

　　在本例中,结果在1到2之间。在这种情况下,1和2将交替被增加。图5-2-7显示的是所有花梳根据上面两个计算值怎样得到零位。第一把花梳 PB5 的零位根据经验来确定,本例中 PB5=-6。表5-2-2表示了不同花纹宽度如何确定零位。

表 5 – 2 – 2　花纹宽度与零位关系

花纹宽度	因　素	零　位	花纹宽度	因　素	零　位
36 针	36：4 = 9	PB5 = −4 PB6 = 14 PB7 = 6 * PB8 = 24	128 针	128：4 = 32	PB5 = −10 PB6 = 54 PB7 = 22 PB8 = 86
48 针	48：4 = 12	PB5 = −6 PB6 = 18 PB7 = 6 PB8 = 30	144 针	144：4 = 36	PB5 = −10 PB6 = 62 PB7 = 26 PB8 = 98
72 针	72：4 = 18	PB5 = −6 PB6 = 30 PB7 = 12 PB8 = 48	158 针	158：4 = 39.5(40)	PB5 = −10 PB6 = 70 PB7 = 30 PB8 = 110
108 针	108：4 = 27	PB5 = −8 PB6 = 46 PB7 = 20 * PB8 = 74 *	172 针	172：4 = 43	PB5 = −10 PB6 = 76 PB7 = 34 * PB8=120 *

备注：＊号数字是经过上下调整的。

二、弹力多梳织物花型设计方法

采用弹性纱线生产的经编弹力网眼和花边织物非常受人欢迎,特别在妇女胸衣、妇女紧身内衣行业,由于弹性经编机目前已采用槽针进行编织,因此这类织物不仅仅局限于化纤丝与弹性纱线的交织,而且也可以采用棉纱线或短纤纱与弹性纱线交织,经这种方式生产的织物具有良好的吸湿性和透气性,因此可制成游泳衣、妇女胸衣、外衣及运动服装等。

弹力网眼的密度就像织任何拉舍尔织物那样会发生变化。但总的来说,织物在纵、横向的收缩约为 1/3。因此,若编织 48 横列/cm 的织物,成品密度约为 68 横列/cm。如果机上门幅为 40 cm,则成品织物约为 26 cm。

成品织物的延伸性和弹性将随编织和后处理的条件而变化。在经编机上主要取决于三个因素:弹性纱的送经、地纱的送经和织物的牵拉卷取。如果弹性纱拉紧(送纱少),由于收缩多,成品织物中就会有较大的延伸性;如果地组织的经轴送纱慢,则因为较紧的线圈限制了纱线的运动,因而成品织物的延伸小;如果牵拉快,织物延伸性就降低。

弹力网眼织物又往往称为"双向弹性织物"。因为如果在经向和纬向拉伸,织物均为延伸和回复。弹性丝一般要编织在较细的纱线之中。

梳栉数量的多少是形成精美弹力织物的一大要素。多梳弹力经编机与多梳花边机是同步发展的。

弹力花边机由位于机前的地梳和位于机后的弹力梳来形成弹力网眼地组织,而花梳则放置在地梳中间,以形成平整光滑、弹性优异的织物。

将花梳放置在地梳栉间是为了织得平整、规则、光滑和具有最大弹性的织物,用于编织弹性纱线的拉舍尔经编机的机号已做得相当的细密,除了常规的 $E18$ 和 $E24$ 外,$E28$ 的机器正日益普及。多梳弹力花边机的门幅常用 190 cm(75 英寸)至 330 cm(130 英寸)。

弹力花边的设计方法与多梳栉花边的设计基本相似。不同点主要在于地组织结构、花纱垫纱方向限制以及意匠纸的选用等方面。

主要采用两种类型的地组织：弹力网眼和"技术"网眼。前者已如上述，后者是经向比纬向有更大延伸性的双梳机构。

1. 弹力网眼

最常用的弹力地组织结构为"弹力网眼结构"，它由四梳组成。所有地梳栉穿纱方式都为1穿1空。位于机前的两把地梳编织"渔网地组织"，作对称垫纱。位于机后的第3、第4把地梳穿入弹力纱，也作对称垫纱，并分别环绕在前面两把地梳编织的编链上，第3把地梳上的弹力纱衬入第一把地梳编织的编链柱中，第四把地梳上的弹力纱衬入第2把地梳编织的编链柱中。

该四把地梳的垫纱图和对纱图见图5-2-8，如果上述对纱方式被变更，那么弹性纱的针背垫纱方向与相应地梳的针背垫纱方向将相反，弹性纱被分隔开，并在织物上形成两个交叉点，这在生产上是不正确的。

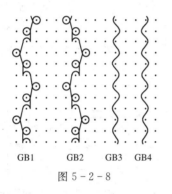

图 5-2-8

图 5-2-9

GB1和GB2垫纱运动对称，送经量一致，因此地经轴1和地经轴2可用链条串联起来，并仅采用一套积极式送经机构以保证送经量的一致。对于GB3和GB4，由于它们的送经量也一致，且都为半穿方式，因此可仅用一根满绕经轴来分别供给两把弹力地梳的用纱。采用上述生产方式，一方面织物正品率高；另一方面可对地纱和弹力纱的送经量进行测试并确定它们各自的整经长度，从而可使两根地经轴和一根弹力纱地经轴几乎同时编织结束。

为了形成良好的弹性织物，成圈地梳纱常采用较细的锦纶丝，如50 dtex、70 dtex和100 dtex，而弹力纱则采用较粗的纱线，如140 dtex、250 dtex、560 dtex和840 dtex。由于弹性纱较粗，张力较高，因此实际上在织物中其是挺直的，而成圈纱则被弯曲发生变形。典型的结构如图5-2-9所示。

意匠纸采用与地组织结构相适应的专用纸，图5-2-10为经简化的常用弹力网眼结构意匠纸，横线表示横列，纵线表示纵行，交叉线代表地组织中的交叉连接线，由于该纵行没有发生变形移位，因此两纵行间可以编写上代表链块号码的数码。图5-2-11所示弹力网眼意匠图的垫纱数码为2/8/4/10/0/4/0/6//。

2. "技术"网眼结构

另一用于生产弹力花边的地组织是"技术"网眼组织，该"技术"网眼组织恰好如六角网眼组织一样，只是衬纬纱被弹力纱线所替代，由于较粗的弹力纱所具有的刚度及弹性回复性，因此其

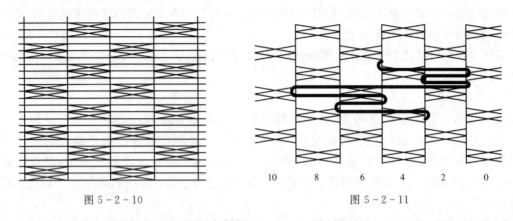

图 5 - 2 - 10   图 5 - 2 - 11

亦挺直在织物中并使典型的六角网眼发生变形。

考虑和设计"技术"网眼结构就要复杂和困难得多，因为所涉及的线圈是扭曲的。该织物是双梳结构，基本的垫纱组织与服饰网眼和花边所用的一样。衬纬梳穿入弹性纱并装在机后。在实际结构中，由于弹性纱的强度和线密度较大，因而在织物中呈挺直状态，而成圈纱经受着所有的弯曲。任何一个弹性纱通过两个纵行，因此，通过每第 3 个横列的线圈的连接，两个纵行的几个部分形成一个直条。图 5 - 2 - 12 表示了这种网眼采用和未采用弹性纱作为衬纬纱的线圈结构。

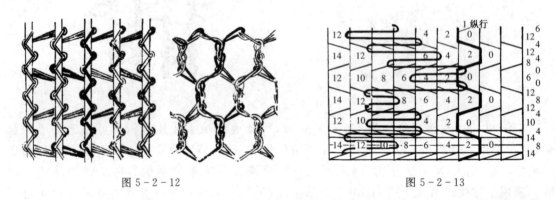

图 5 - 2 - 12   图 5 - 2 - 13

这类结构也必须采用专门的意匠纸，从而能代表织物的最终外观。如图 5 - 2 - 13 所示，垫纱运动的描绘很方便，循着直线运动。每孔有 3 个横列，转向处为 1 个横列，中间隔着 2 个横列。任何一根垂直线代表着两个纵行中的各一部分。因此在按意匠图编排花纹链条数码时应予以考虑。如图所示，同一织针间隙处于交错的行列中。图中也表示了一个简单图案的描绘方法。前面 12 个横列的链块号数为：14/8/14/4/10/4/12/8/12/0/6/0//。

3. 弹力织物设计原则

除所用的意匠纸外，弹性织物的意匠设计方法与其它拉舍尔花边织物相类似。对提花弹力织物而言，花梳垫纱运动的描绘有一些特殊的要求，工艺设计者应注意下列设计原则：

（1）花纹单元之间的过渡线在每一纵行上的垫纱方向必须总是与该纵行上弹力地纱的垫纱方向相反。若垫纱方向相同，过渡线将错误地夹住弹性纱，这样就会在成品织物上清晰可见。

（2）三把花梳形成一个花纹的密实区域，在相邻两把花梳的接缝处，两把花梳的垫纱转折点方向也必须与该纵行上的弹力地纱的垫纱方向相反，为确保这一设计原则，所有花梳的垫纱方向应同向,并且相邻花梳垫纱的接缝总是在一隔一所处的纵行上。需要指出的是在花纹的边缘处没有这一设计要求。

（3）花梳的起始垫纱方向总是从左向右,这与地组织中 GB2 的针背垫纱方向相同。

在带有小圆点的三横列格子网眼意匠纸上,每个格子的第一横列,弹力地梳 GB3、GB4 的单针衬纬运动的垫纱点总是不在标有小圆点的针隙中。与此相反,花梳在编织花纹接缝处及过渡线处时,它的衬纬运动的两个转折点在每个格子的第一横列,它总是处于标有小圆点的针隙中。可见格子网眼意匠纸上小圆点的作用是：工艺设计者在描绘花梳的垫纱运动时,在意匠纸上可以很方便地确定和检查花梳在各个横列的垫纱方向。

无论采用何种意匠纸,描绘垫纱运动的原理是相同的,对于弹力花边工艺设计,还必须注意一个问题,这就是编织好的弹力织物下机经后整理后将发生经纬向的回缩现象,因此在设计好所需的花纹小样后,应预先对花纹小样进行延伸变形,具体方法如下：

（1）先将与织物成品大小一致的花纹轮廓描绘在一块预张紧的白色的弹性织物上,该弹性织物被夹在一简单结构的专用伸缩机构上。

（2）摇动伸缩机构,将该弹性织物纵向平齐伸长至一定比例（如 167%）。

（3）用透明纸覆盖在弹性布上并将变形后的图案轮廓描下。

（4）用放大机将透明纸上的图案轮廓放大并转移到专用的透明意匠纸上。

弹性花边织物其余的设计方法与花边工艺设计相同。

图 5 - 2 - 14

三、产品设计实例

（一）花边产品（图 5 - 2 - 14）

1. 设计方法：根据多梳花型设计的一般方法进行。

2. 机器：机型 MRES39;机号 E24;梳栉数 39（35）;链块数 6 720;销子数 210;行程数：地梳＝2,花梳＝1;机速:375 r/min;产量:10.8 m/h

3. 原料：地组织 44 dtex 锦纶;44 dtex 氨纶;

花纹：44 dtex 锦纶变形丝;311 dtex 锦纶变形丝;156 dtex 锦纶变形丝;233 dtex 锦纶有光丝;

4. 成品：纵密：40 横列/cm（机上：20 横列/cm）;面密度：19 g/m^2;缩率：92%

5. 后整理：水洗,预定型,染色,拉幅定型。

（二）窗帘产品（图 5 - 2 - 15）

1. 设计方法：根据多梳花型设计的一般方法进行。

2. 机器：机型 MRSS32;机号 E18;梳栉数：32（20）链块数：2 592;销子数：144;行程数：地梳＝2,花梳＝1机速：450 r/min;产量：12m/h

3. 原料

地组织：24%,44 dtex/f12,锦纶;

花纹：23%,100 dtex/f30,涤纶;53%,150 dtex/f96×2,涤

图 5 - 2 - 15

纶,有光。

4. 成品

横密:24 横列/cm(机上:22 横列/cm);面密度:70 g/m²;缩率:94%

5. 后整理:水洗,预定型,分批染色,拉幅定型。

第三节　成圈型多梳经编产品设计

一、设计方法

成圈型多梳经编产品的地组织常采用弹力网眼(Power-Net),如图 5-2-16 所示。有时采用"斯利克网眼"(Sleek-Net),如图 5-2-17 所示。花梳有两种成圈方式(A 和 B),A 为开口线圈形式,B 为闭口线圈形式。MRE29/24 多梳经编机花梳 PB1～PB24 使用 78 dtex/f18～160 dtex/f34 的锦纶 6.6;地梳 GB25+26 和花梳 PB28 采用 22 dtex/f9～44 dtex/f34 的锦纶 6.6;弹性梳 GB29 采用 44～160 dtex 的氨纶。

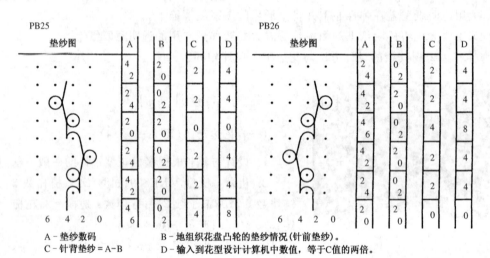

图 5-2-16

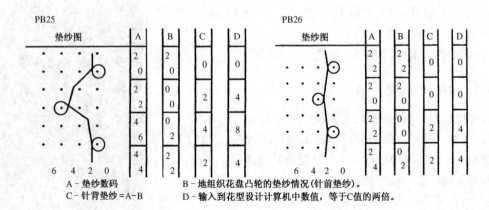

图 5-2-17

该类多梳产品的花型设计方法与带压纱板的多梳经编机相同。

二、产品设计实例

(一) 弹性花边(图 5 – 2 – 18)

1. 产品编号

产品号：27047/1300；设计号：27047/1300；花边宽度：180 针

2. 机器

机型：MRE32/24；机号：E28；工作宽度：335 cm(132 英寸)；

梳栉数：32；机器速度：420 r/min

3. 织物

纵密：51 横列/cm；横密：11.48 纵行/cm；

面密度：18.5 g/m²；缩率：96%；产量：5.3 m/h

4. 原料与穿经

PB1～PB24：133 dtex 粘胶；

GB25：33 dtex 锦纶；满穿；

GB26：33 dtex 锦纶；满穿；

GB27：33 dtex 锦纶；满穿；

PB28～PB31：133 dtex；

图 5 – 2 – 18

GB32：156 dtex 氨纶；满穿；

5. 后整理：水洗，收缩，热定型，染色，拉幅定型。

(二) 弹性花边(图 5 – 2 – 19)

1. 产品编号

产品号：27019/916；设计号：27019/916；花边宽度：180 针

2. 机器

机型：MRE29/24；机号：E28；工作宽度：335 cm(132 英寸)

梳栉数：29；机器速度：400 r/min

3. 织物

纵密：63 横列/cm；横密：11.48 纵行/cm；

面密度：21 g/m²；缩率：96%；产量：3.8 m/h

4. 原料、送经量与穿经

PB1～PB24：160 dtex/f34 锦纶有光；

GB25：22 dtex/f9 锦纶有光；满穿；

GB29：160 dtex 氨纶；满穿；

5. 后整理：水洗，热定型，染色，烘干，拉幅定型。

图 5 – 2 – 19

第四节　压纱型多梳经编产品设计

一、设计方法

带压纱板花型设计与普通的衬纬多梳织物设计稍有不同,下面分别说明。

1. 花纹的描绘

花纹的大小由产品用途决定。描绘时应该与实际产品的大小相同,花纹图案设计结束后,应该按一个完全组织的要求,对花纹四周进行修正。然后用色彩显示出纱线的走向。同一集聚线内采用同一颜色描绘,这样能分清同一集聚线内的导纱针是否相撞。当相同颜色重叠时,说明导纱针相撞,这时应该采取修改措施避免色彩重叠。另外,前面压纱花梳用深颜色画出垫纱轨迹,后面衬纬花梳用淡颜色描绘。

2. 梳栉分配

相邻导纱梳之间最少有 2 针距的距离,同一条横移线内梳栉可以肩并肩地排列,根据同一原则来分配。如图 5-2-20 所示,采用这种奇数或者偶数梳栉在机器同一侧的分配方法,梳栉在机器上的安装更加清楚。在使用压纱板的经编机上,横移较小的梳栉一般放置在前面或者后面,因为在花梳之间放置地梳栉。表 5-2-3 为花梳分配实例。

图 5-2-20

表 5-2-3　花梳分配实例

压纱花梳

4_{13}	2_9	3_5	1_1	第 1 横移线
8_{14}	6_{10}	7_6	5_2	第 2 横移线
12_{15}	10_{11}	11_7	9_3	第 3 横移线
16_{16}	14_{12}	15_8	13_4	第 4 横移线

衬纬花梳

25_{11}	23_9	21_7	24_5	22_3	20_1	第 1 横移线
31_{12}	29_{10}	27_8	30_6	28_4	26_2	第 2 横移线

表中下标数字表示花梳垫纱范围从左到右的顺序号。

3. 压纱花梳的垫纱方式

如图 5-2-21 所示,压纱花梳的垫纱有两种方式,针前垫纱作 0-2/0-2,形成闭口线圈,这种称为 A 方式;针前垫纱作 2-0/0-2,形成开口线圈,这种称为 B 方式。两种针前垫纱都是由 SU 装置中第 7 个连接杆控制。采用 A 方式垫纱的花纹效应不如 B 方式的好,另外采用 B 方式,原料消耗少,立体效果好。所以一般都采用 B 方式。

4. 压纱梳垫纱图的描绘

为了设计方便,我们把压纱花梳简化成衬纬的形式来描绘。为了在方格纸上更容易设计和

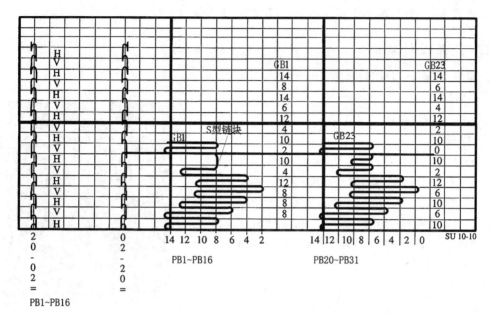

图 5-2-21

阅读链块号,一般按织针进行编号,在机器上这个点由针间向左移半个针距。数字显示在点下面,后面衬纬花梳还是照原来的针间编号阅读垫纱数码。

二、设计注意事项

1）同一针上不要垫纱过多：设计时要注意,在同一个针上不要垫纱太多,否则可能造成断纱,因为编链纱线较细。因此应该避免在同一个针上两个压纱垫纱或者一个压纱梳垫纱和一个衬纬梳垫纱。

2）花纹与花纹之间的连接：如果压纱花梳不与底布交织,针前不垫纱即作缺垫组织。这种缺垫一般用于花纹与花纹之间的连接处,并且可以是直线或者斜线过渡。

3）各把梳栉的功能：设计时,注意每一把梳栉的作用,是否能成圈,允许横移的针数等等。

4）地组织：MRGSF31/16SU 多梳经编机一般用于生产网眼窗帘织物,因此一般采用方格网眼底布。但它与普通的方格网眼稍有不同,组织如下：

$$GB17：0-2/2-0//$$
$$GB18：6-6/4-4/6-6/0-0/2-2/0-0//$$
$$GB19：0-0/2-2/0-0/4-4/2-2/4-4//$$

这三把地梳可以用机器左侧 E 型横移机构控制。地梳 GB18 和 GB19 也可以采用 SU 装置控制,但注意它的杠杆比不是 1：1,而是 2：1,因为地梳一般都是满穿,纱线根数多,因此推动力要大,所以对应地梳的 SU 上的杠杆与其它花梳不同,采用 2：1 杠杆比。另外,地梳 GB18 和 GB19 作单行程。所以输入到计算机中的数据应该为：

$$GB18：12/8/12/0/4/0//$$
$$GB19：0/4/0/8/4/8//$$

另外,有时为了降低面密度,采用两把梳栉形成方格,这时一般采用 GB17 和 GB19,而用 GB18 作衬纬形成布边,一般采用 20/0//（计算机中的数字）,垫纱方向必须与编链针前垫纱方向相同,否则形成毛边,编链纱容易断头,且压纱花纹立体感不强。

三、产品设计实例

1. 窗帘 1(图 5-2-22)

(1) 产品编号

设计号:310135/411

(2) 机器

机型:MRGSF31/16SU;机号:E18;工作幅宽:330 cm
(130 英寸);梳栉数:31(27);机器速度:300 r/min

(3) 织物

纵密:22.0 横列/cm;横密:7.1 纵行/cm;

面密度:71 g/m²;缩率:100%;产量:8.0 m/h

(4) 原料与穿经

PB1~PB16:38%,400 dtex/f48,涤纶卷曲纱;

GB17:23%,50 dtex/f20,涤纶;满穿;

GB18:16%,33 dtex/f20,涤纶;满穿;

PB20~PB31:23%,150 dtex/f48,涤纶变形丝;

(5) 后整理:水洗,增白,定型。

2. 窗帘 2(图 5-2-23)

图 5-2-22

图 5-2-23

(1) 产品编号

设计号:31063/572;地组织:M0921

(2) 机器

机型:MRGSF31/16SU;机号:E18;工作幅宽:330
cm(130 英寸);梳栉数:31(20);机器速度:300 r/min

(3) 织物

纵密:20.0 横列/cm;横密:8.4 纵行/cm;

面密度:84 g/m²;缩率:87%;产量:9.0 m/h

(4) 原料与穿经

PB1~PB16:334 dtex/f128,涤纶,KDK;

GB17:50 dtex/f40,涤纶 CS;满穿;

GB18:150 dtex/f48,涤纶变形丝;

GB19:50 dtex/f40,涤纶 CS;满穿;

PB20~PB31:150 dtex/f48,涤纶变形丝;

(5) 后整理:水洗,增白,定型。

第五节 Jacquardtronic 经编产品设计

一、设计方法

1. 绘制多梳花型图

根据多梳花型设计的一般方法绘制多梳花型图。

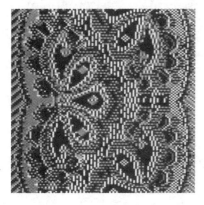

图 5-2-24

2. 绘制贾卡意匠图

意匠图是指在 10×10 的方格纸上绘出贾卡花型，多梳数据以垫纱描绘显示出来，而贾卡意匠图与其相比的不同处在于贾卡花型是以色彩描绘出来的，贾卡绘图后的最终结果成为“贾卡意匠图”，如图 5-2-24 所示。

颜色代表在两针距间的垫纱运动，每个贾卡导纱针都可独立运动，垫纱时可以独立伸长或缩短一针距，即偏移一针。

由图 5-2-24 可知，单独的红色区域或邻近红色区域的白色区域按照上面的垫纱规律是无法实现的。但它却可通过输入 RT 命令来实现（RT＝拉舍尔工艺）。RT 值的含义如图 5-2-25 所示。

RT-0

2		H	H	H	H	H	H	H	H	H	H
1		T	T	T	T	T	T	T	T	T	T
2		H	H	H	H	H	H	T	T	H	H
1		T	T	T	T	T	T	H	H	T	T
2		H	H	T	H	H	H	T	T	H	H
1		T	T	H	T	T	T	H	H	T	T
2		H	H	H	H	H	H	H	H	H	H
1		T	T	T	T	T	T	T	T	T	T

RT-1

2	→	H	H	H	H	H	H	H	H	H	H
1		T	T	T	T	T	T	T	T	T	T
2	→	H	H	H	H	H	H	H	T	T	H
1		T	T	T	T	T	T	H	H	T	T
2	→	H	H	H	T	H	H	H	T	T	H
1		T	T	H	T	T	T	H	H	T	T
2	→	H	H	H	H	H	H	H	H	H	H
1		T	T	T	T	T	T	T	T	T	T

图 5-2-25

RT 命令产生垫纱偏移，即每第二横列向右移一个位置，从而产生新的与颜色意匠图相对应的自动垫纱结构。

红色区域意味着两根针之间有两根纱线，有 4 个针背横移，绿色或蓝色区域意味着两个针之间只有一根纱，可看到两个针背横移，白色区域则是两根针之间无纱线垫纱，如图 5-2-26 所示。

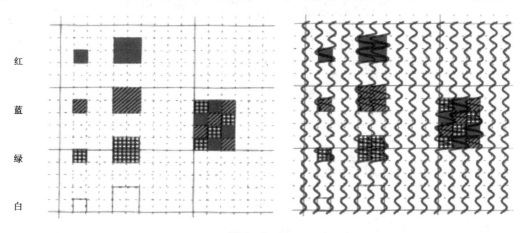

图 5-2-26

在带贾卡的多梳拉舍尔经编机上（贾卡簇尼克）贾卡梳置于地梳之后，因此针背偏移得以实现。图 5 - 2 - 26 表示针背偏移的花型工艺(衬纬贾卡组织)。

基本垫纱运动为 $0 - 0/4 - 4//$,偏移后出现上面的垫纱运动。

在织物上形成的效应如下：

红——厚组织

蓝——薄组织

绿——薄组织

白——网眼组织

通过特定的数据来定义贾卡导纱针的偏移,读取时应从下到上：

H=不偏移；T=偏移

3. 贾卡与多梳复合

在设计贾卡的多梳经编机上的花型时,贾卡花型可直接在多梳意匠图的基础上绘制成,在透明的方格纸上,这样就可得到多梳贾卡和贾卡协调组合的花型,如图 5 - 2 - 27 所示。

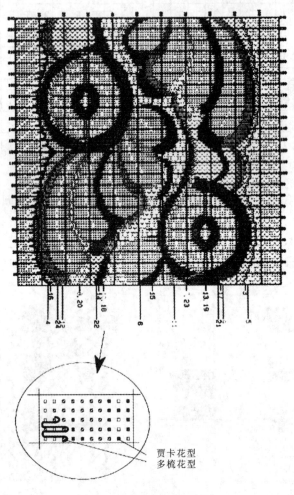

贾卡花型
多梳花型

图 5 - 2 - 27

值得注意的是,为了避免花型断裂,在描绘贾卡变化地组织时,必须保证花型高度和宽度可以被变化地组织循环整除。

二、产品设计实例

1. 弹性满花织物(图 5 - 2 - 28)

图 5 - 2 - 28

(1) 产品编号

产品号：342/98；设计号：25033A/1471；循环宽度：168 针

(2) 机器

机型：MRPJ25/1；机号：E24；工作幅宽：335 cm (132 英寸)；梳栉数：25；机器速度：550 r/min

(3) 织物

纵密：32.0 横列/cm；横密：25 纵行/cm；

面密度：120 g/m² ；缩率：96%；产量：10.3 m/h

(4) 原料、送经量与穿经

PB1～PB3：44 dtex/f13，锦纶长丝；满穿；

PB4～PB23：78 dtex/f46×4，锦纶变形丝；

JB24：44 dtex/f48，锦纶长丝；满穿；

GB25：156 dtex，氨纶，满穿；

(5) 后整理：水洗，定型，染色，烘干，定型。

2. 弹性满花织物(图 5 - 2 - 29)

(1) 产品编号

产品号：343/98；设计号：25034A/1473；循环宽度：168 针

(2) 机器

机型：MRPJ25/1；机号：E24；工作幅宽：335 cm (132 英寸)；梳栉数：25；机器速度：550 r/min

(3) 织物

纵密：32.0 横列/cm；横密：10 纵行/cm

面密度：139 g/m² ；缩率：95%；产量：10.3 m/h

(4) 原料与穿经

PB1～PB3：44 dtex/f13，锦纶长丝；满穿；

PB4～PB23：78 dtex/f46×4，锦纶变形丝；

JB24：44 dtex/f48，锦纶长丝，满穿；

GB25：156 dtex，氨纶，满穿；

(5) 后整理：水洗，定型，染色，烘干，定型。

图 5 - 2 - 29

第六节　Textronic 经编产品设计

一、旧式 Textronic 设计方法

以 MRPJF59/1/24 为例分析旧式特克斯簇尼克(Textronic)多梳产品的设计。该机器梳栉

的分配情况是：24 把花梳以 4 条横移线配置在压纱板前面，2 把花梳，一把成圈的地梳，Piezo 贾卡梳，30 把花梳以 5 条横移线和一把弹性梳配置在压纱板的后面。PB1～PB24 导纱梳由机器右前部的 SU 装置控制，花梳 PB25 和 PB26，成圈地梳 GB27 和 Piezo 贾卡梳 JB 由机器左边的 SU 控制。花梳 PB29～PB58 分别由机器的右边和左边的 SU 以"右/左"方式交替控制。弹性梳栉由机器左边的 SU 控制。导纱梳栉 PB1～PB24 以附加的方式实现了针前垫纱，由附加的第 7 个连接杆控制。花梳 PB25 和 PB26 采用了机械的针前垫纱装置，杠杆比为 2：1。所有梳栉都不作摆动，仅作侧向横移运动。导纱梳栉由电子控制的 SU 装置或者由计算机控制的梳栉装置控制。

它与 MRPJF54/1/24 的梳栉配置差异见图 5-2-30。

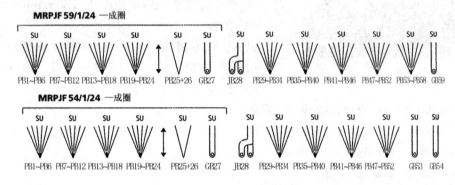

图 5-2-30

六把附加的花梳位于压纱板的后部，目的是通过多使用一些经纱和纬纱，加入一些粗线条的纱线（绒丝带衬垫）来进一步完善典型的列韦斯花边的外观效果。现在也可以生产其它种类的花边。初级花边带和满地花纹花边，它们具有特别柔软的一面，贴着人体，手感柔软，要生产它们，需要用 1 把地梳代替新增加的 6 把集聚的花梳，因而在机器背后有 2 把地梳。1 把地梳中就可以穿入弹性纱。第二把梳栉则为织物反面穿入一种非常柔软的纱线，这样就赋予了织物一个特别柔软的反面，大大提高了服用的舒适性，并扩大花型范围。

利用上面所说的两把地梳，还可以使织物具有更广泛的用途。对于生产时，并且可以在整理工序中实现特殊功能的织物（具有许多不同的明确定义的性质）的需求呈上升趋势。例如生产妇女紧身衣时，在该机能同时生产平素衣片和装饰性花边。平素织物具有一定功能，而花边主要是具有一个漂亮的外观。

二、新型 Textronic 设计方法

2003 年，在英国伯明翰 ITMA 上推出了一种新型的全电脑控制的 TL66/1/36 型多梳花边机。该机的花梳、地梳和贾卡梳的横移、地梳的送经、织物的牵拉和卷取都采用了伺服电机控制。新开发的大功率伺服电机控制的钢丝花梳导纱系统取代了沿用多年的 SU 装置，使得这种机器采用了全新的花型设计方法，给花边业的生产带来根本性变革。

图 5-2-31 所示的花边是由带有 66 把梳栉的特克斯簇尼克经编机织造而成的。其中，36 把花梳位于经编机压花板的前面，而压花板后面有 1 把匹艾州贾卡梳栉、24 把花梳、地梳 GB41（编链）和 GB68（弹力）。

波浪状蕾丝图案设计有时呈重叠渐缩状，有时则呈长曲线平坦状，它们都将产生一些特殊效果。花型的波浪线设计是长距离的花梳作用的结果，它也成为了新型 TL66/1/36 多样性花

型设计中令人印象深刻的一例。

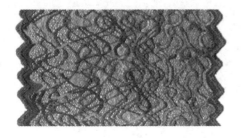

图 5 - 2 - 31

图 5 - 2 - 32

图 5 - 2 - 32 这种具有典型大波纹距离花型不仅展示了花型的多样性,也展现出一种非相互排列的新鲜多样风格的结合。丰富的花卉图案、装饰线以及长长的 Z 字形的花型设计,是由一层弧形(拱形)网覆盖的。这就赋予了此类花边的生动活泼、柔韧有力、花样繁多以及奢华的特性。

图 5 - 2 - 33

三、产品设计实例

1. 特克斯花边(Textronic)(图 5 - 2 - 33)

(1) 产品编号

设计号:59001A/1482

(2) 机器

机型:MRPJF59/1/24;机号:E24;梳栉数:59;工作幅宽:335 cm (132 英寸)

机器速度:310 r/min;产量:4.7 m/h

(3) 成品

纵密:40 横列/cm (机上:20 横列/cm);面密度:30 g/m²;缩率:85%

(4) 原料、穿经与送经量

PB1~PB24:156 dtex/f92×2,锦纶 6.6(TactePB);

PB25+26:44 dtex/f13,锦纶变形丝;

GB27:33 dtex/f10,锦纶 6.6,满穿;

JB28:44 dtex/f13,锦纶 6.6,满穿;

PB29~PB34:936 dtex,锦纶变形丝;

PB35~PB46:78 dtex/f100×4,锦纶;

PB47+52:78 dtex×3×2,锦纶(TactePB);

PB48~PB58:110 dtex×2,锦纶,有光;

GB59:156 dtex,氨纶,满穿;

(5) 后整理:水洗,定型,染色,烘干,定型。

2. 特克斯花边(Textronic)(图 5 - 2 - 34)

(1) 设计号:59002A/1483

(2) 机器

机型:MRPJF59/1/24

图 5 - 2 - 34

机号：$E24$；梳栉数：59；工作幅宽：335 cm（132 英寸）；机器速度：310 r/min，产量：4.7 m/h

（3）成品

纵密：40 横列/cm（机上：20 横列/cm）；面密度：29 g/m²；缩率：85%

（4）原料与穿经

PB1～PB24：156 dtex/f92×2，锦纶 6.6（TactePB）；

PB25+26：44 dtex/f13，锦纶变形丝；

GB27：33 dtex/f10，锦纶 6.6，满穿；

JB28：44 dtex/f13，锦纶 6.6，满穿；

PB24：936 dtex，锦纶变形丝；

PB35-46：78 dtex/f100×4，锦纶；

PB47+52：78 dtex×3×2，锦纶（TactePB）；

PB48～PB58：110 dtex×2，锦纶，有光；

GB59：156 dtex，氨纶，满穿；

（5）后整理：水洗，定型，染色，烘干，定型。

第三章 贾卡经编机产品设计

贾卡经编机生产的产品主要是装饰类织物,也有用于服装及床上用品等。其特点是具有大花型、网孔、凹凸等提花效应。一般把带有 3~8 把梳栉和贾卡装置的拉舍尔经编机,称为贾卡拉舍尔经编机。其中贾卡梳本节使用 1 把或 2 把,它利用贾卡导纱针的偏移来形成花纹。

贾卡经编机的发展经历了从机械式到电子式,从有绳控制到无绳控制以及新一代压电贾卡提花系统(PSJ)的使用,使得贾卡经编技术更趋完善,其产品更加精美。

第一节 设计概述

一、贾卡基本原理

贾卡编织原理是控制每根导纱针的每一次垫纱运动。虽然它们安装在相同的梳栉上,但这些导纱针还能侧向偏移,为此应使导纱针既长又富有弹性。为了不与相邻的导纱针相互干扰,每一导纱针仅能偏移一个针距。因此每根这种导纱针,其可能的垫纱运动针距数是有一定限度的。

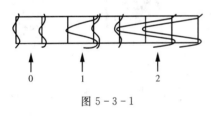

图 5 - 3 - 1

贾卡经编机用地梳产生地组织,而用贾卡梳产生覆盖这些地组织的花纹图案。以跨越两根织针的基本的衬纬运动的贾卡梳为例,每根导纱针就能完成下列三个垫纱运动中的一种,如图 5 - 3 - 1 所示。

(1)导纱针循着地组织的编链作衬纬,从而构成了网孔区域 0(箭头所示)。

(2)导纱针作相邻两织针之间的衬纬,在此情况,网眼孔眼为两根延展线所覆盖,此区域内的织物,看上去是较密实的区域 1。

(3)导纱针作跨越两个针隙的衬纬,从而每个孔眼覆盖 4 根延展线,这区域的织物看起来是密实的区域 2。

依靠控制各根导纱针横越的针距数不同,利用这三种织物效应,就能在织物上形成花纹。

二、贾卡经编技术的发展

1. 机械式贾卡系统

目前,国内不少企业仍然使用机械式贾卡装置的提花经编机。它利用纹板打孔方法控制移位针的高低位置,从而选择导纱针形成花型。

2. 电子式贾卡系统

传统的机械式贾卡经编机存在着两大缺陷,一是贾卡装置过于繁复,二是贾卡纹板的制备过于繁复。电子贾卡经编机克服了以上两大缺陷,从而在贾卡经编技术中花纹信息的储存和控制方面出现了大的变革。

在这些机器中,花纹意匠图所代表的花纹信息不再利用冲孔时储存在数以千、百计的整套纹板中,而是存储在简单小巧的盒式磁带中。带有花纹信息的盒式磁带放置在移动式花纹信息输入装置中,由其将磁带中的信息输入到贾卡经编机的微型电子计算机中,并将信息储存在存储器内。在移动式花纹信息输入装置中,还装有信息显示器,由此可将输入的花纹信息显示在屏幕上,并给予必要的校核和修正。在此工作完成后经编机开始工作前,拔去输入装置和微型计算机的连接插头,这样一套输入装置就可以同时为许多贾卡经编机服务。

3. 匹艾州(Piezo)贾卡系统(PJS)

如图 5-3-2 所示,PJS 系统由花纹设计计算机 1、花纹数据存储器 2、终端 3、花纹控制计算机 4、接收器 5、触发盘 6、Piezo 贾卡元件 7、Piezo 贾卡梳栉(JB)8 和 BW-SAP 纹板 9 组成。花纹数据通过花纹计算机 1 来设计,并存储到一个软盘 2 上。花纹数据通过终端在花纹控制计算机(MS-Computer)4 中读出。Piezo 贾卡系统同时对成圈机件作用,经编机主轴带动触发盘 6,向控制计算机发出主轴每一转信号。控制计算机得到主轴每一转信号后,发送一个控制脉冲到接收器 5。接收器通过 BW-SAP 纹板 9 传送这个脉冲到 Piezo 贾卡梳栉 8 上的 Piezo 贾卡元件 7。

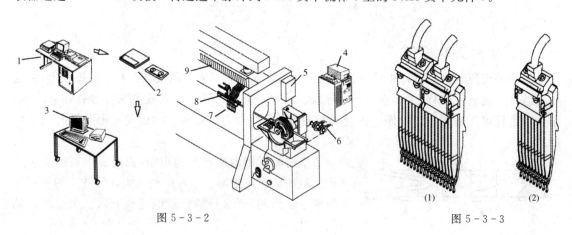

图 5-3-2   图 5-3-3

与传统的贾卡技术相比,在 Piezo 贾卡系统(PJS)中没有移位针与贾卡导纱针的横移配合,Piezo 贾卡元件由电流脉冲控制偏移一个针距。

根据机器的机号,Piezo 贾卡元件组合成不同的 Piezo 贾卡导纱针块。E28 和 E32 机型中的 Piezo 贾卡导纱针块如图 5-3-3(1)所示,E18 和 E24 机型中的 Piezo 贾卡导纱针块如图 5-3-3(2)所示。另外,Piezo 贾卡导纱针块可以分为有罩板的和没有罩板的两种。

三、贾卡经编产品的分类

贾卡经编织物根据其提花原理不同,可以分为四种不同类型的织物:

1. 衬纬型贾卡经编织物

这类织物利用衬纬提花原理生产,衬纬型贾卡经编机有早先的 RJ4/1 经编机,现在这种类型的贾卡经编机一般不再单独使用。衬纬贾卡原理还应用在 MRPJ25/1、MRPJ43/1、MRPJ73/1、MRPJF59/1/24 多梳经编机和 RDPJ6/2 双针床贾卡经编机中。另外浮纹型贾卡经编机中后面的贾卡梳也是采用衬纬原理。现在,衬纬贾卡梳栉一般用来形成花式底布。

2. 成圈型贾卡经编织物

这类织物利用成圈提花原理生产,被称为成圈型贾卡经编机,又称为拉舍尔簇尼克

（Rascheltronic）。这类机器主要有 RSJ4/1 和 RSJ5/1 两个机型，它们替代了早先的 KSJ3/1 特里科簇尼克经编机（Tricottronic）。成圈型经编织物在妇女内衣、泳衣和海滩服中有很广泛的应用。

3. 压纱型贾卡经编织物

这类织物利用压纱提花原理生产，被称为压纱型贾卡经编机。这一类机器有典型的 RJPC4F－NE，旧机型有 RJG5F－NE，RJG5/2F－NE 和 RJSC4F－NE。压纱型贾卡织物其花纹具有立体效应，主要用作窗帘和台布。

4. 浮纹型贾卡经编织物

这类织物利用浮纹提花原理生产，机器上带有单纱选择装置。被称为浮纹型贾卡经编机，又称为克里拍簇尼克（Cliptronic）经编机，主要机型有 RJWB 3/2 F，RJWB 4/2 F，RJWB 8/2 F（6/2 F），RJWBS 4/2 F（5/1 F）等。浮纹型经编机的成功开发，使得贾卡原理又有了进一步的发展，现在不但可以控制贾卡针的横向偏移，而且在纵向上可以控制贾卡纱线进入和退出工作，从而形成独立的浮纹效应。浮纹经编产品的应用不再局限于传统的网眼窗帘、台布等，已成功地渗透到花边领域，另外还可以用作妇女内衣、紧身衣和外衣面料。

四、贾卡经编产品的应用

1. 室内装饰织物

随着贾卡经编机的国产化，贾卡提花型窗帘帷幕占据了该类织物的大部分市场。贾卡提花经编针织物的特点是易于生产宽及全幅的整体花型，网眼、薄、厚组织按花纹需要配置，具有一定层次，可制成透明、半透明或遮光窗帘帷幕等。为使贾卡经编织物更具特色，应在多方面发展其深加工，可以进行印花、机绣、阻燃整理等，一些花边或装饰制品专业厂，更可以贾卡经编织物为原料，做出拼、镶、嵌、绣的价格高昂的窗帘、挂毡、桌布、沙发靠垫、床上用品等家用产品。

2. 贾卡时装面料

RSJ 系列贾卡经编机可以生产密实的或网眼类的弹力内衣面料，RJWB 系列贾卡拉舍尔经编机可以生产独特花纹的时装面料，它配有单纱选择装置（EFS），从而在薄透地组织上形成三维浮雕状花纹（机型中 WB 的涵义）。亦可多加一把氨纶梳，生产弹性面料，以适应高档女内衣、泳衣、文胸的需用。另有 RJWBS4/2F 型和 RJWBS5/1F 型，这些机器用来生产花边（以 S 表示），前者有两把贾卡梳，后者则只有压纱板前一把贾卡梳，压纱板后的贾卡梳则为二把地梳所取代，所以其地组织则成简单型。例如 RJWB6/2F 贾卡经编机还可以同时编织妇女内衣的前片、后片及其饰带。

3. 贾卡花边

RJWB 系列还有 RJWB8/2F 型，增加的梳栉可用来形成带花环的花边。目前国外正在流行的 Textronic 花边就是由这种贾卡经编机生产的，其花边可以是弹性的，也可以是非弹性的；可以带花环，也可以不带花环。花纹精致，具有立体效应，并且底布结构清晰，面密度轻，成本低。这类产品在高档妇女内衣中有着广泛的应用。

五、贾卡经编产品设计方法

（一）贾卡花型设计基本概念

1. 提花基本组织

　　提花基本组织是指基本的贾卡组织变化,即传统意义上的"厚、薄、网孔"三个层次的变化。贾卡导纱针在奇偶横列都不产生偏移形成"薄"组织;奇数横列不偏移,偶数横列偏移形成"厚"组织;奇数横列偏移,偶数横列不变化形成"网孔"组织。在设计花型时为了区别这三个层次效应,我们使用"红、绿、白"来对应这三个层次效应。

　　2. 提花变化组织

　　提花变化组织是指在提花基本组织的基础上,利用各个基本效应进行组合,从而形成新的提花效应。这些新的提花效应必须先经过小样测试,在测试成功之后才能把这些效应加入到提花变化组织的组织库,在设计贾卡提花织物时,可以直接使用这些变化组织。

　　图5-3-4所示即为几例提花变化组织。图5-3-4(1)使用绿色和白色相间,因此这种效应介于薄组织和网孔组织之间,如果使用三针技术,可以形成小网孔效应。这一变化组织的基本循环宽度为两纵行,基本循环高度为四横列。

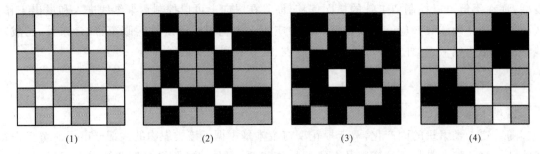

(1)　　　　　　　(2)　　　　　　　(3)　　　　　　　(4)

图5-3-4

　　图5-3-4(2)使用了三种基本层次效应,这样的组合可以形成绿色基本组织方格效应,各个方格之间用厚组织分开,并且使用了网孔过度。这一变化组织的基本循环为三纵行六横列。图5-3-4(3)和(4)也同时使用了三种基本效应层次,但是由于组合各异,因此形成不同的效应,它们的基本循环宽度和高度相同,都是六纵行十二横列。

　　在设计贾卡花型时,我们可以根据需要选用各种提花变化组织。根据花型的大小,可以在整个花纹循环内设计大小不等的各种小图案,填充各种不同的变化组织效应,从而在织物表面形成从密实到网孔和小网孔之间的各种效应层次。

　　(二) 贾卡花型设计一般方法

　　花型设计有来样设计和新品设计两种。下面以来样设计为例说明贾卡花型设计的具体步骤。

　　1. 分析织物,确定织物的基本工艺参数

　　包括织物的循环宽度和高度,即花高和花宽,织物的纵密和横密等。

　　2. 扫描织物

　　为使扫描图片清晰,建议使用的分辨率为300 Dpi,图5-3-5为扫描织物图。

　　3. 利用图像处理软件对扫描后的织物图片进行效应层次分割

　　用不同的颜色填充各个效应层次,各个层次之间轮廓清晰。目前使用较多的Photoshop6.0图像处理软件。处理完的图片如图5-3-6所示,在图5-3-6中截取一个花纹循环作为工作花型,如图5-3-7所示。

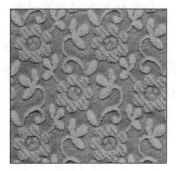
图 5 - 3 - 5

图 5 - 3 - 6

图 5 - 3 - 7

图 5 - 3 - 8

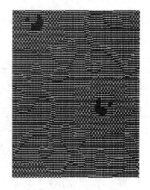
图 5 - 3 - 9

4. 使用贾卡专业设计软件对处理后的图片进行花型设计

利用专业的贾卡花型设计软件对工作花型进行设计,输入花高、花宽、纵密、横密等参数把工作花型转成意匠图,并对各个代表效应的颜色区域填充基本组织或变化组织,生成如图 5 - 3 - 8所示的多色意匠图。

意匠图的规格是根据成品织物的横密和纵密来确定的,因此意匠花型与最终织物的外观是保持恒定比例的。花宽"X"方向代表织针,花高"Y"方向代表纵密,一个小方格在高度上代表两个横列,在宽度上代表两根相邻织针之间的距离。

生成多色意匠图之后,对意匠图上的各个颜色进行定义,即对红色、绿色、白色等颜色指定实际的控制信息,例如红色控制信息为 HT,绿色控制信息为 HH,白色控制信息为 TH。定义完所有的颜色后,就可以把多色意匠图转化成可以控制机器编织的花型文件。

专业贾卡花型设计软件以前一般使用国外软件,价格很高。随着国内在这方面的研究不断开展,目前国内也已经开发成功贾卡织物专业设计软件,价格相对较低,性价比高。

对于新品设计,其设计步骤与来样设计很相似,除了不需要扫描织物外,其它步骤都基本相同。设计者可以直接使用绘图软件绘制花型,并给每一个小花纹填充颜色效应。然后使用贾卡专业设计软件进行设计。

(三) 贾卡花型设计注意事项

1. 花型大小的限制

一般在设计花型时,为了充分体现设计风格,设计花型大小是不应受到限制的。但是实际上我们设计的花型大小受到花型存储器的容量的限制。不过在实际使用过程中,这种限制并不会体现出来，因为在进行设计时，其花纹大小一般都在存储容量之内，也就是说存储器的容量已经足够存储非常大的花型数据。

2. 花纹花高和花宽的选择

为了能够准确选定一个花纹循环，扫描处理或绘制的图像必须大于一个花纹循环。花纹循环确定之后，必须输入横密、纵密、花宽和花高参数来生成花型意匠图。对花高和花宽参数的选择有一定的要求，因为使用基本组织或变化组织来填充花型的各个区域时，必须保证花高和花宽能够被基本组织或变化组织的高度和宽度所整除，否则花型的各个循环之间会过度不连续。

3. 拉舍尔技术参数 RT 的选择

花型设计好之后，生成的花型文件控制信息如图 5－3－10(1)所示，此时深色区域表示红色，其控制信息为 HT，白色区域表示白色，其控制信息为 TH，而其余灰色区域表示绿色，其控制信息为 HH。这种按照实际的效应层次转化的控制信息称为 RT＝0。我们在花型设计时，必须按照 RT＝0 进行设计。

2		H	H	H	T	T	H	H	H
1		H	T	H	H	H	H	H	H
2		H	H	H	T	T	H	H	H
1		H	T	H	H	H	H	H	H
2		H	H	H	T	T	H	H	H
1		H	H	H	H	H	T	T	H

(1) RT=0

2		H	H	H	H	T	T	H	H
1		H	T	H	H	H	H	H	H
2		H	H	H	H	T	T	H	H
1		H	T	H	H	H	H	H	H
2		H	H	H	H	T	T	H	H
1		H	H	H	H	H	T	T	H

(2) RT=1

图 5－3－10

实际上我们想要生产与颜色效应相对应的产品，必须让拉舍尔技术参数 RT＝1，如图5－3－10(2)所示，这是因为织物在偶数横列偏移时，其效应总是滞后一个纵行，因此必须把偶数横列的控制信息先向右偏移一个纵行，从而使生产的织物与花型设计效应相一致。当然，对于不同类型的贾卡产品，其 RT 值的选择要根据产品的要求而定。

4. 纱线张力的控制

在设计花纹时，花型可以自由设计和修改。不过由于在 RSJ4/1 机器上使用的是 EBA 系统控制经轴供纱，不同于在 RJPC4F 等贾卡机和多梳机上使用的纱架供纱，因此花型的设计在一定程度上受到了送经量的限制，即设计花型时要考虑到在织物编织方向，各根纱线消耗量在总量上要保持相对一致，从而保证纱线张力一致，这一点在花型设计时必须重视。并可以通过以下方法来控制调整纱线张力。

a. 通过散花配置来调整纱线张力

编织方向上连续在偶数横列偏移(即厚组织效应)会增加纱线用量，导致局部纱线张力增大。而在 45°方向上变换花纹可以避免这种情况，因此一般采用斜向变换花纹，即采用散花配置的方法进行设计。

b. 通过使用负花纹来调整纱线张力

花型的主体花纹较大时，应考虑主体部分选用基本组织或网孔组织，而衬托主体花纹的背景部分选用其它的一些效应层次，即在主体花纹之外可以选用较厚的效应，这样可以大大减少用纱量,达到控制好纱线张力的要求。

　　c.通过使用不同的贾卡技术来调整纱线张力

　　二针技术是用纱最少的一种垫纱方式,用二针技术的同向和反向垫纱同样可以形成一些特殊的织物效应。三针技术用纱量介于二针技术和四针技术之间。因此可以通过选择不同的贾卡技术来控制用纱量,调整纱线张力一致。

　　当使用纱架供纱时,纱线的张力控制比较简单,因此对于这类产品的花型设计更加自由。

第二节　衬纬型贾卡经编产品设计

一、编织和提花原理

　　衬纬型贾卡经编织物主要在 RJ 系列经编机上生产。在该类型的机器上,比较常见的是在方形网孔地组织上形成贾卡花纹。三把地梳栉形成方形网孔底布。如图 5-3-11 所示,地组织的垫纱运动为:

　　GB1：0-2/2-0//;

　　GB2：0-0/4-4/2-2/4-4/0-0/2-2//;

　　GB3：6-6/0-0/2-2/0-0/6-6/4-4//;

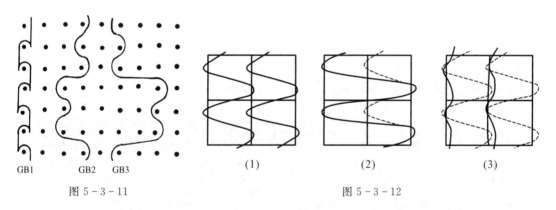

图 5-3-11　　　　　　　　　　　　　　图 5-3-12

　　在衬纬型的贾卡经编机上生产时,贾卡梳栉的基本垫纱采用衬纬组织 0-0/4-4//,当贾卡梳栉受到移位针控制时,即产生侧向偏移,形成偏移变化组织,图 5-3-12 显示了贾卡组织的垫纱图及其偏移情况,图 5-3-12(1)为基本组织,图(2)和(3)为偏移变化组织。RJ4/1 贾卡经编机,利用三针技术形成花纹,其提花效应与组织的关系如表 5-3-1 所示。

表 5-3-1　贾卡提花效应与组织的关系

P	贾卡提花效应	基本组织	变化组织	贾卡元件位置	横列号
1	稀薄组织		0-0/4-4//	H	第一横列
				H	第二横列
2	网孔组织	0-0/4-4//	2-2/4-4//	T	第一横列
				H	第二横列
3	厚实组织		0-0/6-6//	H	第一横列
				T	第二横列

　　根据偏移情况,每把贾卡梳栉可以形成三种提花效应,分别是:厚实组织、稀薄组织和网孔组织,

如图 5-3-13(1)所示。如按一定的规律组合起来,就能形成花纹图案,如图 5-3-13(2)所示。

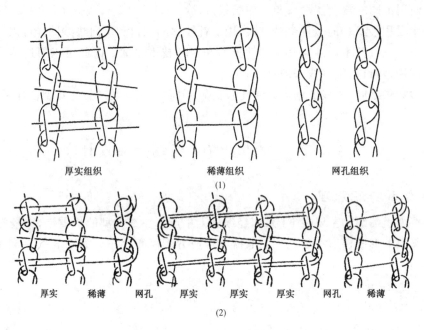

图 5-3-13

二、产品设计实例

该产品为在 RJ4/1 贾卡经编机上生产的网眼窗帘,产品照片见图 5-3-14。

图 5-3-14

1) 原料

A:直径为 0.15 mm 透明涤纶长丝;B:14.28 tex 涤纶变形丝,白色;C:20 tex 涤纶变形丝,白色。

2) 组织、穿经与送经量

GB1:0-2/2-0//,满穿 A

GB2:2-2/0-0/2-2/0-0/6-6/4-4/6-6/4-4/6-6/0-0//,满穿 B

JB4:0-0/4-4//,满穿 C

3）织物规格

纵密：6 横列/cm；横密：1.7 纵行/cm；面密度：185 g/m²；横向缩率：96%；产量：28 m/h

4）后整理：水洗，荧光增白，定型。

第三节　成圈型贾卡经编产品设计

一、编织和提花原理

以 RSJ 贾卡经编机为例来分析成圈型贾卡织物的编织原理。RSJ 贾卡机使用新型的 PIEZO 贾卡提花系统，机器配有三到五把梳栉，前梳为贾卡梳，后面几把梳栉用于地组织的编织。与传统的贾卡经编机不同，在该类机器上两把半机号配置的分离贾卡梳作成圈运动，用于生产具有精致凹凸效应花纹或平坦效应花纹的织物。

成圈型经编机提花基本原理如图 5-3-15 所示。

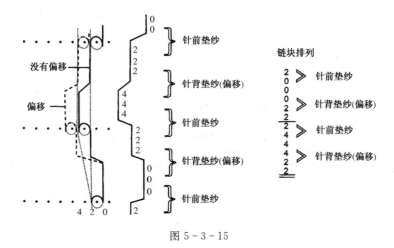

图 5-3-15

JB1.1：2-0-0-0-2-2/2-4-4-4-2-2//；JB1.2：2-0-0-0-2-2/2-4-4-4-2-2//

1. 二针技术

二针技术是成圈型贾卡经编机特有的，它不是形成"厚、薄、网孔"效应，而是通过同向垫纱和反向垫纱，从而形成花纹图案。它的基本垫纱为编链 1-0/0-1//，变化情况如图 5-3-16。

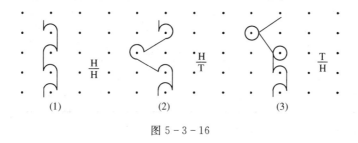

图 5-3-16

2. 三针技术

三针技术是应用最多的一种技术，可以形成立体花纹效应。基本垫纱为 1-0/1-2//。变化情况如图 5-3-17。

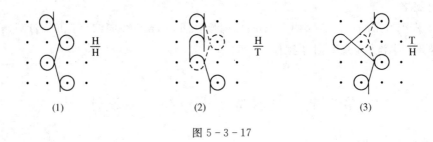

图 5-3-17

3. 四针技术

四针技术是应用较多的一种技术,可以形成立体花纹效应。基本垫纱为 $1-0/2-3//$,变化情况如图 5-3-18。

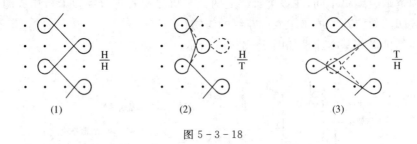

图 5-3-18

提花效应与组织变化的关系如表 5-3-2 所示。

表 5-3-2　成圈型贾卡机提花效应与组织变化的关系

贾卡技术	P	贾卡提花效应	基本组织	变化组织	贾卡元件位置	横列号
二针技术	1	稀薄组织	1-0/0-1//	1-0/0-1//	H	第一横列
					H	第二横列
	2	网孔组织		2-1/0-1//	T	第一横列
					H	第二横列
	3	厚实组织		1-0/1-2//	H	第一横列
					T	第二横列
三针技术	1	稀薄组织	1-0/1-2//	1-0/1-2//	H	第一横列
					H	第二横列
	2	网孔组织		2-1/1-2//	T	第一横列
					H	第二横列
	3	厚实组织		1-0/2-3//	H	第一横列
					T	第二横列
四针技术	1	稀薄组织	1-0/2-3//	1-0/2-3//	H	第一横列
					H	第二横列
	2	网孔组织		2-1/2-3//	T	第一横列
					H	第二横列
	3	厚实组织		1-0/3-4//	H	第一横列
					T	第二横列

二、产品设计

RSJ 贾卡机有 RSJ4/1 和 RSJ5/1 两种类型。使用 RSJ4/1 就可以生产弹力贾卡织物,方法为在贾卡梳和一把或两把地梳上使用普通长丝,在一把地梳上使用弹性丝,使用这样的梳栉配置方法能够生产具有立体效应极具视觉冲击能力的花型。RSJ4/1除了使用贾卡梳JB和两把地梳GB2、GB3外,还配置有适合作衬纬的后梳GB4。由于有了这把衬纬梳,不但可以在RSJ4/1上生产一些网眼或小网眼结构的织物,而且可以在编织贾卡花纹时使用一些特殊的原料如天然纤维等。

RSJ5/1则又多配置了一把地梳,因此特别适用于编织网眼结构,如弹力网眼织物等。同时,RSJ5/1上配置的贾卡梳不同于RSJ4/1,它所配置的两把半机号分离贾卡梳可以作反向垫纱,因此为开发RSJ经编新产品提供了更大的设计开发空间。在RSJ5/1贾卡机上,除了可以生产一些与RSJ4/1相同的常规产品外,还可以生产一些特殊效应的产品。在形成弹力网眼结构时,它一方面可以按照以前的常规方法,四把地梳形成网状地组织,而用贾卡梳来形成花型;另一方面也可以使用分离的、并且作反向垫纱的贾卡梳与衬纬地梳配合来形成网眼结构。

1. 常规产品

(1) 经平类提花产品

JB1：$1-0/1-2//(1-0/2-3//)$,满穿

GB2：$1-2/1-0//$,满穿

这一类产品使用经平地组织,能够形成密实的底布,产品应用广泛,其垫纱图如图5-3-19(1),若再使用一把弹性衬纬梳则可以形成密实的弹力提花织物。

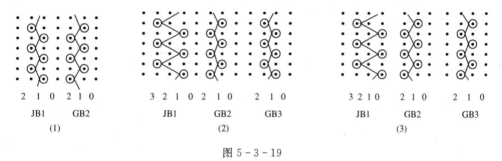

图5-3-19

图5-3-19(2)所示的垫纱图中,地梳GB2、GB3采用反向垫纱,采用这种垫纱方式生产的织物组织稳定紧密。根据需要,GB3可以使用弹性丝,也可以使用锦纶等非弹性丝。图5-3-19(3)所示的垫纱图中,地梳GB2、GB3采用同向垫纱,在GB3上一般使用弹性丝,生产结构致密的双向弹力织物。

(2) 经缎类提花产品

这类产品GB2、GB3常采用对称的经缎垫纱,垫纱图如图5-3-20所示。图5-3-20(1)未使用弹性丝,用于生成密实的非弹力织物;图5-3-20(2)氨纶丝作一针衬纬,这种组织用于生产单向弹力的贾卡织物。

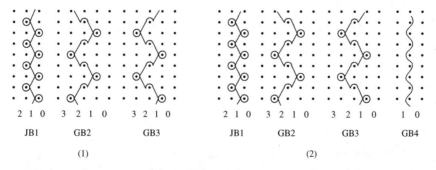

图5-3-20

图5-3-20

（3）Sleeknet 类提花产品

JB1：1-0/1-2//(1-0/2-3//)，满穿锦纶

GB2：1-1/2-3/2-2/1-0//，满穿锦纶

GB3：1-2/1-1/1-0/1-1//，满穿锦纶

GB4：2-2/1-1/0-0/1-1//，满穿氨纶

这种产品使用拉舍尔机上经常使用的 Sleeknet 结构，其中 GB4 使用氨纶弹性丝。

（4）两列网眼提花产品

可以在 GB2 上使用 2-1/1-2/1-0/0-1// 进行成圈编织，而其余梳栉衬纬，例如可以使用如下的垫纱方式：

JB1：1-0/1-2//(1-0/2-3//)，满穿

GB2：2-1/1-2/1-0/0-1//，满穿

GB3：2-2/0-0/1-1/0-0//，满穿

其垫纱图如图 5-3-21(1)所示。GB3 衬纬纱与 GB2 成圈纱采用反向垫纱，织物结构紧密，纹路清晰，也可以在 GB3 上使用不同的衬纬方法 0-0/2-2/0-0/1-1//，这样衬纬梳与成圈地梳形成同向垫纱。

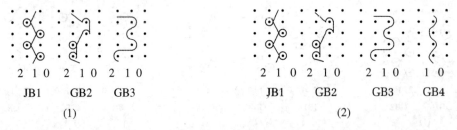

图 5-3-21

图 5-3-21(2)所示的垫纱使用两把地梳作衬纬，在这两把地梳上都使用弹性丝，这种弹性织物致密稳定。如果 GB4 上使用特殊的原料，如天然纤维棉，使用特殊的衬纬 0-0/1-1/1-1/0-0//，织物在弹性收缩之后在织物工艺正面会有强烈的棉型感。这是因为织物收缩后，衬纬的棉纱弯曲呈现在织物表面。

除了常规的两列网眼组织之外，在 RSJ 经编机上还可以利用特殊的穿经形成两列的网眼结构。例如，可以使用以下组织：

JB1：1-2/1-0//(2-3/1-0//)

GB2：2-3/2-3/1-0/1-0//，1穿1空

GB3：1-0/1-0/2-3/2-3//，1穿1空

这种特殊组织结构只采用两把成圈梳，穿经方式为一穿一空，它能够形成网孔效应。由于两梳都使用普通地纱成圈，因此这类织物则为非弹性织物。

（5）三列网眼提花产品

JB1：1-0/1-2//(1-0/2-3//)，满穿

GB2：2-1/1-2/1-0/1-2/2-1/2-3//，满穿

GB3：1-1/0-0//，满穿

GB4：1-1/0-0/3-3/2-2/3-3/0-0//，满穿

其垫纱图如图 5-3-22 所示。其中 GB3、GB4 采用氨纶丝，其衬纬方法可以略作改变，各

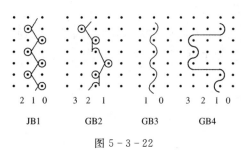

图 5-3-22

种变化如图 5-3-23 所示。图 5-3-23(1)仅使用了两把地梳，一把成圈一把衬纬，这把衬纬梳的垫纱轨迹同样还可以有变化，如在二根织针上进行变化两针衬纬等；图 5-3-23(2)两把衬纬梳采用了常规的衬纬方式，织物结构比较紧密；图 5-3-23(3)则在 GB3 上采用衬纬与开口成圈交替的方法，也可以使用衬纬与闭口线圈交替使用的方法进行编织。

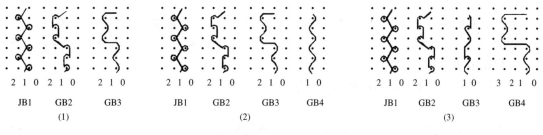

图 5-3-23

2. 特殊产品

(1) 弹力网眼(Powernet)提花产品

JB1：1-0/1-2//(1-0/2-3//)

(贾卡梳反向垫纱时，JB1.1：1-0/1-2//，JB1.2：1-2/1-0//)

GB2：1-2/1-0/1-2/2-1/2-3/2-1//，1 穿 1 空

GB3：2-1/2-3/2-1/1-2/1-0/1-2//，1 穿 1 空

GB4：1-1/0-0//，氨纶丝 1 空 1 穿

GB5：0-0/1-1//，氨纶丝 1 空 1 穿

这类产品地组织采用常见的弹力网眼结构，垫纱图如图 5-3-24(1)所示，形成的织物效应如图 5-3-24(2)所示。目前，在 RSJ5/1 经编机上，大量的产品都采用这种弹力网眼作地组织。

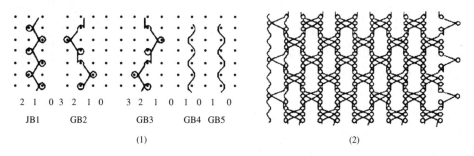

图 5-3-24

(2) 工艺正面具有棉型手感的提花产品

JB1：1-0/1-2//，满穿锦纶

GB2：1-0/0-1/1-0/1-2/2-1/1-2//，满穿锦纶

GB3：1-0/2-2/1-1/2-3/1-1/2-2//，满穿细氨纶丝

GB4：0-0/2-2/1-1/3-3/1-1/2-2//，满穿粗氨纶丝

GB5：0-0/1-1/1-1/1-1/0-0/0-0//，满穿棉

这类产品在 GB5 上使用棉纱进行衬纬，由于 GB3、GB4 上使用的是氨纶丝，因此在氨纶收缩后，棉纱将会显露在织物表面，使织物工艺正面具有棉型手感。

（3）点纹效应提花产品

JB1.1：1-0/1-2//，满穿锦纶

JB1.2：1-2/1-0//，满穿锦纶

GB4：1-1/0-0//，一穿一空氨纶

GB5：0-0/1-1//，一穿一空氨纶

使用上面的工艺能够形成点纹效应的织物。由于两把分离的贾卡梳采用对称垫纱且均满穿，因此当两把分离梳均不偏移时可以形成两个纵行的织物条柱。如果在某些区域使分离贾卡梳轮流偏移形成厚组织，则可以形成点纹效应。

（4）使用一把地梳作窄幅织物边缘花环的提花产品

JB1：1-0/1-2//，满穿锦纶

GB2：1-0/0-1/1-0/1-2/2-1/1-2//，满穿锦纶

GB3：2-2/1-1/2-2/0-0/0-1/1-1/0-0//，满穿锦纶

GB4：4-4/2-2/4-4/2-2/0-0/4-4//，(Picot 作花环)

GB5：1-1/0-0//，满穿氨纶丝

随着对高档成型产品的需求，RSJ5/1 已经开始大量用于生产妇女内衣面料的成型衣片。为了能够使各个衣片边缘不脱散并且美观，常使用一把地梳来作布边花环。

3. 产品工艺实例

（1）密实的弹力提花面料

在 RSJ4/1 经编机上生产的常规产品就是这种密实弹力提花织物。它使用两把地梳形成密实的底布，使用贾卡梳来形成花纹。这类织物不但可以用于妇女内衣面料，而且可以用于高档泳衣面料。以图 5-3-25 所示的织物样品为例，该织物生产的具体工艺参数如下：

图 5-3-25

1）原料规格及用量

JB1：44 dtex/f12，涤纶长丝，有光，三叶形截面，51.1%；

GB2：33 dtex/f10，锦纶 6，长丝，半消光，33.7%；

GB3：44 dtex 氨纶(Lycra259B)，40%，15.2%。

2）组织、穿经和送经量

JB1：1-0/2-3//，满穿 A，1 630 mm/腊克

GB2：1-2/1-0//，满穿 B，1 430 mm/腊克

GB3：1-0/1-2//，满穿 C，610 mm/腊克

3）成品规格

纵密：40.2 横列/cm(机上：18.3 横列/cm)，面密度：274 g/m²，横向缩率：44%。

（2）新颖的点纹效应面料

如图 5-3-26 所示，这种织物的"点纹"设计非常新颖，它体现了在传统机器上开发新产品的一个新思路。在该织物中，已经不再具有明显的花纹组织和地组织之分，"地"和"花"两部分都使用分离的贾卡梳形成。地梳使用的弹力衬纬纱仅是为了给予织物功能性，这种设计方法可

以减少地梳的数量,减轻织物的重量并且简化机器的工作。生产出的织物非常轻,非常透明,同时具有优异的弹性性能和引人注目的花纹效应。这种质轻的带点织物在妇女内衣和外衣领域有很好的应用。

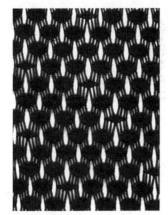

图 5 - 3 - 26

1) 原料规格及用量

JB1.1:33 dtex/f10,锦纶 6.6,长丝,半消光,37.8%;

JB1.2:33 dtex/f10,锦纶 6.6,长丝,半消光,37.8%;

GB4:156 dtex,弹力丝(莱卡 136 C,伸长率 65%),12.2%;

GB5:156 dtex,弹力丝(莱卡 136 C,伸长率 65%),12.2%

2) 组织、穿经和送经量

JB1.1:1 - 0/1 - 2//,满穿,1 040 mm/腊克

JB1.2:1 - 2/1 - 0//,满穿,890 mm/腊克

GB4:1 - 1/0 - 0//,1 穿 1 空,110 mm/腊克

GB5:0 - 0/1 - 1//,1 穿 1 空,110 mm/腊克

3) 成品规格

纵密:65 横列/cm(机上:35.3 横列/cm),面密度:100 g/m²,横向缩率:76%。

第四节　压纱型贾卡经编产品设计

一、压纱型与衬纬型贾卡经编织物的区别

带有压纱板的贾卡经编机,其贾卡导纱针配置在最前面,在针前垫纱后,由压纱板把提花纱压到舌针下面不使其成圈。在编织厚组织时,除纱线两端转向处外,提花纱可以显露在经纱纵行编链柱的上面,使织物具有较强的立体感。

压纱组织与衬纬组织都有一根贯穿三个纵行的纱线,所不同的是衬纬组织中这根纱线被中间纵行的延展线压住;压纱组织中这根纱线却浮在中间纵行的延展线上面,能显示出浮线的花纹效应,和稀薄组织呈现出明显的差异。

衬纬型贾卡经编机在成圈过程中,在地梳栉作针前垫纱之后,舌针尚未闭口之前,提花纱线作针背垫纱,待到舌针继续下降闭口之后,提花纱线随地梳成圈时,在相邻纵行间形成衬纬组织。

压纱型贾卡经编机在针前垫纱之后,舌针尚未闭口之前,主轴180°时,也就是在带纱位置之前,压纱板下压,待到 260°时压到最低位置,把提花纱线压到针舌以下的针杆上,使提花纱线不成圈,而紧密地缠绕在地组织线圈的沉降弧上,浮在中间纵行的延展线上而不被这根延展线压住,从而形成压纱组织。

两种类型织物的成圈过程状态及相应的线圈结构如图 5 - 3 - 27 和图 5 - 3 - 28 所示。图 5 - 3 - 27(1)为衬纬型经编机成圈过程中成圈机件的状态,图 5 - 3 - 27(2)为压纱型经编机成圈过程中成圈机件的状态。与此对应,图 5 - 3 - 28(1)为衬纬型织物的

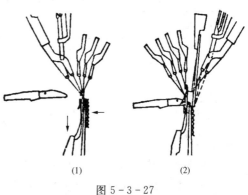

(1)　　　　　　(2)

图 5 - 3 - 27

线圈结构图,图 5-3-28(2)为压纱型织物的线圈结构图。

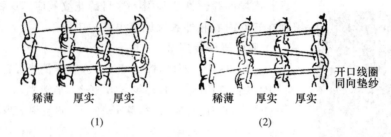

稀薄　厚实　厚实	稀薄　厚实　厚实
(1)	(2)

图 5-3-28

二、编织和提花原理

以 RJPC4F 贾卡经编机为例来介绍压纱型贾卡经编机的编织和提花原理。该机器采用复合针,单针插放,针芯采用半英寸宽的针块;采用组合式贾卡梳栉,即由两个分离的贾卡梳JB1.1和JB1.2组合而成;机器配置一块压纱板和脱圈板,最高机号为 E24。地梳纱线由 EBA 控制,贾卡梳栉的纱线由纱架供给。

该机器的横移机构有两种类型,一种为 NE 型,一种为 NN 型,新生产的机器都配置 NN 型横移机构。N 型花纹机构 12 行程,E 型横移机构采用 2 行程。在 RJPC4F 贾卡经编机上,由于采用了组合式的花盘如图 5-3-29 所示,因此更换花型时不需要重新定做贾卡梳的花盘,只要贾卡梳栉控制杆侧向移动即可。

a. 四针技术配置	b. 三针技术半机号配置	c. 三针和四针技术配置

图 5-3-29

RJPC4F 机器的组合式花盘中,各个花盘的垫纱数码如表 5-3-3 所示。

表 5-3-3　RJPC4F 机各个花盘的垫纱数码

花 盘 号	组　　织	垫 纱 数 码
花盘 1	JFE112	0-2-2-2-8-8/8-4-4-4-0-0//
花盘 2	JFE113	0-2-2-2-6-6/6-4-4-4-0-0//
花盘 3	JFE13	0-2-2-2-4-4/4-2-2-2-0-0//
花盘 4	JFE112	0-2-2-2-8-8/8-4-4-4-0-0//
花盘 5	JFE112	0-0-2-2-2-2/2-2-0-0-0-0//

采用各种贾卡提花技术与所使用花盘的对应关系如表 5-3-4 所示。

由于 RJPC4F 机器的花盘配置具有灵活多变的特点,贾卡梳栉设计成分离式(半机号),两把互相组合可以变成一把满机号的贾卡梳,同时也可以使用半机号配置两把分离的贾卡梳。两个分离的贾卡梳栉分别由两个花盘控制,这样可以有不同的横移组合,扩大了生产可能性。

表 5 - 3 - 4   各种贾卡提花技术与所使用花盘的对应关系

贾 卡 技 术	机 号	JB1.1	JB1.2	RT	备 注
3 针技术	满机号	花盘 3	花盘 3	1	形成"厚、薄、网孔"三个层次。
4 针技术	满机号	花盘 2	花盘 2	1	
3 和 4 针技术	半机号	花盘 2	花盘 3	0	形成毛圈
3 针技术	半机号	花盘 1	花盘 4	2	

1. 传统贾卡提花原理

传统的贾卡工艺是指贾卡梳仅在针背横移时偏移。根据贾卡导纱针作用织针范围的不同可以分为三针技术和四针技术。

（1）三针技术（满机号）

贾卡导纱针被分成两条横移线,两个分离的贾卡梳互补成为满机号。织针和针芯配置成满机号,地梳导纱针满穿。由第 3 个花盘控制两个分离的贾卡梳栉横移,垫纱数码如下:

JB1.1：0 - 2 - 2 - 2 - 4 - 4/4 - 2 - 2 - 2 - 0 - 0//;JB1.2：0 - 2 - 2 - 2 - 4 - 4/4 - 2 - 2 - 2 - 0 - 0//

三针贾卡提花技术的基本原理如图 5 - 3 - 30 所示:

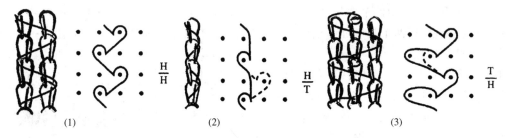

图 5 - 3 - 30

（1）绿色（H/H,0 - 2/4 - 2//）;（2）白色（H/T,2 - 2/4 - 2//）;（3）红色（T/H,0 - 2/6 - 2//）

（2）四针技术（满机号）

同样,贾卡导纱针被分成两条横移线,两个分离的贾卡梳互补成为满机号。织针和针芯配置成满机号,地梳导纱针满穿。由第 2 个花盘控制两个分离的贾卡梳栉横移,垫纱数码如下:

JB1.1：0 - 2 - 2 - 2 - 6 - 6/6 - 4 - 4 - 4 - 0 - 0//

JB1.2：0 - 2 - 2 - 2 - 6 - 6/6 - 4 - 4 - 4 - 0 - 0//

四针贾卡提花技术的基本原理如图 5 - 3 - 31 所示:

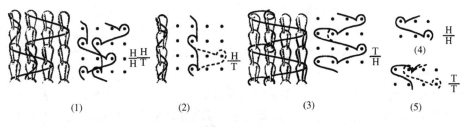

图 5 - 3 - 31

（1）绿色（HH－TH）；（2）白色（H/T）；（3）红色（T/H）；（4）黄色（H/H）；（5）蓝色（T/T）

（3）三针和四针技术

两个分离的贾卡梳栉横移分别由第 2 个花盘和第 3 个花盘控制，地梳 1 穿 1 空，织针和针芯都是满置。垫纱数码如下：

JB1.1：0－2－2－2－6－6/6－4－4－4－0－0//

JB1.2：0－2－2－2－4－4/4－2－2－2－0－0//

3 针和 4 针技术可以形成毛圈效应。

（4）三针技术半机号

贾卡导纱针一个排在另一个的后面，相当于两把贾卡梳，从而获得半机号。地梳 1 穿 1 空，织针和针芯半机号配置。这种贾卡技术用于两种不同原料的场合。

2. 新型贾卡提花原理

以前，贾卡经编机只能生产不同原料、不同颜色、不同结构和不同光泽的花型。现在使用新型的 Piezo 贾卡技术可以扩大贾卡花型的范围，贾卡导纱针不但在针背横移时偏移，还可以在针前横移时偏移。这种新工艺按照垫纱的作用范围来分仍然属于 4 针技术，其基本组织是 0－2/6－4//。采用新的工艺可以形成斜纱和局部的零度衬纬（衬经）或者螺旋效果，这些新的效应给粗犷结构的网眼窗帘市场增加了新的活力。在窗帘设计中，把这些新效应作为花纹的基本组织使用，有着较好的效果。

（1）新型贾卡工艺基本原理

新型的贾卡工艺使用四个信号来控制贾卡梳的偏移，也就是说 Piezo 贾卡系统机器主轴一转需要四个控制信息，两个控制针前垫纱，两个控制针背垫纱。因此新的贾卡工艺中一个颜色点需要 4 个控制信息。

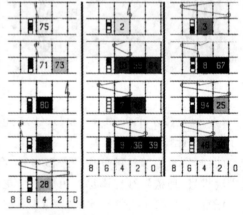

由于每个控制信息都有偏移和不偏移两种状态，因此从理论上讲不同颜色点的总数应该有十六种。图 5－3－32 列举了四针技术新工艺的十一种基本垫纱组合，图中红色（R）■代表贾卡导纱针不产生偏移，白色（L）□代表贾卡导纱针产生偏移。RJPC4F 是压纱型的贾卡经编机，因此当奇数横列控制信息为 LR，偶数横列控制信息为 RL 时，压纱纱线不能被地梳压住而只能以浮线的形式呈现在织物的表面。新型的工艺正是利用了这个特点，使织物能形成结构效果。

图 5－3－32

（2）网孔变化组织的设计

网孔变化组织在传统的贾卡工艺中也能够实现，使用新工艺的网孔组织由于能够连续多个横列在针前和针背都不横移，因此能够形成一种缺垫效应，使网孔更加清晰。

图 5－3－33 中，变化组织 1 使用 9、71、75 三种颜色，生产出的织物结构效果如织物样品 1。变化组织 2 使用 9、71 两种颜色，生产出的结构效果如织物样品 2。

（3）新型网孔变化组织的设计

新型网孔变化组织只能在新工艺中才能实现。由于新工艺能够取消针前垫纱，在奇数横列中用 LR 控制信息，偶数横列中用 RL 控制信息，因此可以形成连续的跨越多个横列的浮线。这种结构使织物表面具有明显的结构层次感，视觉冲击力强。

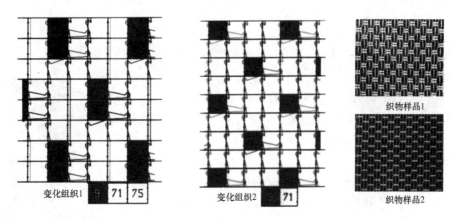

图 5-3-33

图 5-3-34 中,变化组织 3 使用 3、6、71、80 四种颜色,生产出的织物结构效果如织物样品3。变化组织 4 使用 3、6、75、80 四种颜色,生产出的结构效果如织物样品 4。

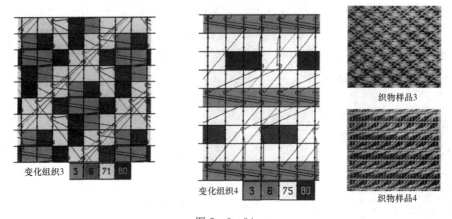

图 5-3-34

(4)密实变化组织的设计

与网孔变化组织一样,密实变化组织在传统的贾卡工艺中也能够实现,但是使用新工艺能够产生的结构效应更丰富。图 5-3-35 中,变化组织 5 使用 9、71、75 三种颜色,生产出的织物结构效果如织物样品 5。变化组织 6 使用 9、10 两种颜色,生产出的织物结构效果如织物样品 6。

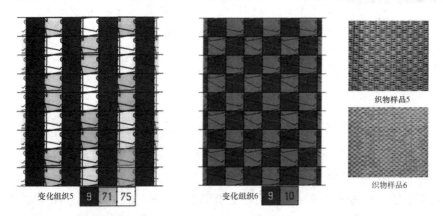

图 5-3-35

三、产品设计实例

1. 网眼窗帘(图 5－3－36)

(1) 原料

A：150 dtex/f48×2，涤纶变形丝，消光；

B：76 dtex/f24，涤纶长丝，消光；

C：50 dtex/f18，涤纶长丝，消光。

(2) 织物

纵密：成品 15.5 横列/cm(机上 15.6 横列/cm)；横密：14.4 纵行/cm；

面密度：72 g/m²；横向缩率：97%；产量：25.2 m/h。

(3) 组织与穿经

JB1.1：0－2－2－2－4－4/4－2－2－2－0－0//，满穿 A

JB1.2：0－2－2－2－4－4/4－2－2－2－0－0//，满穿 A

GB2：0－0－2－2－2－2/2－2－0－0－0－0//，满穿 B

GB3：0－0/4－4/2－2/4－4/0－0/2－2//，满穿 C

GB4：6－6/0－0/2－2/0－0/6－6/4－4//，满穿 C

JB1.1，JB1.2 采用 3 针技术，满机号形成花纹，GB2、GB3、GB4 形成方格底布。

(4) 后整理：水洗，漂白，定型。

图 5－3－36

2. 网眼窗帘(图 5－3－37)

(1) 原料

A：2×167 dtex/144f，涤纶变形丝，有光；

B：76 dtex/f24，涤纶变形丝，有光。

(2) 织物

纵密：成品 15.8 横列/cm(机上 16.5 横列/cm)；横密：7.4 纵行/cm；

面密度：105 g/m²；横向缩率：95%；产量：27.3 m/h。

(3) 组织与穿经

JB1.1：0－2－2－2－4－4/4－2－2－2－0－0//

JB1.2：0－2－2－2－4－4/4－2－2－2－0－0//

GB2：0－0－2－2－2－2/2－2－0－0－0－0//

JB1.1，JB1.2 满穿 A 形成花纹，采用 3 针技术满机号，GB2 满

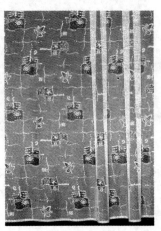

图 5－3－37

穿 B 形成方格底布。

(4) 后整理：水洗，漂白，定型。

第五节　浮纹型贾卡经编产品设计

一、浮纹型贾卡经编织物的特点

浮纹型贾卡经编织物是在纯洁半透明的地组织上形成的三维独立花纹图案，主要产品为网眼窗帘和台布等。这类产品是在浮纹型贾卡经编机上生产的。所谓浮纹型贾卡经编机，是指带

有 Piezo 贾卡梳栉和单纱选择装置(EFS)的贾卡经编机,这类机器又被称为克里拍簇尼克(Cliptronic)经编机。浮纹织物具有以下特点:

(1)地组织与花纹分开形成　很透明的网眼织物加上具有三维立体效应的花纹图案,并且花纹图案是独立的,在地组织上可以放在任意位置。这相当于绣花一样,可以在任意地方绣。这样就可以使用一些特殊的纱线。另外贾卡花纹需要地纱线量大大地减少,从而可以既有效又经济地组织生产。

(2)花纹循环没有限制　当生产花纹图案和地组织时,采用电子贾卡系统,因此花纹循环没有限制。花纹图案的大小和形状以及各种地组织都能自由地设计。

(3)具有独立的立体花纹效应　由于采用新型的 Piezo 贾卡和单纱选择装置,从而能形成这种特殊的花纹效应。不使用贾卡纹板或者电磁铁,每一个贾卡导纱针由脉冲信号控制其向左或者向右偏移。贾卡系统同单纱选择装置配合,从而能实现贾卡导纱梳栉上的纱线有选择地形成花纹图案,并且花纹纱线可以有选择地参加或退出编织。

(4)织物底布具有很高的透明度　形成花纹的纱线只用于生产花纹部分,在花纹与花纹之间这些纱线不用,这样地组织就可以做得很精致,透明度大,并且织物面密度很轻。

另外,可以在此织物上再进行转移印花,这样可以得到特有的蜡笔画的效果和白色花纹图形。

二、编织和提花原理

以 RJWB3/2F 贾卡窗帘经编机为例,在该机上配置了单纱选择装置(EFS)。Piezo 贾卡梳(第 3 把梳栉)是根据机器满机号来设计的,它以衬纬的形式来工作,基本垫纱为二针衬纬(0 - 0/4 - 4//)。分离的第 1 把贾卡梳和单选针机构(EFS)互相并列,半机号配置。并以压纱形式来工作,基本垫纱为 0 - 2/6 - 4//。花纹主要由分离的第 1 把贾卡梳形成,并且富有浮纹效应。如果使用单纱选择装置(EFS)取出形成花纹的纱线,它们将由剪割梳自动剪断,且断纱头由吸风装置吸走。

两把贾卡梳栉和一个单纱选择装置都是由 Piezo 元件作用。单个贾卡导纱针(偏移到左边或者偏移到右边),在成圈过程针背垫纱和针前垫纱中控制导纱针的偏移。使用单纱选择装置就能对钩针进行选择。该机采用了 N 花纹装置,采用花盘凸轮控制梳栉横移,采用 8 行程方式工作,花盘转一转,编织 6 个横列。RJWB 3/2F 贾卡经编机各把梳栉的组织见表5 - 3 - 5所示。

表 5 - 3 - 5　RJWB3/2F 贾卡经编机各把梳栉的组织

梳　　　　栉	组　　　　织	穿　　　　经	说　　　　明
JB1.1	0 - 2/6 - 4//	满穿(半机号)	形 成 浮 纹
GB2	2 - 0/0 - 2//	满穿(满机号)	编 织 编 链
JB3.1	0 - 0/4 - 4//	满穿(半机号)	形成花式底布
JB3.2	0 - 0/4 - 4//	满穿(半机号)	

该机地梳采用经轴供纱,贾卡梳采用纱架供纱,第 2 把贾卡梳用来形成花式底布。贾卡导纱针的送经量变化不大,所以也可采用经轴供纱。在改变花型时,要注意第 2 把贾卡梳送经量的调节。第 2 把和第 3 把梳栉均采用 EBA6 控制,送纱精确可靠,调节方便。

RJWB3/2 贾卡经编机形成花型的颜色如表 5 - 3 - 6 所示。

表 5 - 3 - 6   RJWB3/2 贾卡经编机形成花型的颜色

贾卡梳栉	颜　　色	色　　号	指　　令	组　　织	备　　注
	蓝色	7	TT - TT	2 - 4/8 - 6	图案轮廓右边
	白色	12	TH - HT	2 - 4/6 - 4	没用 WB 效应
	紫红色	6	TH - TT	2 - 2/8 - 6	图案轮廓右下边
	灰色	14	TH - HT	2 - 2/4 - 4	相关的指令
JB1.1	紫色	9	HH - HH	0 - 2/6 - 4	图案轮廓左边
	淡紫色	10	TT - HH	2 - 4/6 - 4	用于单个纵行
	淡蓝色	11	TT - HT	2 - 4/6 - 6	钩针处于上面
	白色(X)				纱线浮起
	褐色	3	HH - TT	0 - 2/8 - 6	WB 图案
	黑紫色	2	TT - HT	0 - 2/6 - 6	钩针由上到下
	红色	1		0 - 0/6 - 6	
JB3	蓝色	8		2 - 2/6 - 6	
	绿色	5		0 - 0/4 - 4	
	白色	12		2 - 2/4 - 4	

三、产品设计实例

1. WB 花纹数据结构

花纹数据结构如图 5 - 3 - 38 所示,第 1 位、第 5 位、第 9 位……,控制钩针,第 2 位、6 位、10 位……,控制第 1 把贾卡梳,第 3 和第 4 位、第 7 和第 8 位、第 11 和第 12 位……,控制第 2 把贾卡梳。这些数据行形成了 4 个数据的数组。每 1 个数组在机器上能控制一个钩针和 1 个针的各自装置。在数据结构方面,长度方向上也是由 4 个数据组成。导纱针能在针背垫纱和针前垫纱时发生偏移。数据行的表示如下:

第 1 位   控制 A 线圈的针背垫纱;

第 2 位   控制 A 线圈的针前垫纱。

第 3 位   控制 B 线圈的针背垫纱;

第 4 位   控制 B 线圈的针前垫纱。

在第 2 位和第 3 位,EFS 单纱选择装置控制钩针工作循环。

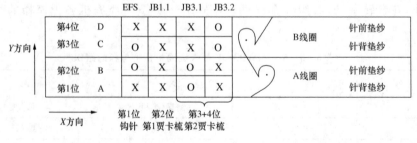

图 5 - 3 - 38

2. 花型设计与花纹数据的制作

从它的贾卡原理可以看出,其设计与普通贾卡经编机是不同的,一般按照下列步骤进行设计:

(1) 在方格纸上画出小样图

在方格纸上画出小样图,JB3 贾卡梳栉作衬纬,有四种提花效应,分别以"绿色、白色、红色

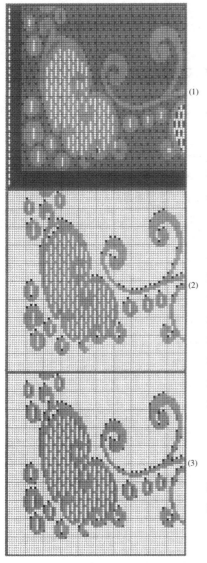

图 5 - 3 - 39

和蓝色"来设计,如图 5 - 3 - 39(1)所示。

　　为了设计第一把贾卡梳栉形成的浮纹效应,使用附加的颜色。花纹图案上的单数纵行或者地组织上的偶数行必须要用新的颜色描绘,在花纹图案的 Y 方向上,应该至少有两个衬纬行。如果距离较小的话,织物上纱线将充满这些地方。在纵行上也能按照编链生产。由于这些纱线较短,不能被机器上的剪割梳和吸风机剪断吸走。当然如果这种是所需要的效果,这么做也可以。几个花纹图案或者是花纹图案部分不应该都是针织浮纹,应该具有几个薄的地组织结构,每一种结构必须用新的颜色来描绘。

　　(2)单纱选择装置控制数据的建立

　　如图 5 - 3 - 39(2)所示,当描绘选择装置(EFS)数据时,在花型图(意匠图上深色区域)上所有不代表针织浮纹效应的颜色都转变成一种颜色。两种主要颜色要保留,第一种就是针织浮纹的颜色,第二种是浮起纱线的颜色。单纱选择装置和第一把分离的贾卡梳栉以半机号工作,两者组合起来成为满机号。这就是为什么针织浮纹总是在偶数纵行用附加的颜色来描绘。接下来在花纹图案 Y 方向的边缘处使用附加的颜色描绘。这一个颜色代表单纱选择装置的工作循环。它将转变成清楚的文本数据格式(Block1)。

　　(3)JB1 贾卡梳栉控制数据的建立

　　如图 5 - 3 - 39(3)所示,JB1 贾卡梳栉的花纹,花纹图案的右和左边缘,在右底部边缘处用附加的颜色描绘,然后把这一颜色图转成文本数据,并暂时保存起来。

　　(4)JB3 贾卡梳栉控制数据的建立

　　根据小样图通过转变程序直接翻译成 JB3 所需要的文本数据 Block3。

　　(5)花纹数据的组合

　　把上述几个控制数据变成 4 个数据的数组,存到软盘上,整个设计过程如图 5 - 3 - 40 所示。

3. 产品示例

1. 网眼窗帘(图 5 - 3 - 41)

(1)原料

A：3×155 dtex/f144,涤纶变形丝,S150,有光;

B：76 dtex/f24,涤纶变形丝,消光;

C：80 dtex/f36,涤纶(Diolen-Linetex)。

(2)组织与穿经

JB1.1：0 - 2/6 - 4//,满穿 A,形成立体花纹

GB2：2 - 0/0 - 2//,满穿 B,编织编链

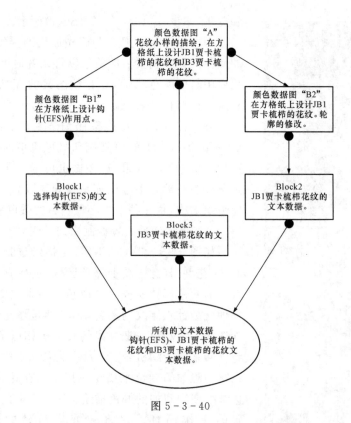

图 5 - 3 - 40

JB3.1：0 - 0/4 - 4//,满穿 C,在 PJS 系统控制下作变化衬纬,形成花式底布

JB3.2：0 - 0/4 - 4//,满穿 C,在 PJS 系统控制下作变化衬纬,形成花式底布

（3）织物

纵密：成品 22.0 横列/cm(机上 18.5 横列/cm);横密：7.4 纵行/cm;面密度：84 g/m²;横向缩率：96%;产量：9.5 m/h。

（4）后整理：水洗,漂白,定型。

2. 妇女内衣面料(图 5 - 3 - 42)

图 5 - 3 - 41

图 5 - 3 - 42

（1）原料

A：2×110 dtex/f51,锦纶变形丝;

B：44 dtex/f13,锦纶 6.6 长丝,半消光;

C：44 dtex/f34，锦纶变形丝，半消光；

D：78 dtex，氨纶。

（2）组织、穿经与送经量

梳　栉	组　　织	穿　经	送　经　量	说　　明
JB1.1	0－2/6－4//	满穿 A		形成立体花纹
GB2	2－0/0－2//	满穿 B	1 010 mm	编织编链
JB3.1	0－0/4－4//	满穿 C	510 mm	形成平面花纹
JB3.2	0－0/4－4//			
GB4	0－0/2－2//	满穿 D	130 mm	编织氨纶

（3）织物

纵密：成品 38.0 横列/cm（机上 19.8 横列/cm）；横密：11.8 纵行/cm；面密度：123 g/m²；横向缩率：79%；产量：4.8 m/h。

（4）后整理：水洗，松弛，定型，染色，定型。

第四章 双针床经编产品设计

双针床经编产品即双面经编产品,其主要特征是经编绒类织物、间隔织物、圆筒形织物、成形织物以及带类等经编产品,被广泛应用于服用类、床上用品、产业用品、医用品等领域。本章主要介绍双针床经编机的常见产品,如绒类织物、间隔物、筒形织物的设计等。

第一节 设计概述

一、双针床经编产品的种类

双针床经编产品可根据不同的经编机型号生产不同的经编织物,也可以在同一种经编设备上生产出多种经编产品。目前按通常的习惯,其产品可分普遍产品、绒类产品和专用产品三个大类。普通产品中包括辛普莱克斯织物、间隔织物、带类织物、筒形织物等,绒类产品有短绒织物和长绒织物(包括玩具绒、天鹅绒、毯、汽车布等),专用产品主要指成形类,如袜子、无缝内衣等经编成形产品。

二、双针床经编产品的设计

1. 双针床经编产品的设计一般遵循的步骤

(1) 确定需设计的产品(包括来样产品);

(2) 确定编织设备;

(3) 选择原料;

(4) 设计花型;

(5) 进行工艺设计;

(6) 试生产及鉴定。

2. 双针床经编产品设计应注意事项

(1) 必须与市场紧密联系。如市场现有什么,需求什么,价格上的承受能力,市场新原料有哪些,它们的前景如何等。对这些关键要素的了解有利于新产品的开发。特别是双针床产品的风格、用途、消费,既发展很快,又易饱和,需要充分关注。

(2) 必须对原料及其性能了解。产品设计时,只有了解了各种原料及其相关性能后,才能正确选择合适的原料及产品特点,如间隔织物中原料的网络度控制、轻网络、重网络的选择;强捻产品与普通产品的区别等,进而制定合适的加工方法及工艺路线,才能保证产品开发成功。

(3) 根据产品用途选用不同机型的双针床经编机,进行不同织物、不同花型及不同工艺设计。

(4) 必须对一些后加工设备的性能了解,如梳毛机应了解不同梳毛针布梳出的毛绒风格,拉毛机应了解不同拉毛针布拉出的毛绒风格,剪毛机应了解长毛绒、短毛绒剪毛刀的区别等。

才能更好地进行前道产品的设计。

第二节　双针床经编产品设计实例

双针床经编产品的织物结构大多在基本组织的基础上加以变化、组合,并由于针床数和梳栉数以及两个针床上垫纱编织的优势,使双针床产品的外观与性能凸现了其独特的"双面"、"立体"、"成形"的特点。下面介绍几例常见的双针床产品设计实例。

一、绒类产品设计

(1) 产品名称:棉双层毯(表层为印花,底层为染色)

成品尺寸:140 cm×200 cm

成品单层面密度:270 g/m²(表层与底层相同)

(2) 机器:RD6DPLM12-3 双针床经编机,机号为 $E16$,两针床间距为 5 mm

(3) 原料:底丝 111 dtex(100D/36f)涤纶丝中间绒面纱 14.6 tex(40ˢ)/2 棉纱

(4) 花型:表层印花、底层染色

(5) 工艺设计:① 工艺流程:原料—整经—织造—剖幅—漂白—定型—印花—蒸化—平洗—梳毛—剪毛—定型。

② 整经工艺:　GB1　344 根×3 只
　　　　　　　GB2　344 根×3 只
　　　　　　　GB3　172 根×3 只
　　　　　　　GB4　172 根×3 只
　　　　　　　GB5　344 根×3 只
　　　　　　　GB6　344 根×3 只

③ 织造工艺:总针数 1 032 枚,机上针幅 163.4 cm,上机密度 8.3 圈/cm,穿纱 GB1、GB2、GB5、GB6 满穿,GB3、GB4 一穿一空。

链块排列 GB1:3-3-3-3,0-0-0-0//,GB2:0-1-1-1//,L_3:0-1-0-1//,GB4:0-1-0-1//,GB5:0-0-0-1//,GB6:3-3-0-0,0-0-3-3//。

④ 印花前定型:温度 190℃,时间 50~60 s,出布总门幅 144 cm(印花网版为 140 cm)。

⑤ 蒸化:温度 105℃,时间 7 min,蒸汽压力 0.05~0.08 MPa。

⑥ 梳毛:梳毛力度要大,绒面才会丰满,且膨松有弹性,呈直立状。

⑦ 剪毛:剪毛剪得越少越好,并注意印花后的花型颜色不受剪毛影响。

⑧ 底层工艺流程只要把表层工艺流程中印花、蒸化改成染色即可,其余工艺参数同表层。

注意,上述产品表层与底层相加成双层毯后,产品的成品面密度为 540 g/m²。

二、间隔织物(也称三明治织物)设计

普通双针床毛绒织物是在编织后经剖幅成两片织物,再进行后处理加工的,而间隔织物则是不经剖幅直接进行后处理。所以在应用于鞋类、服装、胸罩、汽车装饰物、箱包等织物时,对其原料及组织的设计与选择上应考虑有较好的弹性、透气性和吸水性。现举例如下:

(1) 产品名称:网孔间隔织物

成品门幅:150 cm,成品面密度 300 g/m²。

（2）机器：RD6DPLM12-3，机号 $E22$，针床间距 4.5 mm。

（3）原料：底丝 33.3 dtex(30D)/1f 涤纶单丝

中间绒纱 167 dtex(150D)/144f 涤纶低弹网络丝

（4）花型设计：织物两面均为经平绒地组织，中间绒纱的垫纱运动如图 5-4-1 所示。图中仅为绒纱在织物一面针床上的运动情况。

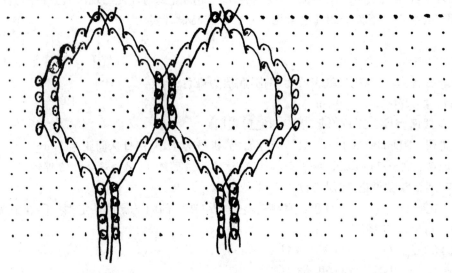

图 5-4-1

（5）工艺设计

① 工艺流程　原料—整经—织造—后整理。

② 整经工艺　GB1、GB2、GB5、GB6 均为 500 根×3 只，GB3、GB4 因为 2 穿 6 空，故均为 125 根×3 只。

③ 织造　机型 RD6DPLM12-3，机号 $E22$，上机密度 13.98 圈/cm，总针数 500×3＝1 500 枚，梳栉数 6 把。链块排列 GB1：1-0-1-1/1-2-1-1//，GB2：2-3-2-2/1-0-1-1//，GB3：1-0-1-0/1-0-1-0/1-0-1-0/1-0-1-0/1-2-1-2/2-3-2-3/3-4-3-4/4-5-4-5/4-5-4-5/4-5-4-5/4-5-4-5/4-3-4-3/3-2-3-2/2-1-2-1//，GB4：4-5-4-5/4-5-4-5/4-5-4-5/4-5-4-5/4-3-4-3/3-2-3-2/2-1-2-1/1-0-1-0/1-0-1-0/1-0-1-0/1-0-1-0/1-2-1-2/2-3-2-3/5-4-3-4//，GB5：2-2-1-0/1-1-2-3//，GB6：1-1-1-2/1-1-1-0//。

④ 后整理　可根据产品用途进行不同的整理，如作汽车装饰面料的可以进行水洗—热定型—染色—阻燃、柔软、抗静电处理—热定型的后整理。若用作弹性床垫的间隔织物，其设计成一面为涤纶网孔底布，中间涤纶单丝，另一面为棉底布，则还可以对棉的一面进行练漂染色等后整理。

三、色织汽车装饰面料

目前，对汽车装饰面料的要求趋向品质、美观与高档化发展，因而，采用电子送经，7 把梳栉的 RD7DPLM12-3 编织的彩色毛绒织物是理想的汽车装饰面料。其花纹形成的原理是：采用三把毛绒梳栉组合垫纱，并采用不同穿纱、不同颜色、不同性能及不同线密度的纱形成。

（1）产品名称：色织汽车装饰布

成品门幅 150 cm,成品面密度 360 g/m²

（2）机器：RD7DPLM12 - 3,EBC(电子送经),两针床间距 4.5 mm,机号为 E22。

（3）原料：底丝 a 111 dtex(100D)/36f 涤纶半消光全牵伸丝

　　　　　绒纱 b 167 dtex(150D)/36f 黑色涤纶低弹丝

　　　　　c 167 dtex(150D)/36f 白色涤纶低弹丝

　　　　　d 333.3 dtex(300D)/72f 有色(染色)A 涤纶低弹网络丝

　　　　　e 333.3 dtex(300D)/72f 有色(染色)B 涤纶低弹网络丝

　　　如要 A、B 处再形成彩条,可用多种色纱,如 A₁、A₂…、B₁、B₂…等。

（4）花型设计：黑白复合加 A、B 色彩条纹,如图 5 - 4 - 2 所示,组织一般采用编链、缺垫、衬纬。

图 5 - 4 - 2

（5）工艺设计

① 工艺流程　原料—整经—织造—剖幅—抓毛、剪毛—定型(阻燃、柔软、抗静电)—打卷。

② 整经　注意黑白复合颜色的经纱整经时可有多种方式,如整经时把黑白两纱并在一起,也可先把两种色纱并筒后再上整经机整经,还可并筒后加捻等,采用不同方法对织物风格均有差异。

GB1 466 根×3 只,GB2 466 根×3 只,GB3 170 根×3 只,GB4 296 根×3 只,GB5 170 根×3 只,GB6 466 根×3 只,GB7 466 根×3 只

③ 织造：上机密度 9.56 c/cm,总针数 1 398,7 把梳栉,链块排列 GB1：5 - 5 - 5 - 5,0 - 0 - 0 - 0//,GB2：0 - 1 - 1 - 1,1 - 0 - 0 - 0//,GB3：(0 - 1 - 0 - 1,1 - 0 - 1 - 0)×18,(0 - 0 - 0 - 0)×36//,GB4：(0 - 1 - 0 - 1,1 - 0 - 1 - 0)×36//,GB5：(0 - 0 - 0 - 0)×36,(0 - 1 - 0 - 1,1 - 0 - 1 - 0)×18//,GB6：0 - 0 - 0 - 1,1 - 1 - 1 - 0//,GB7：0 - 0 - 5 - 5,5 - 5 - 0 - 0//。

毛坯布面密度 900 g/m²,剪毛损耗约 20%,故成品面密度为 900×(1%～20%)÷2＝360 g/m²。

④ 后整理：该织物后整理的重点在抓毛、剪毛工艺,因为由较长的缺垫引起的张力变化集中在后针床坯布上,故后针床坯布在彩条变换处的毛绒会稍短,故抓毛力度要适当,以免产生破洞。并应在长毛绒剪毛机上剪毛较好。该织物也可采用涂层、上胶、海绵复合、PVC 复合等多种功能后处理。

四、筒形织物设计

筒形织物的编织是双针床经编产品的特色之一。其设计应是按织物用途(性质)选用不同机型,并作出不同花型与工艺的设计。如包装袋常在 HDR10EHW 或 RDS11 型双针床经编机上生产,圆筒成型产品多在 HDR14EEC 型及 HDR20EEC 型等双针床经编机上生产。

筒形织物的设计特点是：

1. 筒径大小可按需要变化,并可同时进行数个筒径相同或不相同织物的编织。

2. 在组织设计时,应分筒身和筒缘两部分,筒身是筒状织物的主体,用前后针床单独编织,需 2 把(也可 2 把以上)梳栉分别完成,前后针床织物成二片,中间没有连接。筒缘则是连接两针床织物边缘的组织,至少需用 1 把梳栉在两边缘处各垫一根纱完成。若需要边缘与筒身组织相同时,则至少需 2 把(或 4 把)梳栉才可完成。当边缘连接处组织与筒身组织一样时,称为无缝圆筒织物。

现举例如下：

（一）包装袋织物

现以袋形直织直开口方式的圆筒形织物为例，编织时，先以确定的横列数编织袋底、袋身，并在两边联上，最后织分离线，然后剪开成袋口。其主要工艺为：

1. 机型 HDR4EEW 双针床经编机，机号 E18，原料 110 dtex 锦纶丝，机宽 203 cm（可同时织 4 个），每个口袋针数 350 针，上机纵密度 50 横列/10 cm。

2. 链块及穿纱排列：

例一

GB1：$0-2-2-2,2-0-0-0//$，349 针内满穿，前针床上编织。

GB2：$0-2-2-0$，在 350 针的两边各有一针穿 1 根，前后针床连接。

GB3：$4-4-4-0,6-6-6-4//$，349 针内满穿，后针床上编织。

例二

GB1：$2-0-2-2,2-4-2-2//$，349 针内满穿，前针床上编织。

GB2：$2-0-2-0,2-2-2-2//$，只穿左侧 1 根，前后针床边缘连接。

GB3：$0-0-0-0,0-0-0-2//$，只穿右侧 1 根，前后针床边缘连接。

GB4：$2-2-2-0,2-2-2-4//$，349 针内满穿，后针床上编织。

上述二种均可形成要求的筒形织物。

（二）弹性绷带织物

共采用 6 梳编织。其原料及梳栉垫纱与穿纱工艺如下：

GB1：$2-4-4-4,4-2-2-2,2-0-2-2,2-2-2-2//$ | | | | | | | | | | | | | | · 氨纶弹力丝

GB2：$0-2-2-2,2-0-0-0,0-2-2-2,2-0-0-2//$ · | | | | | | | | | | | | | · 棉纱

GB3：$0-2-2-2,2-0-0-0,0-0-0-2,0-0-0-0//$ | · · · · · · · · · · · · · · 氨纶弹力丝

GB4：$2-2-2-0,0-0-0-2,2-0-2-2,2-2-2-2//$ · · · · · · · · · · · · · · · 氨纶弹力丝

GB5：$2-2-2-0,0-0-0-2,2-2-2-0,0-0-0-2//$ · | | | | | | | | | | | | | · 棉纱

GB6：$2-2-2-0,0-0-0-2,2-2-2-4,2-2-2-2//$ · | | | | | | | | | | | | | 氨纶弹力丝

上述工艺中，GB1、GB2 和 GB5、GB6 分别编织前、后针床底组织（绷带带身），且 GB2 和 GB5 使用棉纱显露在底组织外表面（绷带外表面），使吸湿透气性好；而 GB1 和 GB6 则采用编链与变化经平复合，原料为氨纶弹力丝，使绷带满足横向弹性要求。GB3 和 GB4 连接前后两块织物边缘进行"缝合"，也采用氨纶弹力丝，使边缘弹性与绷带面一致，且设计的组织能保证整个圆筒组织结构一致。

圆筒状织物按上述类似工艺，还可编织弹力无跟女袜等，若在有成形装置如 HDR14EEC 型双针床经编机上，则可编织如连裤袜、三角裤、手套、无缝内衣等成形产品。

第五章 双轴向和多轴向经编产品设计

第一节 设计概述

一、经编定向结构的概念

定向结构经编织物是由带有纬纱衬入系统的经编机生产的一类独特的经编织物,典型的定向经编织物如图5-5-1所示,(1)单轴向织物,(2)双轴向织物,(3)多轴向织物。

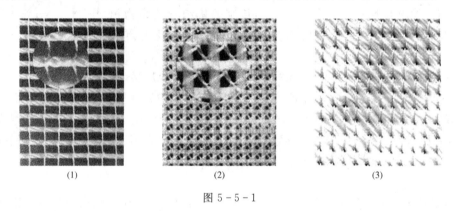

(1)   (2)   (3)

图 5-5-1

这类织物的一个主要特点是,在织物的纵向和横向以及斜向都可以衬入纱线,并且这些纱线能够按照使用要求平行伸直地衬在所需的方向上。因此这类结构称为定向结构(Directionally Orientated Structure,简称 D. O. S)。纵向衬入纱线称为衬经纱,横向衬入纱线称为衬纬纱,与衬经成一定角度衬入纱线称为斜向衬纱。这些衬纱的使用,改善了经编针织物的性能,扩大了经编织物的使用范围。

通过选择适当的机号和设计一定的组织和穿纱规律,定向经编织物可以形成致密结构、网眼结构、半网眼结构和格栅结构等。定向经编织物还可以同时与非织造布、泡沫材料、胶片和纤维网等织在一起,形成复合经编织物。

与传统的机织结构不同,定向经编结构中的衬纱按一定方向平行伸直,织物中的纤维处于无卷曲状态,因此该类织物亦称作无卷曲织物,简称 NCF 织物。衬纱的这种平行伸直排列,赋予了定向织物许多优良的力学性能。与其它纺织增强结构相比,定向经编增强结构可以提供更优良的物理机械性能,并能够根据使用负载要求进行结构最优设计调整和高效处理,是目前最理想的纺织增强结构之一,在结构稳定性、力学性能和经济性能上,都具有无可比拟的优势。

二、经编定向结构的分类和性能特点

按纱线的衬入方向,定向经编结构可以分为单轴向经编织物、双轴向经编织物和多轴向经

编织物几大类。

其中,单轴向经编织物是在织物的横向或纵向衬入纱线的经编结构,是典型的各向异性材料,具有良好的尺寸稳定性,布面平整,沿衬纱方向具有良好的拉伸强度,沿垂直衬纱方向具有良好的卷取性。单轴向经编织物的性能特点和产品设计在衬纬经编织物中已有介绍,本章重点介绍双轴向经编织物和多轴向经编织物的产品设计方法。

(一)经编双轴向织物的结构性能特点

双轴向经编织物是在织物的横向和纵向同时衬入纱线,因此,双轴向经编织物具有三个系统的纱线,即地纱、衬经纱和衬纬纱。衬经纱和衬纬纱之间没有交织,平行伸直地形成两个纱片层并相互垂直排列,再由第三系统的纱线(即编织纱)绑缚在一起,形成一个稳定的整体结构,如图 5-5-2所示。

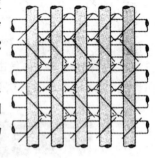

图 5-5-2

双轴向经编结构具有生产率高,原料适应性广,织物强度利用系数高,模量高,织物特性可设计等特点。与传统的机织骨架织物相比,经编双轴向织物具有更优良的物理机械性能及更广泛的市场应用。

首先,双轴向经编结构中,衬经和衬纬平行伸直铺成纱片层,每根衬纱都呈伸直状态,只有捆绑处的纤维存在微量屈曲。织物在受外力拉伸时,平行伸直的增强纱线同时承受载荷,能迅速响应应力的变化。因此定向经编结构的纤维潜能利用率几乎能达到 100%,而机织物中纱线的屈曲会导致纤维强度的损失达到 20%。强度是产业用增强材料最基本的要求之一,经编双轴向织物中纱线的定向配置减少了纱线/织物的变形,也有利于提高其模量。

此外,双轴向经编织物中的纱线配置并不在同一平面内,纱线在结构中具有一定的可移动性,织物在受到撕裂时,不像经纬交织的机织物那样纱线依次断裂,而是当沿某一方向拉伸时,

图 5-5-3

另一方向的纱线不会受剪切而破坏,并在捆绑纱的作用下受力处的几根纱线聚集在一起(聚束效应),形成防止裂口增大的"格栅",如图 5-5-3所示。并且随着裂口的增大,这种防护作用也增大,因此使织物具有良好的抗撕裂性能,即使出现小裂口,其扩大也会越来越难。将双轴向经编结构与纤维网织在一起,可以进一步提高织物的撕裂强度和抗撕裂蔓延性,防止纱线滑移,提高织物的尺寸稳定性。由于纤维网价格低廉,因此不会太多地提高织物的成本。

而且,采用双轴向经编结构具有良好的力学性能,可以充分利用纱线强度,减少每厘米内的纱线根数,从而可以减轻织物的重量。从经济角度来讲,可以降低成本。

另外,因为双轴向经编结构的衬纱只是衬在地组织中而不参与编织,因此可以衬入对弯曲应力极为敏感的玻璃纤维及碳纤维,扩大了原料的使用范围。经编工艺特有的高速及设计灵活性使经编双轴向织物组织和性能都能被灵活的设计和实现。

近年来双轴向经编结构越来越引起人们的极大兴趣,尤其是在涂层织物和纺织复合材料领域,有着广阔的应用前景。

（二）多轴向经编织物的结构和性能特点

经编多轴向衬纱织物定义为：一种由经编针织系统固定在一起的基布，由一层或多层平行伸直的纱线层组成，每层纱线可以排列在不同的方向。每层纱线的密度可以不同，并可以与纤维网、胶片、泡沫材料或其它材料结合在一起，共同形成三维网络整体结构，简称 MWK 织物。

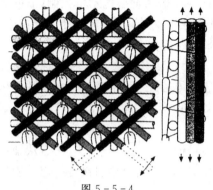

图 5 - 5 - 4

与经编双轴向织物类似，多轴向经编织物是一种多层织物，如图 5 - 5 - 4 所示，它包含四个衬纱系统（分别为衬经纱、衬纬纱和两组斜向衬纱）和一个绑缚系统。四组衬纱平行伸直排列形成四个纱线层，由编织线圈绑缚在一起，图中地纱组织为编链组织。四组衬纱的衬入次序和方向为：$0°/90°/+45°/-45°$。

多轴向经编织物中各个纱层的取向方向根据产品的要求决定。生产方向定义为 $0°$，根据 ISO/DIS 1268 - 1 国际标准规定，使用正负方向角来定义纱层取向的方向（$90°$为最大角）。纱层的方向介于 $0°$和 $90°$之间的，用该纱层的方向与 $0°$之间的夹角并加上"$+$"或"$-$"来表示。根据这个定义，描述纱层结构时只能有一种标准的统一描述。描述参数包括结构中纱层的次序和纱层取向的方向（如$+45°/-45°$）。

除了具有双轴向经编织物所具有的力学性能优点，多轴向经编织物的特点在于整体性能好，设计灵活，拉伸性能和抗撕裂性能好，特别是沿厚度方向纱线的增强，大大提高了层间性能，克服了传统层合板层间性能差的弱点。织物面内任意方向上的拉伸强度和拉伸模量，可通过衬纱的强度和衬入方向进行计算。织物可以按需要设计成面内拉伸各向同性或各向异性。当斜向衬纱角度为$±45°$时，织物可以近似认为是面内拉伸各向同性。

同时，在多轴向经编织物中，各个系统的纱线不相互交织，而是彼此紧挨着直接排放在一起，被另一体系的纱线束缚在一起，织物的适型性得到很大的提高，使多轴向经编织物预型件可以与许多复杂几何面相吻合，把纤维机械性能最大程度地传递到材料结构上；多轴向经编织物的适型性还可以使预型件在铺层和固化过程中保持良好的形状。

此外，在多轴向经编织物中由于引入了两组对角线纱线，使得织物的剪切变形受到抑制，因此，多轴向经编织物具有良好的剪切性能。而其它的双轴向经编织物和机织物在斜向外力或平行剪切力的作用下是不稳定的。

与传统机织和铺层工艺相比，经编多轴向织物生产效率高，工艺简单，机械化程度高，而且还具有工艺灵活，原料适应面广的优点。

三、经编定向结构的编织设备及原理

编织双轴向经编织物的经编机通常为卡尔迈耶公司生产的 RS2（3）MSU 型、RS2（3）MSUS 型、RS2（3）MSUS - V 型、RS2（3）EMS 型经编机。RS2（3）MSUS - V 型经编机是采用了新型的 MSUS 衬纬方式的多头衬纬拉舍尔经编机，带有 2（或 3）把梳栉，V 表示可以衬入非织造布或纤维网。它是一种新型的生产单轴向和双轴向织物的拉舍尔经编机，衬纬装置由伺服电动机控制，最后一个"S"表示带有伺服电动机。与过去的 MSU 型经编机相比，它能够保证高机速下衬纬装置的最佳传动速度和运动序列（连续不断地送出纬纱），保证玻璃纤维衬入时几乎不受损伤。工作幅宽通常是 4 470 mm（176 英寸）和 5 410 mm（213 英寸），纬纱衬入宽度最大可降低 2 286 mm(90 英寸)。机号可以是 $E6$、$E8$、$E12$、$E14$、$E16$ 和 $E18$。RS2(3)EMS 型经编机是以 EMS 衬纬方式的多头衬纬拉舍尔经编机,带有 2(或 3)把梳栉。

编织纱使用落地式经轴架,它可以放置两个经轴,经轴边盘直径是 812 mm(32 英寸)。两个电子控制的 EBA 送经系统,保证经轴上的经纱可以准确地喂入到成圈机件上。衬经纱根据机号和选用纱线的类型,借助于一个 ESR 传送单元喂入。衬纬纱由铺纬器连续从机器侧面的独立衬纬纱架上引出,衬纬纱由纬纱架上的筒子直接供纬。铺纬器由伺服电动机控制,能够同时引出 24 根衬纬。这种筒子供纱、同时引纬的方式能够减少衬纬纱在织造过程中的强度损失。目前存在两种不同的衬纬机构,即 MSUS 衬纬机构和 EMS 衬纬机构。

采用 MSUS 衬纬机构的机器两边各有一个传送链条,上面安装有挂钩。24 根衬纬纱由铺纬器同时从衬纬纱架上依此平行伸直地铺到机器上,并钩挂在传送链条上的挂钩上。钩挂在传动链条上的纱线随传动链条一起向编织区运动,同时铺纬器往回运动,再将纱线钩挂到另一侧的挂钩上。

而 EMS 衬纬机构下,衬纬纱从衬纬纱架上引出后被传送链条上的夹子夹住,然后从铺纬器上剪下,再由传送链条输送到编织区。衬纬纱输送到编织区后,由编织纱固接在一起。固接好后,再由剪刀将其从传送链条上剪下,卷绕在卷布辊上。

MSUS 与 EMS 两种衬纬机构原理的不同在于,MSUS 方式在衬入衬纬时,后一片衬纬与前一片衬纬之间是连续的,而 EMS 方式在衬纬被传送到链条上的夹子夹住后,便从铺纬器上剪下,这样比 MSUS 少浪费 60% 的衬纬。

同时还可以织入非织造布或纤维网。非织造布或纤维网分两道喂入,采用电子布边控制,也可以使用一道连续的非织造布或纤维网。

纬纱的穿纱方式根据产品结构的需要来确定,可以采用不同穿纱方式来生产不同结构的织物,调节很方便。铺纬器同时能够携带 24 根衬纬纱,因此可以安排多种穿纱方式。

对于多轴向经编织物,目前成熟的编织生产技术有两种,一种是德国卡尔迈耶公司研制开发的 RS2DS 系列经编机;另一种是德国 LIBA 公司的 Copcentra Multi-axial 系列经编机,两者原理不同,各有特点。

卡尔迈耶公司的机器采用一边编织,一边衬入纱线的方法以经编地组织(编链或经平)束缚固定衬垫纱线,可以衬入四层纱线($0°$,$90°$,$\pm\theta$);而 LIBA 公司的设备采用先铺设衬垫纱线,再编织成圈束缚铺层纱的方法进行织造,如图 5-5-5 所示。很明显,由于这种方法的编织工艺更加高效灵活,因此逐渐成为市场的主流工艺类型。

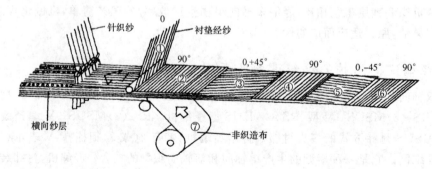

图 5-5-5 多轴向经编织物编织原理示意图(LIBA 公司设备)

LIBA 公司的 Copcentra Multi-axial 系列经编机既可以采用编链和经平等普通地组织,也可以采用重经组织等其它经编组织进行成圈连接,衬垫纱线可以达到 6~8 层。而且,在编织过程中,LIBA 公司的设备还可衬入非织造纤维网,提高其各向受力均匀性和抗破坏的稳定性。

四、经编双轴向和多轴向产品的应用

经编双轴向和多轴向结构,由于其优良的力学和经济性能,已开始在产业用纺织品领域得到广泛应用。在我国,已大量应用于航空航天、汽车造船、风力发电、土工格栅、灯箱布和大型招贴画等各产业领域。

(一) 经编土工格栅

土工格栅是目前国内一种新型的土工建筑材料,它具有拉伸强度高(大于 100 kN/m^2,延伸率小于 1.5%)、尺寸稳定性好、耐腐蚀、抗老化(设计使用寿命 120 年,地下)、适用温度范围宽(−50~120℃)等特性,已广泛用于险坡防护、松软地基处理、加筋土挡墙工程及一些高承载力的结构中,是建筑行业中具有划时代意义的新型材料。经编土工格栅则是 20 世纪 90 年代发展起来的格栅产品。垂直排列的衬经纱和衬纬纱由成圈长丝固定联结,再经 PVC 或改性沥青浸轧处理,成一定规格的格栅制品。经编土工格栅通常由 RS3MSUS 或 RS3MSU(V)−N 型经编机生产,机号一般为 E6、E12,根据格栅的规格设计安排穿纱。经编土工格栅的编织纱通常使用普通涤纶或高强涤纶,细度与常规纱线差不多。而衬纱的线密度却非常大,线密度通常为 1100 dtex。在加强土体时用高强涤纶或高强丙纶。对于路面防止沥青裂缝时,则考虑到铺设面已经平整,可用玻璃纤维束格栅(经编线仍用高强涤纶)。这种由玻璃纤维无碱粗纱为原料编织而成的格栅具有耐高温、抗拉强度及弹性模量高、抗腐蚀性能好、低横向收缩率等特性,广泛适用于沥青路面的加筋和旧路发生裂缝时的修复,抵抗基层裂缝引起的沥青路面反射裂缝的发生,延长道路使用寿命;增强沥青路面,减轻车轮的压痕,阻止反射裂缝的扩展,提高耐疲劳性;在路面结构质量保证的前提下可以相对减薄路面结构厚度,降低建设成本。

(二) 大型灯箱布、广告牌和招贴画

自 20 世纪 80 年代末广告灯箱进入我国以后,得到很大的发展。使用柔性灯箱布作灯箱,其注意度可比其它灯箱高出 50% 以上,可使商店顾客的上门率上升 25%。

灯箱布材料要求具有良好的撕裂强度和剥离强度,以防止某些原因造成的孔洞向四周扩展和涂层与基布之间会产生的局部分离现象;还要求具有一定的抗蠕变性、抗重复疲劳性、耐磨损性和耐弯曲挠折性等以及良好的透光率、防水、阻燃、防霉性和耐气候性(日晒、风吹、雨打等),适应剧烈的气候变化。以经编双轴向织物为底布的灯箱采用高强涤纶丝为骨架的衬经衬纬纱,织物表面呈方形网孔,用 PVC 涂层。这种灯箱既可以从前面照明,也可以从后面照明,耐久性好,光亮显目,应用日趋广泛。

这种经编双轴向网格织物,尺寸稳定性非常好,纵向和横向伸长统一,能够吸收高的载荷,具有高的初始撕裂强力和抗撕裂蔓延性。织物宽约 5m,经 PVC 涂层,然后单个喷墨印刷。根据产品的最终用途,这种织物的结构可以是半网眼结构或是致密结构。半网眼结构很适合用于多风的地方,如高速公路旁、海边,这样风可以自由地通过广告牌,而不会使广告牌像风帆那样波涛起伏。

(三) 新型顶篷材料

双轴向涂层经编织物用作建筑物的屋顶,具有隔热、防雨、重量轻、施工简便、成本较低的优

点。目前世界上已出现一批由涂层织物作为屋顶的大型建筑物,如体育馆、飞机场候机厅、博览会展厅等。

(四) 防弹、消防和防热辐射织物

防弹衣是现代战争中士兵和防暴警察不可缺少的防护服,单兵防弹装备经历了由金属防护板向非金属合成材料的过渡,又由单纯合成材料(如锦纶、凯夫拉等)向合成材料与金属装甲板、陶瓷片等复合式防弹系统发展的过程。目前,用于防弹织物的合成纤维主要有芳纶、高强聚乙烯纤维及玻璃纤维等,而带有绑缚系统纱线的双轴向经编织物和多轴向结构已经用于这一领域,并体现出了明显的优势。

双轴向经编织物涂上一层铝箔后还可用作消防人员的防火服。使用的纱线为芳纶。用这种材料制成消防服,重量可以大大降低,每件消防服能降低约 5 kg。制成的消防服不仅非常轻,而且其柔顺性比一般的织物高 3 至 5 倍。所有纱线都是用阻燃耐热纤维,织物具有良好的重量/耐热比。

双轴向或多轴向结构还可用于遮光和防热辐射。织物涂层后的反射指标在 49% 左右。这个控制热传递的传递指标大大地减少了入射光的强度和热辐射(5%)。

(五) 航空航天工业

多轴向和双轴向经编织物在产业用领域具有很大潜力,使用日趋广泛,尤其是用作复合材料的增强骨架。航天航空工业是重要的应用领域。例如,为了将技术资料传输回地球,在卫星上要安装大型发射天线。德国 MBB 公司利用这种经编织物作为天线的反射面,整个天线就像一把巨型折叠伞,可以收拢和展开。

在飞机上使用以多轴向经编织物为骨架的复合材料,可以大大减轻机身的重量,增加飞机的使用寿命,而且能够防火、耐腐蚀以及抗化学药品。最重要的是,构件的强度可以根据要求进行精确的设计。与以前使用的金属材料相比较,使用这种纤维复合材料能使机身重量减轻约 20%。另外,使用这种纤维复合材料还可以将具有不同形状的构件组合在一起,预制成有限的外形复杂的组合构件,而不需要先加工出许多单个构件然后再进行大量的组装。

(六) 汽车和造船工业

多轴向经编织物也广泛用于游艇、舰艇建造。用于游艇建造的经编织物以玻璃纤维、芳纶、碳纤维、高强聚酯纤维或它们的混纺纤维为原料。在织物生产过程中可同时喂入非织造织物或玻璃纤维絮片。目前,在高速赛艇中,经编织物已完全取代了传统的机织物。用双轴向或多轴向经编织物替代机织物,可使抗剥离性能提高 204%,重量减少 5%~25%,还具有减少树脂用量、缩短浸渍时间等优点。

高速火车的壳体现在也开始采用多轴向经编复合材料制作。挪威就已经用多轴向经编织物缠绕复合而成了这样的车厢。

(七) 风力发电方面的应用

双轴向和多轴向经编织物因为具有优良的机械性能和很轻的重量而非常适用于风力发电机的叶片,近年来多轴向经编织物的发展也得益于风力发电机的发展。中国和巴西这些国家幅员辽阔,地理位置优越,有大的草原和很长的海岸线,开发和利用风能的潜能很大。这也使多轴

向经编织物在这一领域的应用变得更加重要。

（八）体育用品等其它应用

纤维复合材料在体育部门的使用已日趋广泛，尤其是在生产高档体育用品方面。由高性能纤维织成的多轴向织物可以用来生成滑雪板、冲浪板、滑道和帆布等体育用品和设施。

由平面网孔经编织物模压而成的三向织物，在织物的上下两面覆盖复合材料板材后，还可制成重量极轻的夹芯板材，在飞机、船舶方面有着广泛的用途。

第二节　双轴向和多轴向经编产品的设计实例

一、双轴向和多轴向经编产品的设计特点

定向结构经编织物的主要特点是，在织物的纵向和横向以及斜向都可以灵活衬入纱线，并且这些纱线能够按照使用要求平行伸直地衬在所需的方向上。所以，双轴向和多轴向经编织物的产品设计方法与传统的经编产品设计有很大的不同，传统的经编产品设计主要是基于美观功能要求的款式、花型和工艺参数设计；而双轴向和多轴向经编织物产品的设计则主要是基于材料的力学性能要求进行原料选择和工艺设计。一般来说，双轴向和多轴向经编织物产品的组织结构、花型效果、穿纱方式和原料品种的选择变化范围都比传统经编针织产品简单很多，产品设计的重点在于根据力学性能设计要求进行衬纱铺层结构的设计，包括铺层纱线的原料、铺层方向、排布顺序和铺层密度等，按照产品要求在所需的方向上实现所需的力学性能。

二、双轴向和多轴向经编产品的结构设计

通常，双轴向和多轴向经编产品的编织纱线密度远远小于衬垫纱，其原料的选择要求与普通经编针织产品也基本一致，采用的原料为常规化纤材料，如涤纶低弹丝等。双轴向和多轴向经编产品的地组织结构设计也相对简单，除了对捆绑效果有特殊要求时，可以考虑重经等复杂组织，通常采用的是简单的经平、编链组织，满穿编织。当然，通过选择适当的机号和设计一定的组织和穿纱规律，双轴向和多轴向经编织物可以形成致密结构、网眼结构、半网眼结构和格栅结构，甚至还可以同时与非织造布、泡沫材料、胶片和纤维网等织在一起，形成复合经编织物。

双轴向和多轴向经编产品的设计步骤与传统针织产品类似，也是主要包括机型选择、原料选择、组织结构和工艺参数的确定、织物规格和后整理工艺选择等。除了普通经编针织产品设计所需的编织原料、组织结构和穿纱方式等的选择外，双轴向和多轴向经编产品的设计主要考虑的使衬垫纱的铺层增强效果是否能够达到产品性能要求，因此，对于衬垫纱的原料选择和铺层结构设计更加重视。与编织纱相比，双轴向和多轴向经编产品衬垫纱的线密度通常要大得多，选择范围一般在 80～2 200 tex，最大可达 2 500 tex。而且衬垫纱的原料范围很广，选择十分灵活，除了常规的纺织化纤原料外，各种高性能纤维，如芳纶、碳纤维和玻璃纤维，甚至金属纤维等都可以根据设计要求加以选用，铺层的密度和方式也可以根据情况进行灵活的设计变化。

三、双轴向和多轴向经编产品设计实例

（一）高强涤纶经编双轴向土工格栅的设计实例（图 5 - 5 - 6）

1. 机器型号及性能参数

本产品选用的机型为卡尔迈耶公司的 RS3 MSU -(V)- N 型拉舍尔经编机,该机型是目前常用的生产双轴向经编织物的机型之一。其具体的性能参数如下:

型号:RS3 MSU -(V)-N;机号:E12;最大幅宽:2 670 mm(105 英寸);

梳栉数:3;机速:700 r/min;产量:成品 59.1 m/h(机上 60.0 m/h)。

图 5 - 5 - 6

（1）原料的选择

根据土工格栅的受力设计要求,通常选择高强涤纶或玻璃纤维作为衬纱原料,而普通低弹涤纶丝作为编织纱原料。本产品中衬垫纱和编织纱都选择了涤纶为原料进行设计。各梳栉所需的原料用量及其参数如下:

地梳(GB1)原料 A:9.1%,140 dtex/f48,涤纶 710;

衬经纱(GB2)原料 B:2.4%,140 dtex/f48,涤纶 710;

衬经纱(GB3)原料 C:57.9%,3 300 dtex/f600,涤纶;

衬纬纱原料 MSU:30.6%,3 300 dtex/f600,涤纶;

（2）组织结构和工艺参数

目前土工格栅产品的规格比较统一,因此组织结构的设计变化很少,通常采用如下所示组织结构设计,根据具体要求,穿经方式和送经量可以灵活变化:

GB1:1 - 0/0 - 1//,4A,5*,2 680 mm/腊克;(* 表示空穿)

GB2:0 - 0/2 - 2//,2*,3B,4*,940 mm/腊克;

GB3:0 - 0/1 - 1//,1*,4C,4*,720 mm/腊克;

MSU:2D,10*。

可以看出,土工格栅产品的编织工艺相对简单,各梳栉分别进行简单的编链和部分衬纬编织,与组织结构复杂的普通经编针织产品相比,生产效率较高。

（3）织物规格

根据土工格栅的产品设计要求和工艺设计,经过试织和测试,确定该产品的具体织物规格如下:

纵密:7.1 横列/cm(机上 7 横列/cm);横密:12 纵行/cm;面密度:344.6 g/m²;横向缩率:100%。

（4）后整理工艺

经编土工格栅必须经过相应的涂层后整理才能在土工过程中实际应用,目前常用的涂层工艺根据选用的涂层剂不同分为 PVC 树脂整理涂层和改性沥青涂层两种。通常情况下,由于涤纶纤维与 PVC 良好的界面结合性能,高强涤纶土工格栅多采用 PVC 浸渍涂层;而玻璃纤维格栅多采用改性沥青涂层,具体涂层工艺参数根据具体产品要求不同而各有不同。本实例中的产品同样采用 PVC 树脂浸渍涂层工艺进行后整理。

（二）经编双轴向灯箱布

以经编双轴向织物为底布的灯箱采用高强涤纶丝为衬经衬纬纱,织物表面呈方形网孔,用 PVC 涂层。这种灯箱耐久性好,光亮显目,应用日趋广泛。

下面介绍一种高强涤纶经编双轴向灯箱布的设计实例。

1. 机器型号及性能参数

本产品选用的机型为卡尔迈耶公司的 RS3 MSU－N 型拉舍尔经编机,该机型是目前常用的生产双轴向经编织物的机型之一。其具体的性能参数如下:

型号:RS3 MSU－N;机号:$E18$;梳栉数:3(2);机速:900 r/min;产量:154 m/h。

2. 原料的选择

根据灯箱布设计要求,通常选择高强涤纶作为衬纱原料,普通低弹涤纶丝作为编织纱原料。本产品中各梳栉所需的原料用量及其参数如下:

地梳(GB1)原料 A:9.5%,76 dtex/f24,高强涤纶;

衬经纱(GB2)原料 B:40.0%,1 100 dtex/f200,高强涤纶;

衬纬纱原料 MSU:38.5%,1 100 dtex/f200,高强涤纶。

3. 组织结构和工艺参数

目前经编双轴向灯箱布产品结构比较简单,通常采用如下所示组织结构设计,根据具体要求,穿经方式和送经量可以灵活变化:

GB1:2－0/0－2//,1A,1*,4 850 mm/腊克;

GB2:0－0/2－2//,1B,1*,1 410 mm/腊克;

MSU:满穿。

4. 织物规格

根据灯箱布产品设计要求和工艺设计,经过试织和测试,确定该产品的具体织物规格如下:

纵密:3.5 横列/cm(机上 7 横列/cm);面密度:坯布 400 g/m²;横向缩率:100%。

5. 后整理工艺

灯箱布产品作为一种柔性复合材料,必须经过相应的涂层后整理才能应用,目前常用的涂层工艺是 PVC 树脂功能整理涂层工艺。本实例中的产品同样采用 PVC 树脂浸渍涂层工艺进行后整理。

(三)多轴向层压复合材料增强基布

多轴向经编织物在产业用领域具有很大潜力,使用日趋广泛,尤其是用作复合材料的增强骨架材料,优势十分明显。下面介绍一种多轴向层压复合材料增强基布的产品设计实例,产品如图 5－5－7 所示。

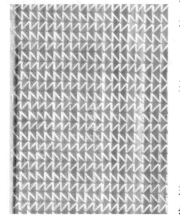

图 5－5－7

1. 机器型号选择及性能参数

本产品选用的机型为利巴公司的 Copcentra Multi-axial 系列多轴向经编机,其具体的性能参数如下:

型号:Copcentra Multi-axial;机号:$E9$;梳栉数:2;

机速:600 r/min;工作幅宽:1 270 mm(50 英寸)。

2. 原料的选择

根据层压复合材料的设计要求,通常选择芳纶、碳纤维、玻璃纤维等高性能纤维作为衬纱原料,普通低弹涤纶丝作为编织纱原料。本产品中各梳栉所需的原料参数如下:

地组织原料 A:140 dtex 涤纶 710;

经纱原料 B:9 000 dtex 无碱玻璃纤维无捻粗纱;

纬纱和斜向纱原料 C:6 000 dtex/无碱玻璃纤维无捻粗纱。

3. 组织结构和工艺参数

经编多轴向层压复合材料基布的结构要求比较简单,要求尽可能达到各向同性,因此通常采用均匀的四方向均匀铺层和编链经平底组织进行捆绑,本例中采用的是经平地组织,具体工艺参数如下:

地组织:经平;铺层结构顺序:0°/45°/90°/−45°。

4. 织物规格

根据产品设计要求和工艺设计,经过试织和测试,确定该产品的具体织物规格如下:

线圈长度:2.5 mm;幅宽:1270 mm。

面密度:829 g/m²(其中:0°纱线为 354 g/m²;45°纱线为 150 g/m²;90°纱线为 150 g/m²;−45°纱线为 150 g/m²;编织纱为 25 g/m²)。

5. 后整理工艺

经编多轴向层压复合材料基布必须经过树脂成型才能加工成复合材料产品。本实例中的产品采用热固型环氧树脂真空辅助树脂转移模塑成型工艺进行进一步的成型加工。

(四)双轴向和多轴向经编产品的设计注意事项

双轴向和多轴向经编织物的产品设计要求与传统的经编产品有很大的不同,在进行设计时,必须注意以下事项,以与传统的经编产品设计加以区别:

1. 产品特点和设计要求与传统的经编产品不同

双轴向和多轴向经编织物的特点主要在于织物的纵向和横向以及斜向都可以灵活衬入纱线,并且这些纱线能够按照使用要求平行伸直地衬在所需要的方向上。这也就决定了其产品设计是基于材料的力学性能要求进行的原料选择和工艺设计。在进行设计时,所有设计工作都是围绕如何满足产品在所需方向上要求的力学性能这一中心来展开的。

2. 双轴向和多轴向经编织物应重视染整设计

由于双轴向和多轴向经编产品主要用作产业用材料,通常产品必须经过相应的后整理才能实现其功能,因此在双轴向和多轴向经编产品的设计中,对产品的后整理加工往往更加重视。整理工艺的效果在很大程度上决定了产品的设计和使用效果。不管是织物的涂层整理还是树脂成型工艺,都是产品设计中非常关键的环节,而且与织物的结构设计相互影响,成为一个密不可分的整体。

因此在进行设计时,必须从整体的功能设计角度出发,重点进行产品的铺层(如铺层方向、排布顺序和铺层密度等)、原料选择、结构设计和整理工艺设计才能得到良好的设计效果。

第六章 特种用途经编产品的设计

第一节 钩编产品的设计

一、钩编机的特点和分类

钩编机是经编机中的一种特殊机种,是拉舍尔经编机的变型。与普通经编机相比,其编织部件的配置不同,有独特的纬纱衬入装置。钩编机的成圈机件与一般经编机基本相同,但又有特点。钩编机上使用的梳栉有地梳栉和花梳栉两种。地梳即经纱梳栉,编织地组织,其导纱针形状基本上与经编机相同。花梳栉一般作衬纬运动。以衬纬形式起花或作地组织的衬纬,将编链连接成片状织物。为了便于引入各种花色纱线,特别是粗糙毛茸的纱线,花梳栉常采用管状导纱针。

钩编机类型较多,根据幅宽的大小钩编机可分为两大类:第一类是幅宽在 1 600 mm 以内的窄幅钩编机,常用机号为 $E10\sim E20$,采用一个或两个导纱梳栉,6～10 个垫纬纱的管状导纱器编织,一般用来编织各种带类和缨边类产品。第二类是幅宽在 2 000 mm 以上的宽幅钩编机,高机号宽幅机除了少数编织带类产品外还可以编织服装面料;而粗机号宽幅机(机号在 $E10$ 以下)大部分用来编织床罩、窗帘、台布及其它装饰织物。

钩编机的纱线输送方式大多采用筒子架供纱。当编织整幅织物时采用经轴供纱,经、纬纱都用消极送纱方式,依靠筒子架上的张力装置调节纱线张力。弹性丝的喂入通过积极输送罗拉,以便获得均匀一致的线速度,从而使产品的弹性均匀。

钩编机牵拉机构与一般经编机相同,由变换齿轮调节织物纵密,条带经输送罗拉进入两侧的成品箱内,阔幅织物则采用卷取形式。

钩编机的编织用针有舌针和钩针两种。舌针与经编机所用舌针无甚区别,但钩针结构特殊,一般称自闭钩针,或偏钩针。钩编机的起花方法除利用纬纱梳栉作小花纹衬纬花纹外,尚有电子提花钩编机可作单针选针,花纹组织可以是衬纬或绣花组织。因此,按照所使用的织针类型分类,钩编机可分为偏钩针型钩编机和舌针型钩编机两大类;而按照机器的起花方法,钩编机又可以分为普通型钩编机和电子提花钩编机两类。普通偏钩针型钩编机主要包括COMEZ806/800、COMEZ MPR/3100 等机型,舌针型钩编机主要包括 M138/1200、Decotex JME、GE701 - 800×6 和 COMEZ MJB/3C 等机型。

二、钩编产品的特点和应用

钩编机可使用的原料较广泛,经纱在编织过程中要经受较大的张力,必须使用强度较高的化纤,如涤纶、锦纶等。钩编产品的纬纱可以用任何种类的纱线,几乎不受限制,如各种天然纤维纱线、化纤长丝和短纤纱线等。还可以用各种特殊的花式纱线,如起毛线、双色线、结子线、金属线、松绒线以及粗纺线等。编织弹性带时,衬纬弹性丝还可采用扁平乳胶丝、橡胶丝或氨纶丝。

与普通经编织物相比，钩编产品具有独特的风格，其决定织物外观的是纬纱，而成圈的经纱尽量不显现，由于钩编产品的纬纱几乎可以使用任何种类的纱线，因此特别适合于设计开发各类复杂的装饰效果，钩编产品独特的外观风格决定了它在装饰用纺织品领域特有的优势。

目前，我国的钩编机主要用来开发各种花纹复杂的装饰织物产品，根据幅宽的大小，钩编产品可分为窄幅和宽幅两大类：窄幅钩编产品主要包括松紧带、花边带、流苏带等各种装饰带类产品和缨边类产品。根据所编带子的宽度，机器门幅内同时可织数条窄幅产品。宽幅产品主要包括床罩、窗帘、台布及其它装饰织物，还包括一些外衣面料等特殊风格的服装面料产品。

可以看出，随着人们生活品质的提高和对个性化产品的追求，钩编产品必将以其独特的风格和设计灵活性而日益获得人们的青睐。

三、钩编产品设计方法和实例

钩编产品的设计方法和步骤与其它经编产品类似，设计内容包括：机型选择、原料的选择、组织和花型设计、上机工艺设计等。织针的针数、衬纬梳花链块的排列以及起始时衬纬导纱管的位置等工艺参数均编制在上机工艺卡中。

同时，钩编产品的特点决定了原料选择，尤其是纬纱原料花色品种的选择，在其产品设计中起着非常重要的作用，往往在很大程度上直接决定了产品的外观与风格。

下面以目前市场上较有代表性的钩编装饰沙发巾、网眼带和外衣面料 3 个产品为例，具体说明钩编产品的设计方法。

（一）钩编装饰沙发巾产品的设计

钩编装饰织物——沙发巾系列产品是在 COMEZ 公司的 MJB/3C－3100 型钩编机上编织而成的，是一种宽幅钩边装饰面料产品，其产品具有凹凸分明、立体感强、有毛型感、丰满、不变形等特点，是目前市场上比较有代表性的一类产品。其产品设计的基本思路是：采用先染后织的方法，设计成经向为编链组织，纬向是全幅衬纬组成的 1 空 1 网眼底组织和部分衬纬组成花型的编链衬纬提花网眼组织结构。

产品的工艺流程设计如下：

原料进厂──络筒──织造──裁剪──初检──包缝──平缝──成品检验。

根据产品的工艺设计要求设计工艺参数，选择 MJB/3C－3100 型钩编机作为生产机型，其主要技术指标参数如下：

机号：$E10$；机器转速：$120\sim130$ r/min；

工作幅宽：3 100 mm；提花方式：纹版式双针提花；

在经纱和纬纱原料的选材上，根据产品的使用要求和设计效果，分别选择了 14.6 tex/3 涤纶作为经纱；22.4 tex 腈纶色纱作为纬纱进行编织。

MJB/3C－3100 型钩编机采用纹版式双针提花，首先确定制作纹版的工艺参数，重复长度 L，重复号 H，穿孔号 B 和起始位置 A。经过设计，制出转角配套和三人配套纹版，并且直接设计出开剪线，减少了工艺流程。

织物的机上编织密度直接影响花型的清晰、产品质量和原材料消耗，经过调试最后确定的机上密度为 4.75 针/cm，密度齿轮采用 A17 和 B29。凸轮编号为地纬：17 414；提花：1 741。

采用上述编织工艺，织物下机后即成形，花型比例协调，且产品下机后规格尺寸稳定、准确，经试验,得出该织物的纵向收缩率为9%,横向收缩率为5.5%。

(二) 钩编网眼带产品的设计

钩编网眼带产品是一种在窄幅钩编织带机上编制的一种典型窄幅装饰带产品,这种条带下机后,一般不需要进行后整理就可以直接使用。目前经常采用机号 $E15$(15 针/25.4 mm)的钩编织带机进行生产,如常州环球针织机械厂生产的 GE701、台湾志昌公司的 TCHLB-2000、意大利 COMEZ 公司的 806 机型等。

本例中的产品设计思路为:利用经纱底梳编织编链组织,衬纬花梳进行衬纬而形成织物;利用花梳空穿和编织多种衬纬、缺垫组织,可形成所需的网眼带;而采用橡筋在织物边进行多种形式垫纱,使橡筋受力不同,形成网眼花边松紧带。

本产品选择的机型为台湾志昌公司的 TCHLB-2000 型钩编机,其具体技术特征参数如下:

机型:TCHLB-2000;机号:$E15$;梳栉数:地梳 1 把;衬纬梳 6 把;

机速:300 r/min;幅宽:2 000 mm;供纱形式:落地纱架;

横移机构:花板轮和投纬杆;最大衬纬量:11 针。

根据网眼花边松紧带产品的要求,本例中选择的编织原料为 33.3 tex 涤纶低弹丝(已染成黑色)和 40×1 板丝灰色橡筋带。

具体的上机编织工艺设计包括对纱、垫纱运动、链块排列和密度调节齿轮设定分别如下:

对纱:如图 5-6-1 所示。

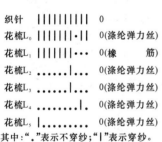

织针　|||||||||| 0
花梳L₀ |||||||·|| 0(涤纶弹力丝)
花梳L₁ |||||||··· 0(橡　　筋)
花梳L₂ ······|··· 0(涤纶弹力丝)
花梳L₃ ·····|··· 0(涤纶弹力丝)
花梳L₄ ·······|· 0(涤纶弹力丝)
花梳L₅ |········· 0(涤纶弹力丝)
其中:"."表示不穿纱;"|"表示穿纱。

图 5-6-1

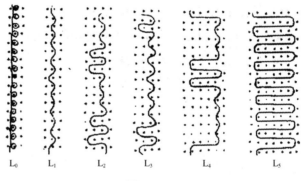

图 5-6-2

垫纱运动:如图 5-6-2 所示。

链块排列(由投纬杆控制):

花梳 L₁　(2-1)×8

花梳 L₂　(1-3)×2/(1-2)×2/(1-3)×2/(1-2)×2

花梳 L₃　(3-1)×2/(2-1)×5/3-1

花梳 L₄　5-1/(2-1)×3/(5-1)×2/(2-1)×2

花梳 L₅　(6-1)×8

密度调节齿轮:A307,B15T

按照以上工艺设计的钩编网眼花边松紧带产品,将穿橡筋的花梳在窄形条带一边作单针衬纬和缺垫,利用橡筋受力不同而形成带网眼的花边,花型新颖美观,适用于三角裤裤脚边和胸罩边等服用装饰产品。

（三）钩编外衣面料产品的设计

通常情况下，采用高机号宽幅钩编机可以设计编织某些风格特殊的外衣服装面料，这类产品在市场上并不多见，但对钩编机的产品设计具有较强的代表性，这里介绍一种在西班牙露意丝公司的 Decotex 244 钩编机上设计生产的用于春夏季女装的玉米花纹面料。

Decotex 244 钩编机的机号为 $E10$，工作幅宽 2 400 mm，水平配置的舌针作前后运动。有一把位于织针前方呈水平配置的地梳，靠主轴箱中的凸轮和连杆传动实现上下摆动，靠机器右侧凸轮控制地梳导纱针在针上方（针前）右移一个针距，在针下方（针背）左移一个针距，即作闭口编链垫纱运动。有 6 把装有导纱管的衬纬梳，导纬管配置在织针上方两枚针的中间位置。Decotex 244 钩编机的具体设备技术特征如下：

机型：Decotex 244；机号：$E10$；梳栉数：地梳 1 把；衬纬梳 6 把；机速：200 r/min；幅宽：2 400 mm；横移机构：花板链块

供纱方式：落地纱架；最大衬纬量：13 针（放大后可达 26 针）

根据产品的设计要求，本例中选择的编织原料为 33.3 tex 涤纶低弹丝（已染色）和 19.7×3 tex 人棉纱（已染色）。

具体的上机编织工艺设计包括对纱、垫纱运动图。分别如下所示：

原料和对纱：如图 5-6-3 所示

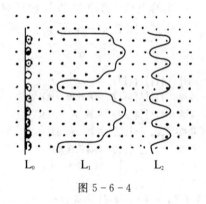

织针　　　 |..|..|..|..

地梳L_0　 |..|..|..|..　　33.3 tex 涤纶低弹丝

花梳L_1　 |..+..|..|..　　19.7×3 tex 人棉纱（|为6根，+为3根）

花梳L_2　 |..|..|..|..　　33.3 tex 涤纶低弹丝

其中：".."表示不穿纱；"|"表示穿纱。

图 5-6-3　　　　　　　　　　　　　　　　　　　图 5-6-4

垫纱运动：如图 5-6-4 所示

按照以上工艺设计的用于春夏季女装的玉米花纹面料产品，成品织物幅宽为 1 100 mm，面密度 150 g/m^2，纵密 6 横列/cm。该产品利用 L_2 梳涤纶低弹丝的衬纬与地流编链形成底布，靠 L_1 梳较粗的多根人棉纱形成凸起的玉米花似的花纹，若涤纶丝与人棉纱染成不同的颜色，则图案的立体感更强。织物光泽好，手感柔软，非常适合于制作春夏季女装。

第二节　缝编产品的设计

一、缝编的编织原理和产品应用

缝编工艺的主要原理是用经编线圈结构对纺织材料（如纤维网、纱线层等）或非纺织材料（如泡沫塑料、塑料薄膜等）或它们的组合进行缝制而织成织物，或在机织布等底基材料上加入经编线圈结构，使其产生毛圈效应，制成底布型毛圈织物。

缝编织物在外观和织物特性上接近传统的机织物或针织物。用途亦很广泛,有家用(包括服装)和产业用两大类。作服装家用的产品有:衬衫、童装、外衣、衬绒、浴衣、人造毛皮、长毛绒玩具、窗帘、台布、贴墙布、毛圈地毯、毛毯、棉毯、床罩等。作产业用的产品有人造革底布、高强度传送带、过滤材料、绝缘材料等。

缝编工艺过程简单、工序少、产量高、成本低,其突出优点是可以充分利用各种原料。一般不能用来纺纱的纤维及不能用于机织或针织的纱线均可用作缝编工艺的原料,做到物尽其用。

缝编机的机号一般较低,随着对缝编织物质量的要求提高和用途的扩大,机号亦逐步提高,纤网型和纱线层缝编机的机号常用的为 $E4$、$E18$ 和 $E22$,以便达到较高的经、纬向强度。在毛圈型缝编机中,机号提高有一定限制,因为若织针过密,由于织针穿刺底布,会引起底布强度的急剧下降,而使缝编织物的经、纬向强度下降。毛圈型缝编常用机号为 $E8$、$E10$、$E12$ 和 $E14$。

缝编机采用的梳栉数大多是单梳栉,双梳的采用主要是为了增加缝编织物的花色效果。

缝编工艺类型很多,可分为纤网型缝编、纱线层缝编、毛圈型缝编 3 大类。

纤网型缝编是将具有一定厚度的纤维网喂入缝编区域,通过成圈机件的作用将缝编纱穿过纤维网形成线圈结构对其加固而形成织物。另有一种不用缝编纱,由织针直接从纤维网中钩取纤维束形成线圈结构来加固纤维网而形成织物。这类缝编织物主要用作保暖材料、衬里织物及过滤、绝缘材料等,使用机号为 $E10$ 以下。当机号为 $E4 \sim E18$ 时,也可用于生产童装、窗帘、台布等装饰织物。由于织物中纱线只占很小部分,而且纤维网大多为低档纤维,因此原料成本与加工成本均较低。

纤网型缝编机主要包括马利瓦特(Maliwatt)型缝编机、马利伏里斯(Malivilises)型缝编机、库尼特(Kunit)型缝编机和马提尼特(Multiknit)型缝编机等机型。

纱线层缝编工艺与纤网型相似,其不同处在于喂入缝编区的纤维网由纱线层取代,其主要机型为马利莫(Malimo)型缝编机。纱线层可由纬纱层组成,亦可由经、纬纱层组成。纬纱层从机器左右两侧的纬纱架引出,由铺纬器进行横向往复铺叠,形成纬纱层,再由左右两排纬纱钩带着送入缝编区域。经纱片由机后的经轴或纱架上引出,从缝编机上方喂入缝编区域。

马利莫型系列缝编机主要生产多功能性织物和各种高效率、耐磨性好的织物,可编织工业用布(高强度传送带、帘子布、过滤布、绝缘材料、人造革底布、篷布),服用织物(服装面料、裙料、裤料、童装料),装饰织物(帷帘、贴墙布、家具布)以及家用织物(擦碟盘粗毛巾、床单、抹布、抛光布)等。马利莫型缝编机使用原料广泛,可采用各种天然纤维、再生纤维和化学纤维所形成的短纤纱、加捻纱、长丝及混纺纱,特别适宜使用化纤长丝,尤其是变形丝和锦纶丝。

纱线层缝编一般生产较细密的织物。通常采用的机号比纤网型高些。常用 $E14$、$E18$、$E22$ 机号。这类缝编织物外观与机织物类似,具有较高的经、纬向强度,撕裂强度、顶破强度也较高,故特别适用于工业上的橡胶层底基材料。用尼龙纱线层缝编织物做帘子布所制成的高强度传送带具有良好的使用效果。

马利莫型缝编机还可以使用附加的织物网、金属片、织物,CSM 作为底布、中间层和上层,形成所谓的三明治结构。其双轴向纱线可以部分或整体地停止喂入,形成不同的密度,衬纬可以与横向一致或与纵向一致(马利莫型的典型特征)。还可以使用不同机号的 $1 \sim 2$ 把梳栉,如果采用两梳编织纱线层缝编织物,第一把梳栉(相当于经编机上的前梳)的缝编纱与纱线层形成底布,第二把梳栉进行局部衬纬,适当控制其张力,可形成类似毛圈型缝编织物,可作地毯、壁毯等用途。

毛圈型缝编是用底布代替纤维网或纱线层送入缝编区,头端呈尖形的槽针穿刺到底布中,导纱针将毛圈纱垫入织针针钩中,再经过成圈机件的相互配合作用,毛圈纱在底布上形成经编组织,其延展线部段高耸、挺立,形成毛圈状。毛圈纱可卷绕成经轴形式或直接以筒子纱安放在筒子架上引出。毛圈型缝编织物也可经拉毛工序将毛圈拉成绒面,供作童装、衬里等保暖材料之用。

另有一种毛圈型缝编新工艺可形成人造毛皮类织物,它不采用毛圈纱,而直接将纤维网在底布上形成毛圈。由梳毛机道夫上剥下的纤维网直接经过输送帘子喂入缝编区域,再由织针的针钩钩取纤维网中的纤维而编织成圈。该工艺可免去纺纱及整经工序,不需要筒子架,占地面积小,生产成本低。由纤网-底布形成的毛圈缝编织物经过后整理加工,可制成人造毛皮。外观上与毛条喂入式针织人造毛皮没有什么区别。由于毛圈直接由纤网形成,毛皮的蓬松度好,具有极佳的保暖性。且由于有底布,制成的人造毛皮,其尺寸稳定性良好,不需要在织物反面用粘合剂进行涂层,手感也较毛条喂入式为佳。

毛圈型缝编机主要包括利洛波尔(Liropol)型缝编机、斯尤波尔(Superpol)型缝编机和舒斯波尔(Schusspol)型缝编机等。下面以斯尤波尔(Superpol)型缝编机为例进行介绍。

斯尤波尔型(Superpol)14123缝编机的产品主要应用于毛巾、毛巾布围巾、法兰绒服装、浴衣、休闲服、运动服、运动休闲服和鞋子面料等,一般采用棉作地组织、毛圈纱和衬纬纱原料。

二、缝编产品的设计方法和设计实例

缝编工艺过程简单、工序少、产量高、成本低,近年来在应用领域不断得到推广,缝编织物在外观和织物特性上接近传统的机织物或针织物,其产品的设计思路和方法也与普通的经编产品设计类似,设计内容包括:机型选择、原料的选择、组织和花型设计、上机工艺设计等。

下面以较有代表性的纤网型马利瓦特非织造缝编结构产品和毛圈型缝编结构产品为例,具体说明缝编产品的设计方法。

(一) 纤网型马利瓦特非织造缝编结构产品设计实例

马利瓦特缝编产品主要用于柔软的床上装饰用品、露营椅子、毯子、包装用面料、家庭用服装面料、地毯、衬里织物;鞋子衬里布及装饰布、粘性带、扣件、卫生用织物、室内装潢织物、绝缘材料、涂层底布、土工布、过滤织物、碾压织物、合成织物以及由阻燃或易燃材料做成的绝缘织物等。本例中的产品就是用作阻燃织物的涂层底布。

1. 机器型号选择及性能参数

本产品选用的机型为目前国内已引进的卡尔迈耶公司的RS3MSUS型马利瓦特缝编机,其具体的性能参数如下:

型号:RS3MSUS;机号:$E14$;梳栉数:3(2);

机速:1 200 r/min;工作幅宽:4 470 mm (176英寸);花盘数:2。

2. 原料的选择

根据产品设计要求,选择常规涤纶丝作为编织纱原料。本产品中各梳栉所需的原料用量及性能参数如下:

地梳(GB1)原料A:11.7%,76 dtex/f24,涤纶丝;

花梳(GB2)原料B:49.3%,1 100 dtex/f200,高强涤纶丝;

衬纬原料C:46.0%,1 100 dtex/f200,高强涤纶丝。

3. 组织结构和工艺参数

缝编基布的地组织结构通常比较简单,本例中采用的是经平地组织,纤维网以经纬纱衬纬组织喂入,具体工艺参数如下:

经平(GB1)地组织:1-0/1-2//;满穿 A,送经量 3 212 mm;

花梳(GB2)组织:1-1/0-0//,满穿 B,送经量 800 mm;

全幅衬纬组织:满穿 C。

4. 织物规格

根据产品设计要求和工艺设计,经过试织和测试,确定该产品的具体织物规格如下:

纵密:5.6 横列/cm;幅宽:4 470 mm;面密度:150 g/m²。

5. 后整理工艺

缝编产品通常需要进行功能性后整理才能应用,本实例中的产品采用的是常规功能性PVC 涂层整理工艺(阻燃涂层)。

(二)毛圈型缝编结构产品设计实例

斯尤波尔型缝编毛圈织物主要应用于毛巾、毛巾布围巾、法兰绒服装、浴衣、休闲服、运动服、运动休闲服和鞋子面料等。一般选择棉用作地组织、毛圈纱和衬纬纱,运动服和休闲服方面,更多的毛圈织物用棉或棉与人造纤维混纺来生产。

斯尤波尔型缝编毛圈织物每横列都产生毛圈,在单位面积上几乎有双倍的毛圈,单位时间的产量起码是标准平纹特里科型机器的两倍。在机前和机后送经中,使用不同高度的毛圈沉降片,可以形成精确的不同高度的毛圈线圈。部分衬纬的稳定地组织确保织物的保型性,即使后整理之后也能够保持,不像标准的平纹特里科型机器,由于在地组织上植入毛圈纱而使织物歪斜。

在斯尤波尔型经编机上进行花型设计时,应该注意:使用未染色的纱线材料时应考虑编织后的染色方法;使用染色纱线材料时,可以应用斯尤波尔自身技术的优点,结合其它方式在织物的前面或后面产生条纹花型效果,可以结合自由毛圈的纵向、横向、边缘条纹花型。自由毛圈纵向条纹的产生是在毛圈纱系统进行相应纱线的穿纱,自由毛圈的横向条纹和边缘条纹的产生是在 EBC 系统进行相应的穿纱和送经;花型效应也可以在毛圈区域产生,使用凸轮在前面和后面毛圈中产生特殊的垫纱。

这里列举一种常规毛巾织物产品的设计实例来说明毛圈形缝编产品的设计方法。

1. 机器型号选择及性能参数

本产品选用的机型为目前国内已引进的斯尤波尔(Superpol)型缝编机,其具体的性能参数如下:

型号:Superpol;机号:E12;梳栉数:4;

机速:800 r/min;花盘数:4;产量:96 m/h。

2. 原料的选择

根据产品设计要求,选择常规涤纶丝作为地纱原料,棉纱作为毛圈纱原料。本产品中各梳栉所需的原料用量及性能参数如下:

毛圈梳(GB1)原料 A:38.5%,14.7 tex 棉纱;

纬纱梳(GB2)原料 B:15%,29.4 tex 棉纱;

毛圈梳(GB3)原料 A:38.5%,14.7 tex 棉纱;

地梳(GB4)原料 C:8%,200 dtex 涤纶丝。

3. 组织结构和工艺参数

本例中毛巾织物的地组织结构比较简单,采用的是编链衬纬地组织,具体工艺参数如下:

毛圈组织(GB1):2－2/0－0//;满穿 A,送经量 5 540 mm/腊克;毛圈高度 5 mm;

衬纬组织(GB2):0－0/4－4//;满穿 B,送经量 4 410 mm/腊克;

毛圈组织(GB3):2－2/0－0//;满穿 A,送经量 5 540 mm/腊克;毛圈高度 5 mm;

编链地组织(GB4):1－0//;满穿 C,送经量 3 420 mm/腊克。

4. 织物规格

根据产品设计要求和工艺设计,经过试织和测试,确定该产品的具体织物规格如下:

纵密:6.5 横列/cm(机上:5 横列/cm);面密度:580 g/m²;缩率:96%。

5. 后整理工艺

毛巾产品通常需要进行剪毛等后整理,本实例中的产品采用的是常规剪毛整理工艺,主要流程包括剪毛、染色、柔软处理、转筒缩绒和定形。

第三节　管编产品的设计

一、管编产品的特点和应用

管编又称无针编织,是国外出现不久的新颖的编织技术,意大利曾在 20 世纪 70 年代末进行研究,于 80 年代先后推出几种型号的无针编织机。管编工艺的工作原理属经编范畴,是依靠管状导纱机件相互配合将线圈串套而形成经编针织物,其成圈过程由于不依靠传统的织针和沉降片等其它机件而显出新颖和独特,且成圈机件和机器结构较为简单,安装和维修方便,产品结构有一定特点。

管编产品的经纱从针管内穿入,可以克服钩针的弊病,在一定程度上降低了织造过程中对纱线线密度、条干等的要求,甚至可以使用人为的大肚花式线。同时管编机还设有纬纱喂入装置,衬入全幅纬纱很方便,从而得到纬向稳定性好的织物或弹性织物。纬纱的选择范围十分广泛,嵌入的纬纱可选用任何材料及任何线密度的纱线,纬纱的色彩可有六种不同的选择,通过调换纬纱花色控制铁板销使六种不同颜色的纬纱任意组合出许多种花纹效应,也可使纬纱间歇嵌入或在一段时间内无纬织造,使织物有粗犷美,独具魅力。

管编织物防脱散性较好。由于采用导纱管作为成圈机件,成圈过程中纱线受力小,原料适应性很广,特别适宜于绒线(包括花式线、结子线等)产品的深加工,大大丰富了织物的效应,是当今绒线外衣的理想面料之一。其织物结构新颖,手感舒适,纹路清晰,线条粗犷,花色变换迷离,具有综合运用各种不同原料的特点,可用于制作各种风格和不同档次的四季时装与室内外装饰用品如窗帘、沙发布和床罩等。

二、管编机的结构和编织原理

管编机通常采用机械传动,配合电器控制并配有断经自停、断纬自停、光电保护等机构,使机械和电器有机地组合,具有结构简单,性能可靠,易操作等特点。其主要技术参数如下

工作幅宽(mm):1 600;主机转速(r/min):35～40;

机号:$E5,E3.6,E2.5,E1.8$;针管距(mm):5,7,10,14;

针管数:320,232,160,116;经纱线密度(tex):333,500,625,666;

理论产量[m/(台·时)]：4,6,8.5,12；每个经轴盘头数：5,5,5,5；

每个盘头纱条数：64,44/45,32,22；针管形式：弯状中空管形；

针管尺寸(外径×壁厚,mm)：$\Phi 2\times 0.3$；$\Phi 3\times 0.5$；$\Phi 4\times 0.5$；$\Phi 5\times 0.5$

花纹链块数：12～48；加纬链块数：20～80；加纬供纱根数：6

坯布牵拉长度调整范围(mm)：3～12；动力(kW)：主电机0.75,卷布电机0.042；

外形尺寸(主机本体,mm)：2 840×1 120×1 785；整机质量(kg)：约1 500

　　机器主要由机架、传动机构、成圈机构、前经轴、后经轴、送经机构、花纹机构、加纬装置、坯布牵拉装置、坯布卷绕装置及断经、断纬、坯布失压、链块安全保护和光电安全保护装置等组成，并配有装纬纱筒的纱架及用于装卸经轴及落布的专用吊架。

　　成圈机构由两个平行的管板轴及固定在其上的管板、针管和控制其横移、摆动的机件组成。针管是弯成一定形状的很细的不锈钢管，管中穿有经纱，它既起织针作用，又是导纱管。机上配有四种管板，针管距根据机号不同分别为5 mm、7 mm、10 mm和14 mm。

　　送经机构由摩擦制动装置和摆动式引经送经装置组成。花纹机构为轴向链块式，花纹链块按工艺要求组成花纹经，并装在提花链轮上，至少为12块，最多为48块。提花链轮的内齿轮通过过桥齿轮与主轴上的小齿轮相连。主轴转一圈，提花链轮转1/6圈，亦即转过两块链块。加纬装置由挑纬机构、引纬机构、锁纬机构和纬纱筒架等组成，完成纬纱换色、挑纬、引纬、锁纬、纬纱张力调节等工作。纬纱筒架上放有纬纱筒，并有纬纱张力调节和断纬自停与电磁夹纬装置。坯布牵拉装置由牵布辊、牵布辊摆动机构、加压机构和坯布牵拉长度调节机构等组成。坯布卷绕装置由卷布电机、变速箱、卷布辊、卷布张紧臂、卷布张紧杆等组成。

　　管编机上的主要成圈机件是导纱管，导纱管是一个头部弯曲成圆弧形的中空不锈钢管，钢管内穿以经纱。导纱管类似于经编机上的导纱针，以一定的隔距排列，组成的整体称为梳栉。管编机上一般采用两把梳栉，分别称为前梳和后梳。前梳和后梳上的导纱管呈面对面配置。管编机的机号是以梳栉上两个导纱管的中心距离而定。通常最小是3 mm，最大是14 mm，目前共有5种规格。

　　图5-6-5所示为成圈过程的原理简图。图中作出了前、后两个梳栉上的一对导纱管，1为前导纱管，2为后导纱管。从图中可看到，每个导纱管中各穿有一根经纱。在织第一横列时，前梳的导纱管穿过后梳的导纱管形成线圈，在织第二横列时，则后梳的导纱管穿过前梳的导纱管形成线圈，依此类推交替进行。

　　图5-6-5(1)表示上一横列结束时，后梳栉刚成圈完毕处于最低位置，前梳处于最高位置，其导纱管的柄上套着由后梳导纱管形成的新线圈。

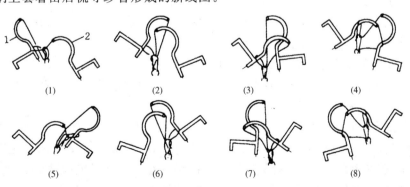

(1)　　　　　　(2)　　　　　　(3)　　　　　　(4)

(5)　　　　　　(6)　　　　　　(7)　　　　　　(8)

图5-6-5

图 5 - 6 - 5(2)所示为前梳向后梳导纱管摆动,并做横向移动。前梳将纱线绕在后梳导纱管上以形成纱圈。接着两梳均做摆动,前梳向下,后梳向上,使后梳导纱管穿入前梳导纱管形成的线圈中,如图 5 - 6 - 5(3)所示。

然后,前梳和后梳反向运动,形成如图 5 - 6 - 5(4)所示状态,此时前梳导纱管上的线圈已转移到前梳导纱管的圆弧部段。接着,前梳向下运动,将纱圈绕到后梳导纱管的柄上,后梳则继续做离开前梳的运动,将原来处于前梳导纱管圆弧部段上的线圈逐渐拉离前梳导纱管,最后完成脱圈动作,如图 5 - 6 - 5(5),至此完成一个横列的成圈过程。

此后,以同样的方式,后梳导纱管在前梳导纱管上形成线圈,交替进行。由此可知,如果始终由同一对导纱管连续相互串套成圈,在机器上织出的只是没有横向联系的直条,即编链组织。要使各纵行线圈相互联系而形成整片织物,至少应有一个梳栉在开始织新横列前,做侧向移动,亦即做"针背横移"。这样该导纱管所形成的线圈以一定规律分布于不同纵行,从而将各线圈纵行相互联系起来。

三、管编产品的设计

管编织物特别适用于花式绒线编织,其产品在外观特性上接近传统的经编针织物,因此,管编产品的设计思路和方法也与普通的经编产品设计类似,设计内容包括:机型选择、原料的选择、组织和花型设计、上机工艺设计等。

图 5 - 6 - 6 所示为一种由管编机编织而成的基本经编组织。其中一把梳栉在同一纵行成圈,形成一隔一横列的编链组织。另一把梳栉交替地在相邻两个纵行上成圈,形成一隔一横列的经平组织。从图 5 - 6 - 6 可看到,两把梳栉的纱线在不同的横列上成圈,形成相互在相反方向上串套的织物。

管编产品设计的重点在于花纹图案设计,主要是选择恰当的原料和适当规格的纱线并按一定顺序排列整经,配以恰当的机号和不同的链块组合,选择恰当的纬纱色彩和衬入的数量与位置,其中链块组合的设计尤为重要。

管编结构最大的特点是能改变编织网眼结构,通过各种不同结构的线圈缀结,得到各式各样的编织花纹,改变花纹链块的组合排列方式就能改变编织结构。花纹链块有两种型号,即

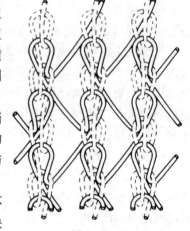

图 5 - 6 - 6

0 - 1 和 2 - 1 两种,0 - 1 链块使前管板轴从左端即 0 位,右移一个间隔到 1 位,而 2 - 1 链块,则使前管扳轴从最右端即 2 位,左移一个间隔到中心位置 1 位。前、后管板轴只要以这两种基本方式连续横移三个以上间隔,就能得到无数的花纹。

编织经编织物的基本结构,管板轴的运动路线为 0 - 1/0 - 1/2 - 1/2 - 1//,只需四个花纹,但是提花链轴需要 12 块,因此要用这两种型号模块各 6 块并按前述顺序重复排列。换一种排列顺序就能得到另一种结构的花纹。

花纹链块标记"0 - 5"表示的是 0 - 1 型,横移隔距是 5 mm;标记"2 - 5",表示的是 2 - 1 型,横移距离是 5 mm;标记"0 - 7",表示是 0 - 1 型,横移隔距是 7 mm;标记"2 - 7",表示是 2 - 1 型,横移隔距是 7 mm。箭头"V"表示链块装在链轮上的转动方向。安装时注意链块方向不能装反。花纹链块至少用 12 块,但多的可达 48 块,此时链环悬垂,应将拨杆调到工作位置。

如果针管距为 10 mm 或 14 mm，前、后管板轴都要横移；如果针管的管距为 5 mm 或 7 mm，后管板轴应固定不动，不得横移。改换管板使管距从 5 到 10，或从 7 到 14，或者变回来，都不必改变花纹链条，只有改变花纹结构时才需要改变花纹链条。

第七章 经编针织物分析与工艺计算

为了进行经编针织物生产、仿制和新产品设计,必须首先确定织物的组织结构和产品上机工艺条件等,为此必须具备经编针织物的组织分析和工艺计算等方面的基本知识。

第一节 经编针织物组织分析与设计

经编针织物是组织结构最复杂、品种变化最多的织物之一,这是由它的编织原理、设备以及工艺条件所决定的。由于织物所采用的原料种类、色泽、粗细、线圈结构、纵横向密度及后整理等各不相同,因此形成的织物外观也就不一样。为了生产、仿制或开发经编产品,就必须掌握织物线圈结构和织物的上机条件等资料,为此就要对织物进行周密而细致的分析,以便获得正确的分析结果,为设计、改进或仿造织物提供资料。

一、常用分析工具

为了能获得比较正确的织物组织结构分析结果,必须借助一定的分析手段和方法。在分析之前除了需要了解分析的项目和内容,且操作过程中要细致,并且要在分析时尽量节省布样。

1. 观察用具

为了能看清经编针织物的线圈结构和纱线走向,在分析时常采用简单的折叠式放大镜(照布镜)或低倍的体视显微镜,图5-7-1所示为体视显微镜。在分析一些特殊织物如弹性织物时还需绷布工具,其目的是使线圈结构在该类工具的撑绷衬托下便于观察。放大镜具有适当的放大倍数,一般为5～10倍,视野多为6.5 cm²;体视显微镜有较广的放大倍数范围,对经编针织物分析时可选用10～80倍;另外,对透明程度较高的单丝或轻薄织物,用投影放大仪来观察分析其疵点、追踪纱线组织行迹,很方便有效。

图 5 - 7 - 1

2. 分解用具

为了便于观察,需对织物脱散、拆散或剪割纱线,分析人员往往需准备一些分解用具,如:细长的分解针、剪刀、刀片、镊子、几种颜色的硬纸板(或塑料板)、玻璃胶纸、握持布样的钉板和给选择纱线上色的细墨水笔等。挑针以使组织中重叠的不易分清的纱线挑拨分离以便于观察。特别是对于弹性经编织物的分析,必须在撑绷衬托下才能观察分析。还可根据被检织物的颜色选择不同底衬物体的颜色,使织物线圈结构在对比下更易于观察。另外对较复杂的组织用钢笔将颜色墨水注入其纱线中,来观察因毛细现象而产生的颜色墨水的运行走向。

3. 测定用具

测定被检织物和所用纱线的器具往往有化学天平、扭力天平、捻度计、密度计以及用于已知张力情况下测定拆散纱线长度的卷曲测长仪等。用以取样、分析线圈长度、线圈密度及织物面密度及在必要时对双层织物进行分解等。

二、分析取样方法

分析织物时,获取的技术资料与取样的位置、面积大小有关,因而对取样的方法应有一定的规定,由于织物品种极多,彼此之间差异较大,因此在实际分析工作中样品的选择还应根据具体情况来定。

1. 取样位置

织物下机后,织物中经纱张力的平衡作用,使织物的幅宽和长度方向都产生了变化,这种变化造成织物的两边与中间,以及织物两端的密度存在差异,另外在染整过程中,织物的两端、两边和中间所产生的变形也各不相同,为了使测得的数据具有准确性和代表性,一般应从整坯织物中取样,样品到布边的距离不小于 20 cm。此外,样品不应带有明显的疵点,并力求其处于原有的自然状态,以保证分析结果的准确性。

2. 取样大小

取样大小应随织物种类,组织结构而异。由于织物分析是消耗试验,应根据节约原则,在保证分析资料正确的前提下,力求减少样品的大小。简单组织的织物取样可以小一些,一般为 15 cm×15 cm;组织循环较大的可以取 20 cm×20 cm。花纹循环大的织物最少应取一个花纹循环所占的面积。

三、分析内容

1. 组织结构分析

在分析经编针织物的组织结构时,首先要研究构成一完全组织的横列数、纵行数、穿纱情况。在表示经编组织时,首先要得到垫纱运动图,由其表示多把梳栉垫纱运动的一完全组织,再由此得到花纹链条的装配表(表明了花板的高低,花板形状的选定和排列)。其次画出穿经图。这时要写下起始对梳横列中全部梳栉穿经位置的相对关系,并在此情况下,标明起始链块。最后作穿经图,用符号和数字标明各梳栉的纱线排列顺序、纱线排列种类、空穿位置等。

2. 织物参数分析

由同一枚织针形成的垂直方向上互相串套的线圈行列,称为线圈纵行。线圈横列表示所有工作织针完成一个编织循环所形成的线圈行列。线圈密度分为纵密和横密两种。每 cm 长度中的线圈横列数即是织物的纵密,一般用横列/cm 表示。每 cm 长度中的线圈纵行数为织物的横密,一般用纵行/cm 表示。

线圈密度和织物面密度的大小,直接影响到织物的外观、手感、厚度、强度、透气性、保暖性等性能,同时,它也是决定机器机号的选用、染整工艺特别是定型工艺、产品的成本和生产效率的重要因素。

根据织物纵横密的定义,在放大镜或标准的照布镜下数出单位长度中的线圈纵行和横列,通过一定的单位转换,即可得出织物的线圈密度。

如图 5-7-2 所示,在织物的工艺正面可计数每 cm(有时用每英寸)内的横列数和纵行数。应选择样布中的几处位置,反复多次计数,才能获得较精确的数值。从样布每 cm 内的纵行数,

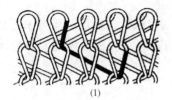 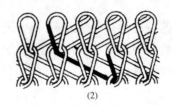 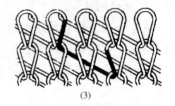

(1)　　　　　　　　　　　　　(2)　　　　　　　　　　　　　(3)

图 5 - 7 - 2

就可求出编织此样布的机器级别(机号),当然这是要在知道样布缩率的情况下才能确定。

$$机号＝每\ cm\ 内的纵行数×(1－缩率)×2.54(针/2.54\ cm)$$

式中:缩率为样布宽度与机上宽度的比值,一般用百分率表示。

假定某样布的缩率为 30%,每 cm 纵行数为 15.7,则:

$$编织样布机器的机号＝15.7×(1－0.30)×2.54≈28(针/2.54\ cm)$$

织物面密度是指织物每平方米的干重,它是织物的重要经济指标,也是进行工艺设计的依据。织物的重量一般可用称重法来测定。取 10 cm×10 cm 面积大小的布样,使用扭力天平、分析天平等工具称重。对于吸湿回潮率较大的纤维产品,还应在烘箱中将织物烘干,待重量稳定后称其干重。

$$G = g × 10\ 000/(L × B)$$

式中:G——样品面密度,g/m^2;

　　　g——样品重量,g;

　　　L——样品长度,cm;

　　　B——样品宽度,cm。

每横列或每 480 横列(1 腊克)的平均送经量是确定经编工艺的重要参数,对坯布质量和风格有重大影响,亦是分析经编织物时必须掌握的。在确定经编织物的送经量时,可将针织物的纵行群切断成一定长度,将各梳栉纱线分别拉出,再测定计算纱线长度。这时要准确估计被脱散的纱线曾受到何种程度的拉伸,纱线在染色整理时的收缩率等等。

3. 生产工艺流程分析

对经编针织物进行工艺分析,其目的是能够仿制出所分析的织物,因而还需要进一步分析并确定出其生产工艺流程和有关工艺。经编针织物的一般生产工艺流程为:原料—整经—织造—后整理—成品坯布。

(1) 生产设备分析

经编机种类繁多,而且仍处在不断发展之中。各种经编机所生产的产品都有其相应的特点及微观特征,如不掌握这方面知识,就无法根据织物结构确定机种,甚至对某些织物的织造过程也无法理解。

(2) 原料分析

在原料分析时,分析人员可先根据织物外观、手感风格等特点,凭借其自身相关的经验,对使用原料进行初步的推测,即采用手感目测法进行分析。要对原料进行准确而科学的分析,需要根据各种纺织纤维不同的物理化学性能进行具体分析,分析方法一般有燃烧法、显微镜观测法、药品着色法、溶解法等来确定,原料规格可根据试验和比较得到。

（3）后整理工艺分析

根据目测可判断样布是否经过染色、印花、烂花和起绒等整理工艺，当然也可根据手感来判断是否经过树脂整理等。

四、分析的一般步骤与方法

尽管经编针织物的组织结构与品种变化较多，组织分析的难度较大，但借助于一定的分析手段，按照一定的分析步骤和方法，有助于对经编针织物的快速分析。确定经编针织物组织的分析主要有下列步骤和方法。

（一）观察织物，初步推测织物类型

在得到一块经编针织物的样布时，首先整体上观察织物的外观与手感风格，获得对织物组织结构、使用原料及染整方式的初步印象，并根据经验进行推测。

根据样布的外观特点与总体性能，初步区分出织物的大类，如：是高速经编平纹织物还是多梳花边亦或贾卡窗帘织物、是否弹力织物（双向弹性还是单向弹性）、是否网眼织物（对称网眼还是非对称网眼）、是否绒类织物（单针床产品还是双针床产品、起绒产品还是圈绒产品）以及织物的后整理类型等。通过织物的这些特点与性能，根据分析人员的经验，进行一些判断与推测，初步确定织物的组织类别，以便进行进一步的分析。比如，当织物为平纹双向弹性时，一般是特里科型的氨纶弹力织物；而当织物为平纹单向弹性时，则一般是拉舍尔型的氨纶弹力织物。

（二）确定织物的工艺面与编织方向

在对样布进行进一步具体分析时，首先应确定织物的工艺正面与反面，并将工艺反面作为组织结构分析的主要面。根据基本概念，线圈圈柱覆盖圈弧的一面是工艺正面，即在工艺正面外层为圈柱；而在工艺反面则为延展线。如织物两面皆为线圈圈柱，则为双针床经编产品。

判断织物的编织方向，即织物横列编织的先后。一般编织方向由下至上，在观察中使线圈的针编弧向上，与机上观察到的织物以及意匠图的表达方向一致。

（三）判断梳栉数，并逐一确定垫纱方式

初步了解织物的类型，并确定了其工艺正反面和编织方向后，即可开始对织物进行"微观"的具体分析。借助于照布镜或放大镜，借助一些辅助工具，对织物的内部层次进行逐层观察甚至分解，利用分析人员丰富的经编基础理论知识和分析经验，通过延展线结构轨迹、层次等确定编织的梳栉数，并进一步分析各梳栉的垫纱方式。

对样布各梳栉的组织结构进行具体分析时，通常有三种分析手法。

1. 直接观察法

直接观察法是利用照布镜或放大镜等工具，对织物直接进行仔细观察而得出织物组织结构的一种方法。一般情况下对于大多经编织物的分析而言，直接观察法总是首选的方法。

采用直接观察法分析时，一般过程如下：

（1）分析前梳延展线

在照布镜或放大镜下仔细观察织物的工艺反面，前梳延展线浮现在织物工艺反面的最上层，可确定前梳针背垫纱的行迹，每横列横移针距数。

简单的双梳经编织物中,在两相邻横列上,前梳作用针距往复针背垫纱,所以两延展线呈反向交叉,而浮线长度相同。这在较好的光线下,可用肉眼直接观样布确定。对透明度较高的轻薄织物,这是十分有效的。但对纱线较粗(如83.3 dtex以上)密度大的紧密织物,直接观察就难以看清。这种情况下就须用一支细的墨水笔,对一横列内的某根前梳延展线涂色,这也要借助照布镜进行。并在织物工艺正面上,对有前梳延展线进入或退出的圈干也涂上颜色(如图5-7-2),这样前梳延展线跨越的纵行数(即针距数)就能看得清楚。

确定前梳延展线的另一方法是用分解针将延展线挑出样布表面,然后用照布镜观察延展线所跨越的纵行数(即针距数)。

光线的透射状况对这一分析很有帮助,特别对涂色法更是这样。将样布和照布镜一起移向光源,再通过透镜观察。如将光源放置在织物的底板下方,并用其反射光来观察织物,可同时看到涂色的延展线和与它连接的涂色圈干。

确定了前梳延展线跨越的纵行数(即针背横移针距数)以及相邻横列内延展线的方向,就将其按织物工艺反面所显现的那样描绘到意匠纸上如图5-7-3(1)所示。

(2)确定线圈类型

用涂色法是确定线圈属开口还是闭口的简便方法。如是闭口线圈,则从织物工艺正面观察时,与涂色延展线相连的涂色圈柱均在圈干右侧,如图5-7-2(1),如编织的是开口线圈,而且在每一相连横列内延展线交替变换一次方向,则涂色延展线相连的涂色圈柱均在圈干的左侧,如图5-7-2(2),如编织的是相邻横列延展线同向的开口线圈,则涂色延展线同横列相连的涂色圈柱在左手侧,而下一横列中的相连圈柱在右手侧,如图5-7-2(3)。

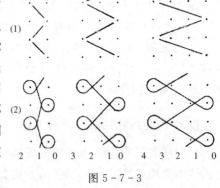

图5-7-3

也可将织物横向张紧,对织物工艺正面用照布镜观察,若线圈基部的两延展线趋向移开的为开口线圈,而保持交叉在一点的,为闭口线圈。

(3)确定前梳的整个垫纱运动

搞清了线圈的类型,就可将图5-7-3(1)上已画出的延展线连接起来,就能画出整个前梳的垫纱运动图,如图5-7-3(2)所示。

(4)后梳延展线的分析

从织物工艺反面观察后梳延展线是较困难的,特别在紧密织物中,前梳延展线完全将后梳延展线遮盖起来了。因此,常从织物工艺正面来观察分析后梳延展线,因为此处纵行之间可直接见到后梳延展线。

如图5-7-4所示,如在每横列的任何两纵行之间仅见有一根后梳纱(图1),则后梳延展线仅从一个纵行延伸到相邻的下一个纵行,其垫纱运动为1-0/1-2//;如两纵行之间为两根平行的后梳纱(图2),则后梳延展线从第一个纵行延伸到第三个纵行,其垫纱运动为1-0/2-3//;同理,如有三根(图3),则为1-0/3-4//;若四根(图4),则为1-0/4-5//。因此,只要数出纵行间平行的后梳纱的根数,即可确定延展线的往复针距数。

在上述例子中,因为相邻横列间延展线均变换方向,所以一般为闭口线圈。若在两个或多个相邻横列内,后梳延展线呈同一方向(图5-7-5),则编织的就是开口线圈。横向拉伸织物,就能看清开口线圈,特别在前梳也织开口线圈时,看起来更清晰。

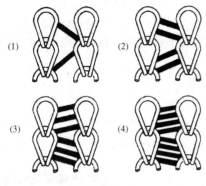

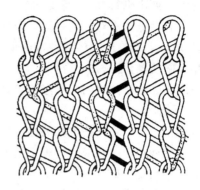

图 5 - 7 - 4　　　　　　　　　　　　　　　　　　　图 5 - 7 - 5

（5）两梳延展线的相互关系

编织双梳织物时，一般两把梳栉在每一横列中，在针钩侧作反向针前垫纱。两者的延展线也按反向形成。若在各横列中，两梳作同向针前垫纱，则在织物工艺正面上的线圈圈干不直立而左右歪斜，纵行也就不直如图 5 - 7 - 6(1)；当两梳在各横列中作反向针前垫纱时，一个线圈内产生的歪斜力与在同一枚织针上成圈的另一把梳栉的纱线线圈产生的歪斜力相抵消，因此织出的纵行不歪斜如图 5 - 7 - 6(2)。因此在双梳织物分析时，必须确定针前垫纱和延展线的方向。对低线密度纱线织物，延展线方向可从织物工艺反面看清。

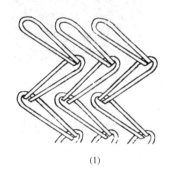

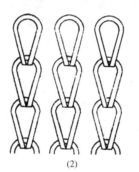

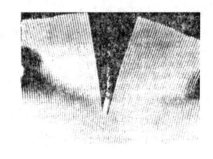

图 5 - 7 - 6　　　　　　　　　　　　　　　　　　　图 5 - 7 - 7

2. 脱散法

对于经编平纹织物，确定一把梳栉垫纱运动的快捷方法是在样布一侧剪几条具有一个、二个或三个纵行宽的布条。拉伸这些布条时，如它们的编织垫纱运动不同，就会出现离散、脱散或不能离散和脱散这三种不同状况。

对于由一把梳栉编织的编链组织，一条一个纵行宽的布条，将它拉伸时，不发生离散，而脱散成一根纱线。但假如双梳织物中的一把梳栉的最小的垫纱运动为 1 - 0/1 - 2// 或 1 - 0/2 - 3// 则剪下一个纵行宽的布条时，该布条就会发生其间纱线被剪切成许多小段的离散现象。

如剪一个纵行宽的布条，发生离散现象，则再需在布样上剪切一条两个纵行宽的织物。若这一布条受拉而脱散为一根纱线，如图 5 - 7 - 7 所示，这表明其中一把梳栉按 1 - 0/1 - 2// 垫纱编织，若一块两个纵行宽的布条上同时脱散出两根纱线，则表明在每横列内两把梳栉都形成横跨两个纵行的延展线，其垫纱运动最可能为：后梳 1 - 2/1 - 0//，前梳 1 - 0/1 - 2//。

如一块两个纵行宽的织物条受拉后也发生离散，则说明在每个横列中，两把梳栉的延展线跨度均大于两个纵行,因而需要再在样布上切下一条大于两个纵行宽的织物作分析。

这一脱散分析法对确定一把或两把梳栉的垫纱运动是很有帮助的。但若一条两个纵行宽的布条受拉后,仅有一根纱线脱散出来,还不能确定此根脱散纱是属前梳还是后梳的,尚需前述方法用肉眼检测。

脱散法在分析两梳栉起毛经编织物、加工纱线针织物时是有效的。

3. 拆散法

从样布中同时将两把梳栉的纱线拆散,既需耐心又需熟练技巧。拆散法可看清织物两把梳栉所作的垫纱运动。在分析有较少横列和纵行构成组织循环的织物时,常用此法。但很少用于结构紧密的织物分析。

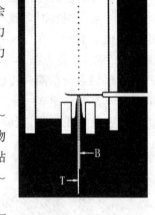

此法也能测算样布编织的送经率。但必须注意:从样布中拆散纱线所测得的送经率不一定就是织物编织时的送经率,而是数值较小。此外,在编织期间,送经率在机上往往是波动的,这也会在成品织物上造成纵密的变化。由于机上的送经长度是在张力状态下测得的,因此会比纱线的真实长度短些。所用的经纱张力愈大,所得的数值也增加。

拆散法的步骤如下:

(1) 固定样布:如图 5-7-8 所示,将长 12~15 cm、宽 5~7.5 cm 的织物布样固定在黑色板上,使织物工艺正面向上,织物的圈干中的圈弧部分对着和靠近分析者,在布样的上端和两边贴上胶带,布样横向适当绷紧。在布样底边贴两条短胶带,相距 1~2 cm。

图 5-7-8

(2) 开始拆散:用 5~10 倍的照布镜观察布样,如看到的是如图 5-7-9 所示的织物组织。显然其中纱线 T 是前梳纱,编织绒针组织,而纱线 B、B 是后梳纱,编织闭口经平组织。它们分布在第Ⅱ、Ⅲ、Ⅳ三个纵行上,完全拆散这三个纵行,这三根纱线就能抽出。

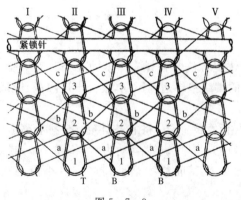

图 5-7-9

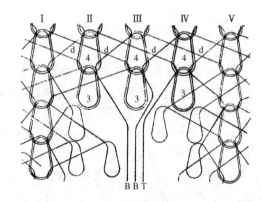

图 5-7-10

(3) 利用尖针拆散样布:首先用尖针插入图 5-7-9 中标有 a、a、a、a 的各纵行之间的各区域内,随后将尖针向检测者方向拉,所有的纱头就从第一横列的圈干 1、1、1 中拉出。接着将尖针插入 b、b、b 区域,拉针,则圈干 1、1、1 完全从圈干 2、2、2 中退出。再将尖针插入区域 c、c、c 中,则圈干 2、2、2 就从圈干 3、3、3 中退出,到此,样布如图 5-7-10 所示。同样按上述手续进行,则这部分织物就逐步拆散开来。

在已拆散了5~6个横列后,抽取纱线的长度已足够施加负荷张力,可在纱线上挂置适当大小的重锤,如图5-7-11所示,用手指纵、横向抖动拆散的布样和纱线,使形成圈干的弯曲纱线顺利地从曲折处脱出。注意防止抽出的各纱线相互缠结。

在预定的拆散终点的横列中,用紧锁针如图5-7-10所示插入Ⅱ、Ⅲ、Ⅳ三个纵行的线圈中,这样拆散到此处,就不会拆过头。

要拆散的横列数根据样布大小确定,一般可拆散48、60、80或160个横列,即与480成某一比例的横列数,每10横列作一色标,以避免数错横列数。

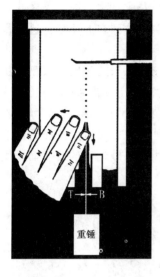

图 5-7-11

(4) 测量拆散纱线的长度如图5-7-12所示,紧锁针保持原位,直角转过垫板,并固定之。按纱线的粗细、种类选择适当重锤,拉直纱线,测得若干横列的纱线长度,再折算到480横列(1腊克),即得到送经量。但需把由于染整产生的纤维自身的缩率考虑进去(如锦纶需增加10%左右),并予以修正。以求得较精确的每腊克的送经量。

例如:从一块经平绒织物上拆散80个横列,所得的纱线平均长度为:后梳296 mm,前梳398 mm,则每腊克的送经量为:

前梳:296×6=1 780 mm/腊克

后梳:398×6=2 400 mm/腊克

然后给这些纱线长度加上一定的收缩率。

由此也可求得纱布比这一参数,它是用来计算给定织物长度所需的经纱长度。即:

纱布比=每腊克的送经量(mm)×每cm线圈横列数/4 800

由拆散出来的纱线在微量天平或其它精密天平上称重,可确定纱线的线密度。线密度(dtex)是10 000 m纱线的克重数,即:

$$纱线线密度 = \frac{毫克重 \times 10\,000}{称重纱的长度(mm)}(dtex)$$

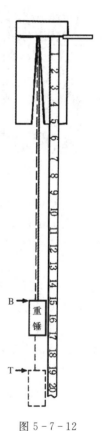

图 5-7-12

(四) 确定梳栉穿纱方式

经编针织物编织时,各把梳栉的穿纱与对纱方式直接影响织物的组织结构与外观,特别对于部分或全部梳栉带空穿时编织的网孔、网眼、绣纹或提花效应的织物更为重要。

如两把梳栉部分穿经编织时,织物上便形成不完全孔眼(浅薄的部分)或完全孔眼(网眼效应)。图5-7-13为一不完全孔眼花纹的双梳织物。这些不完全孔眼出现在仅有一根延展线连接的那些纵行之间。而织物上较为深暗的区域,纵行间有两根延展线,它们反向跨接在这些相邻纵行上。凡其中一把梳栉中有空置导纱针的部位就形成单根延展线的连接。织物中的粗纱线有助于在意匠纸上画出垫纱运动图。此外,还须按织物所显示的对称关系和间隔距离,画出分别来自两只经轴的两根粗纱线的垫纱运动。由于双梳对称垫纱,花纹对称。因此绘制花纹图时,哪组经纱穿入哪把梳栉是无关紧要的。但一般总是以粗旦轮廓纱达到它的往复行迹的最端点时,作为编织花纹的垫纱运动的起始点。

要计数每把梳栉的穿经次序,只需以意匠图的第一个横列中的连接纵行的延展线数目来决定。其间可看到粗线密度纱、低线密度纱以及浅薄部分(由空置导纱针造成)的部位。在图 5-7-13 中的织物,每组经纱配置为 14 根 22 dtex 低线密度纱线,1 根 110 dtex 的粗线密度纱线,接着为一根空置导纱针(形成浅薄部分)。分析人员应将第一个横列内的穿入两把梳栉的经纱排列情况表示出来,而在其它横列中,穿入两把梳栉内的经纱排列,由于垫纱运动的变化而发生变化。

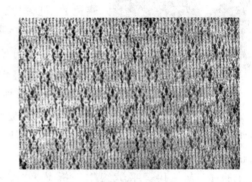

图 5-7-13   图 5-7-14

在分析较为深暗的织物时,因无轮廓纱(如图 5-7-14),其织物分析更为困难。在织物工艺反面上的前梳延展线需用照布镜观察,并需将一个完全花纹内的这些延展线的方向和数量在意匠图上画出。还须观察织物上的浅薄部分的位置,它出现在前梳空置导纱针编织的织物部位。绝大多数此类织物编织时,两梳的穿经配置相同,垫纱运动对称,可将穿入两把梳栉的几根纱线描绘到意匠纸上,然后将形成浅薄区域的部位与实样校验。然后推算梳栉的穿经情况。

网眼效应是在织物上两个相邻的纵行间的一个或多个横列无延展线连接时形成的。简单的网眼结构由两把局部穿经的梳栉编织而成。穿经的形式可以是一穿一空(编织微小的网眼),二穿二空或三穿三空(编织粗网眼)。图 5-7-15 为一块一隔一穿经编织的典型的双梳网眼织物结构。其间,既有大孔眼、又有小孔眼。这一织物有如下一些对织物分析者有十分重要意义的特征:

(1) 在孔的两旁各有两个纵行;

(2) 构成的孔眼具有六角形,且纵行歪斜;

(3) 形成大孔眼的部位有着连续的闭口线圈;

(4) 在织物的纵向,各对纵行之间有着连续的孔眼,各对纵行构成相邻孔眼的边;

(5) 此结构中两组经纱由方向相反的对称垫纱运动编织。

开口线圈的出现次数对表明孔眼的长度和分布情况是重要的。这些开口线圈是由两把梳栉同时编织形成的,其目的是将一对纵行间的孔眼闭合,并形成下一个孔眼的开始部分。

分析此类网眼织物的方法是计算每一孔眼的横列数。图 5-7-15 所示的网眼织物中,小孔眼为 4 个横列,大孔眼为 8 个横列。再从这些数目中减去一个横列,就分别成为小孔眼为 3 个横列,大孔眼为 7 个横列。

图 5-7-15

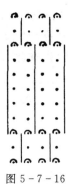
图 5-7-16

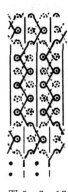
图 5-7-17

计算孔眼之间的纵行数（实例中为 2 个纵行），在意匠图上用短竖线在各排点子上标志出这些孔眼的间隔距离和长度（图 5-7-16），每根黑竖线的端点在下一根竖线的起点的同一横排上。在这些点上画出开口垫纱，然后用闭口垫纱将它们连接起来（图 5-7-17）。

如图 5-7-17 那样画出这几根竖线是很重要的。编织区域内的所在点子都应有前梳或后梳的经纱垫纱，否则线圈就不能互相串结。

在意匠图的第一横列上标明两把梳栉的穿经配置是很重要的。穿经次序可以从图 5-7-17 中的第一排点子求得，可看到：在第一横列上，两梳对称垫纱。若一把梳栉的穿经导纱针与另一把梳栉的空穿导纱针对齐，就无法编织出织物，因为在每一横列上，有一半织针无法从穿经导纱针上获得经纱，因而织物就会脱套。

两把梳栉按二穿二空的穿经方式编织的网眼织物结构，在孔眼之间有四个纵行，而且每横列中有横跨三个纵行的延展线。可按上述方法对孔眼的间隔距离和长度计数，而后画出垫纱运动的意匠图。

两把梳栉按三穿三空循环穿经编织的网眼结构，在孔眼之间就有六个纵行，每横列中，有跨越四个纵行的延展线，由于延展线跨度大，生产率较低，较少应用。

（五）确定织物的相关工艺参数

确定了织物的组织结构与穿纱后，应继续利用分析工具测量出织物其它的相关工艺参数，如密度、面密度等等，如需要，还必须进一步分析所用的原料、后整理工艺。

（六）技术资料的汇总

将前述的分析结果进行资料的归类汇总，并借助一些理论或经验公式进行推算，以获得该分析织物的整套生产工艺。最后进行按要求打印出经编生产工艺单，装订、登记和保管存档。

五、几种典型经编针织物的组织分析

（一）多种原料交织织物

为了增加织物的花色，可在一把或两把梳栉中穿入不同线密度、光泽或不同颜色的经纱来编织。

在一把或两把梳栉中穿入线密度不同的纱线编织单色匹染织物时，织物纵向就出现阴影条纹效应，而当一把梳栉在织物的某一个或几个横列上作多针距、大的针背横移时，此处织物表面就会呈现横向阴影条纹。

图 5-7-18 所示的条纹织物中，纵向和横向都有阴影条纹。如用照布镜仔细观察，就可看清各条纹的宽度和性质。应将每一完全花纹中的这些条纹的分布排列情况搞清，检查此织物的工艺反面的延展线，即可看到其中的编链组织是由前梳编织的。前梳满穿配置，穿入两种线密度不同的纱线。如用 T 代表粗的纱线，F 代表细的纱线，可看到在织物中的排列为：T T T F F F F T F F F F

按上述的方法，也可确定其编织机器的机号为 E28，纱线线密度分别为 33.3 dtex 和 66.7 dtex。

用照布镜查看织物工艺正面，即可看到：织物中较浓密的横条阴影区域的纵行之间，每横列有三根平行的后梳延展线，而在其它

图 5-7-18

区域，有两根平行的后梳延展线。从而就知道：较浓密的区域后梳作 1-0/3-4// 垫纱运动，而在其它区域作 1-0/2-3// 垫纱运动，如图 5-7-19 所示。

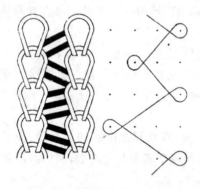

图 5-7-19

图 5-7-20

图 5-7-20 所示为一块简单的断续纵条纹织物。用照布镜可看出，黑纱的延展线浮现在织物工艺反面的最上层，因此，黑纱是由前梳编织的。也可看到，在黑白两种纱圈交叠处黑纱也显露在织物工艺正面上，它们几乎将后梳编织的白色纱遮盖了。

检查织物工艺正面看到：每一横列的各纵行之间有三根平行线，而且所有这样平行线都是白色的，因此后梳为满穿配置的。穿入的色纱按 1-0/3-4// 垫纱运动编织。

前梳栉中的黑色纱连续五个横列织编链，然后横移两个针距，再连续五个横列织编链。分析织物时，最好将黑色线圈的分布情况标志在方格纸上，然后画出相对的垫纱运动，再将这些线圈连接起来（图 5-7-21）。

前梳的穿经配置应沿着一个横列的完全花纹中的黑白线圈分布确定。计数结果为：前梳穿入 2 根黑纱，然后 6 根白纱，以此循环。

图 5-7-22 为前梳穿入色纱编织的织物，用照布镜到看到：在织物工艺正面上，每一横列的各纵行之间有一根后梳延展线，且都为白色。因此，后梳为满穿配置，穿入白纱，按 1-0/1-2// 垫纱编织。

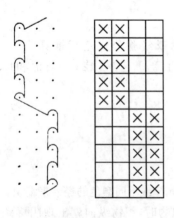

图 5-7-21

图 5-7-22

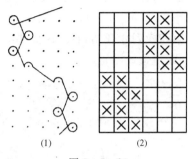

图 5-7-23

前梳织成的色纱线圈的排列画在方格纸内,然后再在点纸上画出前梳垫纱运动图(图 5-7-23)。

两把梳栉都穿色纱编织时,在织物工艺正面上,会出现不同颜色复合的线圈(图 5-7-24)。为了分析织物,应将在织物工艺正面上观察到的花纹分布图画在方格纸上。从而标明织物何处的线圈为单色(这是穿入两把梳栉的颜色相同的纱线在相同针织机上编织的),织物何处的纱线为两色纱的复合(此处为不同颜色的两把梳栉的纱线垫在同一织针上编织的)。图 5-7-23(1)为上述双色格子织物的花纹图,图中表明了各种颜色的花纹线圈,因而编织此织物的相应的垫纱运动和色纱穿经配置亦可确定了(图 5-7-25)。

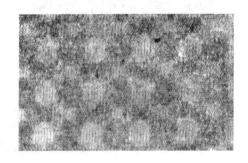

图 5-7-24

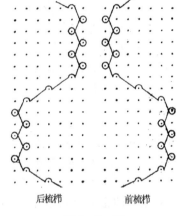

后梳栉　　　前梳栉

图 5-7-25

(二) 线圈歪斜织物

一个较紧密的经编织物,如其纵行线圈发生歪斜(即线圈与布边成一角度),可能是由下述两种组织结构形成:

(1) 编织每一横列时,均满穿配置的前后梳栉按同一方向作针前垫纱(a 型织物组织);

(2) 所用的两把梳栉中,一把满穿,另一把只是部分穿经。假如一把一隔一穿经的梳栉与一满穿梳栉编织时,每一横列中的相间线圈是由两根纱线组成(各来自一把梳栉),而其余的相间线圈仅由一根纱线构成,此处一把满穿梳栉中的穿纱导纱针正好与另一把间隔穿经梳栉中的空穿导纱针相对,因而这些线圈便发生歪斜(b 型织物组织)。

图 5-7-26 所示的为 a 型织物结构,由于线圈相间左右歪斜,纵行呈 Z 形的针状条纹。如对织物的工艺正面仔细观察,可看出每条条纹的宽度仅一个纵行。表面的编链组织由前梳编织

而成。从织物工艺正面的纵行之间，对后梳延展线进行观察，可看到这些延展线的分布状况如图 5-7-27 所示。其间，每横列内有两根平行线，它与布边构成的倾角连续在三个横列内保持相同。第四横列才开始相反，因此垫纱运动如图 5-7-28，两梳栉在每三个横列中作同向针前垫纱，从而造成线圈歪斜。

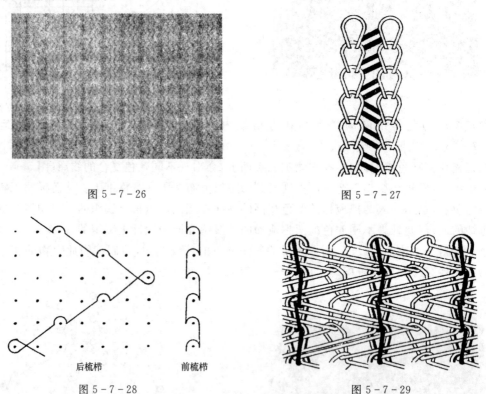

图 5-7-26

图 5-7-27

后梳栉　　　　　前梳栉

图 5-7-28

图 5-7-29

另一块 b 型织物组织表示在图 5-7-29 中，图中相间纵行含有歪斜线圈，而其它纵行内，线圈呈直立状。从图中可看清：前梳编织编链，但排列在相间纵行内，所以该梳为间隔穿经。后梳满穿，按 3-4/1-0// 垫纱编织，这些相间的纵行是由两把梳栉同时垫纱编织形成的，而另一些相间纵行的歪斜线圈，则由后梳单独编织。

织物分析者可应用于分析这一织物组织结构的特征是：（1）织物工艺反面上横向每单位长度的编链组织的延展线纵行数等于织物工艺正面上同一宽度内的 1/2 纵行数，从而证明前梳为间隔穿经。（2）每对纵行之间出现三根后梳延展线。这表明：后梳是满穿的并按 3-4/1-0// 垫纱编织。

（三）双针床毛绒织物分析

双针床经编毛绒织物是双针床经编织物的主要品种之一，由于其生产中经剖绒、刷绒、剪绒等加工后破坏了原有编织结构，给织物的组织分析带来了很多困难。因此在对双针床经编毛绒织物进行组织分析之前，首先要了解在编织过程中梳栉的垫纱规律与要求，然后再进行组织分析，才能在分析过程中迅速而准确地判断出各梳栉的垫纱运动。

1. 垫纱要求

短毛绒织物以其质地优良、毛绒丰满、花色丰富而成为当今市场上极为流行的装饰材料。这类织物是以一定数量的地梳栉分别在前、后两个针床上编织地布，再以一定数量的毛绒梳栉在两个针床上均垫纱成圈连接两块地布并形成毛绒组织,再经剖绒及后整理加工而成为两块单面毛绒织物。关于这类织物的编织工艺,许多文章已做过较详细的论述,这里仅就与织物分析有关的垫纱要求介绍如下。

(1) 短毛绒织物常用编链-多针距衬纬做地组织,以求得地组织的坚牢和尺寸稳定。为了避免编链纱因衬纬纱移针数多而被抬高,出现漏针现象,要求编织时各横列衬纬纱的针背移针方向与织同一地布的编链梳的下一相邻横列的针前横移方向相同。

(2) 毛绒梳栉的色纱配置与垫纱轨迹决定了织物的图案效应。了解了上述工艺要求,对下面要进行的分析工作有很大帮助。

2. 分析要点

首先按照织物工艺正面(非毛绒面)色纱组织点的分析,画出花纹意匠图,初步分析毛绒梳栉的垫纱规律,再将意匠图在纵行方向扩大一倍(即每一横列的意匠规律重复一次),得到双针床上的花纹意匠图。在分析确定地梳栉垫纱运动的基础上,确定毛绒梳栉的垫纱运动图。最后确定各梳栉穿纱、对纱规律,编排花纹链条。

3. 分析实例

(1) 先画出工艺正面花纹效应图。该织物由黑、黄两色纱交织,故以“×”表示黑纱编织的组织点,“·”表示黄纱编织的组织点。该花纹花高为 64 横列,花宽为 30 纵行,如图 5-7-30 所示。

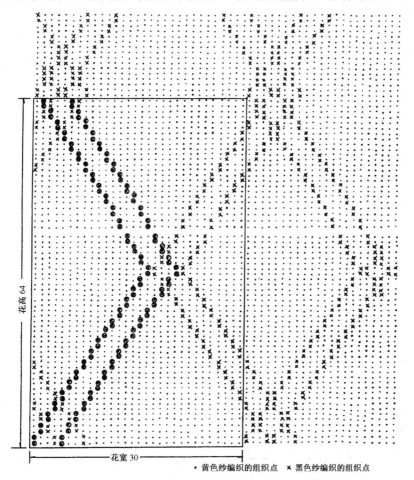

· 黄色纱编织的组织点　× 黑色纱编织的组织点

图 5-7-30

（2）对花纹效应图进行分析：初步判断毛绒梳栉的垫纱运动。因该花纹为对称型配置，因此可以肯定编织毛绒组织的梳栉为偶数，且因花纹呈菱形，可认为花纹的左半部与右半部各由一把梳栉编织。图5-7-30中用圈圈住的组织点为一把梳栉所织，剩余的组织点"×"为另一把梳栉所织。

（3）画出双针床花纹意匠图

绒织物是在前后两个针床上各编织一块单面的花纹相同的织物，毛绒梳栉在同一横列对前后针床编织的组织是相同的，因此，将图5-7-30在纵行方向扩大一倍（每一横列重复画一次），即得到双针床花纹意匠图，见图5-7-31（1）。

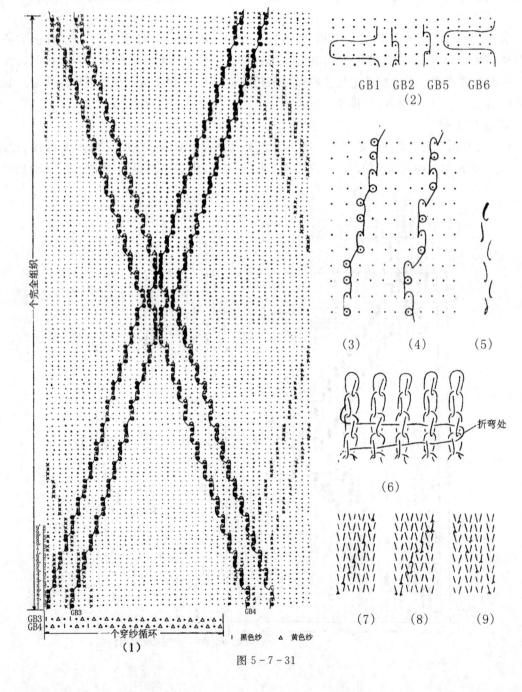

GB1 GB2 GB5 GB6
（2）

（3）   （4）   （5）

折弯处
（6）

（7）   （8）   （9）

I 黑色纱   △ 黄色纱

图 5-7-31

　　在画毛绒梳栉垫纱运动图之前,必须确定毛绒梳栉在起始横列的针前垫纱方向。因为毛绒梳栉无论是向左垫还是向右垫如图5-7-31(3)(4)所示,均可织出符合意匠图的花纹。但是这个方向又不能是随意的,应该按照与织同一地布编链梳垫纱方向一致的原则进行。由于毛绒纱被剖断,直接观察毛绒纱形态难以确认其垫纱方向,因此必须先分析地布的组织与垫纱方向。

　　(4)确定地布的组织结构

　　将织物沿横列方向对折(工艺反面朝外),在折痕处,用分析针尖边拨动毛绒边观察,编链延展线呈左右配置如图5-7-31(5),可以断定地布中一梳为开口编链组织,因与意匠图第一横列对应的编链延展线位于纵行左侧,故垫纱方向为从右向左垫纱(从工艺反面说)。用分析针拉动衬纬纱的折弯处(折弯处仅1根)纱线如图5-7-31(6)。

　　根据拉力的传播确认其移针数为5针,且1、2横列间衬纬纱的折弯点在右侧,说明第一横列衬纬纱从左向右垫纱。

　　假设(经后面分析验证该假设是对的)所分析的织物系前针床所织;则将观察到的方向反过来,画出在前针床织地梳栉GB1和GB2的垫纱运动;(前针床垫纱图是对工艺正面而言),按后针床的针前垫纱方向与同横列前针床一致的要求,画出在后针床织地梳栉GB5、GB6的垫纱运动,后针床垫纱图是对工艺反面而言,见图5-7-31(2)。

　　(5)确定毛绒梳栉的垫纱运动

　　在地梳栉垫纱方向确定的基础上,可根据毛绒梳与编链梳在针前垫纱方向一致的要求,画出毛绒梳GB3和GB4的垫纱运动图,见图5-7-31(1),第一横列均从左向右垫纱。

　　(6)确定穿纱、对纱规律

　　编织地布的4把梳栉为满穿。编织毛绒组织的两把梳栉分别为1穿1空,两梳配合编织出满地毛绒布。再从图1中观察,两条右斜纹(或两条左斜纹)中的各个黑色组织点在任一横列始终保持相等的横向间距(中间间隔3针),可认为这些组织点系同一把梳栉编织,因此GB3和GB4的穿纱、对纱规律为:

　　GB3:(1黑1空,1黄1空)×2,(1黄1空)×11;

　　GB4:(1空1黄,1空1黑)×2,(1空1黄)×11。

　　(7)分析前后针床织物的区别

　　双针床经编机虽可在两个针床上编织出花纹外观相同的两块织物,但由于两个针床背靠背的配置关系,前后针床上的两块织物是有所区别的,如图5-7-31(1)中,在前针床上形成的毛绒线圈均为闭口线圈,而在后针床上左斜纹路全部由开口线圈形成,右斜纹路则由开、闭口线圈相间形成。反映在织物上表现为斜纹的连续性、清晰度有所不同,如就花纹中的右斜纹而言,前针床织物的1、3、5、7…横列,毛绒纱根部在纵行左侧,2、4、6、8…横列上毛绒纱根部在纵行右侧如图5-7-31(7)所示,毛绒纱根部的排列与斜纹方向完全一致(均为右斜),使纹路连续、清晰,黑黄色不混杂。而后针床织物的1′、2′、3′横列毛纱根部位于纵行两侧(因为是开口线圈),2′、4′6′…横列毛纱根部位于纵行右侧如图5-7-31(8)所示,虽总体排列也构成右斜纹,但因毛纱根部宽度分布不均,有时占一个纵行宽,有时占半个纵行宽,使纹路不清晰。因此,前后针床上的织物是有别的。同理可分析出前后针床编织的左斜纹路也有不同。

　　下面判断所分析的织物系哪个针床所织。先对毛绒织物进行逐横列的对折(方法与前述相同)分析,得知毛绒线圈全部由闭口线圈组成(毛绒纱位于线圈的一侧),可初步断定该织物由前针床所织。再经垫纱图的分析进行验证,从垫纱图上看,前针床织物右斜纹路的毛纱分布如图5-7-31(7)示,纹路清晰、连续,而左斜纹路的毛纱分布如图5-7-31(8)所示,同一纵行上两个组织点为右斜配置,与总的斜纹方向相反,使纹路断断续续、不清晰。因双针床的垫纱图对于前针床是针对工艺正面而言的,因此在毛绒面(工艺反面)上表现为左斜纹路清晰、连续,右斜纹路不清晰。实际织物恰好符合这一规律,说明前面的假设是对的,该织物确系前针床所织。如果按相反方向假设,则纹路的清晰状况与上述相反,与实际织物不符。

(8) 编排花纹链条

按照图 5-7-31(2)的垫纱运动写出各梳的数字记录作为编排链条的依据。

GB1:$0-0-10-10/10-10-0-0//$;

GB2:$2-0-0-0/0-2-2-2//$;

GB3、GB4:略;

GB5:$2-2-2-0/0-0-0-2//$;

GB6:$0-0-0-0/10-10-10-10//$。

以上是对普通型双针床经编机而言。而高速型双针床经编机由于成圈运动的特殊配置,衬纬梳栉的针背横移发生在毛绒梳栉的针前垫纱时刻,故衬纬梳 GB1、GB6 的链条排列记录为:

GB1:$0-0-0-10/10-10-10-0//$;

GB6:$10-0-0-0/0-10-10-10//$。

综上所述,由于经编织物与纬编织物相比难以脱散,因而织物分析比较困难。除了一些必要的基本分析法外,对各种织物结构及其编织工艺的了解和实践经验是十分重要的,这样就能在分析一织物时,预先对织物有一设想,然后综合应用各种分析方法,才能较有效地对织物进行正确而全面的分析。

第二节 经编组织送经量估算

经编组织的送经量一般是指经编织物生产中每编织 480 横列(=1 腊克)时各把梳栉所喂入的经纱长度,即:平均线圈长度 l(mm) = 1 腊克的送经量 /480。从针织物结构参数上讲即是指织物的线圈长度。它在经编中既是织物的主要参数,又是经编生产中控制产品质量的主要参数。送经量的大小可通过一定的理论公式计算得出,但由于影响因素很多,如纱线细度、垫纱运动、梳栉位置以及织物品质(密度、外观、用途……)等,而且这些因素的相互影响极为复杂,因此理论计算的只能是一个近似值,也即是通过任何一种理论方法计算出的线圈长度在上机时均需要根据实际布面效果情况进行调整。

在经编生产中通常有三种送经量的估算方法。

一、送经量直接计算法

送经量直接计算法的计算公式如下,其中送经量估算参数如图 5-7-32 所示。

$$
每横列送经量(rpc) =
\begin{cases}
S & a=0, b=0 \\
(b+0.3)T & a=0, b\neq 0 \\
\dfrac{\pi d}{2.2}+2S+S & a=1, b=0 \\
\dfrac{\pi d}{2.2}+2S+bT & a=0, b\neq 0 \\
2\times\left(\dfrac{\pi d}{2.2}+2S\right)+(b+1)T & a=2
\end{cases}
$$

$$腊克送经量(mm/\ 腊克) = 480 \times \frac{\sum_{i=1}^{m} rpc_i}{m}$$

式中：a——针前横移的针距数；

　　　b——针背横移的针距数；

　　　d——织针针头的厚度(mm)，常用织针针头厚度见表 5-7-1；

　　　S——机上的圈高(mm)，$S = 10/$纵密；

　　　T——针距(mm)，$T = 25.4\ mm/E$。

表 5-7-1　常见机号用针的针头厚度　　　　　　　　　　　　　单位：mm

机　号	E14	E20	E24	E28	E32	E36	E40	E44
针　距	1.81	1.27	1.06	0.91	0.79	0.71	0.64	0.58
针　厚	0.7	0.7	0.55	0.5	0.45	0.40	0.40	0.40

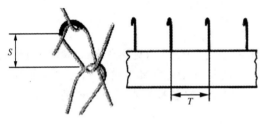

图 5-7-32

下面举例说明：

已知：$E28$，$d = 0.5$，纵密 $= 20$ 横列 $/cm$，组织为：$1-0/1-2//$

则：$a = 1$，$b = 1$，$T = 0.91\ mm$，$S = 0.5$

每腊克送经量为：$480 \times (3.14 \times 0.5/2.2 + 2 \times 0.5 + 0.91) = 1\ 293.6\ mm/$腊克

二、线圈类比估算法

现以机号为 E28 经编机为例来说明。取纵向密度为 20 横列/cm 的织物为基准，其每个线圈高度为 10 mm÷20＝0.5 mm，见图 5-7-33 所示，然后用实测法测出纵密 20 横列/cm 下各种基本组织结构的线圈长度，如图 5-7-34 所示。图(1)经平组织为 2.8 mm；图(2)经绒组织为 3.4 mm；图(3)经斜组织为 4.4 mm；图(4)五针经平组织为 4.9 mm；图(5)编链组织为 2.6 mm；图(6)经缎组织线圈长度和经平相等；图(7)隔针经缎组织线圈长度和经绒组织相同；

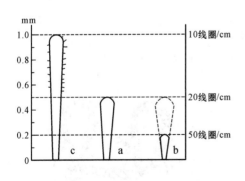

图 5-7-33

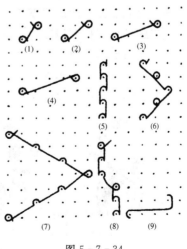

图 5-7-34

图(8)用作六角网眼地组织的编链组织线圈长度和编链相等;图(9)衬纬线圈长度等于针距数乘针数。图(9)是 4 针距衬纬,因为机号是 $E28$,所以针距近似等于 0.9 mm,4 针距等于 3.6 mm。上述线圈长度适用于上机的开始,作为上机调整的依据,生产时可能有 $\pm0.2\sim\pm0.5$ mm 的偏差,可以视布面情况做适当调整。因为这种线圈长度只是作为上机调整依据的近似值,故不再细分开口和闭口垫纱时线圈长度的差异,而视开口和闭口线圈长度大体相同。有了上述基本数据,我们可以方便地算出在任何纵密下线圈的长度,例如:纵密为 50 横列/cm 时,每个线圈的长度计算方法如下:

先求得圈高,圈高为 10 mm÷50＝0.2 mm,在图 5－7－33 上画作线圈 b,可见 50 横列/cm 与 20 横列/cm 的圈高差为:0.5 mm－0.2 mm＝0.3 mm,两者线圈长度差近似为 0.3×2＝0.6 mm,所以各种组织的线圈长度应近似为:

经平组织＝2.8－0.6＝2.2 mm;

经绒组织＝3.4－0.6＝2.8 mm;

经斜组织＝4.4－0.6＝3.8 mm;

五针经平组织＝4.9－0.6＝4.3 mm;

编链组织＝2.6－0.6＝20 mm。

图 5－7－33 中线圈 c 表示纵密为 10 横列/cm 时的圈高为 1 mm。可见圈高比 20 横列/cm 纵密时大0.5 mm。所以此时各种组织的线圈长度应 20 横列/cm 密度的基本线圈上加 0.5 mm×2＝1 mm。

当机号不同时,同样可用实测法测出纵密为 20 横列/cm 时各种基本组织结构的线圈长度,作为计算的依据。

三、送经比经验估算法

1. 经编织物的送经比

经编织物的送经比是指编织这种坯布时几把梳栉所用纱线长度的比值,因而在坯布上亦是各梳栉所编织的线圈长度的平均值的比值,在经编机上即是各种经轴送经量或送经线速的比值。

所以送经比是决定经编坯布多种纱线消耗量和经轴整经长度的重要因素,此外,送经比对坯布的外观和质量亦有很大影响。

2. 各组织的送经比估算常数

常用的线圈结构估算常数为:

普通开口和闭口线圈的线圈主干 a、b   2   (如图 5－7－35 所示)

重经组织的两同横列线圈之间的连线 b   0.5   (如图 5－7－36 所示)

开口和闭口经编链组织的延展线 a   0.75   (如图 5－7－37 所示)

跨过 1 或多个针距的延展线,每跨过 1 个针距 1   (如图 5－7－38 所示)

部分衬纬组织与纵行每交叉一次   0.5(或 0.75)   (如图 5－7－39 所示)

(1)   (2)

图 5－7－35

图 5－7－36

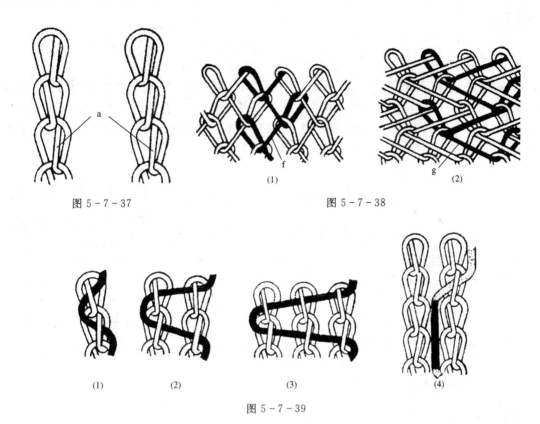

图 5 - 7 - 37　　　　　　　　　　　　　　　图 5 - 7 - 38

图 5 - 7 - 39

例如：开口和闭口经编链组织的每个线圈的估算常数为 $2+0.75=2.75$

重经组织在一横列中的线圈结构的估算常数为 $4.5(2+2+0.5)$

经平组织的每个线圈的估算常数将为 $2+1=3$

经绒组织的每个线圈的估算常数将为 $2+2=4$

3. 注意事项

(1) 计算送经比时，要注意各梳组织所取的横列数应相同。

(2) 为使估算常数的总和能表示该单梳基本组织的平均送经量，所取横列数应为其完全组织的整数倍。

(3) 这种估算方法对线圈结构的几何假设过于粗略，又未考虑纱线粗细的影响，所以估算的送经比还是近似的。在许多情况下，编同一种坯布可用范围很大的送经比，估算的送经比是否适宜，一方面要看编织出的坯布结构是否符合设计的要求，另一方面则要看经编机运转时个别梳栉的送经张力是否适当。

(4) 送经比对经编坯布的线圈结构具有一定影响，主要表现在线圈的歪斜程度和各梳纱线相互覆盖的质量上。另外对某些特殊组织毛圈织物影响很大。

第三节　经编工艺计算

经编生产中编织工序的生产工艺参数除与产品规格及产品幅宽有较密切的关系外，与整经工序的生产工艺参数联系甚密。在经编工艺设计时往往需要将编织生产工艺与整经生产工艺一起进行工艺计算与设计，而不能将两者分开考虑。本节主要计算织物参数、编织和整经上机工艺参数。

一、织物幅宽

经编生产的幅宽有几种：一是成品幅宽，即出售面料织物的宽度，是织物定型后剪去定型边的宽度；第二种是定型幅宽，即成品幅宽加上剪去的定型边宽度，每边约 $1\sim1.5$ cm；第三种为下机幅宽，即在编织生产中织物在卷布辊上的幅宽；第四种为机上坯布工作幅宽或称为针床工作宽度。各种幅宽如图 5-7-40 所示，其相互关系如下：

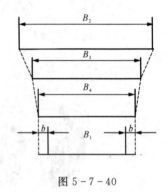

图 5-7-40

$$B_1 = B_4 - 2b$$

$$B_3 = B_2(1-x)$$

$$B_4 = B_3(1-y)$$

式中：B_1——成品幅宽，cm；

　　　B_2——针床工作宽度，cm；

　　　B_3——下机幅宽，cm；

　　　B_4——定型幅宽，cm；

　　　b——定型边，$b=1\sim1.5$ cm；

　　　x——织缩率；

　　　y——定型收缩率。

则：$B_2 = \dfrac{B_1 + 2b}{(1-x)(1-y)}$

有时为了计算方便，将 $\dfrac{B_4}{B_2}$ 之比称为幅宽对比系数 C，即 $C = \dfrac{B_4}{B_2} = \dfrac{B_1 + 2b}{B_2}$，$B_2 = \dfrac{B_1 + 2b}{C}$。织缩率 x、定形收缩率 y 和幅宽对比系数 C，随产品品种的不同而变化。

二、经编机工作针数

在计算经编机针床工作针数时，一般以成品幅宽，根据上述关系式推导出针床上坯布工作幅宽，再根据机号求出针床工作总针数 N，其关系式为：

$$B_2 = \frac{B_1 + 2b}{C}$$

$$N = \frac{10 \times B_2}{T}$$

式中：T——针距，mm。

由此计算所得的针床工作针数，还需与经编机各经轴上经纱数之和一致（满穿配置时），因而算得的工作针数有待于修正，修正后的针数才是经编机上机的工作针数。

三、整经根数

整经根数是指每一只分段经轴（工厂常称为盘头）上卷绕的经纱根数。每只盘头上经纱根数与经编机上的工作针数、盘头数以及穿纱方式有关。因此分总穿针数与整经根数两部分计算。

（一）总穿针数

由于经编生产中有些组织带空穿,在确定盘头上的整经根数时,不能单纯只考虑整经根数,还需把空穿的针数一并计入,否则,盘头上计算的整经根数就与盘头允许的最佳整经根数有矛盾。每只盘头的总穿针数(穿纱针数＋空穿针数)可按下式确定:

$$M = \frac{N}{m}$$

式中：M——每个盘头的总穿针数;

　　　m——盘头个数。

确定盘头个数时应考虑到穿纱位置。盘头上总穿针数过多或过少都会造成经纱的歪斜,增加编织困难。每个盘头最适宜的总穿针数取决于盘头的外档宽度和经编机的机号。一般考虑从盘头引出的经纱至针床上时,其宽度近似等于盘头外档宽度,这样可使引出的经纱不会与盘边产生接触摩擦。根据这一原则,每盘头最适宜的总穿针数可由下式决定:

$$M_1 = \frac{W_1}{T}$$

式中：M_1——每只盘头最适宜的总穿针数;

　　　W_1——盘头外档宽度,mm。

对于不同型号、机号的经编机,总穿针数可根据计算得出。在实际生产中,总穿针数有个适宜的范围,这可作为确定总穿针数的参考。

（二）整经根数

盘头上实际的整经根数与穿纱方式有关。经纱采用满穿时,整经根数(M)等于总穿针数。如采用带空穿时,与每个盘头的总穿针数的关系如下:

$$M = M_1(1 - a)$$

式中：a——空穿率,即：$a = \dfrac{\text{一个穿纱循环中的空穿针数}}{\text{一个穿纱循环的穿针数}}$。

为了管理方便,应尽量做到每个盘头的整经根数是一个穿纱循环内穿纱针数的整数倍。如不是整数倍,则每个盘头开始时的穿纱方式不能一样,需根据前一个盘头所剩的纱线来确定。

四、线圈长度和送经比

线圈长度和送经比的理论估算方式在上节内容中已作详细介绍。此外,线圈长度还可根据给定的坯布规格来进行计算,这时可用下式:

$$l_K = \frac{1\,000Q}{P_A P_B \sum\limits_{i=1}^{n} Tt_i C_i (1 - a_i)}$$

式中：l_K——第 K 梳的线圈长度,mm;

　　　P_A——织物横密,纵行/cm;

　　　P_B——织物纵密,横列/cm;

T_{t_i}——各梳所使用的原料细度,dtex;

a_i——各梳的空穿率;

$C_i(C_1,C_2,\cdots C_n)$——各梳的送经比;

n——所用梳栉数。

亦即:$C_1=\dfrac{l_1}{l_K}$;$C_2=\dfrac{l_2}{l_K}$;$C_3=\dfrac{l_3}{l_K}\cdots C_i=\dfrac{l_i}{l_K}\cdots C_n=\dfrac{l_n}{l_K}$

在计算过程中应注意各参数的计量单位。

五、线圈密度

线圈密度是织物品质的重要指标之一,一般为坯布规格所给定,有横密和纵密之分。在试制新产品时织物上的线圈密度要根据实验工艺或客户需要来确定。

横密 P_A:用每厘米的线圈纵行数(或每英寸的线圈纵行数)来表示。织物的横密取决于经编机机号和织物横向收缩率的大小。

$$P_A=\frac{10}{A}=\frac{10}{TC}(纵行/cm)\left[或\ P_A=\frac{25.4}{TC}(纵行/英寸)\right]$$

式中:A——圈距,mm。

纵密 P_B 亦用每厘米的线圈横列数(或每英寸的线圈横列数)来表示。

$$P_B=\frac{10}{B}(横列/cm)\left[或\ P_B=\frac{25.4}{B}(横列/英寸)\right]$$

式中:B——圈高,mm。

织物的纵密与织物的线圈长度、纱线线密度、面密度等有关。在已知其它参数情况下,其表达式为:

$$P_B=\frac{1\,000Q}{P_A\sum\limits_{i=1}^{n}l_i\times T_{t_i}(1-a_i)}$$

六、面密度

在 n 把梳栉的情况下,织物面密度计算式为:

$$Q=\sum_{i=1}^{n}10^{-3}\times l_i\times T_{t_i}\times P_A\times P_B(1-a_i)(g/m^2)$$

七、原料用纱比

在经编生产中,织物往往是由几种不同原料或不同线密度纱编织而成的。原料用纱比是指编织某种坯布采用不同的几种原料交织时,各种原料重量之比。一般用某种原料占总用料的百分比来表示。它在进行原料计划和成本核算时是非常重要的,也是计算用纱量与整经机台数所必需的。

下面以二梳织物为例介绍计算用纱比的方法。当前、后梳用两种原料交织时,其用纱比可按下式确定:

$$\text{第一种原料用纱比} = \cfrac{\cfrac{1\,000}{T_{t_2}}(M_1 + M_3 C)}{\cfrac{1\,000}{T_{t_2}}(M_1 + M_3 C) + \cfrac{1\,000}{T_{t_1}}(M_2 + M_4 C)} \times 100\%$$

$$\text{第二种原料用纱比} = \cfrac{\cfrac{1\,000}{T_{t_1}}(M_2 + M_4 C)}{\cfrac{1\,000}{T_{t_2}}(M_1 + M_3 C) + \cfrac{1\,000}{T_{t_1}}(M_2 + M_4 C)} \times 100\%$$

式中：M_1、M_3——第一种原料在后梳和前梳穿纱循环中的根数；

　　　M_2、M_4——第二种原料在后梳和前梳穿纱循环中的根数；

　　　T_{t_1}、T_{t_2}——第一种原料和第二原料的线密度，dtex；

　　　C——送经比，$C = l_2 / l_1$。

八、整经长度计算

整经长度是指在整经时盘头上卷绕纱线的长度。在实际生产中，整经长度的确定一般应考虑以下几点：

(1) 编织一匹布时需要整经的经纱长度（即匹布纱长）。应使盘头在了机时能够编织整匹坯布，因而整经长度应是匹布纱长的整数倍，再加上适量的生头、了轴回丝长度。

(2) 编织时各梳栉之间的送经比。用于同一台经编机的各经轴的盘头经纱长度应考虑所编织织物的送经比，避免在一根经轴退绕完时另一经轴剩余而产生浪费。当然，有时当最大整经长度允许时可使一轴换两次或三次时另一轴才用完。

(3) 原料卷装筒纱长度。应使原料筒子在用空时能够整经的盘头数为成套数量。如生产中要求某原料 8 只为一套，则当筒子上的纱线整完时应尽可能使所整盘头数为 8 的整数倍。

(4) 盘头上所能容纳的最大整经长度。最大整经长度与盘头卷绕直径和盘头宽度、纱线线密度、类别、卷绕密度以及整经根数等有关。盘头的卷绕直径和宽度大、纱线线密度小、卷绕密度大、整经根数少，则整经长度长，否则则短。

整经长度可用下列几种方法来计算：

(1) 定重法　编织一匹布的布重一定时的整经长度计算方法。

$$Q = \sum_{i=1}^{n} 10^{-6} m n_i L_i T_{t_i} = 10^{-6}(m_1 n_1 T_{t_1} L_1 + m_2 n_2 L_1 C T_{t_2} + \cdots)$$

$$\text{整经长度 } L_1 = \frac{1\,000 \times 1\,000 Q}{m_1 n_1 T_{t_1} + m_2 n_2 T_{t_2} C + \cdots}$$

式中：Q——坯布下机的匹重，一般为 20 kg；

　　　n_i——第 i 梳的整经根数；

　　　L_i——此梳的整经长度，m；

　　　T_{t_i}——第 i 梳用纱线密度，dtex；

　　　m_1、m_2——第 1、2 梳盘头个数，一般 $m_1 = m_2$；

　　　n_1、n_2——第 1、2 梳栉用整经根数。一般前梳为第 1 梳，后梳为第 2 梳。如满穿 $n_1 = n_2$；

　　　L_1——前梳整经长度，m；

　　　C——送经比，$L_2 / L_1 = C$，L_2 为后梳整经长度，m。如果还有第 3 梳、第 4 梳，在上式分母中还需相加。

（2）定长法　即编织一匹布的匹长为已知，且已知纵向密度及线圈长度，则

$$\text{匹长 } L_p = \frac{L \times 1\,000}{100 \times P_B \times l} \quad L = 0.1 L_p \times P_B \times l$$

式中：L_p——坯布匹长，m；

　　　L——整经长度，m；

　　　P_B——织物纵密，横列/cm；

　　　l——线圈长度，mm。

（3）纱布比法　将编织一匹布所用的纱线长度米数与匹布长度米数之比称为纱布比，则

$$\text{纱布比 } \alpha = \frac{L}{L_p}$$

同理编织一横列时，纱布比 $\alpha = \dfrac{l}{\dfrac{1}{P_B} \times 10} = 0.1 P_B \times l$

整经长度 $L = \alpha \times L_p$，如已知 α，计算很容易。

九、机器生产率的计算

（一）理论生产率

1. 整经机生产率

$$\text{整经机理论产量 } A_L = \frac{60 \times v \times n(1-a)}{1\,000 \times \dfrac{100}{T_t}} = 6 \times 10^{-5} \times v \times n \times T_t(1-a)\ (\text{kg/h})$$

式中：v——整经机整经线速度，m/min；

　　　n——整经满穿根数。

2. 经编机生产率

$$\text{经编机理论产量 } A_L = \frac{60 n_c}{1\,000 \times 1\,000} \sum_{i=1}^{m} \frac{l_i \times n_i}{\dfrac{10\,000}{T_{t_i}}} = \frac{6 \times n_c}{10^9} \sum_{i=1}^{m} l_i \times n_i \times T_{t_i}\ (\text{kg/h})$$

式中：n_i——第 i 把梳栉穿纱根数；

　　　l_i——第 i 把梳栉线圈长度，mm；

　　　T_{t_i}——第 i 把梳栉原料线密度，dtex；

　　　n_c——机器主轴转速，r/min。

（二）实际产量

理论产量得到后，将理论产量乘以机器的时间效率就可得到实际产量。

$$A_S = A_L \times \eta$$

式中：A_S——实际产量，kg/h；

　　　η——时间效率。

参 考 文 献

1. 天津纺织工学院主编.针织学.北京:纺织工业出版社,1980
2. 龙海如主编.针织学.北京:中国纺织出版社,2004
3. 杨尧栋,宋广礼主编.针织物组织与产品设计.北京:中国纺织出版社,1998
4. 许昌崧,龙海如主编.针织工艺与设备.北京:中国纺织出版社,1999
5. 许瑞超,焦晓宁主编.针织物组织与设计.北京:纺织工业出版社,1993
6. 万振江主编.针织工艺与服装 CAD/CAM.化学工业出版社,2004
7. 杨荣贤主编.横机羊毛衫生产工艺设计.北京:中国纺织出版社,1997
8. 李景云主编.羊毛衫生产简明手册.北京:中国纺织出版社,2000
9. 邓秀琴主编.羊毛衫加工原理与实践.北京:中国纺织出版社,1992
10. 丁钟复主编.羊毛衫生产工艺.北京:中国纺织出版社,2002
11. 贺庆玉主编.针织工艺学(纬编分册).北京:中国纺织出版社,2000
12. 蒋高明编著.现代经编产品设计与工艺.北京:中国纺织出版社,2002
13. 蒋高明编著.现代经编工艺与设备.北京:中国纺织出版社,2001
14. 宗平生.20 世纪的针织技术.天津:针织工业,1999(5):36～46
15. 陈革真丝经编产品的开发.丝绸.2002(8):32～33
16. 针织工程手册编委会.针织工程手册.北京:中国纺织出版社 1997
17. 陈南梁.经编针织双轴向立体骨架织物的开发和力学性能研究.华东大学博士学位论文.2001,5
18. 周荣星.多轴向经编针织结构增强复合材料低速冲击能量吸收性能研究.东华大学博士学位论文.2002,11
19. 赵博,石陶然.竹纤维性能及混纺针织物染整工艺探讨.针织工业,2003(5)
20. 薛广州、王秀燕.亚麻、麻棉混纺 T 恤面料的编织工艺研究.针织工业,2003(1)
21. 许德生,黄荣连,马素霞,丁家林.苎麻棉高档针织面料的研究开发.针织工业,2003(1)
22. 陈国芬,沈卫炳.竹纤维针织内衣面料的试制与开发.针织工业,2003(6)
23. 祝海霞,樊增绿.苎麻织物的纤维素酶整理工艺探讨.针织工业,2003(1)
24. 大豆纤维染整工艺手册.Http://www.soybeanfibre.com/.2004(8)
25. 顾建昌.关于真丝针织品干织工艺的探讨.针织工业,2000(2)
26. 杨启东.导湿快干针织面料编织工艺.上海纺织科技,2003(6)